能量转换与传递原理

（上册）

主　编　张承虎　庄兆意
副主编　林己又　王海燕

中国建材工业出版社
北　京

图书在版编目（CIP）数据

能量转换与传递原理：上册下册/张承虎，庄兆意主编；林己又，王海燕副主编．--北京：中国建材工业出版社，2024.6

ISBN 978-7-5160-3853-6

Ⅰ.①能… Ⅱ.①张… ②庄… ③林… ④王… Ⅲ.①能量转换②能量传递 Ⅳ.①TK12

中国国家版本馆 CIP 数据核字（2023）第 201694 号

能量转换与传递原理（上下册）

NENGLIANG ZHUANHUAN YU CHUANDI YUANLI（SHANGXIACE）

主　编　张承虎　庄兆意

副主编　林己又　王海燕

出版发行：中国建材工业出版社

地　　址：北京市西城区白纸坊东街 2 号院 6 号楼

邮　　编：100054

经　　销：全国各地新华书店

印　　刷：北京印刷集团有限责任公司

开　　本：889mm×1194mm　1/16

印　　张：43.25

字　　数：1200 千字

版　　次：2024 年 6 月第 1 版

印　　次：2024 年 6 月第 1 次

定　　价：120.00 元（上下册）

本社网址：www.jccbs.com，微信公众号：zgjcgycbs

请选用正版图书，采购、销售盗版图书属违法行为

前　言

能源一直都是人类社会赖以生存和发展的重要物质基础和先决条件，是支持人类生产力发展的原动力。人类文明的演化历史其实也是人类社会开发和利用能源不断发生“蜕变”的历史，人类进步与能源革命是从来没有中断过的、紧密的共生关系。能源革命的内在逻辑，就是人类文明发展的需求驱动。人类进入文明的重要标志，起源于人类自主利用火，逐步演化为农耕文明（薪柴时期）；第一次能源革命是煤炭取代薪柴的主导地位，逐步演化到工业文明（煤炭时期）；第二次能源革命是油气取代煤炭的主导地位，催生现代工业文明建立（油气时期）；第三次能源革命是非化石能源取代化石能源的主导地位，催生工业文明向生态文明转化（低碳能源时期）。前两次能源革命主要以提高全社会的生产力为目标，而第三次能源革命则以保护环境改善生态为目标。能量转换与传递原理、技术，在历次能源革命中得到了充分发展，也起到了至关重要的作用。

能量具有“量”与“质”的双重特性。在数量上，不论如何转换与传递，能量都是守恒的；在品质上，任何实际的转换与传递过程，能量都是贬损的；能量贬损的程度，取决于能量转换与传递过程的不可逆程度。如何获得高质能量、如何减少能质贬损、如何控制能量传递强度、如何优化能量系统的构效关系，都是能量转换与传递原理应该解决的核心问题。在工业生产和日常生活中，主要涉及和应用到的能量形式是机械能、热能、电能和电磁能（光能）。这些能量形式之间存在着广泛的转换与传递，其中热能在能源开发与应用系统中起着至关重要的纽带作用。因此本书以热能为核心，围绕化学能与热能、热能与机械能（功）和辐射能的相互转换，以及热能传递原理为主要内容展开。

本书全面梳理了工程热力学、工程传热学、工程传质学、燃料燃烧学、热质交换设备、能源系统分析等课程的知识点和知识图谱，精简内容，力争形成融会贯通的全新知识体系。在撰写全书时，注重理论与实践相结合，注意反映能源科技的现状和发展趋势，并配以适当的图表，使读者更容易掌握和使用。全书共 18 章，分为热力学基本定律、工质性质与状态、热力过程与循环、化学热力学与燃烧、传热与传质理论、热质交换设备与系统等六大部分。本书由哈尔滨工业大学张承虎承担统编工作，全书由孙德兴、谭羽非担任主审。本书的编写分工是：第 1、2、12、13、15、18 章由哈尔滨工业大学张承虎编写；第 3～10 章由山东建筑大学庄兆意编写；第 11、14、16 章由哈尔滨工业大学王海燕编写；第 17 章由哈尔滨工业大学林己又编写。

本书可作为城市智慧能源供应工程、新能源科学与工程、新能源材料与器件、储能科学与工程等新兴专业的基础理论课程教材，也可以作为建筑环境与能源应用工程、能源与动力工程等传统专业的选用教材。

此外，书稿在编撰过程中吸取了兄弟院校同仁们丰富的教学经验与科研成果，参考了国内多本经典教材的内容，例如谭羽非教授主编的《工程热力学》、严家騄教授主编的《工程热力学》、朱彤教授主编的《传热学》、邓元望教授主编的《传热学》、陶文铨教授主编的《传热学》和《数值传热学》、王补宣教授主编的《工程传热传质学》、连之伟教授主编的《热质交换原理与设备》、同济大学等四所大学联合编撰的《燃气燃烧与应用》等，特致以衷心感谢。

本书出版得到了黑龙江省高等教育教学改革项目（SJGY20210291）和哈尔滨工业大学新型辅修专业“城市智慧能源网”建设项目的指导和资助。山东建筑大学赵瑾、李博文、王永民、杨学滨、陈阳，哈尔滨工业大学王鑫怡、闫李、徐士淳等研究生帮助查阅、整理了大量资料，并校对了书稿内容；中国建材工业出版社龚雪副编审为本书的出版付出了辛勤劳动，诚意致谢。

由于时间仓促和编著者水平所限，书中一定还有许多不尽如人意之处，恳请读者批评指正，并提出建议。具体意见可发送至 zhangch@hit. edu. cn。您的批评、指正或建议，将是本书持续更新完善的最宝贵财富。

编　者

目 录

上 册

下 册

主要物理量名称及符号表

英文符号			
c_v	定容比热容，J/(kg·K)	q_n	热量，J
U	内能，J	c_p	定压比热容，J/(kg·K)
S	熵，J/K	f	自由能
p_g	高于当地大气压力时的相对压力，称表压力，kPa	m	质量，kg
V	体积，m^3	R_λ	热阻，m^2·K/W
A	面积，m^2	t_f	流体温度,℃
Δt	温差,℃ (K)	q	热流密度，W/m^2
t_w	壁表面温度,℃	R_h	对流换热热阻，m^2·K/W
C_b	黑体辐射系数，W/(m^2·K^4)	E_P	重力位能，J
E_k	动能，J	g	自由落体加速度，m/s^2
Δu	平均比热容，J/(kg·K)	s	比熵，J/(kg·K)
Q	热量，kW	δS_f	开口系统由于热交换而引起的熵流，J/K
η_t	热循环效率	δS_g	开口系统由于不可逆引起的熵产，J/K
η_{tc}	卡诺循环热效率	$\delta \dot{m}$	进出系统的质量，kg
ΔS_{iso}	孤立系统熵变，J/K	δS_{cv}	开口系统的熵变，J/K
ΔS_{ad}	闭口系统熵变，J/K	E	能量，kJ
ΔS_{sur}	环境熵变，J/K	$\dot{E}x$	㶲量，kJ
ΔS_{sys}	系统熵变，J/K	An	炁，kJ
w_s	轴功，kJ/kg	ex_h	焓㶲，kJ
h	比焓，J/kg	an_h	焓炁，kJ
C	热容，kJ/K	η_{ex}	㶲效率
C_f	摩擦系数	$\sum L_i$	㶲损失，kJ
$\overline{C}_f$	平均摩擦系数	$\delta p'$	不可逆过程的传热量，kW
c	比热容，kJ/(kg·K)	$\delta w'$	不可逆过程的膨胀功，kW
D	直径，m	$P_c{}^*$	喷射器临界背压，kPa
ΔEx	单位时间㶲损量，kW	P_{co}	极限冷凝压力，kPa
ex	比㶲，kJ/kg	R	半径，m
F	力，Pa·m^2	Re	雷诺数
F_f	摩擦力，Pa·m^2	Re_m	平均雷诺数
K_m	工质流量比	Δs	单位质量熵产，kJ/(kg·K)
K_{qw}	热电比	T^*	分界点温度，K
k	热容比	ΔT_w	吸热介质等效温升，K
L	长度，m	t	温度,℃
$\dot{M}_o$	动量，kg·m/s^2	u	速度，m/s
Ma	马赫数	$\overline{V}$	平均流速，m/s
$\dot{m}$	质量流量，kg/s	$W_{process}$	过程功量，kW
P_c	喷射器背压，kPa	$\overline{W}_{process}$	量纲一过程功量

续表

w_s	单位质量轴功，kW	X	混合室轴向长度，m
n	分子浓度，mol/L，mol/m^3	x	x 轴
R_g	气体常数，J/(mol·K)	Δx	轴向单位距离，m
M	摩尔质量，g/mol	K	热能利用率
R	1mol 气体的气体常数	w_t	单位质量技术功，kW
Z_c	临界压缩因子	$\overline{mc^2}/2$	分子平均移动能，J
ρ_0	气体在标准状态下的密度，kg/m^3	$N_{(1kg)}$	分子数
Mc_v	定容摩尔比热容，J/(mol·K)	V_m	摩尔体积，m^3/mol(L/mol)
Mc_p	定压摩尔比热容，J/(mol·K)	Z	压缩因子
$k=c_p/c_v$	比热比	Mc	摩尔比热容，J/(mol·K)
$c_{pm}\mid_0^t$	平均比定压热容，J/(kg·K)	c'	体积比热容，J/(m^3·K)
t_s	饱和温度，℃(K)	c'_v	定容容积比热容，J/(m^3·K)
m_v	湿蒸汽中干饱和蒸汽的质量，kg	c'_p	定压容积比热容，J/(m^3·K)
m_v+m_w	湿蒸汽的总质量，kg	i	分子运动的自由度数目
$c_{pm}(t-t_s)$	过热热量，J/m^3	$c_{pm}\mid_{t_1}^{t_2}$	平均比热容，J/(kg·K)
r_i	气体的容积成分	p_s	饱和压力，kPa
d	湿空气的含湿量，g/kg	m_w	湿蒸汽中干饱和水的质量，kg
P_r	相对压力，kPa	$1-x$	湿度
$\dot{m}_1$	截面处的质量流量，kg/s	χ_i	气体的摩尔成分
c_1	截面处的气流速度，m/s	d_s	饱和空气的含湿量，g/kg
P_b	喷管外界背压，kPa	f_1	各截面处的截面积，m^2
C	非平衡浓度	v_1	截面处气体的比体积
R_0	通用气体常数	K_c	用浓度表示的化学平衡常数
K_p	用分压力表示的化学平衡常数	v	比体积，m^3/kg
		v_r	相对比体积
希腊字母			
α	松弛因子	η_{ht}	换热完善度,%
β	膨胀比	η_{HD}	扩散段平均绝热效率,%
Δ	参数变化量	η_{net}	净发电效率,%
ε_1	制冷系数，W/K	ε_2	供热系数，W/(m^2·K)
λ	导热系数，W/(m·K)	μ	动力黏度，N/m^2·s
ρ	密度，kg/m^3	γ	比定压热容与比定容热容之比
δ	壁厚，mm	σ_b	斯忒藩-玻耳兹曼常量，亦称黑体辐射常数
$\overline{w}$	分子平移运动的均方根速度	Φ	热流量，W
ε	压缩比	o	运动黏度，m^2/s
$\eta_{t,c}$	卡诺循环热效率,%	η_t	循环热效率,%
σ	回热度	ψ	顶锥角，(°)
ξ	热能利用率	μ_1	绝热节流系数
ρ_v	湿空气中水蒸气的密度	γ_0	理想气体的热容比
λ_v	容积效率	φ	相对湿度
缩略词			
CAM	喷射器等截面混合模型	IDEAL	理想喷射系数函数
COP	逆循环的经济指标	ORC	有机朗肯循环

第1章　绪　　论

1.1　能源种类及开发利用

能源是人类社会发展和国民经济建设的物质动力，现代社会的稳定运行离不开充足的能源供应。同时能源的开发利用又与生态环境密不可分。掌握能量转换与传递原理，对更科学更有效的能源开发利用与节约无疑是极其重要的。

能源从不同的角度，可以有不同的划分方式。例如商品能源与免费能源、常规能源与新能源、非清洁能源与清洁能源、化石能源与非化石能源等。根据能量来源划分，可分为一次能源和二次能源。一次能源是指直接取自自然界没有经过加工转换的各种能量和资源，它包括：煤、原油、天然气、核能、太阳能、水力、风力、潮汐能、地热能等。二次能源是由一次能源经过加工转换以后得到的能源产品，例如：电力、蒸汽、煤气、汽油、柴油、酒精、沼气、氢气和焦炭等。一次能源可以进一步分为可再生能源和不可再生能源两大类：可再生能源是指在自然界可以循环再生的能源，包括太阳能、水力、风力、生物质能、波浪能、潮汐能、海洋温差能等；而不可再生能源是指不能循环再生的能源，包括煤、石油、天然气、核燃料等。能量从品质（即可利用度）来划分，可分为优质能（高品位能）和低质能（低品位能）两种。优质能是指经过一次能量转换得来的二次能源，如电能、机械能等。低质能是指自然资源和一次能源，如热能、热力学能。能量根据物质内部微观粒子的运动形态来划分，可分为有序能和无序能。一切宏观整体运动的能量和大量电子定向运动的电能都是有序能，而物质内部分子杂乱无章的热运动所具有的能量是无序能。有序能可以完全地、无条件地转换为无序能，但无序能要转化为有序能需要外界条件，并且转化不可能完全进行。

我国是世界上最大的能源生产国和消费国之一。煤炭是目前全球储量最为丰富、分布最为广泛且使用最为经济的能源资源之一。煤炭在我国一次性能源结构中处于绝对主要位置。除台湾外，我国垂深2000m以内煤炭资源总量约为55700亿t，其中探明保有资源量约10200亿t，预测资源量45500亿t。截至2020年全球煤炭产量77.42亿t，其中中国产量占比达到51%。从供需角度来看，中国也是世界上的主要煤炭进口国家。据自然资源部储量快报统计，我国石油资源集中分布在渤海湾、松辽、塔里木、鄂尔多斯、准噶尔、珠江口、柴达木和东海大陆架八大盆地，数据显示，截至2021年底，我国石油、天然气剩余探明技术可采储量已达36.89亿t、63392.67亿m^3。仅2021年，我国新增石油探明地质储量超过16亿t，天然气、页岩气、煤层气合计超过了1.6万亿m^3。

我国水电资源蕴藏量世界第一，中国水电装机容量和发电量稳居世界第一，截至2022年，全国水电发电装机容量41350万kW，同比增长5.8%。2022年，全国6000kW及以上电厂水电设备利用时长3412h。虽然地球上水力资源总量较多，但开发利用率低。目前我国水能开发利用量约占全球水电装机总量的1/4，低于发达国家60%的平均水平，因而水力资源开发潜力很大。

据中国气象局估算，全国陆地70m高度层平均风速均值约为5.4m/s，年平均风功率密度约为184.5W/m^2。平均风功率密度大值区主要分布在我国的内蒙古中东部、河北北部、新疆北部和东部、广西以及青藏高原和云贵高原的山脊地区，上述地区年平均风功率密度一般超过300W/m^2。东北中西部和东北部、山东沿海地区、四川东北部、贵州东部、湖南西南部、福建沿海的部分地区年平均风功率密度一般为200～300W/m^2。新疆西部的大部地区、东北东南部、华北中南部、黄淮、江淮、江汉、江南、四川东南部、重庆、云南西部和南部等地年平均风功率密度一般低于200W/m^2。全国近海主要海区70m高度层平均风速均值约为8.1m/s，年平均风功率密度约为

572.6W/m^2。东海北部及其以南海区平均风功率密度一般超过600W/m^2；渤海、渤海海峡、黄海大部分平均风功率密度一般为400～600W/m^2。沿海岛屿风能密度超过300W/m^2，有效风力出现时间百分率达80%～90%，大于等于8m/s的风速全年出现时间为7000～8000h，大于等于6m/s的风速约为4000h。全国风能密度为100W/m^2的风能资源总储量约为160GW。我国风能资源的理论蕴藏量为32.26亿kW，居世界首位，与可开发的水电装机容量为同一量级，具有形成商业化、规模化发展的资源潜力。2023年，我国风电新增装机超7500万kW，累计装机容量近4.7亿kW，领跑全球风电市场，稳居世界第一。

太阳能是一种清洁的、取之不尽的能源。太阳辐射到地球的陆地表面的能量，一年大约有17万亿kW。据估算我国陆地表面每年接受的太阳辐射能约为50×10^{18}kJ，全国各地每年接受的太阳辐射能量总计约为586kJ/(m^2·a)。截至2023年，我国太阳能发电装机容量约6.1亿kW，连续11年位居全球首位。

地球上的生物质资源十分丰富，分布十分广泛。据估计，地球上的绿色植物每年通过光合作用生成的生物质总量约达1800亿t（干重），相当于目前世界能源消耗总量的10倍。地球上蕴藏的生物质约达18000亿t。2022年我国生物质发电新增装机容量334万kW，其中生活垃圾焚烧发电新增装机257万kW，农林生物质发电新增装机65万kW，沼气发电新增装机12万kW；截至2022年我国生物质发电累计装机达4131万kW，其中生活垃圾焚烧发电装机达到2386万kW，农林生物质发电装机达到1623万kW，沼气发电装机达到122万kW。2022年全国生物质发电量达1824亿kWh，其中生活垃圾焚烧发电量达到1268亿kWh，农林生物质发电量为517亿kWh，沼气发电量为39亿kWh。

铀矿作为重要的核燃料来源，拥有不同于其他矿产资源的特殊地位。铀矿物按成因可分为原生铀矿和次生铀矿两大类。截至2021年全球天然铀产量为4.83万t。2021年全球共有15个天然铀生产国，其中第一大生产国哈萨克斯坦产量为2.18万t，约占全球总产量的45%。纳米比亚产量保持了近年来稳中有升的趋势，已升至全球第二位，占全球总产量的12%。加拿大和澳大利亚的产量分别居全球第三和第四位。天然铀是我国重要的战略资源，也是我国核工业发展的基础原料。2021年我国天然铀产量为1855t，2022年我国天然铀进口量为1.22万t，我国天然铀大量依赖进口，资源缺口较大。截至2023年12月，我国（不含台湾地区）运行核电机组共55台，装机容量为57031.34MW（额定装机容量）。2023年，全国累计发电量为89092.0亿kWh，运行核电机组累计发电量为4333.71亿kWh，占全国累计发电量的4.86%；2023年核能发电相当于减少燃烧标准煤12339.56万t，减少排放二氧化碳32329.64万t、二氧化硫104.89万t、氮氧化物91.31万t。

新型储能正日益成为我国建设新型能源体系和新型电力系统的关键技术，以及推动能源生产消费绿色低碳转型的重要抓手。截至2023年底，全国已建成投运新型储能项目累计装机规模达3139万kW/6687万kWh，平均储能时长2.1h。2023年新增装机规模约2260万kW/4870万kWh，较2022年底增长超过260%，近10倍于"十三五"末装机规模。锂离子电池储能仍占绝对主导地位，压缩空气储能、液流电池储能、飞轮储能等技术快速发展，2023年以来，多个300MW等级压缩空气储能项目、100MW等级液流电池储能项目、兆瓦级飞轮储能项目开工建设，重力储能、液态空气储能、二氧化碳储能等新技术落地实施，总体呈现多元化发展态势。截至2023年底，已投运锂离子电池储能占比97.4%，铅炭电池储能占比0.5%，压缩空气储能占比0.5%，液流电池储能占比0.4%，其他新型储能技术占比1.2%。

能源结构方面，2023年我国非化石能源占能源消费总量的比例已达17.5%，全国可再生能源发电装机容量占比超过总装机的一半，历史性超过了火电。2023年全球可再生能源新增装机5.1亿kW，其中我国的贡献超过50%。但在一次能源结构中，煤炭仍占到56%，加上石油和天然气，化石能源占比保持在80%以上，其中交通运输用能的80%依靠化石燃料。截至2023年，全国累计发电装机容量约29.2亿kW，累计发电量为89092.0亿kWh，其中火力发电占比69.95%，水力发电占比12.81%，风力发电占比9.08%，核能发电占比4.86%，太阳能及其他发电占比3.30%。

根据国家统计局数据，2023年我国规模以上工业（以下简称“规上工业”）原油产量20891万t，同比增长2.0%；规上工业天然气产量2297亿m^3，同比增长5.8%；规上工业原煤产量46.6亿t，同比增长2.9%；规上工业发电量8.9万亿kWh，同比增长5.2%；规上工业原油加工量73478万t，同比增长9.3%。2023年，我国进口原油、天然气、煤炭等能源产品11.58亿t，增加27.2%。2023年全年国内生产总值1260582亿元，按不变价计算GDP增长5.2%；2023年一次能源消费总量已达到55.9亿t标煤，能源消费增长5.7%，占全球能源消费总量的1/4，二氧化碳排放达123.7亿t二氧化碳当量。能源和电力的绿色低碳转型是实现“双碳”目标的关键。

实现碳达峰碳中和要以能源绿色低碳发展为关键。“碳达峰碳中和”的4个主要指标中，能源直接相关的就有3个，分别是2030年单位GDP碳排放强度较2005年下降65%以上、非化石能源消费比重达到25%左右，以及风电、太阳能发电总装机容量达到12亿kW以上。

从全球发展的大趋势看，世界能源正在全面加快转型，推动能源和工业体系形成新格局，绿色低碳发展提速，能源产业信息化、智能化水平持续提升，能源生产逐步向集中式与分散式并重转变，全球能源发展呈现出明显的低碳化、智能化、多元化、多极化趋势。能源对于促进经济社会发展至关重要，我国要加快构建清洁低碳安全高效的现代能源体系。“清洁低碳安全高效”就是现代能源体系的核心内涵，同时也是对能源系统如何实现现代化的总体要求。

统筹推动非化石能源发展和化石能源清洁利用，把供给能力建设摆在首位。一方面要做好增量，就是要把风、光、水、核等清洁能源供应体系建设好，加快实施可再生能源替代行动，持续扩大清洁能源供给。另一方面要稳住存量，发挥好煤炭、煤电在推动能源绿色低碳发展中的支撑作用，有序释放先进煤炭产能，根据发展需要合理建设支撑性、调节性的先进煤电，着力提升国内油气生产水平。提升能源资源配置能力，做好电网、油气管网等能源基础设施建设，特别是加强电力和油气跨省跨区输送通道建设。建立健全煤炭储备体系，加大油气增储上产力度，重点推进地下储气库、LNG（液化天然气）接收站等储气设施建设，提升能源供应能力弹性。

重点加快发展风电、太阳能发电，积极安全有序发展核电，因地制宜开发水电和其他可再生能源，增强清洁能源供给能力。推动构建新型电力系统，促进新能源占比逐渐提高。加大力度规划建设以大型风电光伏基地为基础、以其周边清洁高效先进节能的煤电为支撑、以稳定安全可靠的特高压输变电线路为载体的新能源供给消纳体系。在能源开发生产、加工储运等各环节，提升能源资源利用水平，降低碳排放水平，同时要注重因地制宜，推动能源产业和生态治理协同发展。能源领域碳减排的关键是用能模式的低碳转型，“十四五”时期将重点关注工业、交通、建筑等行业领域，以更大力度强化节能降碳，严格合理控制煤炭消费增长，推动提升终端用能低碳化电气化水平。

在能源消费侧，大力推动形成绿色低碳消费模式。一是完善能耗“双控”与碳排放控制制度，严格控制能耗强度，坚决遏制高耗能、高排放、低水平项目盲目发展，推动我国能源资源配置更加合理，利用效率大幅提高。二是实施重点行业领域节能降碳行动，着力提升工业、建筑、交通、公共机构、新型基础设施等重点行业和领域的能效水平，实施绿色低碳全民行动。三是大力推动煤炭清洁高效利用，严格控制钢铁、化工、水泥等主要用煤行业煤炭消费，全面推动煤电节能降碳改造、灵活性改造、供热改造“三改联动”，深入推进电能替代，提高终端用能低碳化、电气化水平。

在能源供给侧，大力强化低碳能源供给能力。考虑到非化石能源主要以电的形式利用，力争2025年常规水电装机容量达到3.8亿kW左右，核电运行装机容量达到7000万kW左右，到2025年非化石能源发电量比重达到39%左右，以支撑非化石能源消费比重20%左右的目标；对水、核、风、光等非化石能源发电作出统筹安排，提出加快发展风电、太阳能发电，因地制宜开发水电、生物质发电，积极安全有序发展核电。此外，对非化石能源非电利用，例如核能综合利用、生物质燃料、地热能供热制冷等，也必须加快研发和推广步伐。

1.2 能量转换与传递原理的主要内容

从能量在物质运动与相互作用间的蕴含形式进行划分，对能量的转换与传递的理解将更有意义。蕴含于宏观物质宏观运动与相互作用的能量称之为机械能（动能和势能），例如风能，水能，潮汐能，汽车、火箭的动能，水泵或风机的动能，抽水蓄能等；宏观物质由分子构成，蕴含于物质内部分子运动与相互作用的能量称之为热能（分子动能和分子势能），例如地热能，热水、蒸汽、烟气等温度降低释放的能量，水结冰释放的能量等；分子由原子构成，蕴含于分子内部原子运动与相互作用的能量称之为化学能，化学反应过程（化学键的断开和重组）通常伴随着化学能的释放或吸收，例如天然气、汽油、煤等燃料的燃烧释放的能量，盐在水中溶解的溶解热，燃料电池化学反应释放的能量，化工生产反应工艺过程中释放的能量等；原子由电子和原子核构成，蕴含于电子或原子核的规则运动与相互作用的能量称之为电能，例如电网中的电能、蓄电池中的电能等；原子核由质子和中子构成，蕴含于原子核内部质子、中子运动与相互作用的能量称之为核能，核反应过程（质子和中子裂开和重组）通常伴随着剧烈的核能释放，例如典型的核裂变和核聚变反应所释放的大量能量。构成物质世界的还有其他基本粒子，例如蕴含于光子运动与相互作用的太阳能、宇宙背景辐射冷能等，蕴含于高能射线粒子运动与相互作用的辐射能等。物质世界的构成模式如图 1-2-1 所示。

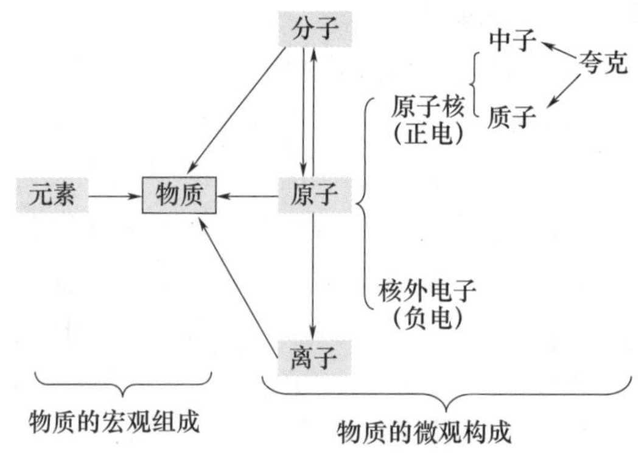

图 1-2-1　物质世界的构成模式

机械能、热能、化学能、电能、核能、电磁能、光能等是能量不同的存在和表现形式。不同的能量形式具有不同的用途，不同的能量形式在用能过程中也扮演不同的角色，不同的能量形式也可以相互之间进行转换和传递。例如导体机械运动切割磁力线可以将机械能转换为电能，电能也可以通过电磁感应转换为机械能；天然气、汽油等燃料通过燃烧等化学反应（核燃料棒通过核裂变过程）可以将化学能（或核能）转化为热能并生产高温高压的蒸汽，蒸汽通过体积膨胀过程推动汽轮机转动将热能转化为机械能，机械能通过发电机的电磁感应也可以转化为电能；太阳能通过光电效应可以转化为电能，也可以通过太阳能集热生产高温高压的蒸汽，通过膨胀做功而转换为电能；电能通过焦耳-楞次定律转换为热能；电能也可以通过电致发光或电解发光原理转换为光能；电能也可以通过振荡电流在天线中产生变化的磁场而产生电磁波，实现电能到磁能再到电能的转换。一般而言，燃料燃烧和核反应都会伴随着化学能和核能转换为光能的过程。凡是具有温度的物质，都会在分子热运动的激发下对外辐射电磁波，甚至可见光等，基于普朗克定律实现热能与电磁能（光能）的转换。

热能在能量转换与传递过程中占据特殊而重要的地位。在日常生活和生产中涉及和应用到的能量形式主要是机械能、热能、电能和光能（电磁能）。这些能量形式之间存在着广泛转换与传递，其中热能在能源应用系统中起着至关重要的纽带作用。热能不但能直接应用到化工、冶金、食品等工业生产和供暖、空调等居民生活当中，而且是化学能和核能供热模式应用的终端环节，也是化学能和核能转化为电能的中间环节，或者既是电能和太阳能供热模式应用的终端环节，也是太阳能光热发电的中间环节，或者是机械能、电能、光能等能源应用的最终归属，因为这些能源最终会通过摩擦、焦耳热等耗散机制贬质为热能。鉴于电能与机械能、电能与热能、电能与电磁能之间的转换方式与传递规律，主要在大学物理和电工电子等课程学习，因此本书将以化学能与热能、热能与机械能的转换方式及热能的传递规律为主要内容。

利用燃料热能的方式有两种：直接利用和间接利用。工业生产中的冶炼、加热、蒸煮、干燥及分馏等，日常生活中的热水供应及供暖等，都属于热能的直接利用方式。工业中热能直接利用的设备很多，如各种工业炉窑、工业锅炉、各种加热器、冷却器、蒸发器、冷凝器等，由于热能直接利用所消耗的燃料占有较大比重，所以如何提高换热设备的换热效率是当今的重要研究课题。

热能的间接利用，是将燃料热能通过各种类型的发动机（热机）及发电机，使热能转变为机械能或电能。例如蒸汽动力装置、燃气动力装置、火箭发动机、内燃机等都能实现热能的转换并获得机械能或电能。热能的间接利用，存在热能转为机械能或电能过程中的有效程度的问题。如在热力发电厂中，热能有效利用率为25%～40%，有60%～75%的热能无法利用，而排放到大气或江河湖海中去，这部分无法利用的热能称为废热。再如交通运输中的汽车、火车、飞机及轮船，热能的有效利用率更低。这些装置排放到大气中的废气，还带有大量有害物质，它污染了人类赖以生存的环境。因此，在国内外对节能研究与发展日益重视的情况下，如何在动力装置中提高热能的有效利用率，减少燃料的消耗量并消除污染，这不仅是我国面临的重要课题，也是世界性的学术课题。能量转换与传递原理的完善和发展为妥善解决研究这一课题提供了理论基础。

热能的转换具有特殊性，不仅有“量”的多少，还有“质”的高低。自发进行的能量转换过程是有方向性的，当能量转换或传递过程中有无序能参与时就会产生转换的方向性和不可逆问题。因此可以说有序能比无序能更有价值，具有更高的品质。比如摩擦生热这种普遍的自然现象，由于摩擦机械能转换为热能，即有序能转换为无序能，能量的转化从量级上看没有变化，但从品质上看却降低了，即它的使用价值变小了，能量使用价值的降低称为能量贬值，摩擦使高品质能量贬值为低品质能量。再如一辆疾驶的自行车刹车时，人和车的动能通过摩擦变成热而散失到环境中去，自行车也随之停止前进。反之对车轮加热，补偿其所散失的热能，自行车却不能恢复到原来飞速行驶的状态。由此可知，机械能可以自发地变为热能，而热能变为机械能的过程则是非自发的，亦即机械能和热能之间的转换是有方向性的。

一定数量的能量，如果是机械能，就可全部转为热能，而如果是热能，即使在人为的条件下也只能部分转为机械能。从而可知，能量除数量外还有转换能力的大小或质的差异。能量所具有的能和质的双重属性，导致能量转换时在量和质两方面遵循不同的客观规律，这就是人类长期观察大量自然现象总结而来的热力学第一及第二两个基本定律。热力学第一定律的实质是能量转换及守恒定律。能量转换时无论有无热运动参与其中，能量守恒及转换定律总是正确的，它普遍适用于包括热力学在内的各科学领域。但热力学第一定律仅从能量的数量方面揭示了能量转换的客观规律，而第二定律则从能量质的属性角度总结得出，能量转换时能的质要贬降，因而有时又把第二定律称为“能质贬降定理”。这两个定律从量到质两方面，系统地揭示了能量转换的客观规律，从而奠定了研究热现象的基本理论基础。热力学中还有称之为第零定律和第三定律的两个定律。

世界性的能源危机仍然存在，节约能源势在必行。提高能量利用的经济性是广大能源工作者的主要任务。节约能量也就是减少能量的损失，为此对能量损失的性质和产生损失的原因应加以分析。根据能量高质能和低质能、有序能和无序能的分类，能量具有量和质的双重属性，因此能量的损失也有纯数量的损失和能的质量贬值两种不同的性质。前者能量的质不变，纯属数量的减少，通常把容器和管路的跑冒滴漏等看作这类损失，后者包括温差传热、摩擦生热、自由膨胀以及节流等。例如摩擦生热过程中，机械能转换为热能，即有序能转换为无序能。能量的转化从量级上看没有变化，但从品质上看却降低了，即它的使用价值变小了。为避免混淆，热力学中把能量贬值的损失统称为不可逆损失。产生不可逆损失时，能量的数量未变，但能量的做功能力降低即能量的质量贬值。能量贬值是自然界的普遍现象。

能量转换具有方向性与不可逆性的基本原因，是微观物质运动的形态由有序运动向无序运动的不可逆转性造成的。热能是分子无序运动的能量，是一种低级能，其品质较低。其他形式的能量，如宏观动能、位能、机械能及电能都属于有序运动形式的能量，是一种高级能，其品质较高。无序运动的能量与有序运动的能量在本质上是有区别的。无序运动的热能不能无条件地转变为有序运动的能量，但有序运动的能量转换不存在条件的问题。热力学基本理论研究无序运动的热能与有序运动能量之间的转换条件及转换限度等问题，指出在孤立系统中随着过程的进展，能量的总和虽然守恒，但能量的品质却不断下降，可用能贬值为无用能。热力学两大定律从量和质两个方面揭示了能量在转换及传递过程中的客观规律，为热能有效利用与节能技术指出了正确的方向。

能量转换定律给出了能量转换或利用效率的上限，并给出了提高能量转换或利用效率的途径，描述的是能量利用过程的守恒关系和方向性。但是这些能量利用的效率目标或增效途径能否实现、实现的程度，将由能量传递定律决定。能量传递定律可以指导设计能量转换与利用装置的具体结构，描述的是能量利用过程的构效关系和约束性。

能量的传递需要势差，热能的传递需要温差。热力学第二定律指出：热量总是自发地、不可逆地从高温处传向低温处，即有温差存在的地方就有热量的传递。由于温差广泛存在于自然界和日常生活中，热量将自发地由高温物体传递到低温物体，或者从物体的高温部分传递至低温部分，因此热量传递（简称热传递）是一种极为普遍的物理现象。热传递过程有时还伴随着由于物质浓度差引起的质量传递过程，即传质过程。在热量传递过程中不仅应用热力学第一定律和第二定律，而且还需引入能确定热量传递速率的有关定律，对这些定律的研究和应用，构成了热能传递研究的基础。

热量传递过程是由导热、热对流、热辐射三种基本热传递方式组合形成的。

（1）热传导。热传导又称导热，是指物体各部分无相对位移或不同物体直接接触时依靠分子、原子及自由电子等微观粒子热运动而进行的热量传递现象，导热是物质的属性，物质的导热能力通常用热导率（或称为导热系数）来表征。导热现象既可以发生在固体内部、静止的流体中，也可发生在流动的流体中。但在引力场下，单纯的导热一般只发生在密实的固体中，因为在有温差时，液体和气体中可能出现热对流而难以维持单纯的导热。

（2）热对流。一般都将流体看作是连续的物质，那么在流体内部，仅依靠流体的宏观运动而引起的流体各部分之间发生相对位移，冷、热流体相互掺混所导致的热量传递过程称为热对流，是热传递的另一种基本方式。一般而言热对流发生在流体内部，是流体内部存在相互混合或通过分子、原子等微观粒子热运动而进行的热传递过程，因而热对流必然伴随有热传导现象。

特别地，工程上经常涉及的传热现象往往是流体在与它温度不同的壁面上流动时，两者间产生的热量交换，传热学把这一热量传递过程称为“对流传热”过程。当流体流过物体表面时，由于黏滞作用，紧贴物体表面的流体是静止的，热量传递只能按照导热的方式进行；离开物体表面，流体有宏观运动，热对流方式发挥作用。因为对流传热过程的热量传递涉及诸多影响因素，是一个复杂的热量传递过程，简单的对流传热是导热和热对流的耦合传热方式，因此它已不再属于热传递的基本方式。对流传热能力通常用表面传热系数来表征，它不仅取决于流体的物性、流动的状态、流动的原因、物体表面的几何形状、尺寸，还与传热时流体有无相变等因素有关。不同情况下的表面传热系数往往相差很大，需要具体情况具体分析。用理论分析或实验方法获得各种情况下表面传热系数的计算关系式是研究对流传热的基本任务。

热量与质量传递通常相伴而生。动量、热量和质量的传递现象，在自然界和工程技术领域中是普遍存在的。质量的传递通常会伴随着动量和能量的传递，因此研究和计算能量传递避不开质量传递过程。当物系中存在速度、温度和浓度的梯度时，则分别发生动量、热量和质量的传递现象。动量、热量和质量的传递，既可以是由分子的微观运动引起的分子扩散，也可以是由旋涡混合造成的流体微团的宏观运动引起的湍流传递。一般而言，考查牛顿黏性定律、傅里叶导热定律、斐克扩散定律，以及“湍流切应力”“湍流热传导”和“湍流质量扩散”机理，可以发现分子扩散传递和流体微团传递的动量、热量和质量交换规律都具有可类比性。分子扩散的传质能力一般用扩散系数来表征，对流传质能力一般用对流表面传质系数来表征。用理论分析或实验方法获得各种情况下热质交换同时进行过程的表面传热系数和表面传质系数的计算关系式是研究对流热质交换过程的基本任务。

（3）热辐射。物体会因各种原因发射辐射能，其中由于分子热运动的原因，物体的内能转化成电磁波的能量而进行的辐射过程称为热辐射。导热或热对流都是以冷、热物体的直接接触来传递热量，热辐射则不同，它依靠物体表面对外发射可见和不可见的射线（电磁波，或者说光子）传递热量。物体间靠热辐射进行的热量传递称为辐射传热。它的特点是：在热辐射过程中伴随着能量形式的转换（物体热力学能—电磁波能—物体热力学能）；不需要冷热物体直接接触；不论温度高低，物体都在不停地相互发射电磁波能，相互辐射能量。高温物体辐射给低温物体的能量大于低温物体向高温物体辐射的能量，总的结果是热由高温物体传到低温物体。当物体与周围环境处于热平衡时，辐射传热量等于零，但这是动态平衡，辐射和吸收过程仍在不停地进行。物体的热辐射能力与温度有关，在同一温度下不同物体的辐射和吸收本领也大不同，一般用光谱发射率和吸收率来表征物质热辐射和吸收热辐射的能力。

传热过程：实际上热传导、热对流和热辐射三种基本方式往往不是单独出现的，如前面所指出的，对流传热就是导热和对流两种方式共同作用的结果，再例如散热器的散热过程：散热器内蒸汽或热水与内壁面的对流传热、散热器壁的导热、外壁面与周围空气的对流传热以及与房间内墙壁、物体之间的辐射传热同时发生。在工程上经常遇到固体壁面两侧流体之间的热量交换，如锅炉中水冷壁、省煤器和空气预热器的传热，蒸汽轮机装置的表面式冷凝器、内燃机散热器的传热，以及热力设备和管道的散热等。一般将这种热量从固体壁面一侧的流体通过固体壁面传递到另一侧流体中去的过程称为传热过程。传热过程由三个相互串联的热量传递环节组成：

（1）热量以对流传热的方式从高温流体传给壁面，有时还存在高温流体与壁面之间的辐射传热，如炉膛内高温烟气与水冷壁之间。

（2）热量以导热的方式从高温流体侧壁面传递到低温流体侧壁面。

（3）热量再以对流传热的方式从低温流体侧壁面传给低温流体，有时还须考虑壁面与流体及周围环境之间的辐射传热。

传热过程的传热能力一般用传热系数来表征。传热过程有时也泛指所有的热能传递过程。

热质交换设备：通常也叫换热器。一般而言，热能传递交换是在换热器内进行的，换热器的结构和运行参数是决定能量传递多少和贬值多少的关键因素。常见的热质交换设备有：加湿器、表冷器、喷淋室、冷却塔、除氧器、蒸发器、冷凝器、过热器、省煤器、吸收塔、再生塔、散热器、暖风机、风机盘管、转轮除湿机、空气预热器、蒸汽加热器、蒸汽喷射泵等等。这些设备设计选用得如何、传热传质效果，不但直接影响到能源应用系统的使用效果，而且还对能量消费产生重大影响。热质交换设备的流动方式、布置与安排、分析计算与设计，均以能量传递原理为其理论基础，也是本书的重点内容。

三种基本用能模式：基于能量转换与传递原理有三种基本用能模式，如图 1-2-2 所示。

（1）分流式用能过程：一股中品位的热能，在满足热力学第一定律和第二定律前提下，一部分转换为高品位能量，另一部分转换为更低品位的能量。大多数发电过程，例如蒸汽朗肯循环发电、光伏发电、温差发电等都属于此类用能过程，第二类增温型热泵也属于此类用能过程。

（2）合流式用能过程：一股高品位的能量作为驱动，提升另外一股低品位热能的品质，两股不同品位的能量在满足热力学第一定律和第二定律前提下，合并成一股中品位热能。大多数电力驱动的蒸气压缩式热泵、半导体制冷都属于此类用能过程；热力驱动的第一类吸收式增热型热泵、蒸汽

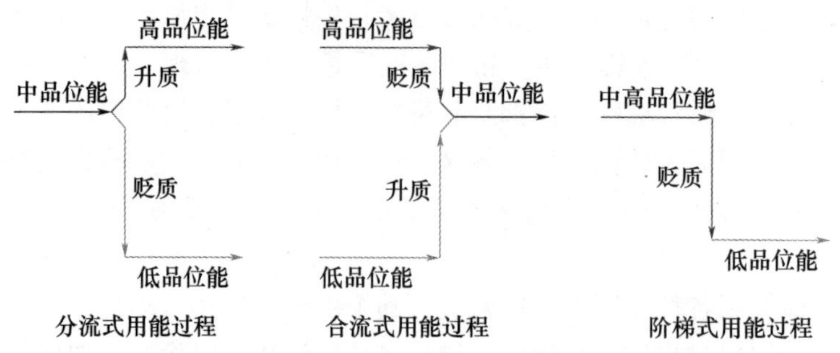

图 1-2-2　三种基本用能模式

喷射式热泵也属于此类用能过程；热冷流体的混合过程也属于此类用能过程。

（3）阶梯式用能过程：一股较高品位的能量，在势差的作用下进行利用，在满足热力学第一定律和第二定律前提下，直接贬质为较低品位的能量。大多数传热过程，例如加热器、蒸发器、冷凝器的用能过程属于此类用能过程。一般而言，能量转换品位之间的差异越大，能量传递过程的驱动势差越大，则用能过程的耗散越大。从节约高品位能的角度看，能量转换与传递之间的品位差或势差不宜过大，需要做到"高能高用，低能低用"，同时减少传热传质过程的温差不均匀程度和平均传热温差。这就是通常所说的"能量梯级利用"的节能原理和要求。

热能循环利用模式：将上述合流式用能过程与阶梯式用能过程复合，可以构成如图 1-2-3 所示热能循环利用模式。它由回收环节、驱动环节、用能环节、排放环节四部分构成。在用能环节采用阶梯式模式进行工艺加热；生产工艺结束时将排放低品位热能，但是大部分低品位热能被合流式模式进行了回收；回收的低品位热能在高品位能量的驱动下进行回流和品位提升，并与高品位能量合并成一股再次进入用能环节。从能量守恒的角度看，输入环节的高品位能量在数量上等于排放环节的低品位能量。如果该合流式模式的制热系数为 5，即 1 份高品位能可以驱动 4 份低品位能进行回流升质，那么对于一个需要 5 份热能进行加热的生产工艺，常规用能模式需要输入 5 份高品位能，同时排放 5 份低品位废热；但是对热能循环利用模式，只需要输入 1 份高品位能，只排放 1 份低品位能。可见，热能循环利用模式是一种节能减排效果十分显著的用能模式。

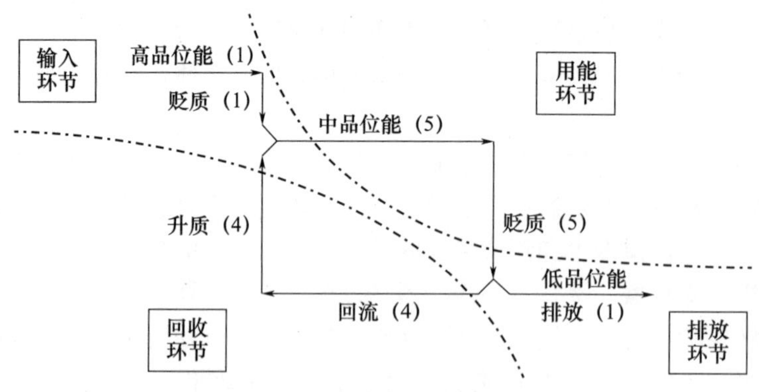

图 1-2-3　热能循环利用模式

开源、节流、能量梯级利用、能量循环利用，是能源开发高效利用的基本原则。对于较为复杂的生产工艺和用能系统，可以做到多层梯级利用，并优化能量级差；也可以做到多级能量循环，并优化循环结构；通过耦合梯级利用和循环利用实现最大化的节能和减排。基于电驱热泵驱动热能循环的多效蒸发工艺如图 1-2-4 所示，该用能模式就是一个梯级利用与循环利用深度耦合节能的典型案例。基于能量转换与传递原理，针对不同生产工艺和具体用能特点，可以优化设计更科学合理、更高效节能的用能系统。

综上所述，能量转换与传递原理属于应用科学（工程科学）的范畴，是工程科学的重要领域之一。它从工程的观点出发，研究物质的热力性质、能量转换与传递基本规律、能量转换与传递设备

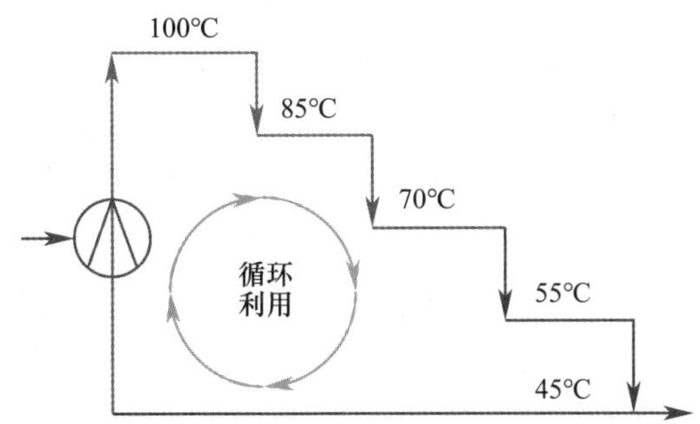

图 1-4　电驱热泵驱动热能循环的多效蒸发工艺用能模式示意图

系统等问题。它是设计计算和分析各种动力装置、制冷机、热泵空调机组、锅炉及各种热交换器的理论基础。能量转换与传递原理是工科专业中一门必不可少的技术基础课，在基础课与专业课中起着承前启后的作用。能量转换与传递原理主要内容包括以下几部分：

（1）构成能量转换理论基础的两个基本定律：热力学第一定律和热力学第二定律。

（2）制约能量转换与传递能力的工质热力性质分析，包括理想气体和实际气体、水蒸气和湿空气、流体和溶液等。

（3）能量转换系统过程与性能分析，应用能量转换原理，结合工质的热力学性质，分析计算实现热能和其他能量转换的各种热力过程和热力循环等，对气体和蒸汽动力循环、制冷循环、热泵循环、吸收式循环等进行热力分析及计算，探讨影响能量转换效果的因素以及提高转换效率的途径与方法等。

（4）常见化学能转换热能过程的原理，介绍溶液热力学基础和燃气燃烧的基本规律和计算应用方法。

（5）导热和分子扩散传质的基本规律与应用，稳态与非稳态导热过程分析。

（6）对流传热传质的基本规律与应用，单相对流换热、沸腾与凝结换热、热质传递同时进行的过程分析与工程计算。

（7）热辐射与辐射换热基本规律与应用，灰表面之间的辐射换热，介质辐射换热，太阳辐射及太阳能利用。

（8）热质交换设备与系统的计算原理，优化设备结构设计、分析设备运行特性与控制特性，增强或削弱传热过程的措施，两介质热功转换系统分析。

（9）数值传热传质计算基础。

1.3　能量转换与传递过程的研究方法

热现象是人们最常接触到的自然现象之一。人类最早利用热能为自己服务，虽可追溯到钻木取火，但研究能量转换与传递并使之成为一门科学，则直到 20 世纪中叶才得以完成。

18 世纪中叶瓦特发明蒸汽机，实现了大规模的热能到机械能的转换，推动了欧洲的工业革命，也激发了人们研究热现象的兴趣。但是，直到 18 世纪末，一种错误的热素说仍广为流传。热素说认为：热是一种没有质量的、不生不灭的物质，称作“热素”，它可以透入一切物体，物体的热和冷取决于所含热素的多少。伦福德于 1798 年首先指出，制造大炮时炮筒和切屑都产生高温，但并没有热素流入，因此热必定与切削时的运动有关。由于热素说无法解释诸如摩擦生热等现象，人们开始认为热应该是和物质运动相关联的。1804 年，法国物理学家毕奥在热传导方面得出的平壁导热实验结果是导热定律的最早表述。稍后，法国的傅里叶运用数理方法，更准确地把它表述为后来称为傅里叶定律的微分形式。

1842 年迈耶首先提出热是一种能量形式，它可以和机械能相互转换，但总的能量保持不变。到

1850 年，焦耳以多种实验方法测定了热和功的当量关系。至此，关于能量守恒与转换的原理，即热力学第一定律，终于取代热素说而得以确认。

关于热力学第二定律，卡诺于 1824 年在研究提高蒸汽机效率的基础上最先指出，热机必须在不同温度的热源之间工作（凡有温差之处，就能产生动力），而热机的工作效率取决于高温热源和低温热源的温度，就像水轮机的工作效率取决于高、低水位的落差一样。卡诺的研究涉及热能转变为机械能的条件和效率（即热力学第二定律的内容），但卡诺所处的时代，热素说还占统治地位，卡诺也不例外，他的结论虽然是正确的，但他对热能本质的理解却是错误的，他只是猜到了热力学第二定律。热力学第二定律的确立应归功于克劳修斯。他于 1850 年提出了热力学第二定律的如下表述："不可能将热量由低温物体传送到高温物体而不引起其他变化"，并以这一表述为前提正确论证了卡诺定理。

1860 年，基尔霍夫通过人造空腔模拟绝对黑体，论证了在相同温度下以黑体的辐射率（黑度）为最大，并指出物体的辐射率与同温度下该物体的吸收率相等，被后人称为基尔霍夫定律。1878 年，斯忒藩由实验发现辐射率与热力学温度四次幂成正比的事实。1884 年，又为玻耳兹曼在理论上所证明，称为斯忒藩-玻耳兹曼定律，俗称四次方定律。1900 年，普朗克在研究空腔黑体辐射时，得出了普朗克热辐射定律。这个定律不仅描述了黑体辐射与温度、频率的关系，还论证了维恩提出的黑体能量分布的位移定律。

对流换热的真正发展是 19 世纪末叶以后的事情。1904 年，德国物理学家普朗特的边界层理论和 1915 年努谢尔特的因次分析，为从理论和实验上正确理解和定量研究对流换热奠定了基础。1929 年，施密特指出了传质与传热的类同之处。

热力学两个基本定律的建立构成了热力学理论的框架，指导了热机的发展和不断完善，并被推广应用于其他科技领域。此后，能斯特于 1912 年在研究低温现象的基础上提出了绝对零度不可能达到的原理，也被称作热力学第三定律。基南于 1942 年提出可用能的概念，并在热能工程中得到广泛应用和发展。

时至今日，关于能量转换与传递原理的热力学、传热传质学、智能设计制造、系统优化控制等仍然在飞速变化和发展。不难发现，能量转换与传递原理在生产实践和科学实验中建立并充实，反过来，它又推动了生产和科学技术的发展。这正是一切科学理论和科技、生产互动发展的普遍规律。

研究能量转换原理基础理论是热力学，它有两种研究方法：一种是宏观方法，即经典热力学方法；另一种是微观方法，即统计热力学方法。宏观方法的特点，是把物质看作是连续的整体，从宏观现象出发，对热现象进行直接观察和实验，从而总结出自然界的一些普遍的基本规律，这些规律就是热力学第一定律和热力学第二定律。然后再以这些定律为基础演绎推论而得到具有高度普遍性的结论。因此，宏观方法所得的结论是人类长期观察自然界的经验总结，它的正确性为无数经验所证明。宏观方法所得的规律是可靠的和具有普遍意义的，工程热力学主要采用宏观方法。但宏观方法也有不足之处，宏观方法无法解释热现象的本质，不能解释微观物质结构中个别分子的个别行为，也不能预测物质的具体特性。

微观方法的特点，是从物质内部微观结构出发，借助物质的原子模型及描述物质微观行为的量子力学，利用统计方法去研究大量随机运动的粒子，从而得到物质的统计平均性质，并得出热现象的基本规律。微观方法从物质内部分子运动的微观机理方面更深刻地解释热现象的本质，从而进一步解释物质的宏观特性。统计热力学还能解释经典热力学不能解释的比热理论，熵的物理意义及熵增原理等物理本质。但微观方法也有其局限性，由于微观理论所采用的物质结构的物理模型只是物质实际结构的近似，所得结果往往与实际并不完全一致。微观方法要以繁杂的数学方法为工具，因而在应用上受到一定的限制。

以宏观方法研究平衡态物系的热力学称为平衡态热力学，又称为经典热力学；用宏观方法研究偏离平衡态不远的非平衡态物系热力学，称为非平衡态热力学或不可逆过程热力学。用微观方法研究热现象的科学统称为统计物理学。统计物理学用于平衡态物系又叫作统计热力学，又称统计力学。宏观方法的优点是简单、可靠，只要少数几个宏观物理量即可描述系统状态。同时，所依据的基本定律已为人类实践所证实，具有极大的普遍性和可靠性，用以进行各种推导时，只要不做其他假定，所得结论同样是极为可靠的。然而，由于未涉及物质内部结构，因而不能解释现象的微观本质，同时也不能用以得出具体物质的性质。经典热力学的不足之处可用统计热力学弥补，后者基于物质的内部结构，不但可以解释宏观现象的本质，而且可在对物质的结构作出一些合理的假设后，甚至还可得出具体的物性，但因微观粒子为数众多，要用统计的方法才能进行研究，因此计算麻烦，不如宏观方法简单。就工程应用而言，简单可靠是首先要考虑的问题，因此本书的内容以宏观平衡的经典热力学为主介绍能量转换原理。

虽然能量转换与传递过程均遵循热力学第一定律和第二定律，但是描述能量转换规律的热力学着重研究平衡状态下机械能和热能之间相互转换的规律，而描述能量传递规律的传热传质学则着重研究由于存在温差（或浓度差）而引起的不可逆的热量（质量）传递的规律。以将一个钢锭从1000℃在油槽中冷却到100℃为例，从热力学可以了解每千克钢锭在这一冷却过程中散失的热量。假定钢锭的比热容为450J/(kg・K)，则每千克钢锭损失的热力学能为405kJ。但是，从热力学不能确定达到这一温度需要的时间。这一时间取决于油槽的温度、油的运动情况、油的物理性质等，这正是能量传递原理的研究内容。

就物体温度与时间的依变关系而言，热量传递过程可区分为稳态过程（又称定常过程）与非稳态过程（又称动态过程）两大类。凡是物体中各点温度不随时间而改变的热传递过程均称为稳态热传递过程，反之则称为非稳态热传递过程。各种热质交换设备的设计往往是以额定功率下持续不变工况的运行作为主要依据的。

工程中的传热传质问题可分为两种类型：一类是计算传递的热（质）流量，并且有时要力求增强传热传质，有时则力求削弱传热传质。另一类是确定物体内各点的温度（或浓度），以便进行温度控制和其他计算（如热应力计算）。要解决这些传热传质问题，必须具备热质传递规律的基础知识和分析工程传热传质问题的基本能力，掌握计算工程传热传质问题的基本方法，并具有相应的计算能力及一定的实验技能。

能量传递原理的研究方法既可用数理解析分析、数值仿真分析，也可用实验研究方法，三者是相辅相成的。

（1）数学分析方法：在对能量传递现象充分认识的基础上，通过合理的简化和假设，或者基于三传类比原理，建立简化的物理模型，再根据其物理模型建立描述该能量传递现象的数学模型，即微分方程及定解条件，并用解析的方法求解。但是，由于实际问题的复杂性，仅有少数能量传递问题能够获得分析解，而大多数问题由于数学上的困难尚不能获得分析解。虽然如此，数学分析方法在能量传递研究中的地位仍然是不容忽视的。

（2）数值计算方法：采用数值计算方法时，把描述能量传递现象的微分方程组通过离散化改写成一组代数方程，通过迭代法、消元法数值计算方法用计算机求解该代数方程组，就可以求得所研究区域中一些代表性地点上的温度及其他所需的物理量。它不仅可求解导热问题，而且可以求解对流传热、对流传质、辐射传热和整个传热传质过程的问题，已形成能量传递的新分支——数值传热传质学。

（3）实验研究方法：由于工程实际问题的复杂性，实验研究方法仍是目前能量传递的基本研究方法。由于实际热质交换设备往往比较庞大，要在这种尺寸上直接进行试验需花费较多的人力、物力，有时甚至是不可能的。为了能有效地进行实验研究，常常采用缩小的模型进行实验。要使模型中的试验结果能应用到实际设备中，需按照相似理论的原则来组织试验、整理数据。理论的基础是实践，并在不断实践中发展。科学技术的进步和生产实践经验对于加强理论分析，进而更好地解决生产中有关热传递的问题，具有十分重要的意义。

与其他学科一样，在能量传递原理的研究中，也普遍采用抽象、概括、理想化和简化的方法。这种略去细节、抽出共性、抓主要矛盾处理问题的方法，在进行理论分析时特别有用。这种科学的抽象，不但不脱离实际，而且总是更深刻地反映了事物的本质。这些假设一般分为两类。一类属于普遍性的假设，例如假设所研究的物体为连续体，即物体内各点的温度等参数为时间和空间坐标的连线函数。若不考虑物质的微观结构，只要所研究的物体的尺寸与分子间相互作用的有效距离相比足够大，这一假设总是成立的。又如，假定所研究的物体是各向同性的，也即在同样的温度、压力下，物体内各点的物性与方向无关。另一类假设是针对某一类特定问题引入的，例如反映物体导热能力的导热系数总是随温度而变的，但为了简化计算而又不至出现明显的误差，而取为定值或适当的平均值。为了能在实际计算中做出恰当的简化和假设，必须对各种物理现象作详细的观察和分析，这就要求我们应具有丰富的理论知识和实践经验。在处理工程传热传质问题时，还必须熟悉和掌握传热传质机理、有关定律、测试技能和分析计算方法。

本书采用的单位：近年来，世界各国逐步采用统一的国际单位制（简称 SI），以避免由于单位制不同而引起的混乱现象和烦琐的换算。我国国务院已于 1984 年 2 月 27 日发布《关于在我国统一实行法定计量单位的命令》，我国法定计量单位基本上采用国际单位制。有鉴于此，本书一律采用国务院公布的法定计量单位，部分国际单位制单位见表 1-3-1 和表 1-3-2。

表 1-3-1　国家法定计量单位的基本单位（部分）

量	单位名称	单位符号	量	单位名称	单位符号
长度	米	m	热力学温度	开［尔文］	K
质量	千克	kg	物质的量	摩［尔］	mol
时间	秒	s			

表 1-3-2　国家法定计量单位的导出单位（部分）

物理量	单位名称	单位符号	其他 SI 单位的表达式
力	牛［顿］	N	$kg \cdot m/s^2$
功、热量、能［量］	焦［耳］	J	$N \cdot m$
压力	帕［斯卡］	Pa	N/m^2
功率	瓦［特］	W	J/s
比热容、比熵	焦［耳］每千克开［尔文］	$J/(kg \cdot K)$	$J/(kg \cdot ℃)$
比热力学能、比焓	焦［耳］每千克	J/kg	—

第 2 章　基础概念

2.1　热力系统与热力过程

2.1.1　系统、边界与外界

做任何分析研究，首先必须明确研究对象。热力系统就是具体指定的热力学研究对象。用界面将所要研究的对象与周围环境分隔开来，将这种人为分隔的研究对象称为热力系统，简称系统。

分隔系统与外界的分界面，称为边界。边界以外与系统相互作用的物体，称为外界或环境。为了避免把热力系统和外界混淆起来，设想有界面将它们分开。这界面可以是真实，也可以是假想的；可以是固定的，也可以是变动的。不管界面是真实的还是假想的，是固定的还是变动的，它一旦被确定了，对界面内的热力系统和界面外的外界就要做到泾渭分明、内外有别，而不能随意混淆，以免在分析问题时造成混乱和错误。热力系统示意见图 2-1-1。

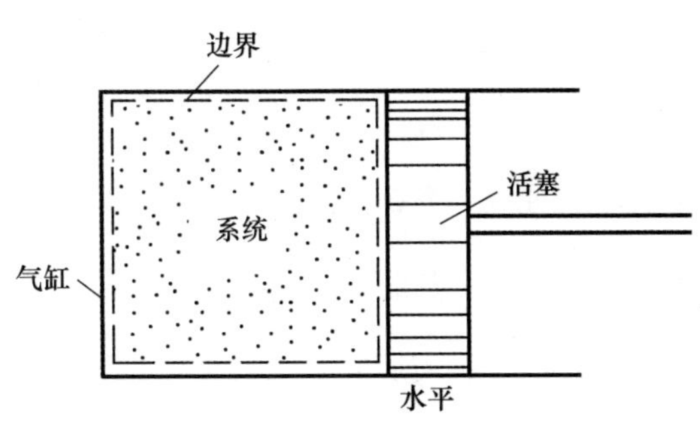

图 2-1-1　热力系统

热力系统可以是一群物体、一个物体或物体的某一部分。它可以很大，也可以很小，但是不能小到只包含少量的分子，以致不能遵守统计平均规律，因为热力学理论的正确性有赖于分子运动的统计平均规律，而这一规律只存在于大量现象。

用界面将热力系统和外界分开，并不是要断绝热力系统和外界的联系，而是要控制好这个界面，对热力系统和外界进行的任何形式的联系都做到心中有数。在作热力学分析时，既要考虑热力系统内部的变化，也要考虑热力系统通过界面和外界发生的能量交换和物质交换。对外界的变化，一般不予考虑。

在热力过程中，系统与外界之间通过边界可以有能量的传递（例如功或热量），也可以有物质的流入或流出。按系统与外界进行能量和质量交换的情况，可将热力系统分成不同类型。

2.1.2　闭口系统与开口系统

没有物质穿过边界的系统称为闭口系统，有时又称为控制质量系统。闭口系统的质量保持恒定，取系统时应把所研究的物质都包括在边界内。

有物质流穿过边界的系统称为开口系统。取系统时只需把所要研究的空间范围用边界与外界分隔开来，故又称开口系统为控制体积，简称控制体，其界面称为控制界面。热力工程中遇到的开口系统多数都有确定的空间界面，界面上可以有一股或多股工质流过。图 2-1-2 便是开口系统的实例。需要强调的是，对图 2-1-2 在所讨论的 dτ 时间范围内，即使热空气流出量与冷空气流入量相等，系统质量变化为零，仍为开口系统。

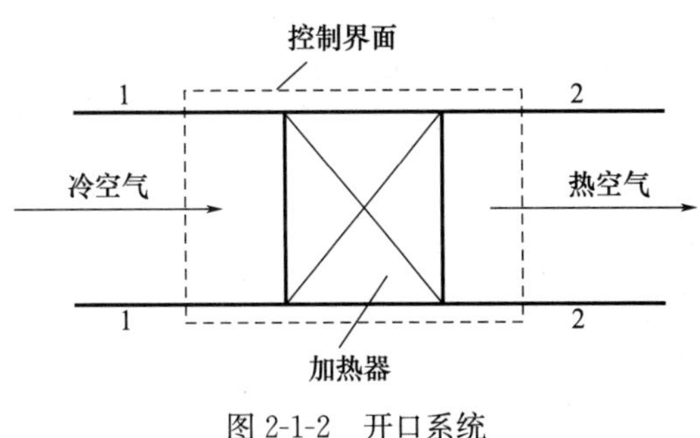

图 2-1-2　开口系统

2.1.3 绝热系统与孤立系统

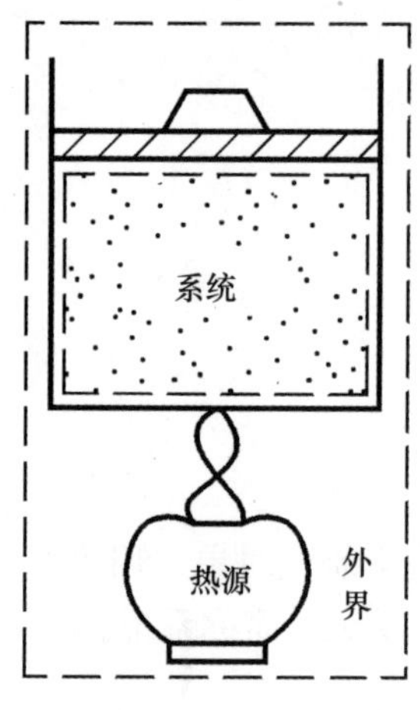

图 2-1-3 孤立系统

(1) 绝热系统

系统与外界之间没有热量传递的系统，称为绝热系统。事实上，自然界不存在完全隔热的材料，因此绝热系统只是当系统与外界传递的热量小到可以忽略不计时的一种简化模式。热力工程中有许多系统，如汽轮机、喷管等都可当作绝热系统来分析。

(2) 孤立系统

系统与外界之间不发生任何能量传递和物质交换的系统，称为孤立系统。由于自然界中不存在绝对的孤立系统，但可以把研究对象连同与它直接相关的外界用一个新的边界包围起来，因此一切热力系统连同与之相互作用的外界可抽象为孤立系统。图 2-1-3 是闭口系统及其相互作用外界（热源）构成的孤立系统，可见孤立系统一定是闭口系统和绝热系统，但反之则不然。

应当指出，热力系统的选取主要取决于所要解决的问题，必须根据实际情况以能给解决问题带来方便为原则，系统的选取方法对研究问题的结果并无影响，仅与解决问题的难易程度有关。

2.1.4 系统的内部状况

系统内部工质所处的状况通常可有如下不同的类型。

(1) 单相系与复相系

系统中工质的物理、化学性质都均匀一致的部分称为一个相，相与相之间有明显的界线。由单一物相组成的系统称为单相系；由两个相以上组成的系统称为复相系，如固、液、气组成称三相系统。

(2) 单元系与多元系

由一种化学成分组成的系统称为单元系，纯物质就属单元系，例如，纯水、纯氧、纯氮等，无论它们是单相还是复相都是单元系。由两种以上不同化学成分组成的系统称为多元系，例如，氮气、水和冰组成的混合物属二元系统，化学反应系统及溶液等都属多元系统。但是，对于化学上稳定的混合物，例如，空气在不发生相变时，其化学组成不变，常可当作纯物质对待。

(3) 均匀系与非均匀系

成分和相在整个系统空间呈均匀分布称为均匀系，否则为非均匀系。例如，微小水滴均匀分布在充满水蒸气的整个容器中，那么水和水蒸气的混合物为均匀系，如果水在容器底部而水蒸气在其上部，则为非均匀系。

2.1.5 热力循环

要使工质连续不断地做功，单有一个膨胀过程是不可能的，因为当它与环境压力达到平衡时，便不能再继续膨胀做功了。为了使工质能周而复始地做功，就必须使膨胀后的工质回复到初始状态，如此反复地循环。

工质从某一初态出发，经历一系列状态变化，最后又回复到初始状态的全部过程，称为热力循环，简称循环。如图 2-1-4 (a) 所示 1—2—3—4—1 为正循环，图 2-1-4 (b) 中 1—4—3—2—1 为逆循环。

1. 正循环

设有 1kg 工质在气缸中进行一个小循环 1—2—3—4—1。过程 1—2—3 表示膨胀过程，所做膨胀功在 p-v 图上为面积 123561。为使工质回复到初态，必须对工质进行压缩，此时所消耗的压

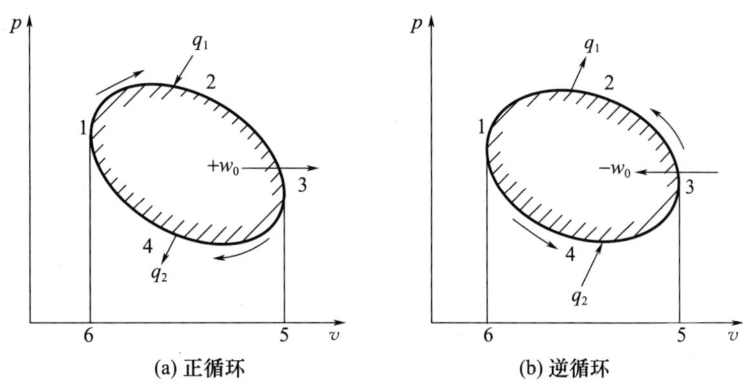

(a) 正循环　　(b) 逆循环

图 2-1-4　任意循环在 p-v 图上的表示

缩功为面积 341653。正循环所做净功 w_0 为膨胀功与压缩功之差，即循环所包围的面积 12341（正值）。

对正循环 1—2—3—4—1，在膨胀过程 1—2—3 中工质从热源吸热 q_1，在压缩过程 3－4－1 中工质向冷源放热 q_2。由于在循环过程中，工质回复到初态，工质的状态没有变化，因此，工质内部所具有的能量也没有变化。循环过程中工质从热源吸收的热量 q_1 与向冷源放出的热量 q_2 的差值，必然等于循环 1—2—3—4—1 所做的净功 w_0，即 $w_0=q_1-q_2$。

正循环中热转换功的经济性指标用循环热效率 η_1 表示：

$$\text{循环热效率}=\frac{\text{循环中转换为功的热量}}{\text{工质从热源吸收的总热量}}$$

$$\eta_1=\frac{w_0}{q_1}=\frac{q_1-q_2}{q_1}=1-\frac{q_2}{q_1} \tag{2-1-1}$$

从式（2-1-1）可得出结论：循环热效率总是小于 1。从热源得到的热量 q_1 只能有一部分变为净功 w_0，在这一部分热能转换为功的同时，必然有另一部分的热量 q_2 流向冷源。没有这部分热量流向冷源，热量是不可能连续不断地转变为功的。

2. 逆循环

如图 2-1-4（b）所示，热力循环按逆时针方向进行（即循环 1—4—3—2—1）时，就成了逆循环。由 p-v 图可知，逆循环的净功为负值，即逆循环需消耗功。工程上逆循环有两种用途：如以获得制冷量为目的，称为制冷循环，这时制冷工质从冷源吸取热量 q_2（或称冷量）；如以获得供热量为目的，则称为热泵循环。这时工质将从冷源吸收的热量 q_2，连同循环中消耗的净功 w_0，一并向较高温度的供热系统供给热量 q_1（$q_1=w_0+q_2$）。逆循环的经济指标采用工作系数（coefficient of performance，COP）表示。分别有制冷系数 ε_1（或 COP_R）和供热系数 ε_2（或 COP_H）。即

制冷系数

$$\varepsilon_1=\frac{q_2}{w_0}=\frac{q_2}{q_1-q_2} \tag{2-1-2}$$

供热系数

$$\varepsilon_2=\frac{q_1}{w_0}=\frac{q_1}{q_1-q_2} \tag{2-1-3}$$

从式（2-1-2）和式（2-1-3）可知，制冷系数与供热系数之间存在下列关系：

$$\varepsilon_2=1+\varepsilon_1 \tag{2-1-4}$$

制冷系数可能大于、等于或小于 1，而供热系数总是大于 1。

应当指出：由可逆过程组成的循环称为可逆循环，在 p-v 图上可用实线表示。部分或全部由不可逆过程组成的循环称为不可逆循环，在坐标图中不可逆过程部分可用虚线表示。因此，循环可有可逆正循环、可逆逆循环、不可逆正循环及不可逆逆循环之分。式（2-1-2）适用于可逆与不可逆正循环，式（2-1-3）及式（2-1-4）适用于可逆与不可逆逆循环。

2.2 工质物性参数与状态参数

2.2.1 工质物性参数

物性参数是指工质的物理性质的参数，物质的性质多数可分为两大类：物理性质和化学性质。其中物质的物理性质如：颜色、气味、状态，是否易融化、凝固、升华、挥发，还有些性质如熔点、沸点、硬度、导电性、导热性、延展性等，可以利用仪器测知。还有些性质，通过实验室获得数据计算得知，如溶解性、密度等。

热导率 λ（或称导热系数），指单位厚度的物体具有单位温度差时，在它的单位面积上每单位时间的导热量，它的国际单位是 W/(m・K)。它表示材料导热能力的大小。热导率一般由实验测定，例如，普通混凝土 λ=0.75～0.8W/(m・K)，纯铜的 λ 将近 400W/(m・K)。

与导热系数相近的还有导温系数，导温系数又称热扩散率或热扩散系数。是反映物料被加热或冷却时，传播温度变化能力的参数。单位是 m^2/s。导温系数越大，说明物料的温度扩散能力越强，即在物料被加热或冷却时，温度变化传播得越快，各部分温度趋于一致的能力越强，在同样的加热或冷却条件下，物料内部各处的温度差越小。导温系数 $\alpha=\lambda/c\rho$，式中 λ 为物料的导热系数；c 和 ρ 分别是物料的比热容和密度。

动力黏度 μ：单位为 N/（m^2・s），Pa・s。不同流体有不同的值，流体的 μ 值越大，黏滞性越强。μ 的物理意义可以这样来理解：当流体速度梯度取 1 时，则 $\tau=\mu$，即 μ 表征单位速度梯度作用下的切应力，所以它反映了黏滞性的动力性质，因此称 ν 为动力黏度。

在流体力学中，经常出现 μ/ρ 的比值，用 ν 表示

$$\nu=\frac{\mu}{\rho} \tag{2-2-1}$$

式中，ρ 为流体的密度；ν 的因次为 L^2T^{-1}，常用单位为 m^2/s（称斯托克斯，简写 St）。如果考虑密度就是单位体积质量，则 ν 的物理意义也可以这样来理解：ν 是单位速度梯度作用下的切应力对单位体积质量作用产生的阻力加速度。这样，由于在 ν 的因次中没有力的因次，只具有运动学要素，故称 ν 为运动黏度。流体流动性是运动学的概念，所以衡量流体流动性应用 ν 而不用 μ。

普朗特准则

$$Pr=\frac{\nu}{a} \tag{2-2-2}$$

表示速度分布和温度分布的相互关系，体现流动和传热之间的相互联系。

施密特准则

$$Sc=\frac{\nu}{D} \tag{2-2-3}$$

表示速度分布和浓度分布的相互关系，体现流体的动量与传质间的联系。

路易斯准则

$$Le=\frac{a}{D}=\frac{Sc}{Pr} \tag{2-2-4}$$

表示温度分布和浓度分布的相互关系，体现传热和传质之间的联系。

定压比热容

$$c_p=\left(\frac{\mathrm{d}h}{\mathrm{d}T}\right)_p \tag{2-2-5}$$

在压强不变的情况下，单位质量的某种物质温度升高 1K 所需吸收的热量，叫作该种物质的定压比热容，用符号 c_p 表示，国际单位是 J/(kg・K)。

定容比热容

$$c_v=\frac{\mathrm{d}u}{\mathrm{d}T} \tag{2-2-6}$$

在物体体积不变的情况下，单位质量的某种物质温度升高 1K 所需吸收的热量，叫作该种物质的定容比热容，以符号 c_v 表示，国际单位是 J/(kg · K)。

比热比：描述气体热力学性质的一个重要参数，定义为定压比热容 c_p 与定容比热容 c_v 之比，通常用符号 γ 表示，即 $\gamma=c_p/c_v$。

体积膨胀系数：无论物质是哪种（固体、液体或气体）形态的变化，都称之为体膨胀。当物体温度改变 1℃时，其体积的变化和它在 0℃时体积之比，叫作体积膨胀系数，或称体胀系数，符号用 α 表示。

设在 0℃时物质的体积为 V_0，在 t℃时的体积为 V_t，则体胀系数的定义式为

$$\alpha=\frac{V_t-V_0}{V_0 t} \tag{2-2-7}$$

2.2.2　状态与状态参数

系统中某瞬间表现的工质热力性质总状况，称为工质的热力状态，简称为状态，是反映工质大量分子热运动的平均特性。系统与外界之间能够进行能量交换的根本原因，在于两者之间热力状态存在差异。例如，锅炉中的热量传递是由于燃料燃烧生成的高温烟气与汽锅内汽水之间存在温度差；又如热力发动机中能量转换是由于热力发动机中工质与外界环境存在温度、压力差。描述工质状态特性的各种物理量称为工质的状态参数，状态参数一旦确定，工质的状态随之确定，状态参数变化，工质所处状态也发生变化，因此状态参数是热力系统状态的单值性函数，数学特征为点函数。

当系统由状态 1 变化到状态 2 时，任意状态参数 x 的变化仅与初、终状态有关，而与状态变化的途径无关。

$$\int_1^2 \mathrm{d}x = x_2 - x_1 \tag{2-2-8}$$

当系统经过一系列状态变化又回复到初态时，状态参数的循环积分为零。

$$\oint \mathrm{d}x = 0 \tag{2-2-9}$$

式中　x——表示工质某一状态参数。

从不同方向描述工质状态特性的各种物理量称为工质的状态参数。如温度 T、压力 p、比体积 v 或密度 ρ、内能 u、比焓 h、比熵 s、自由能 f、自由焓 g 等。

2.2.3　基本状态参数

温度、压力、比体积和密度这些可以直接或间接地用仪表测量出来的状态参数，称为基本状态参数。

1. 温度

温度是描述系统热力平衡状况时冷热程度的物理量，其物理实质是物质内部大量微观分子热运动的强弱程度的宏观反映。如果两个物体分别和第三个物体处于热平衡，则它们彼此之间也必然处于热平衡。该定理被称为热力学第零定律。

从微观上看，温度是标志物质内部大量分子热运动的强烈程度的物理量。热力学温度与分子平移运动平均动能的关系式为

$$\frac{m\overline{w^2}}{2}=BT \tag{2-2-10}$$

式中　$\frac{m\overline{w^2}}{2}$——分子平移运动的平均动能，其中 m 为一个分子的质量，$\overline{w}$ 为分子平移运动的均方

根速度；

B——比例常数；

T——气体的热力学温度。

国际单位制中采用热力学温标，也叫开尔文温标或绝对温标，用 T 表示，单位为 K（开）。摄氏温标或百度温标用 t 表示，单位为℃（摄氏度）。它们之间的换算关系如下：

$$t=T-T_0 \tag{2-2-11}$$

式中 $T_0=273.15\text{K}$。

2. 压力

(1) 压力和压力单位

垂直作用于器壁单位面积上的力，称为压力 p，也称压强。

$$p=\frac{F}{A} \tag{2-2-12}$$

式中 F——整个容器壁受到的力，N；

f——容器壁的总面积，m^2。

分子运动学说把气体的压力看作是大量气体分子撞击器壁的平均结果，表示为

$$p=\frac{2}{3}n\frac{m\overline{w^2}}{2}=\frac{2}{3}nBT \tag{2-2-13}$$

式中 p——单位面积上的压力；

n——分子浓度，即单位体积内含有气体的分子数，$n=N/V$，其中 N 为体积 V 包含的气体分子总数。

式（2-2-13）把压力的宏观量与微观量联系起来，阐明了气体压力的本质，并揭示了气体压力与温度之间的内在联系。

SI 规定压力单位为帕斯卡（Pa），即 $1\text{Pa}=1\text{N/m}^2$。工程上还曾采用其他压力单位，如巴（bar）、标准大气压（atm）、工程大气压（at）、毫米水柱（mmH_2O）和毫米汞柱（mmHg）等单位。各种压力的换算关系参看附表 2-1。

(2) 相对压力与绝对压力

根据式（2-2-12）计算的压力是气体的真正压力，这种压力称为气体的绝对压力。工程上常用测压仪表测定系统中工质的压力。这些仪表的结构是基于力平衡原理，利用液柱的重力或各种类型弹簧的变形，以及用活塞上的载重来平衡工质的压力，因此测压仪表不能直接测定绝对压力，而只能测出气体绝对压力与当地大气压力的差值，这种压力称为相对压力。如图 2-2-1 所示，当用 U 形压力计测量风机入口段及出口段气体的压力时压力计指示的压力即为相对压力。

由于大气压力随地理位置及气候条件等因素而变化，导致绝对压力相同的工质在不同大气压力条件下，压力表指示的相对压力并不相同。在本书中如不注明是“相对压力或表压力”，都应理解为“绝对压力”。

注意只有绝对压力才是工质的状态参数。图 2-2-1 中风机入口段气体的绝对压力小于外界大气压力，相对压力为负压，又称真空值；风机出口段气体的绝对压力大于外界大气压力，相对压力为正压，又称表压力；如果气体的绝对压力与大气压力相等，相对压力便为零。

绝对压力、相对压力和大气压力之间关系如图 2-2-2 所示。

当 $p>B$ 时

$$p=B+p_g \tag{2-2-14}$$

当 $p<B$ 时

$$p=B-H \tag{2-2-15}$$

式中 B——当地大气压力；

p_g——高于当地大气压力时的相对压力，称表压力；

H——低于当地大气压力时的相对压力，称为真空值。

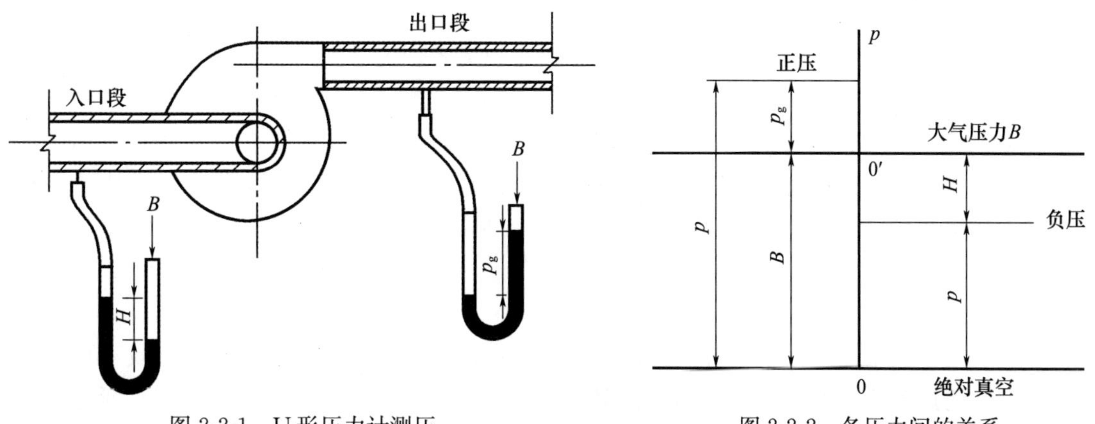

图 2-2-1　U 形压力计测压　　　　图 2-2-2　各压力间的关系

3. 比体积

单位质量工质所具有的容积，称为工质的比体积。

$$v=\frac{V}{m} \tag{2-2-16}$$

式中　v——比体积，m^3/kg；

V——体积；

m——质量。

比体积的倒数称为密度，密度是单位容积的工质所具有的质量。

$$\rho=\frac{m}{V} \tag{2-2-17}$$

式中　ρ——密度，kg/m^3。

2.2.4　其他状态参数

1. 比内能

比内能，又名质量内能、质量热力学能、比热力学能，是用于表示燃料所能产生的热量，指内能 U 与质量 m 之比，符号为 u，其单位为 J/kg。

$$u=\frac{U}{m} \tag{2-2-18}$$

2. 比焓

为简化计算，将流动工质传递的总能量中，取决于工质热力状态的那部分能量，写在一起，引入一新的物理量，称为焓，定义式为

$$H=U+pV \quad (J) \tag{2-2-19}$$

或

$$h=u+pv \quad (J/kg) \tag{2-2-20}$$

3. 比熵

对于可逆过程系统与外界交换的热量，这里借鉴可逆过程膨胀功的表达式，既然可逆过程膨胀功的标志是广延参数 V 的微小增量 dV，那么可逆过程传热的标志一定也是某个广延参数的微小增量，把这个新的广延参数微小增量称为熵，以符号 s 表示。$ds>0$，系统吸热；$ds<0$，系统放热；绝热过程 $ds=0$。

$$\delta Q=TdS \quad (J) \tag{2-2-21}$$

或

$$\delta q=Tds \quad (J/kg) \tag{2-2-22}$$

2.2.5 强度性参数和广延性参数

描述系统状态特性的各种参数，按其与物质数量的关系，可分为两类。

1. 强度性参数

系统中单元体的参数值与整个系统的参数值相同，与质量多少无关，没有可加性，称此单元体参数为强度性参数，如温度 T、压力 p。当强度性参数不相等时，便会发生能量的传递，如在温差作用下发生热量传递，在力差作用下发生功传递。可见，强度性参数在热力过程中起着推动力作用，称为广义力或势。

2. 广延性参数

整个系统的参数值等于系统中各单元体参数值之和，与系统中质量多少有关，具有可加性，称此单元体参数为广延性参数，如系统的体积 V、热力学能 U、焓 H 和熵 S 等。可见广延性参数在热力过程中，起着类似力学中位移的作用，称为广义位移。如传递热量必然引起系统熵的变化；系统对外做膨胀功必然引起系统体积的增加。

广延性参数除以系统的总质量，即得到单位质量的广延性参数或称比参数，如比体积 v、比热力学能 u、比焓 h、比熵 s 等。习惯上常将“比”字省略，简称为热力学能、焓、熵等，比参数没有可加性。

2.3 热量和功

热量和功量都是指系统通过界面与外界传递时的能量，能量从一个物体传递到另一个物体，可有两种方式：一种是做功，另一种是传热。这两个参数与前面提到的状态参数不同，它们是热力过程量，其数值不仅与初终状态有关，还与热力过程有关。

2.3.1 功量

功是系统与外界通过界面交换能量的一种形式。力学中，功的定义是系统所受的力与沿力作用方向所产生位移的乘积。但并不是任何情况下都能容易确定与功有关的力与位移。在热力学中，功是系统除温差以外的其他不平衡势差所引起的系统与外界之间传递的能量。由于外界功源有各种不同形式，如电、磁、机械装置等，相应的功也有各种不同的形式，如电功、磁功、机械拉伸功、弹性变形功、表面张力功、膨胀功、轴功等。热力学中规定：系统对外做功为正值，外界对系统做功为负值。

国际单位制中，功的单位为 J（焦耳）。1J＝1N・m（牛顿・米），其他单位功量的换算见附表 2-2。由于工程热力学主要研究热能与机械能的转换，膨胀功是热转换为功的必要途径，而热工设备的机械功往往通过机械轴传递，下面先介绍膨胀功和轴功。

1. 膨胀功（容积功）

在压力差作用下，由于系统工质容积发生变化而传递的机械功。无论是闭口系统还是开口系统，热转换为功，工质容积都要膨胀，也就是说都有膨胀功。闭口系统膨胀功通过系统界面传递，而开口系统的膨胀功则是技术功的一部分，可通过其他形式传递。

系统膨胀过程容积变化 $\Delta v>0$，则 $\Delta w>0$；压缩过程容积变化 $\Delta v<0$，则 $\Delta w<0$；对定容过程 $\Delta v=0$，则 $\Delta w=0$。但是必须指出，工质膨胀过程也可以没有功的输出，例如，在绝热刚性容器中，用隔板将容器分为两部分，一部分存有气体，另一部分为真空，当隔板抽去后，气体作绝热自由膨胀。压力降低，比体积增大，但没有功的输出，这是典型的不可逆过程。因此，容积变化是做膨胀功的必要条件，而不是充分必要条件，做膨胀功除工质的容积变化外，还应当有功的传递和接收机构。

对于可逆过程的膨胀功，如图 2-3-1 所示热机装置示意图，取气缸内 1kg 气体为闭口热力系统，当工质克服外力 F 推动活塞移动微小距离 $\mathrm{d}S$ 时，工质将对外做微小膨胀功。

按物理学中功的定义式：功＝力×距离

则有

$$\delta w = F\mathrm{d}S \tag{2-3-1}$$

由于热力过程可逆，系统内外没有势差，则作用在活塞上的外力与工质作用在活塞上的力相等，外力就可以用系统内部状态参数来表示，即

$$F = pf \tag{2-3-2}$$

式中　f——活塞的截面积。

得到单位质量工质在微元热力过程中所做的膨胀功为

$$\delta w = pf\mathrm{d}S = p\mathrm{d}v \tag{2-3-3}$$

可逆过程 1—2 所做膨胀功为

$$w = \int_1^2 p\mathrm{d}v \ (\mathrm{J/kg}) \tag{2-3-4}$$

在图 2-2-3 中面积 $12nml$ 表示膨胀功。由于在该图上可用过程线与坐标轴之间围成的面积表示功的大小，故又称 p-v 图为示功图。显然，在初、终状态相同情况下，如果过程经历的途径不同，则膨胀功的大小也不相同，这说明膨胀功与过程特性有关，它是过程量而不是状态量，用数学语言表达，微元功 δw 不是全微分，“δ” 表示微小量，而不是微小增量 “d”，故它的积分 $w = \int_1^2 \delta w \neq w_2 - w_1$ 。

2. 轴功

系统通过机械轴与外界传递的机械功称为轴功。如图 2-3-2（a）所示，外界功源向刚性绝热闭口系统输入轴功 W_s，该轴功通过耗散效应转换成热量，被系统吸收，增加了系统的热力学能。但是，由于刚性容器中的工质不能膨胀，热量不可能自动地转换为机械功，因此，刚性闭口系统不能向外界输出轴功。

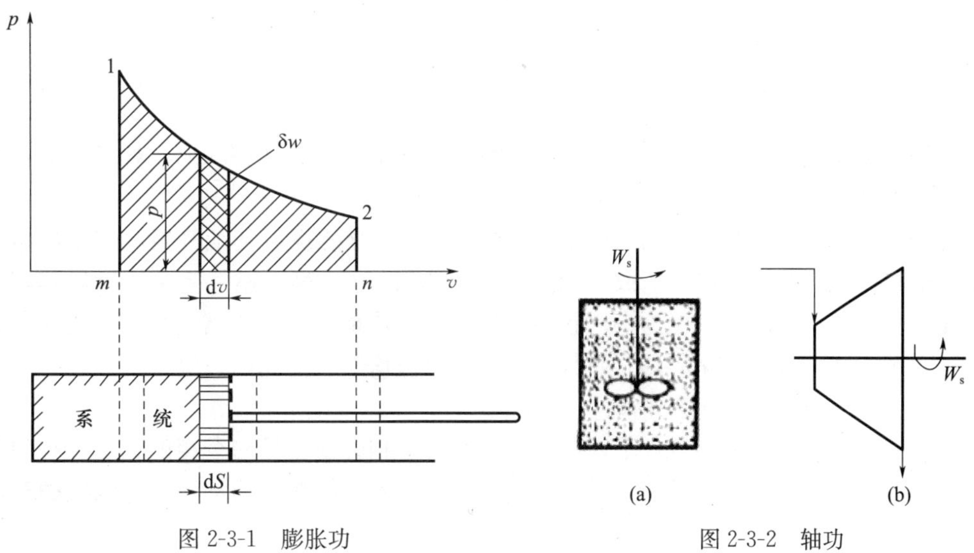

图 2-3-1　膨胀功　　　　图 2-3-2　轴功

图 2-3-2（b）是开口系统与外界传递的轴功 W_s（输入或输出）。工程上许多动力机械，如汽轮机、内燃机、风机、压气机等都靠机械轴传递机械功。

轴功可来源于能量的转换，如汽轮机中热能转换为机械能，也可源于机械能的直接传递，如水轮机、风车等。单位质量工质的轴功，采用 w_s。按规定系统输出轴功为正功，输入轴功为负功。

2.3.2 热量

热量是系统与外界依靠温差传递的能量，热量传递中作为推动力的强度性参数是温度，当系统与外界之间达到热平衡时，系统与外界的热量传递随之停止，而热量一旦通过界面传入（或传出）系统，就变成系统（或外界）储存能的一部分，即热力学能，有时习惯上称为热能。显然，热量与热力学能（或热能）之间有原则性的区别，热量是与过程特性有关的过程量，而热力学能是取决于热力状态的状态量。因此，我们不能说系统具有多少热量，而只能说系统具有多少能量。热力学中规定，系统吸热时，热量为正值，放热时，热量为负值。在国际单位制中，热量的单位同功的单位一样，均采用 J（焦耳），工程上经常用 cal（卡）为单位，二者的换算关系：1cal=4.1848J。

其他能量单位，如卡、千克力·米、千瓦·时、马力·时等与国际单位的换算关系参看附表 2-2。

对于可逆过程系统与外界交换的热量，这里借鉴可逆过程膨胀功的表达式，既然可逆过程膨胀功的标志是广延参数 V 的微小增量 dV，那么可逆过程传热的标志一定也是某个广延参数的微小增量，我们把这个新的广延参数微小增量称为熵，以符号 s 表示。$ds>0$，系统吸热；$ds<0$，系统放热；绝热过程 $ds=0$。

$$\delta q = T\mathrm{d}s(\mathrm{J/kg}) \tag{2-3-5}$$

或

$$\delta Q = T\mathrm{d}s(\mathrm{J}) \tag{2-3-6}$$

可逆过程 1—2 传递的热量

$$q = \int_1^2 T\mathrm{d}s\ (\mathrm{J/kg}) \tag{2-3-7}$$

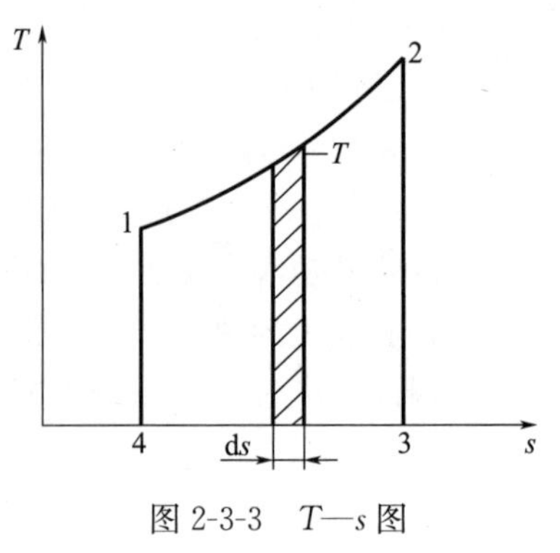

图 2-3-3 T—s 图

如图 2-3-3 所示，面积 12341 表示可逆过程传递量，故又称该图为示热图。从图中分析可知，初、终态相同但中间途径不同的各种过程，其传递热量也相同，说明热量也是过程量，它与过程特性有关。

2.3.3 热值、显热与潜热

$1Nm^3$ 燃气完全燃烧所放出的热量称为该燃气的热值，单位为 kJ/Nm^3，对于液化石油气，热值单位也可用 kJ/kg 表示。

热值可分为高热值和低热值。高热值是指 $1Nm^3$ 燃气完全燃烧后其烟气被冷却至原始温度，而其中的水蒸气以凝结水状态排出时所放出的热量。低热值是指 $1Nm^3$ 燃气完全燃烧后其烟气被冷却至原始温度，但烟气中的水蒸气仍为蒸汽状态时所放出的热量。显然，燃气的高热值在数值上大于其低热值，差值为水蒸气的汽化潜热。而且，高、低热值均与燃烧起始、终了的温度有关。除非特别指明，本书中的热值均以 15℃为燃烧参比条件。

潜热是指在温度保持不变的条件下，物质在从某一个相转变为另一个相的相变过程中所吸入或放出的热量，是一种状态量。因任何物质在仅吸入（或放出）潜热时均不致引起温度的升高（或降低），这种热量对温度变化只起潜在作用，故名潜热。

显热是指当此热量加入或移去后，会导致物质温度的变化，而不发生相变。物质的摩尔量、摩尔热容和温差三者的乘积为显热。即物体不发生化学变化或相变化时，温度升高或降低所需要的热称为显热。

简单地说，显热就是有温度变化没有相变；潜热没有温度变化，变化是由相变产生。

2.4　平衡状态和状态方程

2.4.1　平衡状态

用状态参数描述系统状态特性，只有在平衡状态下才有可能，否则系统各部分状态不同就不可能用确定的参数值描述整个系统的特性，因此平衡的概念是工程热力学的基本概念。

如图 2-4-1 所示，设有一封闭容器，有隔板将它分成 A、B 两部分。A 部分装有气体，B 部分抽成真空［图 2-4-1（a)］。当把隔板抽开以后，由于 A、B 两部分压力不平衡，A 部分的气体会向 B 部分转移。在这个过程中，气体的状态是随时间变化的。过了一段时间，当容器中气体的压力和温度趋于一致后，如果没有外界的作用，容器中气体的状态将不再发生变化而一直保持这种平衡状态［图 2-4-1（b)］。

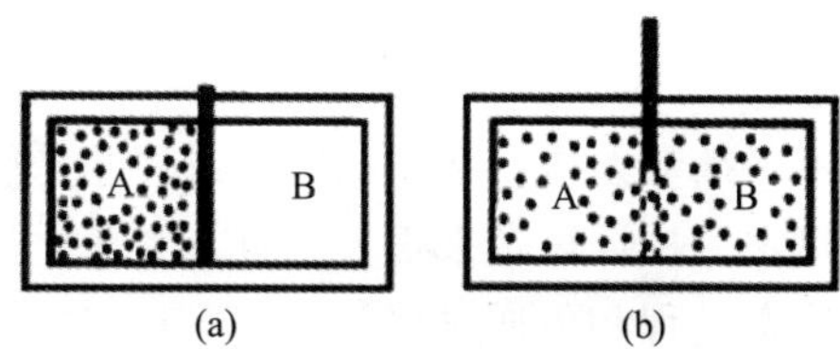

图 2-4-1　封闭容器平衡状态示意图

系统在不受外界影响的条件下，如果宏观热力性质不随时间变化，系统内外同时建立了热力学平衡，这时系统的状态称为热力平衡状态，简称平衡状态。

处于平衡状态的单相流体（气体或液体），如果忽略重力的影响，又没有其他外场作用，那么它内部各处的各种性质都是均匀一致的。不仅流体内部的压力均匀一致（这是建立力平衡的必要条件）、温度均匀一致（这是建立热平衡的必要条件），而且所有其他宏观性质（如比体积、比热力学能、比焓、比熵等）也都是均匀一致的。热力系各部分的性质均匀一致，这给热力学分析带来很大方便。热力学主要研究的正是这种均匀的平衡状态。

处于气—液两相平衡的流体，流体内部的压力和温度均匀一致（即建立了力平衡和热平衡），但气相和液相的比体积、比热力学能、比焓、比熵等则是不同的。

2.4.2　状态公理

描述热力系统的每个状态参数都是从不同角度反映系统某方面的宏观特性。这些参数之间存在内在联系。当某些参数确定后，所有其他状态参数也随之确定，系统即处于平衡状态。那么在一定的限定条件下，确定系统平衡状态的独立参数究竟需要几个呢？实践经验表明，对于纯物质系统，与外界发生任何一种形式的能量传递都会引起系统状态的变化，且各种能量传递形式可单独进行，也可同时进行，因此状态公理表述为

$$\text{确定纯物质系统平衡状态的独立参数}=n+1 \tag{2-4-1}$$

式中表示传递可逆功的形式。而加 1 表示能量传递中的热量传递。例如，对除热量传递外只有膨胀功（容积功）传递的简单可压缩系统，$n=1$，于是确定系统平衡状态的独立参数为 $1+1=2$，所有状态参数都可表示为任意两个独立参数的函数。

2.4.3　状态方程

根据状态公理，纯物质可压缩系统的 3 个基本状态参数有如下函数关系：

$$p=f_1(T,\ v) \tag{2-4-2}$$

$$T=f_2(p,\ v) \tag{2-4-3}$$

$$v=f_3(p,T) \tag{2-4-4}$$

以上三式建立了温度、压力、比体积这三个基本状态参数之间的函数关系，称为状态方程。它们也可合并写成如下隐函数形式：

$$F(p,v,T)=0 \tag{2-4-5}$$

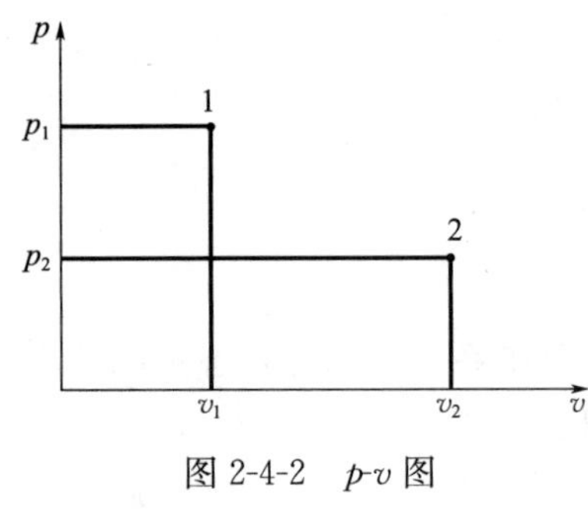

图 2-4-2　p-v 图

既然简单可压缩系统的平衡状态可由任意两个独立参数确定，因此，人们常采用由两个参数构成的平面坐标系来描述工质的状态和分析状态变化过程，如图 2-4-2 所示的 p-v 图，图中每一个点代表一个确定的平衡状态。

2.4.4　准静态过程和可逆过程

系统与外界在传递能量的同时，系统工质的热力状态必将发生变化。热力过程就是指工质从某一状态过渡到另一状态所经历的全部状态变化。严格地讲，系统经历的实际过程，由于不平衡势差作用必将经历一系列非平衡状态，这些非平衡状态无法用少数几个状态参数来描述，给热工分析计算带来很大困难。为简化计算，我们在引用平衡概念的基础上、将热力过程理想化为准静态过程和可逆过程。

1. 准静态过程

考察系统内部状态变化过程，发现系统内、外都有引起系统状态变化的某种势差，如温差、压差等，所以系统内部状态变化难免偏离平衡状态。无论是温差或压差在理论上都有做功的能力。但是，系统内部的这种不平衡势差在系统向新的平衡过渡时，并不能对外做功而是成为一种损失，称为非平衡损失，这种损失很难定量计算。因此，理论研究可以设想这种过程进行得非常缓慢，使过程中系统内部被破坏了的平衡状态有足够的时间恢复到新的平衡态，即整个过程可看作是由一系列非常接近平衡态的状态所组成，这样的过程称为准静态过程。这种过程不必考虑内部不平衡的势差对能量转换造成的影响，没有内部不平衡损失，状态特性可用少数几个参数描述。

准静态过程是理想化了的实际过程，是实际过程进行得非常缓慢时的一个极限。实际过程在通常情况下是可以近似地当作准静态过程来处理。

准静态过程在坐标图上可以用一系列平衡状态点的轨迹所描绘的连续曲线表示，如图 2-4-3 所示实线 1—2。如果热力过程除初、终状态外，在过程中的每一瞬间系统状态都不接近平衡态，这种过程称为非准静态过程，在图 2-4-3 中如虚线 1—2 所示。

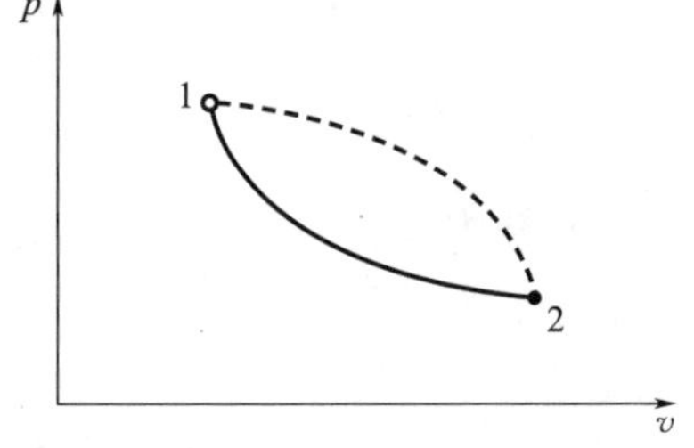

图 2-4-3　准静态过程和非准静态过程

2. 可逆过程

在分析系统与外界传递能量（功量和热量）的实际效果时，只考察系统内部状态变化过程是不够的，因为在能量传递过程中设备的机械运动和工质的黏性流动都存在摩阻，将使一部分可用功转变为热，虽然能量的总量没有变化，但是可用功却减少了，转变成了低品位的热能，这种由功转变为热的现象称为耗散效应，而造成可用功的损失称为耗散损失，这部分损失在实际计算中也很难确定。

如图 2-4-4 所示装置中，取气缸中的工质作为系统，设工质进行绝热膨胀，对外做功工质经历 A—1—2—3—4—B 的准静态过程（如 p-v 图中所示）。假想机器是没有摩擦的理想机器，工质内部也没有摩阻。工质对外做的功全部用来推动飞轮，以动能的形式储存在飞轮中。当活塞逆行时，飞轮中储存的能量逐渐释放出来用于推动活塞沿工质原过程线逆向进行一个压缩过程。由于机器及工质没有任何耗散损失，过程终了将使工质及机器都回复到各自的初始状态，对外界没有留下任何影响，既没有得到功，也没有消耗功。这种过程没有热力学损失，其正向效果与逆向效果恰好相互抵消，这样的过程称为可逆过程。

可逆过程的定义为：当系统进行正、反两个过程后，系统与外界均能完全回复到初状态，否则为不可逆过程。实现可逆过程的具体条件：一是过程没有势差（或势差无限小），如传热没有温差，

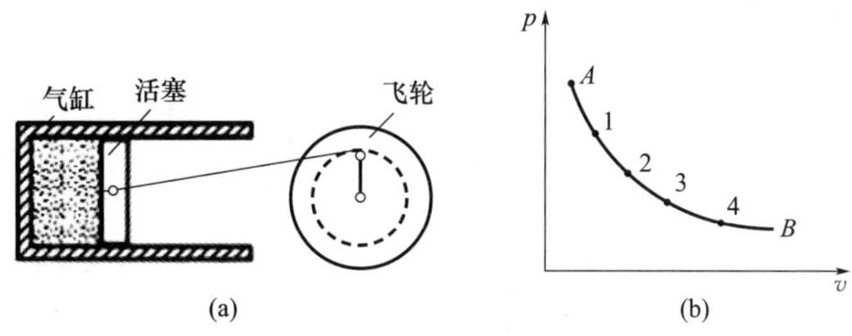

图 2-4-4　可逆过程图

做膨胀功没有压力差等；二是过程没有耗散效应，如机械运动没有摩擦，导电没有电阻等。

显然，可逆过程是理想化过程，是实际过程的一种极限，实际上是不可能实现的。引入可逆过程只是一种研究方法，是一种科学的抽象。工程上许多涉及能量转换的过程，动力循环、制冷循环、气体压缩、流动等热力过程的理论分析，都常把过程理想化为可逆过程进行分析计算，既简便又可把所得结果作为实际过程能量转换效果的比较标准。而将理论计算值加以适当修正，就可得到实际过程的结果。因此可逆过程的概念在热力学中有非常重要的作用。

对热力系统而言，准静态过程和可逆过程都是由一系列平衡状态所组成，在（p-v）图上都能用连续曲线来表示；但两者又有一定的区别，可逆过程要求系统与外界随时保持力平衡和热平衡，并且不存在任何耗散效应，在过程中没有任何能量的不可逆损失，而准静态过程的条件仅限于系统内部的力平衡和热平衡。准静态过程在进行中，系统与外界之间可以有不平衡势差，也可能有耗散现象发生，只要系统内部能及时恢复平衡，其状态变化还可以是准静态的。

可见，准静态过程是针对系统内部的状态变化而言的，而可逆过程是针对过程中系统所引起的外部效果而言的。可逆过程必然是准静态过程，而准静态过程则未必是可逆过程，它只是可逆过程的条件之一。

还需指出，非平衡损失和耗散损失不是指能量的数量损失，而是指能量做功能力（即能质）的降低或退化。

2.5　物理场及其表征

2.5.1　物理场

1. 温度场

温度场是指某一时刻物体的温度在空间上的分布。一般来说，它是时间和空间的函数，对直角坐标系即

$$t=f(x,y,z,\tau) \tag{2-5-1}$$

式（2-5-1）表示物体的温度在 x、y、z 三个方向和在时间上都发生变化的三维非稳态温度场，此时的导热过程叫做非稳态导热。如果温度场不随时间而变化，即 $\partial t/\partial\tau$，则为稳态温度场，该导热过程叫做稳态导热，这时，$t=f$（x，y，z）。如果稳态温度场仅和两个或一个坐标有关，则称为二维或一维稳态温度场。一维稳态温度场可表示为

$$t=f(x) \tag{2-5-2}$$

它是温度场中最简单的一种情况，例如高、宽远大于其厚度的大墙壁内的导热就可以认为是一维导热。

2. 浓度场

当液体或气体间存在浓度差时，在界面允许溶质自由通过的条件下，高浓度侧与低浓度侧的溶质在空间上的分布是均匀递减的，此种浓度差在空间上的递减称为浓度梯度。该浓度梯度的作用称

为浓度场。

3. 压力场

压力场，流体压力分布的空间区域。存在于固体、液体、气体的内部或流体与固壁之间、固体与固体相接触的界面上。

4. 速度场

速度场是由每一时刻、每一点上的速度矢量组成的物理场。以流体为例，速度场是指流体流动前沿的矢量的速度分布。即在某一时刻流体在其流动空间内所有点上的全部流体速度矢量的分布状态。

2.5.2 等值线

等值线是制图对象某一数量指标值相等的各点连成的平滑曲线，由地图上标出的表示制图对象数量的各点，采用内插法找出各整数点绘制而成的。常见的有等温线、等压线、等高线、等势线等。

这里以温度场为例介绍等值线：同一时刻，温度场中所有温度相同的点连接所构成的面叫做等温面。不同的等温面与同一平面相交，则在此平面上构成一簇曲线，称为等温线。在同一时刻任何给定地点的温度不可能具有一个以上的不同值，所以两个不同温度的等温面或两条不同温度的等温线绝不会彼此相交。它们或者是物体中完全封闭的曲面（线），或者终止于物体的边界上。

在任何时刻，标绘出物体中的所有等温面（线），就给出了此时物体内的温度分布情形，亦即给出了物体的温度场。所以，习惯上物体的温度场用等温面图或等温线图来表示。图 2-5-1 是用等温线图表示温度场的示例。

在等温面上，不存在温度差异，因此，沿等温面不可能有热量的传递。热量传递只发生在不同的等温面之间。自等温面上的某点出发，沿不同方向到达另一等温面时，将发现单位距离的温度变化，即温度的变化率，具有不同的数值。自等温面上一点到另一个等温面，以该点法线方向的温度变化率为最大。以该点法线方向为方向，数值也正好等于这个最大温度变化率的矢量称为温度梯度，用 grad$t$ 表示，正向（符号取正）是朝着温度增加的方向，如图 2-5-2 所示。

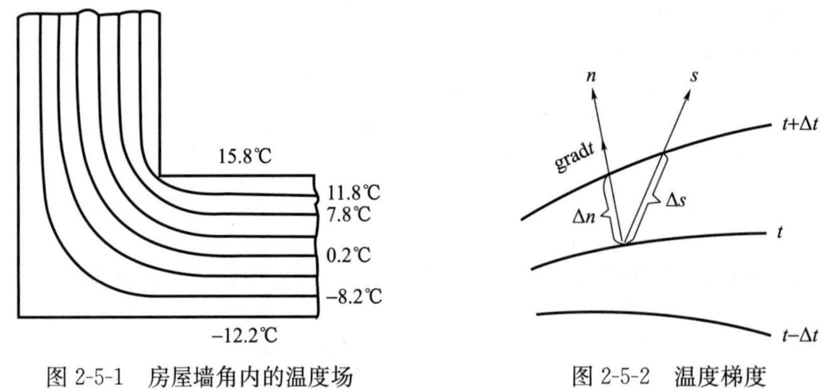

图 2-5-1　房屋墙角内的温度场

图 2-5-2　温度梯度

$$\mathrm{grad}t=\frac{\partial t}{\partial n}n \tag{2-5-3}$$

式中 $\frac{\partial t}{\partial n}$——沿法线方向温度的方向导数；

n——法线方向上的单位矢量。在直角坐标系中，温度梯度可表示为

$$\mathrm{grad}t=\frac{\partial t}{\partial x}i+\frac{\partial t}{\partial y}j+\frac{\partial t}{\partial z}k \tag{2-5-4}$$

式中 $\frac{\partial t}{\partial x}$、$\frac{\partial t}{\partial y}$、$\frac{\partial t}{\partial z}$——温度梯度在直角坐标系中三个坐标轴上的分量；

i、j 和 k——三个坐标轴方向的单位矢量。

在圆柱坐标系中，参见图 2-5-3，温度梯度可表示为

$$\mathrm{grad}t=\frac{\partial t}{\partial r}e_r+\frac{1}{r}\frac{\partial t}{\partial \phi}e_\phi+\frac{\partial t}{\partial z}e_z \tag{2-5-5}$$

式中　$\frac{\partial t}{\partial r}$、$\frac{1}{r}\frac{\partial t}{\partial \phi}$、$\frac{\partial t}{\partial z}$——温度梯度在圆柱坐标系中三个坐标轴上的分量；

e_r、e_ϕ、e_z——三个坐标轴方向的单位矢量。

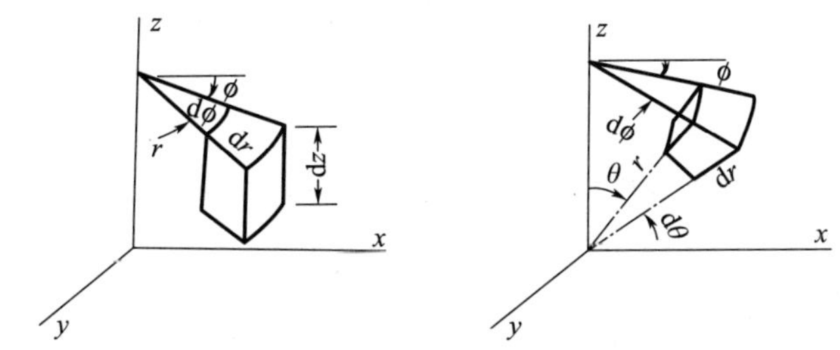

图 2-5-3　圆柱和圆球坐标系

在圆球坐标系中，参见图 2-5-3，温度梯度可表示为

$$\mathrm{grad}t=\frac{\partial t}{\partial r}e_r+\frac{1}{r\sin\theta}\frac{\partial t}{\partial \phi}e_\phi+\frac{1}{r}\frac{\partial t}{\partial \theta}e_\theta \tag{2-5-6}$$

式中　$\frac{\partial t}{\partial r}$、$\frac{1}{r\sin\theta}\frac{\partial t}{\partial \phi}$、$\frac{1}{r}\frac{\partial t}{\partial \theta}$——温度梯度在圆柱坐标系中三个坐标轴上的分量；

e_r、e_ϕ、e_θ——三个坐标轴方向的单位矢量。

2.5.3　梯度、散度和旋度

1. 标量场的梯度

在标量场 ϕ（r，t）中任取一点 M，过 M 点作曲线 s，在 s 上取另一点 M'，若 $\lim\limits_{MM'\to 0}\frac{\phi(M')-\phi(M)}{MM'}$ 存在，则称该极限值为标量场中在 M 点沿 s 方向的变化率。在过 M 点所有可能的方向中存在一个 ϕ 的变化率最大的方向。定义梯度是这样一个矢量，它的方向为 ϕ 变化率最大的方向，而其大小则为这个最大变化率的数值。梯度是标量场不均匀性的量度，通常以 $\mathrm{grad}\phi$ 表示。在直角坐标系中

$$\mathrm{grad}\phi=\frac{\partial \phi}{\partial x}i+\frac{\partial \phi}{\partial y}j+\frac{\partial \phi}{\partial z}k=\left(i\frac{\partial}{\partial x}+j\frac{\partial}{\partial y}+k\frac{\partial}{\partial z}\right)\phi=\nabla\phi \tag{2-5-7}$$

式中，$\nabla=i\frac{\partial}{\partial x}+j\frac{\partial}{\partial y}+k\frac{\partial}{\partial z}$，称哈密顿算子，它具有矢量和微分的双重运算性质。由上式可见 ϕ 的梯度可表示为 ∇ 作用于 ϕ。

2. 矢量场的散度

在矢量场 $\boldsymbol{a}$（r，t）中任取一点 M，包围 M 点作一微元体积 $\Delta\tau$，其表面积为 ΔA。设 n 为 ΔA 的外法线单位量，若极限 $\lim\limits_{\Delta\tau\to 0}\frac{\oint_{\Delta}\boldsymbol{a}\cdot n\mathrm{d}A}{\Delta\tau}$ 存在，则称该极限值为矢量场 $\boldsymbol{a}$ 在 M 点处的散度，记为 $\mathrm{div}\boldsymbol{a}$。在直角坐标系中

$$\mathrm{div}\boldsymbol{a}=\frac{\partial a_x}{\partial x}+\frac{\partial a_y}{\partial y}+\frac{\partial a_z}{\partial z}=\nabla\cdot a \tag{2-5-8}$$

由上式可见，$\boldsymbol{a}$ 的散度也可以表示为哈密顿算子 $\nabla=i\frac{\partial}{\partial x}+j\frac{\partial}{\partial y}+k\frac{\partial}{\partial z}$ 与矢量 $\boldsymbol{a}=a_xi+a_yj+a_zk$ 作点乘运算的结果。矢量 $\boldsymbol{a}$ 的散度是一个标量。

3. 矢量场的旋度

在矢量场 $\boldsymbol{a}$（r，t）中任取一点 M，过 M 点作一微元面积 ΔA，其边界线为 Δl，微元面积的法

线方向为 n。若极限 $\lim\limits_{\Delta A\to 0}\dfrac{\oint_{\Delta l}\boldsymbol{a}\cdot \mathrm{d}\boldsymbol{r}}{\Delta A}$，存在，则称该极限为矢量 $\boldsymbol{a}$ 在 M 点处沿 n 方向的环量面密度。在过 M 点的所有方向中存在一个环量面密度最大的方向。定义旋度是这样一个矢量，它的方向是环量面密度最大的方向，其大小为这个最大环量面密度的值，记为 **rot** $\boldsymbol{a}$ 或 **curl** $\boldsymbol{a}$。在直角坐标系中

$$\mathbf{rot}\ \boldsymbol{a}=\begin{vmatrix} i & j & k \\ \dfrac{\partial}{\partial x} & \dfrac{\partial}{\partial y} & \dfrac{\partial}{\partial z} \\ a_x & a_y & a_x \end{vmatrix}=\nabla\times\boldsymbol{a} \tag{2-5-9}$$

由上式可见，旋度可以表示为哈密顿算子$\nabla=i\dfrac{\partial}{\partial x}+j\dfrac{\partial}{\partial y}+k\dfrac{\partial}{\partial z}$与矢量 $\boldsymbol{a}=a_x i+a_y j+a_z k$ 作叉乘运算的结果。

2.6 传热与传质的基本方式

2.6.1 传热的基本方式

传热学是研究温差作用下热量传递过程和传递速率的科学。

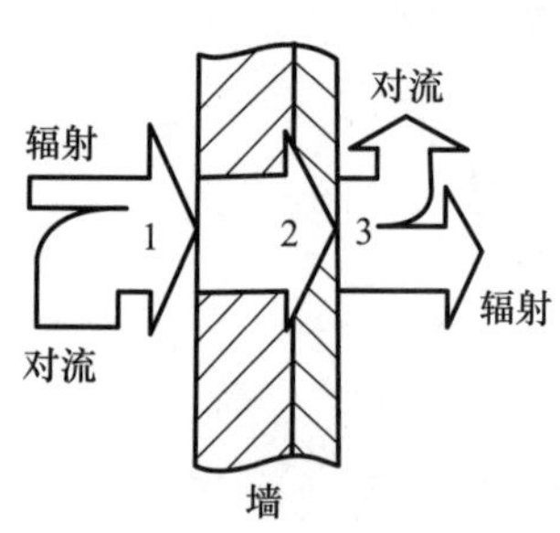

图 2-6-1 墙壁的散热

为了由浅入深地认识和掌握热传递规律，先来分析一些常见的热传递现象。例如密实的房屋砖墙或混凝土墙在冬季的散热，整个过程如图 2-6-1所示，可分为三段：首先热由室内空气以对流传热和墙与室内物体间的辐射传热方式传给墙内表面；再由墙内表面以固体导热方式传递到墙外表面；最后由墙外表面以空气对流传热和墙与周围物体间的辐射传热方式把热传递到室外环境。显然在其他条件不变时，室内外温差越大，传递的热量也越多。从实例不难了解，热传递过程是由导热、热对流、热辐射三种基本热传递方式组合形成的。要了解传热过程的规律，就必须首先分别分析三种基本热传递方式。

1. 导热

导热又称热传导，是指物体各部分无相对位移或不同物体直接接触时依靠分子、原子及自由电子等微观粒子热运动而进行的热量传递现象，导热是物质的属性，导热过程可以在固体、液体及气体中发生。但在引力场下，单纯的导热一般只发生在密实的固体中，因为在有温差时，液体和气体中可能出现热对流而难以维持单纯的导热。

大平壁导热是导热的典型问题之一。由前述墙壁的导热过程看出，平壁导热量与壁两侧表面的温度差和平壁面积成正比，与壁厚成反比；并与材料的导热性能有关。因此，通过平壁的导热量计算式为

$$\Phi=\frac{\lambda}{\delta}\Delta tA\ (\mathrm{W}) \tag{2-6-1}$$

或用热流密度描述（每平方米的热流量）：

$$q=\frac{\lambda}{\delta}\Delta t\ (\mathrm{W/m^2}) \tag{2-6-2}$$

式中 A——壁面积，$\mathrm{m^2}$；

δ——壁厚；

Δt——壁两侧表面的温差，$\Delta t=t_{\mathrm{w1}}-t_{\mathrm{w2}}$，℃；

λ——热导率或称导热系数。

导热系数是指单位厚度的物体具有单位温度差时，在它的单位面积上每单位时间的导热量，它

的国际单位是 W/(m·K)。它表示材料导热能力的大小。热导率一般由实验测定，例如，普通混凝土 λ=0.75～0.8W/(m·K)，纯铜的 λ 将近 400W/(m·K)。

在传热学中，常用电学欧姆定律的形式（电流＝电位差/电阻）来分析热传递过程中热量与温度差的关系，即把热流密度的计算式改写为欧姆定律的形式。

热流密度

$$q=\frac{\Delta t}{R_t}\ (\mathrm{W/m^2}) \tag{2-6-3}$$

式中　R_t——热阻。

与欧姆定律对照，可以看出热流相当于电流，温度差相当于电位差，我们称之为热压，而热阻相当于电阻。于是，得到一个在传热学中非常重要而且实用的概念热阻。对不同的热传递方式，热阻 R_λ 的具体表达式不一样。以平壁为例改写式（2-6-2），得

$$q=\frac{\Delta t}{\delta/\lambda}=\frac{\Delta t}{R_\lambda}\ (\mathrm{W/m^2}) \tag{2-6-4}$$

式中　R_λ——导热热阻，$R_\lambda=\delta/\lambda$，$\mathrm{m^2\cdot K/W}$。

可见平壁导热热阻与壁厚成正比，而与热导率成反比。R_λ 大，则 q 小。利用式（2-6-2），对于面积为 $A(\mathrm{m^2})$ 的平壁，则热阻为 $\delta/(\lambda\cdot A)$，K/W。不同情况下的导热过程，导热的表达式亦不同。

2. 热对流

在本科阶段所学习的传热学中，一般都将流体看作是连续的物质。那么，在流体内部，仅依靠流体的宏观运动传递热量的现象称为热对流，是热传递的另一种基本方式。设热对流过程中，质流密度为 m［单位时间内，在垂直于流动方向上单位面积的质量流量，$\mathrm{kg/(m^2\cdot s)}$］、定压比热容为 c_p［J/(kg·K)］的流体沿流线由温度 t_1 变化至 t_2，则此热对流传递的热流密度应为

$$q=mc_p(t_2-t_1) \tag{2-6-5}$$

值得注意的是，上述热对流传递的热流密度中，所谓的单位面积是针对垂直流动方向的面积，并且该流体与周围流体以及流体内部存在相互混合或通过分子、原子等微观粒子热运动而进行的热传递过程。注意，这里所说的热对流发生在流体内部。

但是，工程上经常涉及的传热现象往往是流体在与它温度不同的壁面上流动时，两者传热过程间产生的热量交换，传热学把这一热量传递过程称为“对流传热”过程。因为对流传热过程的热量传递涉及诸多影响因素，是一个复杂的传热过程，因此它已不再属于热传递的基本方式，这种情况下可采用对流传热计算式计算热流密度，通称“牛顿冷却公式”：

$$q=h(t_w-t_f)=h\Delta t(\mathrm{W/m^2}) \tag{2-6-6}$$

或面积 A（$\mathrm{m^2}$）上的热流量：

$$\Phi=h(t_w-t_f)A=h\Delta tA(\mathrm{W}) \tag{2-6-7}$$

式中　t_w——壁表面温度，℃；

t_f——流体温度，℃；

Δt——壁表面与流体之间的温度差，℃；

h——表面传热系数，其意义是指单位面积上，流体与壁之间在单位温差下及单位时间内所能传递的热量。

按式（2-6-4）提出的热阻概念改写式（2-6-6）得

$$q=\frac{\Delta t}{1/h}=\frac{\Delta t}{R_h} \tag{2-6-8}$$

式中　R_h——单位壁表面积上的对流换热热阻，$R_h=1/h$，$\mathrm{m^2\cdot K/W}$。

则表面积为 A（$\mathrm{m^2}$）的壁面上的对流换热热阻为 $1/(h\cdot A)$，单位是 K/W。

3. 热辐射

导热或热对流都是以冷、热物体的直接接触来传递热量，热辐射则不同，它依靠物体表面对外

发射可见和不可见的射线（电磁波或光子）传递热量。物体表面每单位时间、单位面积对外辐射的热量称为辐射力，用 E 表示，它的常用单位是 $J/(m^2 \cdot s)$ 或 W/m^2，其大小与物体表面性质及温度有关。对于黑体（一种理想的热辐射表面），理论和实验证实，它的辐射力 E 与表面热力学温度的 4 次幂成比例，即斯蒂芬—玻尔茨曼定律：

$$E_b=\sigma_b T^4 \text{ (W/m}^2\text{)} \tag{2-6-9}$$

$$\Phi=\sigma_b T^4 A \text{ (W)} \tag{2-6-10}$$

上式亦可写作：

$$E_b=C_b\left(\frac{T}{100}\right)^4 \text{ (W/m}^2\text{)} \tag{2-6-11}$$

$$\Phi=C_b\left(\frac{T}{100}\right)^4 A \text{ (W)} \tag{2-6-12}$$

式中　E_b——黑体辐射力，W/m^2；

σ_b——斯蒂芬-玻尔茨曼常量，亦称黑体辐射常数，$\sigma_b=5.67\times10^8$ W/（$m^2 \cdot K^4$）；

C_b——黑体辐射系数，$C_b=5.67W/(m^2 \cdot K^4)$；

T——黑体表面的热力学温度，K。

一切实际物体的辐射力都低于同温度下黑体的辐射力：

$$E=\varepsilon\sigma_b T^4 \text{ (W/m}^2\text{)} \tag{2-6-13}$$

$$E=\varepsilon C_b\left(\frac{T^4}{100}\right) \text{ (W/m}^2\text{)} \tag{2-6-14}$$

物体间靠热辐射进行的热量传递称为辐射传热。它的特点是：在热辐射过程中伴随着能量形式的转换（物体热力学能—电磁波能—物体热力学能）；不需要冷热物体直接接触，不论温度高低，物体都在不停地相互发射电磁波能，相互辐射能量，高温物体辐射给低温物体的能量大于低温物体向高温物体辐射的能量，总的结果是热由高温物体传到低温物体。

两个无限大的平行平面间的热辐射是最简单的辐射传热问题。设它的两表面热力学温度分别为 T_1 和 T_2，且 $T_1>T_2$，则单位面积高温表面在单位时间内以辐射方式传递给低温表面的辐射传热热流密度的计算式为

$$q=C_{1,2}\left[\left(\frac{T_1}{100}\right)^4-\left(\frac{T_2}{100}\right)^4\right] \text{ (W/m}^2\text{)} \tag{2-6-15}$$

或面积 A（m^2）上的辐射热流量

$$\Phi=C_{1,2}\left[\left(\frac{T_1}{100}\right)^4-\left(\frac{T_2}{100}\right)^4\right]A \text{ (W)} \tag{2-6-16}$$

式中　$C_{1,2}$——1 和 2 两表面间的系统辐射系数，它取决于辐射表面材料性质及状态，其值在 0～5.67 之间。

4. 传热过程

工程中经常遇到冷热两种流体隔着固体壁面的传热，即热量从壁一侧的高温流体通过壁传给另一侧低温流体的过程，称为传热过程。在初步了解前述基本热传递方式后，即可导出传热过程的基本计算式。设有一大平壁，面积为 A；它的一侧为温度 t_{f1} 的热流体，另一侧为温度 t_{f2} 的冷流体：两侧的表面传热系数分别为 h_1 及 h_2；壁面温度则分别为 t_{w1} 和 t_{w2}；壁的材料热导率为 λ；厚度为 δ，如图 2-6-2 所示。

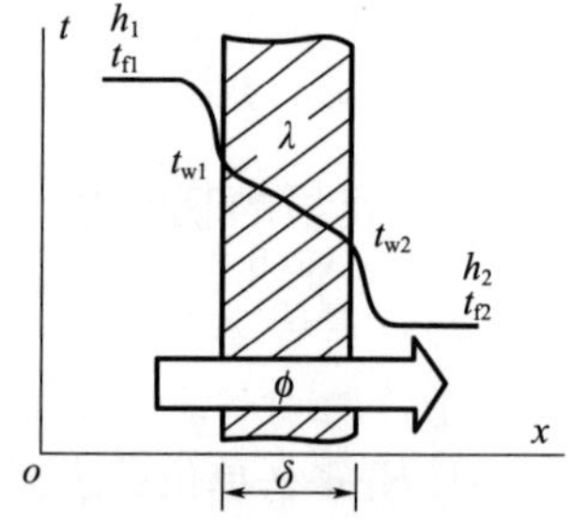

图 2-6-2　两流体间的热传递过程

又设传热过程不随时间变化，即各处温度及传热量不随时间改变，传热过程处于稳态：壁的长和宽均远大于它的厚度，可认为热量传递方向与壁面处的等温面垂直（可见，热量传递即热流在空间上是个矢量）。若将该传热过程中各处的温度描绘在 t-x 坐标图上，如图 2-6-2 中的曲线所示，即该传热过程的温度分布线。按图 2-6-2 的分析方法，整个传热

过程分三段，分别用下列三式表达。

热量由热流体以对流传热方式传给壁左侧，按式（2-6-6）

其热流密度为

$$q=h_1(t_{f1}-t_{w1}) \tag{2-6-17}$$

该热量又以导热方式通过壁，按式（2-6-1），即

$$q=\frac{\lambda}{\delta}(t_{w1}-t_{w2}) \tag{2-6-18}$$

它再由壁右侧以对流传热方式传给冷流体，即

$$q=h_2(t_{w2}-t_{f2}) \tag{2-6-19}$$

在稳态传热情况下，以上三式的热流密度 q 相等，把它们改写为

$$t_{f1}-t_{w1}=\frac{q}{h_1} \tag{2-6-20}$$

$$t_{w1}-t_{w2}=\frac{q}{\lambda/\delta} \tag{2-6-21}$$

$$t_{f2}-t_{w2}=\frac{q}{h_2} \tag{2-6-22}$$

三式相加，消去 t_{w1} 及 t_{w2}，整理后得该壁传热热流密度

$$q=\frac{1}{\frac{1}{h_1}+\frac{\delta}{\lambda}+\frac{1}{h_2}}(t_{f1}-t_{f2})=k(t_{f1}-t_{f2})\ (\mathrm{W/m^2}) \tag{2-6-23}$$

对面积 A（$\mathrm{m^2}$）的平壁，传热热流量 Φ 则为：

$$\Phi=qA=k(t_{f1}-t_{f2})A\ (\mathrm{W}) \tag{2-6-24}$$

式中

$$k=\frac{1}{\frac{1}{h_1}+\frac{\delta}{\lambda}+\frac{1}{h_2}}\ [\mathrm{W/(m^2\cdot K)}] \tag{2-6-25}$$

k 称为传热系数，它表明单位时间、单位壁面积上，冷热流体间温差为 1K 时所传递的热量，k 的单位是 $\mathrm{J/(m^2\cdot s\cdot K)}$ 或 $\mathrm{W/(m^2\cdot K)}$，故 k 值的大小反映了传热过程的强弱。为理解它的意义，按热阻形式改写式（2-6-23），得

$$q=\frac{t_{f1}-t_{f2}}{1/k}=\frac{\Delta t}{R_k}\ (\mathrm{W/m^2}) \tag{2-6-26}$$

R_k 即为平壁单位面积传热热阻

$$R_k=\frac{1}{k}=\frac{1}{h_1}+\frac{\delta}{\lambda}+\frac{1}{h_2}\ [\mathrm{m^2\cdot K/W}] \tag{2-6-27}$$

可见传热过程的热阻等于冷、热流体与壁之间的对流传热热阻及壁的导热热阻之和，相当于串联电阻的计算方法，掌握这一点对于分析传热过程十分方便。由传热热阻的组成不难认识，传热阻力的大小与流体的性质、流动情况、壁的材料以及形状等许多因素有关，所以它的数值变化范围很大。

2.6.2　传质的基本方式

与热量传递中的导热和对流传热类似，质量传递的方式亦分为分子传质和对流传质。

1. 分子传质

分子传质又称为分子扩散，简称为扩散，它是由于分子的无规则热运动而形成的物质传递现象。如图 2-6-3 所示，用一块隔板将容器分为左右两室，两室中分别充入温度和压力相同而浓度不

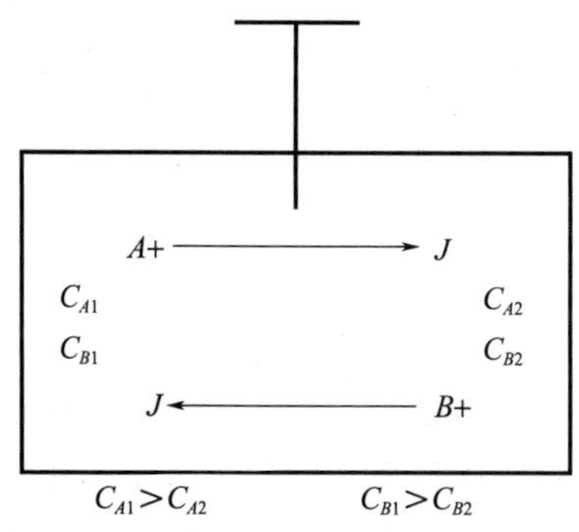

图 2-6-3　分子扩散现象示意图

同的 A、B 两种气体。设在左室中，组分 A 的浓度高于右室，而组分 B 的浓度低于右室。当隔板抽出后，由于气体分子的无规则热运动，左室中的 A、B 分子会串入右室，同时，右室中的 A、B 分子亦会串入左室。左右两室交换的分子数虽相等，但因左室 A 的浓度高于右室，故在同一时间内 A 分子进入右室较多而返回左室较少。同理，B 分子进入左室较多而返回右室较少，其净结果必然是物质 A 自左向右传递而物质 B 自右向左传递，即两种物质沿其浓度降低的方向传递。上述扩散过程将一直进行到整个容器中 A、B 两种物质的浓度完全均匀为止，此时，通过任一界面物质 A、B 的净扩散通量为零，但扩散仍在进行，只是左右两物质的扩散通量相等，系统处于扩散的动态平衡中。

分子扩散可以因浓度梯度、温度梯度或压力梯度而产生，或者是因对混合物施加一个有向的外加电势或其他势而产生。在没有浓度差的二元体系（即均匀混合物）中，如果各处存在温度差或总压力差，也会产生扩散，前者为热扩散，又称索瑞特效应，后者称为压力扩散。扩散的结果会导致浓度变化并引起浓度扩散，最后温度扩散或压力扩散与浓度扩散相互平衡，建立一个稳定状态。为简化起见，在工程计算中当温差或总压差不大的条件下，可不计热扩散和压力扩散，只考虑均温、均压下的浓度扩散。另外，与热扩散相对应，还有“扩散热”一说，即由于扩散传质引起的热传递，这种现象称为杜弗尔效应。

2. 对流传质

（1）对流传质

对流传质是具有一定浓度的混合物流体流过不同浓度的壁面时，或两个有限互溶的流体层发生运动时的质量传递。流体做对流运动，当流体中存在浓度差时，对流扩散亦必同时伴随分子扩散，分子扩散与对流扩散两者的共同作用称为对流质交换，这一机理与对流换热相类似，单纯的对流扩散是不存在的。对流质交换是在流体与液体或固体的两相交界面上完成的。通风和空调系统多发生在流体湍流的情况下，此时的对流传质就是湍流主体与相界面之间的紊流扩散与分子扩散传质作用的总和。

（2）对流传质的机理

在不同的流动状态下，对流传热和对流传质的机理是不同的。在层流流动中，由于流体微团是一层层平行流动的，因而对流传质主要依靠层与层之间的分子扩散来实现的。而在流体中，由于存在大大小小的旋涡运动，而引起各部位流体间的剧烈混合，在有浓度差存在的条件下，物质便朝着浓度降低的方向进行传递。这种凭借流体质点的湍流和旋涡来传递物质的现象，称为紊流扩散。显然，在湍流流体中，虽然有强烈的紊流扩散，但分子扩散是时刻存在的。由于紊流扩散的通量远大于分子扩散的通量，一般可忽略分子扩散的影响。

2.7 驱动势差与传递通量

2.7.1 势差

温差：是指热冷物体温度的差别。温差是传热的推动力。对换热器进行传热计算时，因为冷、热两种流体的温度在大多数情况下总是沿着整个换热表面不断地发生改变，此时的温差是指冷热两种流体沿固体壁面温差的某种平均值。按所取平均方法不同可分为算术平均温差和对数平均温差。

浓度差：是两相之间浓度的差值。一般来说指的是两种液体之间溶质的浓度之差。

压差：是指两个位置之间的压力差异。通常情况下，压差可以用来衡量流体或气体在管道、容器等设备中的流动状态和速度。例如，在水管中，如果一个端口的压力比另一个端口高，则会产生一定程度上的水流，并且水流速度与压差大小成正比关系。因此，通过测量压差可以确定某些系统中物质运动的特征和参数。

辐射力差：单位时间内物体单位辐射面积向半球空间所发射全部波长的总能量称为辐射力，用符号 E 表示，单位为 W/m^2。辐射力差是指两个物体之间相互辐射时辐射力的差值。

2.7.2　通量

1. 传质通量

传质通量：某一组分物质在单位时间内垂直通过单位面积的物质的量。

传质通量＝传质速度×浓度

质量传质通量用 m 表示，单位为 $kg/(m^2 \cdot s)$；摩尔传质通量用 N 表示，单位为 $kmol/(m^2 \cdot s)$。

由于传质的速度表示方法不同，传质的通量分为下列不同的表达形式。

（1）以绝对速度表示的质量通量（以二元混合物为例）

$$\left.\begin{aligned} m_A&=\rho_A u_A \\ m_B&=\rho_B u_B \\ m=m_A+m_B&=\rho_A u_A+\rho_B u_B=\rho u \\ u&=\frac{1}{\rho}(\rho_A u_A+\rho_B u_B) \end{aligned}\right\} \tag{2-7-1}$$

上式为质量平均速度定义式。

同理，以绝对速度表示的二元混合物的摩尔通量为

$$\left.\begin{aligned} N_A&=C_A u_A \\ N_B&=C_B u_B \\ N=N_A+N_B&=C_A u_A+C_B u_B=C u_m \\ u_m&=\frac{1}{C}(C_A u_A+C_B u_B) \end{aligned}\right\} \tag{2-7-2}$$

上式为摩尔平均速度定义式。

（2）以扩散速度表示的通量（以二元混合物为例）

传质通量＝扩散速度×浓度

质量通量：

$$\begin{aligned} j_A&=\rho_A(u_A-u) \\ j_B&=\rho_B(u_B-u) \end{aligned} \tag{2-7-3}$$

摩尔通量：

$$\begin{aligned} J_A&=C_A(u_A-u_m) \\ J_B&=C_B(u_B-u_m) \end{aligned} \tag{2-7-4}$$

总通量：

$$\begin{aligned} j&=j_A+j_B \\ J&=J_A+J_B \end{aligned} \tag{2-7-5}$$

（3）以主体流动速度表示的通量（以二元混合物为例）

传质通量＝主体流动速度×浓度

质量通量：

$$\rho_A u=\rho_A\left[\frac{1}{\rho}(\rho_A u_A+\rho_B u_B)\right]=\frac{\rho_A}{\rho}(\rho_A u_A+\rho_B u_B)=a_A(m_A+m_B) \tag{2-7-6}$$

同理

$$\rho_B u=a_B(m_A+m_B) \tag{2-7-7}$$

摩尔通量：

$$C_A u_m=C_A\left[\frac{1}{C}(C_A u_A+C_B u_B)\right]=\frac{C_A}{C}(C_A u_A+C_B u_B)=x_A(N_A+N_B) \tag{2-7-8}$$

同理

$$C_B u_m = x_B (N_A + N_B) \tag{2-7-9}$$

2. 传热通量

在传热学中，热流密度和热流矢量就是传热通量。

用电学欧姆定律的形式（电流=电位差/电阻）来类比分析热传递过程中热量与温度差的关系。即把热流密度的计算式改写为欧姆定律的形式。

热流密度：

$$q = 温度差\ \Delta t / 热阻\ R_t \quad (W/m^2) \tag{2-7-10}$$

与欧姆定律对照，可以看出热流密度相当于电流，温度差相当于电位差，而热阻相当于电阻。于是，得到一个在传热学中非常重要而且实用的概念——热阻。对不同的热传递方式，热阻 R_t 的具体表达式将不一样。用 R_λ 表示导热热阻，则平壁导热热阻为 $R_\lambda = \delta/\lambda$，$(m^2 \cdot K/W)$。可见平壁导热热阻与壁厚成正比，而与热导率成反比。R_λ 大，则 q 小。对于面积为 A (m^2) 的平壁，则热阻为 $\delta/(\lambda \cdot A)$，(K/W)。不同情况下的导热过程，导热的表达式亦不同。

热流矢量：单位时间单位面积上所传递的热量称为热流密度。在不同方向上，热流密度的大小是不同的。与定义温度梯度相类似，等温面上某点，以通过该点最大热流密度的方向为方向，数值上也正好等于沿该方向热流密度的矢量称为热流密度矢量，简称热流矢量。其他方向的热流密度都是热流矢量在该方向的分量。热流矢量 q 在直角坐标系三个坐标轴上的分量为 q_x、q_y、q_z。而且

$$q = q_x i + q_y j + q_z k \tag{2-7-11}$$

热流矢量 q 在圆柱坐标系三个坐标轴上的分量为 q_r、q_ϕ、q_z。

$$q = q_r e_r + q_\phi e_\phi + q_z e_z \tag{2-7-12}$$

热流矢量 q 在圆球坐标系三个坐标轴上的分量为 q_r、q_ϕ、q_θ。

$$q = q_r e_r + q_\phi e_\phi + q_\theta e_\theta \tag{2-7-13}$$

第 3 章　热力学第一定律

能量守恒与转换定律是自然界的基本定律之一，能量既不能被创造，也不能被消灭，它只能从一种形式转换成另一种形式，或从一个系统转移到另一个系统，而其总量保持恒定，这一自然界普遍规律称为能量守恒与转换定律。把这一定律应用于伴有热现象的能量和转移过程，即为热力学第一定律。它确定了热力过程中热力系统与外界进行能量交换时，各种形态能量在数量上的守恒关系。

在工程热力学范围内，热力学第一定律可表述为：热能和机械能在转移或转换时，能量的总量必定守恒。根据该定律可以断定，不消耗能量而连续做功的所谓第一类永动机是不可能实现的。

3.1　系统储存能

能量是物质运动的度量。物质处于不同的运动形态，便有不同的能量形式。系统储存能分为两部分：一部分取决于系统本身（内部）的状态，它与系统内工质的分子结构及微观运动形式有关，统称为热力学能；另一部分取决于系统工质与外力场的相互作用（如重力位能）及以外界为参考坐标的系统宏观运动所具有的能量（宏观动能）。这两种能量统称为储存能。

3.1.1　热力学能

如根据气体分子运动学说，气体分子在不断做不规则的平移运动，如果是多原子分子，则还有旋转运动和振动运动，分子因这种热运动而具有的内动能，是温度的函数，温度的高低是内动能大小的反映，内动能越大，气体的温度就越高。此外由于气体分子之间存在着相互作用力，导致气体内部还具有因克服分子之间的作用力所形成的分子位能，也称气体内位能，分子位能的大小与分子间的距离有关，亦与气体的比体积有关。

内动能、内位能及维持一定分子结构的化学能和原子核内部的原子能等一起构成内部储存能，统称热力学能，在无化学反应和原子核反应的过程中，化学能和原子核能都不变化，因此在工程热力学中，通常热力学能是气体内部所具有的内动能和内位能之和，热力学能变化只包括内动能和内位能的变化。

U 表示 m（kg）质量气体的热力学能，单位是 J。用 u 表示 1kg 质量气体的热力学能，称为比热力学能，单位是 J/kg。

既然气体的内动能取决于气体的温度，内位能取决于气体的比体积，所以气体的热力学能是温度和比体积的函数，即

$$u=f(T,v) \tag{3-1-1}$$

又因为 p，v，T 三者之间存在着一定关系，所以热力学能也可以写成

$$u=f(T,p) \tag{3-1-2}$$

$$u=f(v,p) \tag{3-1-3}$$

可见，热力学能也是气体的状态参数。

对于理想气体，因分子间忽略相互作用力，就没有内位能，故其热力学能仅包括分子内动能，所以，理想气体热力学能只是温度的单值函数，即

$$u=f(T) \tag{3-1-4}$$

3.1.2 系统与外界传递的能量

1. 宏观动能

质量为 m 的物体相对于系统外的参考坐标以速度 c 运动时，该物体具有的宏观运动的动能为

$$E_k=\frac{1}{2}mc^2 \tag{3-1-5}$$

2. 重力位能

在重力场中质量为 m 的物体相对于系统外的参考坐标系的高度为 z 时，具有的重力位能为

$$E_p=mgz \tag{3-1-6}$$

式中 g——自由落体加速度；

c、z——力学参数，处于同一热力状态的物体可以有不同的值。

由于 c、z 是独立于热力系统内部状态的外参数，因此将系统的宏观动能和重力位能称为外储存能。

系统的总能为内储存能与外储存能之和。

$$E=U+E_k+E_p \tag{3-1-7}$$

或

$$E=U+\frac{1}{2}mc^2+mgz \tag{3-1-8}$$

对 1kg 质量物体的总能，也称比总能，表示为

$$e=u+\frac{1}{2}c^2+gz \tag{3-1-9}$$

对于没有宏观运动，并且高度为零的系统，系统总能就等于热力学能。

3.2 闭口系统能量方程

3.2.1 闭口系统能量方程表达式

按照热力学第一定律，闭口系统能量方程的表述形式为

输入系统的能量－输出系统的能量＝系统储能的变化

闭口系统与外界没有物质交换，输入输出系统的能量只有热量和功量两种形式。对闭口系统涉及的许多热力过程而言，系统总能中的宏观动能和重力位能一般均不发生变化。因此，热力过程中系统总能的变化，等于系统热力学能的变化。即

$$\Delta E=\Delta U=U_2-U_1 \tag{3-2-1}$$

如图 3-2-1 所示，取气缸中工质为系统，在热力过程中，系统与外界交换的能量包括：从外界热源取得热量 Q，对外界做膨胀功 W，系统总能变化为 ΔU。根据热力学第一定律，建立能量方程

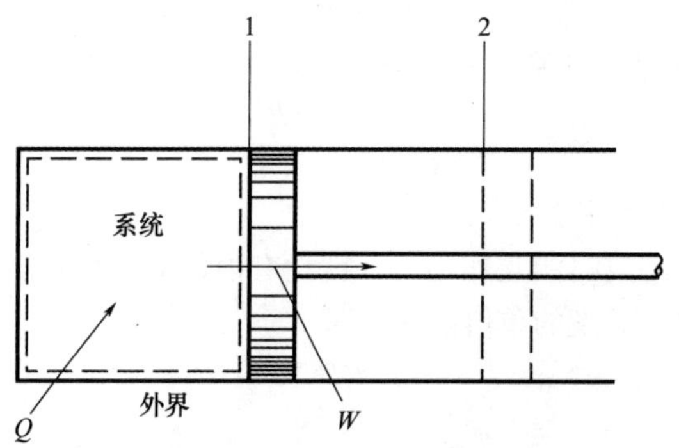

图 3-2-1 闭口系统的能量转换

$$Q-W=\Delta U \tag{3-2-2}$$

或写成

$$Q=W+\Delta U\ (\mathrm{J}) \tag{3-2-3}$$

对于单位质量工质的能量方程

$$q=w+\Delta u\ (\mathrm{J/kg}) \tag{3-2-4}$$

对于微元热力过程

$$\delta Q=\mathrm{d}W+\delta U \tag{3-2-5}$$

$$\delta q=\mathrm{d}w+\delta u \tag{3-2-6}$$

式（3-2-2）～（3-2-6）是闭口系统能量方程的表达式。表示加给系统一定量的热量，一部分用于改变系统的热力学能，一部分用于对外做膨胀功（热转换为功）。由于能量方程是直接根据能量守恒原理建立起来，因此式（3-2-2）～（3-2-6）适用于闭口系统任何工质的各种热力过程，无论过程可逆还是不可逆。

能量方程表达式是代数方程，功和热量的正负取值，按热力学规定执行。对于可逆过程，由于 $\delta w=p\mathrm{d}v$，$\delta q=T\mathrm{d}s$，或 $w=\int_1^2 p\mathrm{d}v, q=\int_1^2 T\mathrm{d}s$，于是有

$$T\mathrm{d}s=\mathrm{d}u+p\mathrm{d}v \tag{3-2-7}$$

或

$$\int_1^2 T\mathrm{d}s=\Delta u+\int_1^2 p\mathrm{d}v \tag{3-2-8}$$

应当指出，由于热能转换为机械能必须通过工质膨胀才能实现。因此，闭口系统能量方程反映了热功转换的实质，是热力学第一定律的基本方程式。虽然式（3-2-2）～（3-2-8）是从闭口系统推导而得，但其热量、热力学能和膨胀功三者之间的关系也同样适用于开口系统。

3.2.2　循环过程能量方程表达式

在动力循环或制冷循环中，工质在设备内部周而复始地使用着，与外界没有物质交换，故属闭口系统。如图 3-2-2 所示，工质沿 1—2—3—4—1 过程完成一个循环。如循环工质为 1kg，对每一过程，按照热力学第一定律，建立能量方程

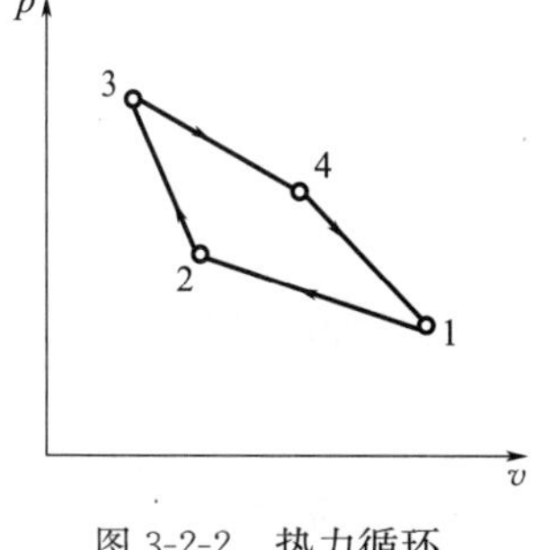

图 3-2-2　热力循环

$$q_{12}=u_2-u_1+w_{12} \tag{3-2-9}$$

$$q_{23}=u_3-u_2+w_{23} \tag{3-2-10}$$

$$q_{34}=u_4-u_3+w_{34} \tag{3-2-11}$$

$$q_{41}=u_1-u_4+w_{41} \tag{3-2-12}$$

对于整个循环：$\sum\Delta u=0$ 或 $\oint\delta u=0$。

因而

$$q_{12}+q_{23}+q_{34}+q_{41}=w_{12}+w_{23}+w_{34}+w_{41} \tag{3-2-13}$$

即

$$\oint\delta q=\oint\delta w \tag{3-2-14}$$

式（3-2-14）表明：工质经历一个循环回复到原始状态后，它在整个循环中从外界得到的净热量应等于对外做的净功。式（3-2-14）称为循环过程能量方程表达式。从式中可见，循环工作的热力发动机向外界不断地输出机械功必须要消耗一定的热能，不消耗能量而能够不断地对外做功的机器，即所谓的第一类永动机是不可能制造出来的。

3.2.3 理想气体热力学能变化计算

对于定容过程，由于 $\delta w=0$，于是热力学第一定律能量方程为

$$\delta q_v = \mathrm{d}u_v = c_v \mathrm{d}T_v \tag{3-2-15}$$

由上式可得

$$c_v = \left(\frac{\partial u}{\partial T}\right)_v \tag{3-2-16}$$

式（3-2-16）也是定容比热容的定义式。

对于理想的气体，热力学能是温度的单值函数，式（3-2-16）可写成

$$c_v = \frac{\mathrm{d}u}{\mathrm{d}T} \tag{3-2-17}$$

得

$$\mathrm{d}u = c_v \mathrm{d}T \tag{3-2-18}$$

或

$$\Delta u = \int_1^2 c_v \mathrm{d}T \tag{3-2-19}$$

虽然式（3-2-18）、(3-2-19）是通过定容过程推导得出热力学能变化值的计算公式，理想气体热力学能仅是温度 T 的单值函数，与比体积或压力无关，只要过程中温度变化相同，热力学能变化也相同。因此该式适用于计算理想气体一切过程的热力学能变化。而对于实际气体而言，该式只适用于计算定容过程的热力学能变化。

工程上通常只需要计算两状态之间的热力学能变化。应用式（3-2-18）计算热力学能变化时，类似于定容过程的热量计算。定容比热容可根据具体情况决定采用定值比热容、真实比热容或平均比热容计算，如按定值比热容计算：

$$\Delta u = c_v (T_2 - T_1) \tag{3-2-20}$$

按平均比热容计算：

$$\Delta u = \int_{t_1}^{t_2} c_v \mathrm{d}t = \int_0^{t_2} c_v \mathrm{d}t - \int_0^{t_1} c_v \mathrm{d}t = c_{vm}\big|_0^{t_2} t_2 - c_{vm}\big|_0^{t_1} t_1 \tag{3-2-21}$$

按真实比热容计算时，则需知道 $c_v=f$（T）的经验公式，然后代入式（3-2-18）积分而得。

3.3 开口系统能量方程

3.3.1 流动功

活塞式动力机械在工作时，工质并不一直封闭在气缸中，而总是伴有进气、排气过程交替进行着。如果考虑到工质的流进、流出，那么界面为气缸内壁和活塞顶面的热力系统在整个工作周期中就不再是闭口系统——在进气、排气期间，它和外界有质量交换，因而是开口系统。

工质流入流出开口系统时，需要将本身所具有的各种形式的能量带入或带出系统，可见开口系统除了通过做功和传热方式传递能量外，还可以借助物质的流动来转移能量。

当工质在流进和流出控制体界面时，后面的流体推开前面的流体前进，因工质出入开口系统而传递的功，称为流动功，也称推动功。这种功是维持流体正常流动所必须传递的能量。

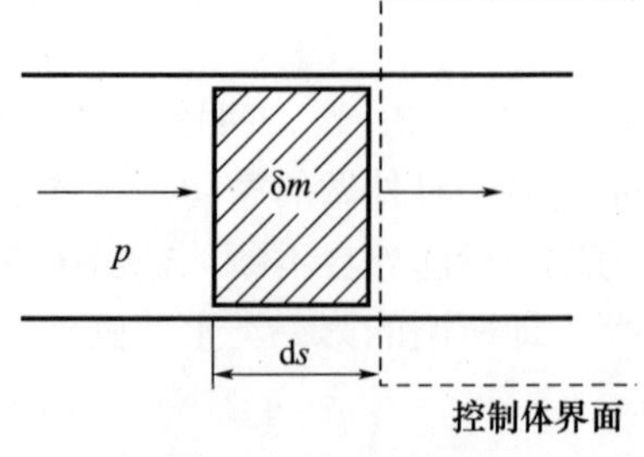

图 3-3-1 流动功

流动功计算公式的推导如图 3-3-1 所示，设有微元质量为 δm 的工质将要进入控制体，在控制体界面处流体的状态参数为压力 p、比体积 v，管道截面积为 f，当流体通过界面时必将从左边流

体得到一定数量的流动功。根据力学中功的定义式：流动功=力×距离。即在后面流体的推动下，使 δm 流体移动距离 ds 进入系统，这时流动功为

$$\delta W_f = pf ds \tag{3-3-1}$$

显然，$f ds$ 为 δm 流体所占有的容积 δV，即

$$f ds = \delta V = v dm \tag{3-3-2}$$

当界面处热力参数恒定时，质量为 m 的流体的流动功为

$$W_f = \int_m pv\delta m = pvm = pV \tag{3-3-3}$$

对 1kg 质量的流体，则有

$$w_f = \frac{W_f}{m} = pv \tag{3-3-4}$$

由式（3-3-4）可得，推动 1kg 工质进入控制体内所需的流动功，可按入口界面处的状态参数 $p_1 v_1$ 来计算。同理，将 1kg 工质推出控制体外所需的流动功按出口界面处状态参数 $p_2 v_2$ 计算。因此，对移动 1kg 工质进、出控制体的净流动功为

$$w_f = p_2 v_2 - p_1 v_1 \tag{3-3-5}$$

由式（3-3-5）可见，流动功是一种特殊的功。其数值仅取决于控制体进出口界面工质的热力状态，与热力过程无关。

3.3.2 开口系统能量方程

图 3-3-2 表示一典型的开口系统。系统与外界之间有热量、质量和轴功的交换。工程中遇到的实际过程，系统与外界的质量交换与能量交换并非都是恒定的，有时可随时间发生变化。所以控制体内既有能量变化，又有质量变化，在分析时必须同时考虑控制体内的质量变化和能量变化。

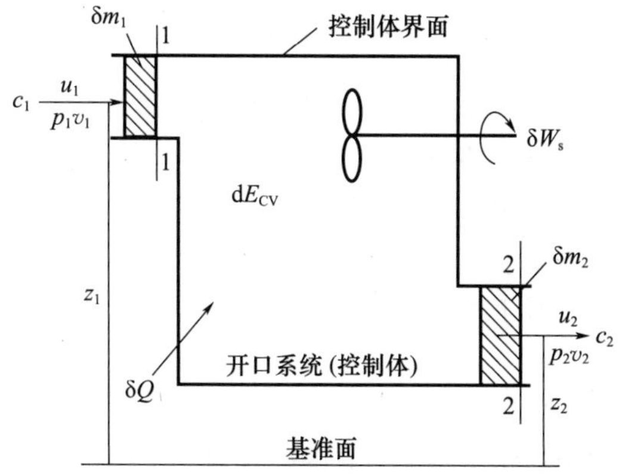

按质量守恒原理

进入控制体的质量－离开控制体的质量=控制体中质量的增量

图 3-3-2　开口系统

按热力学第一定律

进入控制体的能量－控制体输出的能量=控制体中储存能的增量

将控制体内质量和能量随时间而变化的过程称为不稳定流动过程，例如储罐的充气或排空就是这种过程。如果系统内的质量和能量不随时间变化，各点参数保持一定，则是稳态稳流过程。

下面从最普遍的不稳定流动过程着手，用热力学第一定律来分析图 3-3-2 所示的控制体，从而导出开口系统能量方程的普遍式。

设控制体在 τ 到（$\tau + d\tau$）的时间内进行了一个微元热力过程。在这段时间内，由控制体界面 1—1处流入的工质质量为 δm_1，由界面 2—2 处流出的工质质量为 δm_2，控制体从热源吸热对外作轴功 δW_s，控制体的能量收入与支出情况如下：

$$进入控制体的能量 = \delta Q + \left(u_1 + p_1 v_1 + \frac{1}{2}c_1^2 + gz_1\right)\delta m_1 \tag{3-3-6}$$

$$离开控制体的能量 = \delta W_s + \left(u_2 + p_2 v_2 + \frac{1}{2}c_2^2 + gz_2\right)\delta m_2 \tag{3-3-7}$$

控制体储存能变化

$$dE_{CV} = (E + dE)_{CV} - E_{CV} \tag{3-3-8}$$

根据热力学第一定律建立能量方程

$$\delta Q+\left(u_1+p_1v_1+\frac{1}{2}c_1^2+gz_1\right)\delta m_1-\left(u_2+p_2v_2+\frac{1}{2}c_2^2+gz_2\right)\delta m_2-\delta W_s=\mathrm{d}E_{CV} \tag{3-3-9}$$

整理得

$$\delta Q=\left(u_2+p_2v_2+\frac{1}{2}c_2^2+gz_2\right)\delta m_2-\left(u_1+p_1v_1+\frac{1}{2}c_1^2+gz_1\right)\delta m_1+\delta W_s+\mathrm{d}E_{CV} \tag{3-3-10}$$

式（3-3-10）是在普遍情况推导出的，对不稳定流动和稳态稳流，可逆与不可逆过程都适用，对于闭口系统也适用。

对于闭口系统，由于系统边界没有物质流进和流出，所以 $\delta m_1=\delta m_2=0$，而通过界面的功为膨胀功 δW，系统能量变化为 $\mathrm{d}E$，于是式（3-3-10）变为

$$\delta Q=\mathrm{d}E+\delta W \tag{3-3-11}$$

又因为在闭口系统中工质的动能和位能没有变化，$\mathrm{d}E=\mathrm{d}U$，故得闭口系统能量方程的解析式

$$\delta Q=\mathrm{d}U+\delta W \tag{3-3-12}$$

3.3.3 焓及其物理意义

为简化计算，将流动工质传递的总能量中，取决于工质热力状态的那部分能量，写在一起，引入一新的物理量，称为焓，定义式为

$$H=U+pV \quad (\mathrm{J}) \tag{3-3-13}$$

或

$$h=u+pv \quad (\mathrm{J/kg}) \tag{3-3-14}$$

由于 u、p、v 都是工质的状态参数，所以焓也是工质的状态参数。对于流动工质，焓为热力学能和流动功的代数和，具有能量意义，表示流动工质向流动前方传递的总能量（共四项）中取决于热力状态的那部分能量。如果工质的动能和位能可以忽略，则焓代表随流动工质传递的总能量。对于不流动工质，因 pv 不是流动功，焓只是一个复合状态参数，没有明确的物理意义。

对于理想气体

$$h=u+pv=u+RT=f(T) \tag{3-3-15}$$

可见，理想气体的焓和热力学能一样，也仅是温度的单值函数，焓在热力过程中是一个重要而常用的状态参数，它的引入对热工问题的分析和计算带来很大的便利。

引入焓后，式（3-3-10）变为：

$$\delta Q=\left(h_2+\frac{1}{2}c_2^2+gz_2\right)\delta m_2-\left(h_1+\frac{1}{2}c_1^2+gz_1\right)\delta m_1+\delta W_s+\mathrm{d}E_{CV} \tag{3-3-16}$$

3.4 稳态能量方程及应用

3.4.1 开口系统稳态稳流能量方程

1. 稳态稳流能量方程表达式

实际的热工设备，通常都是在稳定工况下运行，工质以恒定的流量连续不断地进出系统，系统内部及界面上各点工质的状态参数和宏观运动参数都保持一定，不随时间变化，这便是稳态稳流工况。

根据稳态稳流工况特征可知：同一时间内进、出控制体界面及流过系统内任何断面的质量均相等

$$\delta m_1=\delta m_2=\cdots=\delta m \tag{3-4-1}$$

同一时间内进入控制体的能量和离开控制体的能量相等，因而控制体内能量保持一定

$$\mathrm{d}E_{CV}=0 \tag{3-4-2}$$

于是，式（3-3-16）可写成

$$\delta Q=\left[(h_2-h_1)+\frac{1}{2}(c_2^2-c_1^2)+g(z_2-z_1)\right]\delta m+\delta W_s \tag{3-4-3}$$

或

$$Q=\left[(h_2-h_1)+\frac{1}{2}(c_2^2-c_1^2)+g(z_2-z_1)\right]m+W_s \tag{3-4-4}$$

对于单位质量工质可写成

$$q=(h_2-h_1)+\frac{1}{2}(c_2^2-c_1^2)+g(z_2-z_1)+w_s=\Delta h+\frac{1}{2}\Delta c^2+g\Delta z+w_s \tag{3-4-5}$$

对于微元热力过程

$$\delta q-\mathrm{d}h+\frac{1}{2}\mathrm{d}c^2+g\mathrm{d}z+\delta w_s \tag{3-4-6}$$

式（3-4-3）～（3-4-6）是开口系统稳态稳流能量方程的表达式，普遍适用于稳态稳流各种热力过程。

2. 技术功

稳态稳流能量方程中的动能变化$\frac{1}{2}\Delta c^2$、位能变化 $g\Delta z$ 及轴功 w_s 都属于机械能，是热力过程中可被直接利用来做功的能量，统称为技术功，即

$$w_t=\frac{1}{2}\Delta c^2+g\Delta z+w_s \tag{3-4-7}$$

对于微元热力过程

$$\delta w_t=\frac{1}{2}\mathrm{d}c^2+g\mathrm{d}z+\delta w_s \tag{3-4-8}$$

引用技术功概念后，稳态稳流能量方程又可写成

$$q=\Delta h+w_t \tag{3-4-9}$$

及

$$\delta q=\mathrm{d}h+\delta w_t \tag{3-4-10}$$

由式（3-4-9）得

$$w_t=q-\Delta h=(\Delta u+w)-(\Delta u+p_2v_2-p_1v_1)=w+p_1v_1-p_2v_2 \tag{3-4-11}$$

上式表明，技术功等于膨胀功与流动功的代数和。

对于稳态稳流的可逆过程，技术功为

$$\delta w_t=\delta q-\mathrm{d}h=(\mathrm{d}u+p\mathrm{d}v)-\mathrm{d}(u+pv)=\mathrm{d}u+p\mathrm{d}v-\mathrm{d}u-p\mathrm{d}v-v\mathrm{d}p \tag{3-4-12}$$

即得

$$\delta w_t=-v\mathrm{d}p \tag{3-4-13}$$

式（3-4-13）适用于可逆过程。

如图 3-4-1 所示，微元过程的技术功，在 p-v 图上用斜线所示的微元面积表示。

得到可逆过程 1—2 的技术功为

$$w_t=-\int_1^2 v\mathrm{d}p \tag{3-4-14}$$

在 p-v 图上用过程线 1—2 与纵坐标轴之间围成的面积表示，即 w_t＝面积 12341。

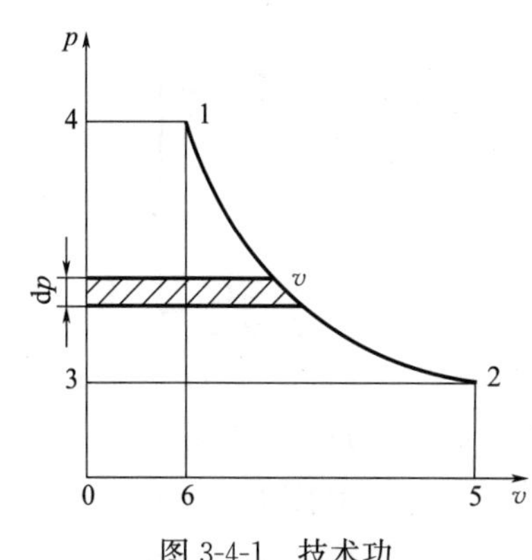

图 3-4-1　技术功

技术功、膨胀功及流动功之间的关系，由式（3-4-9）、（3-4-10）及图 3-4-1 可知

$$w_t=w+p_1v_1-p_2v_2=\text{面积 }12561+\text{面积 }41604-\text{面积 }23052$$

显然，技术功也是过程量，其值取决于初、终状态及过程

特性。

在一般的工程设备中，往往可以不考虑进、出口工质动能和位能的变化，由式（3-4-7）、（3-4-8）可知，此时技术功就等于轴功，即

$$w_t = w_s = w + p_1 v_1 - p_2 v_2 \tag{3-4-15}$$

3. 理想气体焓变计算

对于定压过程，由式（3-4-13）可知，如 $\delta w_t = 0$，于是稳态稳流能量方程式（3-4-6）变为

$$\delta q_p = dh_p = c_p dT_p \tag{3-4-16}$$

由此得出定压比热容的定义式

$$c_p = \left(\frac{\partial h}{\partial T}\right)_p \tag{3-4-17}$$

由于理想气体焓是温度的单值函数，所以又可写成

$$c_p = \frac{dh}{dT} \tag{3-4-18}$$

从而得理想气体焓的计算公式

$$dh = c_p dT \tag{3-4-19}$$

或

$$\Delta h = \int_1^2 c_p dT \tag{3-4-20}$$

虽然，式（3-4-19）、（3-4-20）是通过定压过程推导而得，但因理想气体的焓是温度的单值函数，其他所有热力过程，只要其温度变化与定压过程的温度变化相同，计算所得的焓的变化值就相同，因此式（3-4-19）、（3-4-20）可用于理想气体一切热力过程。对于实际气体只适用于计算定压过程焓的变化。

在工程计算中，通常只需要计算两状态之间焓的变化。应用式（3-4-19）、（3-4-20），类似定压过程热量的计算方法，根据具体情况适当选取定压比热容，求出焓的变化值。

按定值定压比热容计算：

$$\Delta h = c_p (T_2 - T_1) \tag{3-4-21}$$

按平均定压比热容计算：

$$\Delta h = c_{pm}\big|_0^{t_2} \cdot t_2 - c_{pm}\big|_0^{t_1} \cdot t_1 \tag{3-4-22}$$

按真实定压比热容计算：

$$\Delta H = \int_{T_1}^{T_2} [a_0 + a_1 T + a_2 T^2 + a_3 T^3] dT \ (\text{kJ/kmol}) \tag{3-4-23}$$

对实际气体，如水蒸气、制冷剂等工质的焓值，通常需要查专用图表，也可根据热力学关系式或通用性图表来确定。

3.4.2 稳态稳流能量方程的应用

稳态稳流能量方程式在工程上有着广泛的应用。根据需要解决的问题，恰当地选取热力系统，仔细分析系统内部与外界传递的能量，建立能量方程，根据不同条件下适当简化，最后，借助于工质的热力性质数据、公式及图表，求解能量方程。

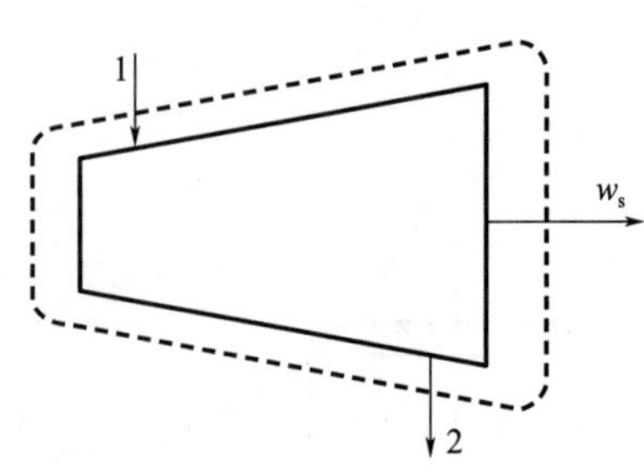

图 3-4-2　动力机轴功计算示意图

1. 动力机

动力机是利用工质在机器中膨胀获得机械功的设备。现以汽轮机为例，应用稳态稳流能量方程计算汽轮机所做的轴功，如图 3-4-2所示。由式（3-3-16）

$$q = (h_2 - h_1) + \frac{1}{2}(c_2^2 - c_1^2) + g(z_2 - z_1) + w_s \tag{3-4-24}$$

因为进出口的高度差一般很小，进出口的流速变化也不大，又因工质在汽轮机中停留的时间很短，系统与外界的热交换也可忽略。即 $g(z_2-z_1)\approx0$，$\frac{1}{2}(c_2^2-c_1^2)\approx0$，$q\approx0$。

于是得

$$w_s=h_2-h_1 \tag{3-4-25}$$

由此得出，在汽轮机中所做的轴功等于工质的焓降。

2. 压气机

消耗轴功使气体压缩以升高其压力的设备称为压气机，类似于图 3-4-2 的反方向作用。同样认为：$g(z_2-z_1)\approx0$，$\frac{1}{2}(c_2^2-c_1^2)\approx0$，$q\approx0$。

故得

$$-w_s=h_2-h_1 \tag{3-4-26}$$

即压气机绝热压缩消耗的轴功等于压缩气体焓的增加。

3. 热交换器

应用稳态稳流能量方程式，可以解决如锅炉、空气加热（或冷却）器、蒸发器、冷凝器等各种热交换器在正常运行时的热量计算问题。由式（3-3-16）：

$$q=\Delta h+\frac{1}{2}\Delta c^2+g\Delta z+w_s \tag{3-4-27}$$

因为在热交换器中，例如图 3-4-3 所示的锅炉中，系统与外界没有功量交换，即 $w_s=0$，又 $g\Delta z\approx0$，$\frac{1}{2}\Delta c^2\approx0$。

故得

$$q=h_2-h_1 \tag{3-4-28}$$

因此，在锅炉等热交换设备中，工质所吸收的热量等于焓的增加。

4. 喷管

喷管是一种使气流加速的设备，如图 3-4-4 所示。工质流经喷管时与外界没有功量交换，进出口位能差很小，可以忽略。又因为工质流过喷管时速度很高，与外界的热交换也可不考虑。

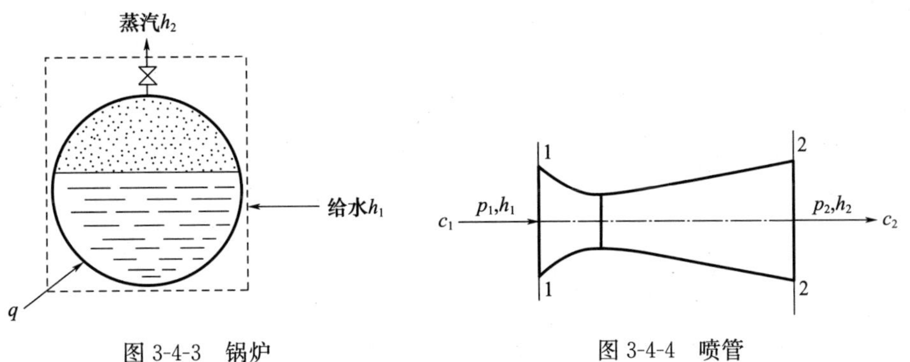

图 3-4-3　锅炉　　图 3-4-4　喷管

于是得

$$\frac{1}{2}(c_2^2-c_1^2)=h_2-h_1 \tag{3-4-29}$$

说明在喷管中气流动能之增量是由工质焓降来提供的。

5. 流体的混合

两股流体的混合，如图 3-4-5 所示，其中一股流体的质量流量为 $\dot{m}_1$，单位质量流体焓为 h_1，另一股流体的质量流量为 $\dot{m}_2$，单位质量流体焓为 h_2。取混合室为控制体，混合为稳态稳流工况，在

绝热条件下进行，且忽略流体动能、位能变化，设混合后单位质量流体焓为 h_3，则控制体的能量方程为

$$\dot{m}_1 h_1 + \dot{m}_2 h_2 = (\dot{m}_1 + \dot{m}_2) h_3 \tag{3-4-30}$$

6. 绝热节流

如图 3-4-6 所示，流体在管道内流动，遇到突然变窄的断面，由于存在阻力使流体压力降低的现象称为节流。

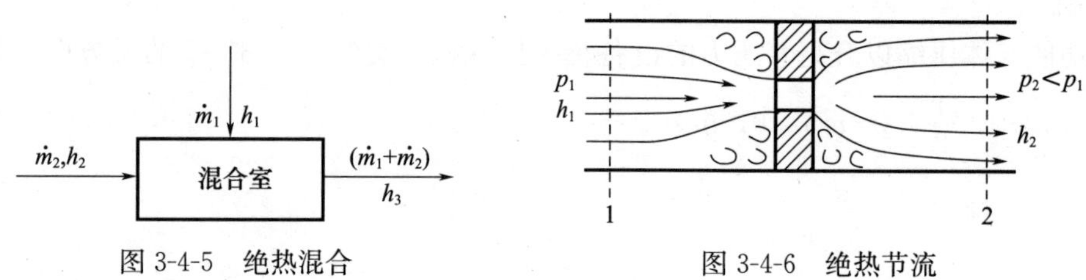

图 3-4-5　绝热混合　　　　图 3-4-6　绝热节流

取流体节流前、后稳定段 1—1、2—2 为界面构成控制体，稳态稳流的流体快速流过狭窄断面，来不及与外界换热也没有功量的传递，可理想化称为绝热节流。若忽略流体进、出口界面的动能、位能变化，则控制体能量方程可简化为

$$h_2 = h_1 \tag{3-4-31}$$

上式表明，绝热节流前、后焓相等，即能量数量相等。但需指出，由于在节流孔口附近流体的流速变化很大，焓值并不处处相等，不能把整个节流过程看作是定焓过程。

第 4 章　热力学第二定律

4.1　热力学第二定律的实质与表述

热力学第二定律是工程热力学的重点和难点之一。热力学第一定律揭示了能量在转换与传递过程中数量守恒的客观规律，但是符合热力学第一定律的现象和过程是否都能够存在和发生，显然热力学第一定律无法解决。

人们从无数实践中总结出，自然过程都是有方向性的，揭示热力过程方向、条件和限度的定律，就是热力学第二定律，所有热力过程都必须同时满足热力学第一定律和热力学第二定律，才能实现。

4.1.1　热力过程的方向、条件和限度

热力过程具有方向性，例如，一个烧红了的高温锻件，在车间中自然冷却，直至锻件温度与室内温度相等，散热停止。但设想这个已冷却的锻件从周围空气中收回散失的热量重新热起来，这一过程并不违反第一定律，但经验告诉人们，这是不可能的。还比如热量可以没有外界干预，由高温物体传递给低温物体，但反向把热量从低温物体传递给高温物体，就必须依靠外界的帮助才能进行。

不需要任何外界条件就可以自然进行的过程，称为自发过程。例如：①热量自高温物体传递给低温物体；②机械运动摩擦生热，即由机械能转换为热能；③高压气体膨胀为低压气体；④两种不同种类或不同状态的气体放在一起相互扩散混合；⑤电流通过导线时发热；⑥燃料的燃烧；等等。这些都属于自发过程。显然，这些过程都具有一定方向性，它们的反向过程不可能自发地进行，因此，自发过程都是不可逆过程。

这些自发过程的反向过程称为非自发过程，是不会自发进行的：热量不会自发地从温度较低的物体传向温度较高的物体；热能不会自发地转变为机械能；气体不会自发地压缩；等等。

这里并不是说这些非自发过程根本无法实现，而只是说，如果没有外界的推动，它们是不会自发进行的。事实上，在制冷装置中可以使热能从温度较低的物体转移到温度较高的物体。但是，这个非自发过程的实现是以另一个自发过程的进行作为代价的。或者说，前者是靠后者才得以实现的。在热机中可以使一部分高温热能转变为机械能，但是这个非自发过程的实现是以另一部分高温热能转移到低温物体为代价的。在压气机中气体被压缩，这个非自发过程的进行是以消耗一定的机械能作为补偿条件。总之，一个非自发过程的进行，必须有另外的自发过程来推动，或者说必须以另外的自发过程的进行作为代价，作为补偿条件。

对热机而言，这个过程的限度就是热机效率问题。自卡特发明蒸汽机后，经过许多人的努力，热机热效率一直在提高，但热机热效率的提高是否有限度？直到 19 世纪法国杰出的年轻工程师卡诺，提出了著名的卡诺热机和卡诺循环，指明了热机效率是有限度的，即使在当今社会，卡诺的热机理论仍具有划时代的指导意义。

4.1.2　热力学第二定律的实质

热力学第二定律的实质，就是阐明与热现象相关的各种热力过程所进行的方向、条件和进行的限度。除指明自发过程进行的方向外，还包括对实现非自发过程所需要的条件，以及过程进行的最

大限度等内容。

热力过程所遵循的这种客观规律，归根结底是由于不同类型或不同状态下的能量具有质的差别，而过程的方向性正缘于较高位能质向较低位能质的转化。热量由高温传至低温，机械能转化为热能，按热力学第一定律能量的数量保持不变，但是，以做功能力为标志的能质却降低了，称之为能质的退化或贬值。因此热力学第二定律也是论述热力过程能质退化或贬值的客观规律。

热力学第二定律同热力学第一定律一样，是根据无数实践经验得出的经验定律，自然界的物质和能量只能沿着一个方向转换，即从可利用到不可利用，从有效到无效，这说明了节能的必要性。只有热力学第二定律才能充分解释事物变化的性质和方向，以及变化过程中所有事物的相互关系。热力学第二定律除广泛应用于分析热力过程和能源工程外，还被应用于分析生物化学、生命现象、信息理论、低温物理以及气象等许多领域，可以预料该定律今后还将得到更广泛的应用。

4.1.3 热力学第二定律的表述

热力学第二定律有各种不同的表述。经典的表述是 1850—1851 年，从工程应用角度归纳总结出来的两种说法，即克劳修斯（Clausius）说法：不可能把热量从低温物体传到高温物体而不引起其他变化。

开尔文・浦朗克（Kelvin・Plank）说法：不可能制造只从一个热源取热使之完全变成机械能而不引起其他变化的循环发动机。只冷却单一热源而连续做功的机器称为第二类型永动机，实践证明这种发动机是造不出来的。

上述两种经典说法虽然表述方法不同，但是可以证明其实质是一致的。如图 4-1-1（a）所示，假如制冷机 R 能使热量 Q_2 从冷源自发地流向热源（这是违反克劳修斯说法的），同时热机 H 进行一个正循环，从热源取热量 Q_1，向外界做功 W_0（$W_0=Q_1-Q_2$），向冷源放出热量 Q_2。这样联合的结果，也就是从热源取热 Q_1-Q_2 而全部变成了净功 W_0，这是违反开尔文・浦朗克说法的。所以，违反克劳修斯的说法，意味着也必然违反开尔文・浦朗克的说法，这正说明两种说法的一致性。反之，如违反开尔文・浦朗克说法，从热源取热量 Q_1 在热机 H 中全部变成净功 W_0，则用这部分 W_0 带动制冷机 R 工作，联合运行的结果是使热量 Q 从冷源自发地流向热源，如图 4-1-1（b）所示，这是违反克劳修斯说法的。

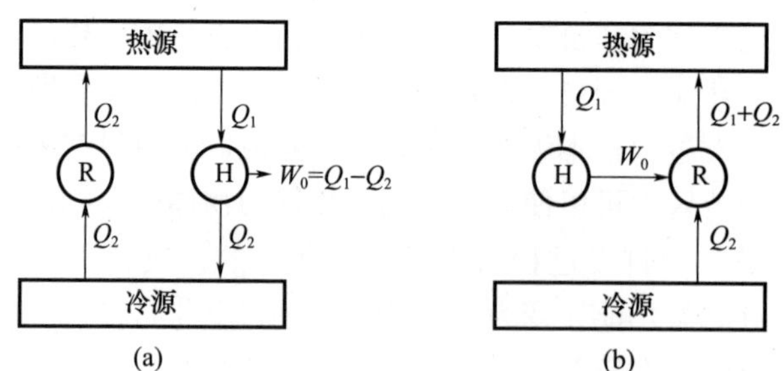

图 4-1-1 热力学第二定律两种经典说法的一致性

以上是对热力学第二定律定性的论述，定量的计算要通过状态参数熵或㶲的计算，称为熵法或㶲法。

热量由高温传至低温，功不断变为热，能质在贬值，克劳修斯由此推论得出“热寂说”：总有一天宇宙运动的能量趋于停息，宇宙进入静止的热死亡状态。但近年来科技的发展，证明“热寂说”是错误的，这是因为热力学第二定律揭示的是论述有限空间中客观现象的规律，不能任意推广到无限空间的宇宙中去，近年来发现在宇宙中蕴藏着极大能量的黑洞现象，就是对“热寂说”的否定。

4.2 卡诺循环与卡诺定理

热功转换是热力学的主要研究内容，按照热力学第二定律，热不能连续地全部转换为功。那么，在一定的高温热源和低温热源范围内，其最大限度的转换效率是多少呢？1824 年法国年轻工程师卡诺（Carnot）解决了这个问题。

4.2.1　卡诺循环

卡诺依据蒸汽机运行多年的实践经验，经过科学抽象提出由以下四个过程组成的理想循环如图 4-2-1所示。

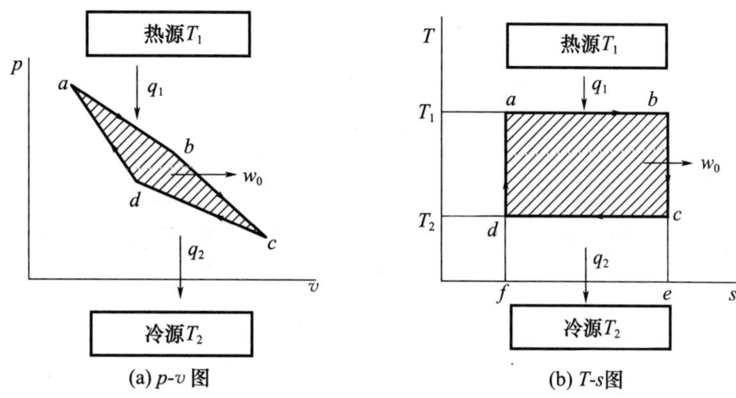

图 4-2-1　卡诺循环的 p-v 图及 T-s 图

图中，a—b：工质从热源（T_1）可逆定温吸热；b—c：工质可逆绝热（定熵）膨胀；c—d：工质向冷源（T_2）可逆定温放热；d—a：工质可逆绝热（定熵）压缩回复到初始状态。

工质在整个循环中从热源吸热 q_1，向冷源放热 q_2，对外界做功 w_1，外界对系统做功 w_2。按热力学第一定律：

$$\oint \delta q = \oint \delta w \tag{4-2-1}$$

即

$$q_1 - q_2 = w_1 - w_2 = w_0 \tag{4-2-2}$$

循环热效率：

$$\eta_t = \frac{w_0}{q_1} = 1 - \frac{q_2}{q_1} \tag{4-2-3}$$

$$q_1 = T_1(S_b - S_a) = \text{面积 } abefa \tag{4-2-4}$$

$$q_2 = T_2(S_c - S_d) = \text{面积 } cdfec \tag{4-2-5}$$

$$S_b - S_a = S_c - S_d \tag{4-2-6}$$

则卡诺循环热效率

$$\eta_{tc} = 1 - \frac{T_2}{T_1} \tag{4-2-7}$$

从卡诺循环热效率公式（4-2-7）可得到以下结论：

（1）卡诺循环热效率的大小只决定于热源温度 T_1 及冷源温度 T_2，要提高其热效率可通过提高 T_1 及降低 T_2 的办法来实现。

（2）卡诺循环热效率总是小于 1。只有当 $T_1 = \infty$ 或 $T_2 = 0$K 时，热效率才能等于 1，但这都是不可能的。

（3）当 $T_1 = T_2$ 时，即只有一个热源时，$\eta_{tc} = 0$。这就是说，只冷却一个热源是不能进行循环的，即单一热源的循环发动机是不可能实现的。

（4）在推导式（4-2-7）的过程中，未涉及工质的性质，因此，卡诺循环的热效率与工质的性质无关，式（4-2-7）适用于任何工质的卡诺循环。

4.2.2 逆卡诺循环

逆向进行的卡诺循环称为逆卡诺循环，它由下列四个理想过程所组成，如图 4-2-2 所示。

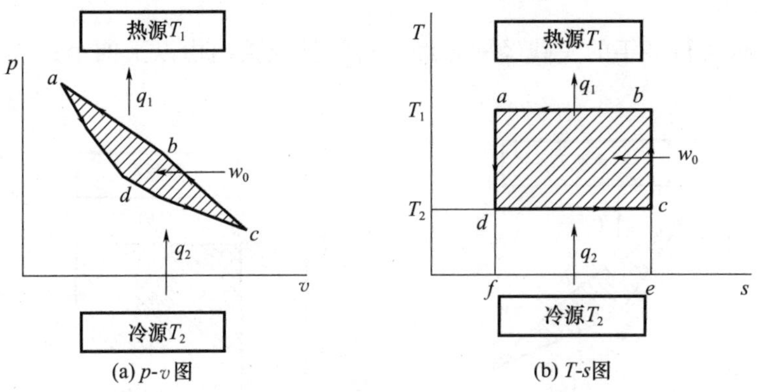

图 4-2-2 逆卡诺循环的 p-v 图及 T-s 图

图中，c—b：工质被可逆绝热（定熵）压缩；b—a：工质向热源（T_1）可逆定温放热；a—d：工质可逆绝热（定熵）膨胀；d—c：工质从冷源（T_2）可逆定温吸热。

在整个逆循环中，工质向热源放热 q_1，从冷源吸热 q_2（即冷量），外界消耗功 w_1，对外界做功 w_2。

如逆卡诺循环用作制冷循环，其制冷系数为：

$$\varepsilon_{1c}=\frac{q_2}{w_0}=\frac{q_2}{q_1-q_2}=\frac{T_2(S_c-S_d)}{T_1(S_b-S_a)-T_2(S_c-S_d)} \tag{4-2-8}$$

因为

$$S_b-S_a=S_c-S_d \tag{4-2-9}$$

则

$$\varepsilon_{1c}=\frac{T_2}{T_1-T_2} \tag{4-2-10}$$

如逆卡诺循环用于供热（热泵）循环，其供热系数为：

$$\varepsilon_{2c}=\frac{q_1}{w_0}=\frac{q_1}{q_1-q_2}=\frac{T_1}{T_1-T_2} \tag{4-2-11}$$

从式（4-2-10）及式（4-2-11）可得下列结论：

（1）逆卡诺循环的性能系数只决定于热源温度 T_1 及冷源温度 T_2，它随 T_1 的降低及 T_2 的提高而增大。

（2）逆卡诺循环的制冷系数 ε_{1c} 可以大于 1、等于 1 或小于 1，但其供热系数总是大于 1，二者之间的关系为 $\varepsilon_{2c}=1+\varepsilon_{1c}$。

（3）在一般情况下，由于 $T_2>(T_1-T_2)$，因此，逆卡诺循环的制冷系数 ε_{2c} 通常也大于 1。

（4）逆卡诺循环可以用来制冷，也可以用来供热，这两个目的可以单独实现，也可以在同一设备中交替实现，即冬季作为热泵用来采暖、夏季作为制冷机用于空调制冷。

4.2.3 卡诺定理

卡诺定理表达为：工作于同温热源与同温冷源之间的所有热机，以可逆热机的热效率为最高。

证明卡诺定理可用反证法。设有两部热机 A 及 B，B 为可逆热机，A 为不可逆热机，两热机在相同的热源 T_1 及冷源 T_2 之间工作，如图 4-2-3 所示。

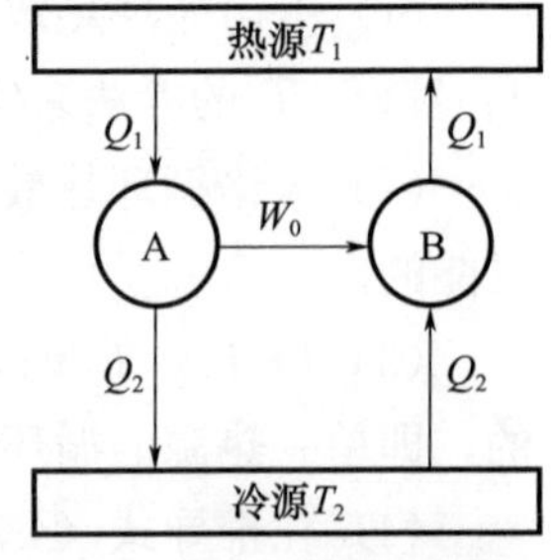

图 4-2-3 卡诺定理证明

因为 B 是可逆热机，使其按逆循环（制冷机）工作。利用不可逆热机带动可逆制冷机 B 工作。即可得

$$W_0 = Q_1 - Q_2 = Q'_1 - Q'_2 \tag{4-2-12}$$

若功 $\eta_{tA} > \eta_{tB}$，则按循环热效率公式可得

$$\frac{W_0}{Q_1} > \frac{W_0}{Q'_1} \tag{4-2-13}$$

从式（4-2-13）可知 $Q'_1 > Q_1$，将这一结果代入式（4-2-12）则

$$Q'_1 - Q_1 = Q'_2 - Q_2 > 0 \tag{4-2-14}$$

从式（4-2-14）可得出结论：不可逆机 A 与可逆机 B 及联合运行的结果，使热量 $Q'_2 > Q_2$ 自动地从冷源 T_2 流向热源 T_1，这违反热力学第二定律，因此 $\eta_{tA} > \eta_{tB}$ 的假设不能成立。剩下的可能是 $\eta_{tA} \leqslant \eta_{tB}$。其实 $\eta_{tA} = \eta_{tB}$ 也是不可能的，若 $\eta_{tA} - \eta_{tB}$，用不可逆机 A 带动可逆机 B，二者联合的结果，使工质、热源、冷源都回复到初态而不留下任何变化。这一结果与 A 热机不可逆的假设相矛盾，因此，$\eta_{tA} = \eta_{tB}$ 也不能成立。唯一可能的是 $\eta_{tA} < \eta_{tB}$，即在相同的热源与相同的冷源之间，可逆热机的热效率总是大于不可逆热机的热效率。用同样的方法也可以证明相同热源与相同冷源之间的一切可逆热机其热效率均应相等。设有两个可逆热机 A 和 B，因为 A 是可逆机，必然是 $\eta_{tA} \geqslant \eta_{tB}$。但 B 也是可逆热机，则 $\eta_{tB} \geqslant \eta_{tA}$。在这种情况下，唯一的结果是 $\eta_{tB} = \eta_{tA}$。

由卡诺定理可得出两个推论：

(1) 所有工作于同温热源与同温冷源之间的一切可逆热机，其热效率都相等，与采用工质性质无关。

(2) 在同温热源与同温冷源之间的一切不可逆热机的热效率，必小于可逆热机的热效率。

卡诺循环与卡诺定理在热力学研究中具有重要的理论和实际意义，它解决了热机热效率的极限值问题，并从原则上指出提高热效率的途径是以卡诺循环热效率为最高标准，也就是说，虽然设计制造高于卡诺循环热效率的热机是不可能的，但可以通过改进实际热机循环，使之尽可能接近卡诺循环，达到提高热机循环热效率的目的。可见卡诺循环及卡诺定理在指导热机实践中具有重要理论价值。

4.3　熵与熵增原理

4.3.1　熵的导出

状态参数熵的导出有各种方法。这里只介绍一种经典方法，它是 1865 年克劳修斯提出来的。图 4-3-1 表示任意可逆循环。

假设用许多可逆绝热线分割该循环，使任意两条相邻的绝热线紧密得足以用等温线来连接，从而构成一系列微元卡诺循环。取其中一个微元卡诺循环（如图中斜影线所示），则有

$$\eta_{tc} = 1 - \frac{\delta q_2}{\delta q_1} = 1 - \frac{T_2}{T_1} \tag{4-3-1}$$

考虑到 δq_2 为负值，即得

$$\frac{\delta q_1}{T_1} + \frac{\delta q_2}{T_2} = 0 \tag{4-3-2}$$

对于整个可逆循环

$$\int_{abc} \frac{\delta q_1}{T_1} + \int_{cda} \frac{\delta q_2}{T_2} = \oint \left(\frac{\delta q}{T}\right)_{re} = 0 \tag{4-3-3}$$

式（4-3-3）称为克劳修斯等式。式中被积函数 $\left(\frac{\delta q}{T}\right)_{re}$ 的循环积分为零，表明该函数与积分路径无关，是一个状态函数。

令

$$ds=\left(\frac{\delta q}{T}\right)_{re}[J/(kg \cdot K)] \tag{4-3-4}$$

式中 ds 是对单位质量工质而言，称为比熵。

对系统总质量而言的总熵则为

$$S=ms\ (J/K) \tag{4-3-5}$$

式（4-3-4）表明在可逆吸热或放热时，工质熵变等于传热量与热源温度的比值，因为是可逆过程，工质温度等于热源温度。

于是式（4-3-3）可写成：

$$\oint ds = 0 \tag{4-3-6}$$

对有限过程：

$$\int_1^2 ds = s_2 - s_1 \tag{4-3-7}$$

对于不可逆循环，如图 4-3-2 所示，图中虚线 1—a—2 表示不可逆过程。

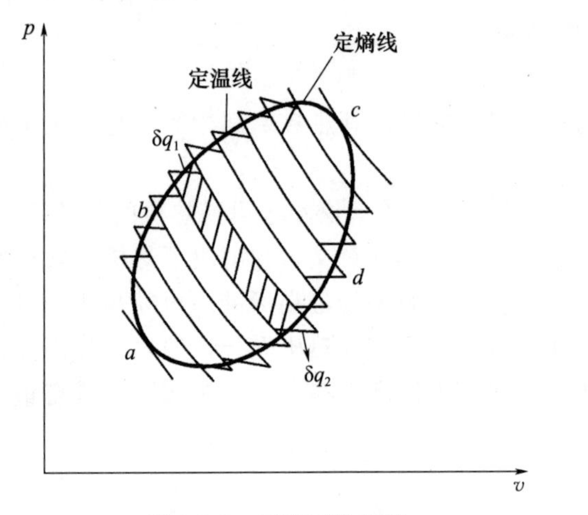

图 4-3-1　任意可逆循环

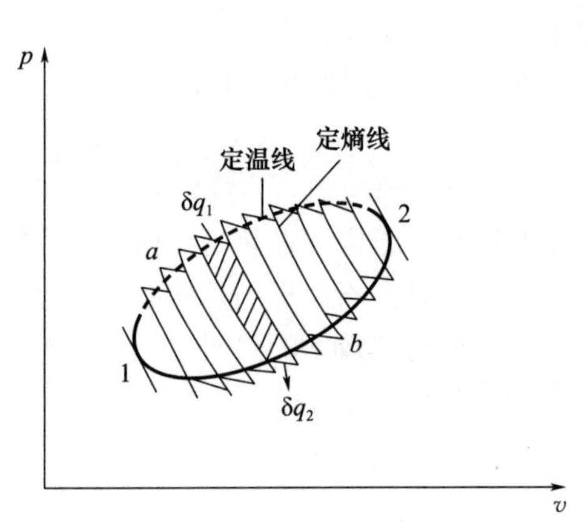

图 4-3-2　不可逆循环

根据卡诺定理

$$\eta_t=1-\frac{\delta q_2}{\delta q_1}<1-\frac{T_2}{T_1} \tag{4-3-8}$$

得

$$\frac{\delta q_1}{T_1}+\frac{\delta q_2}{T_2}<0 \tag{4-3-9}$$

对于整个不可逆循环

$$\int_{1a2}\frac{\delta q_1}{T_1}+\int_{2b1}\frac{\delta q_2}{T_2}=\oint\left(\frac{\delta q}{T}\right)_{irr}<0 \tag{4-3-10}$$

综合式（4-3-3）、（4-3-10）得克劳修斯不等式：

$$\oint\left(\frac{\delta q}{T}\right)\leqslant 0 \tag{4-3-11}$$

即

$$\oint\left(\frac{\delta q}{T}\right)\leqslant\oint ds = 0 \tag{4-3-12}$$

式中　T——热源温度，K；

式（4-3-11）、（4-3-12）中等号对可逆循环而言，不等号对不可逆循环而言。

对有限过程，如图 4-3-1 所示的 1—a—2 不可逆过程和 2—b—1 可逆过程，按克劳修斯不等式（4-3-12）有

$$\oint\left(\frac{\delta q}{T}\right)_{\text{irr}}=\int_1^2\left(\frac{\delta q}{T}\right)_{\text{irr}}+\int_2^1\left(\frac{\delta q}{T}\right)_{\text{re}}=\int_1^2\left(\frac{\delta q}{T}\right)_{\text{irr}}-\int_1^2\left(\frac{\delta q}{T}\right)_{\text{re}}<0 \tag{4-3-13}$$

因为 2—b—1 为可逆过程，有

$$\int_2^1\left(\frac{\delta q}{T}\right)_{\text{re}}=s_2-s_1 \tag{4-3-14}$$

因而

$$\int_2^1\left(\frac{\delta q}{T}\right)_{\text{irr}}-(s_2-s_1)<0 \tag{4-3-15}$$

即

$$s_2-s_1>\int_2^1\left(\frac{\delta q}{T}\right)_{\text{irr}} \tag{4-3-16}$$

式（4-3-16）说明当过程不可逆时，系统熵变大于克劳修斯积分。

必须指出熵作为系统的状态参数，其值大小只取决于状态特性，过程中熵的变化，只与过程初终状态有关而与过程的路径及过程是否可逆无关。那么为何在过程不可逆时，系统熵变大于克劳修斯积分呢，从下面熵方程可以得到合理的解释。

4.3.2　孤立系统熵增原理

根据系统熵变计算式与克劳修斯不等式 $\Delta s>\int_1^2\left(\frac{\delta q}{T}\right)$ 不难看出：当闭口系统进行绝热过程时，$\Delta q=0$，则有

$$\Delta s_{\text{ad}}\geqslant 0 \tag{4-3-17}$$

对于孤立系统，因其与外界没有任何能量和物质的交换，因此

$$\Delta S_{\text{iso}}\geqslant 0 \tag{4-3-18}$$

或

$$\mathrm{d}S_{\text{iso}}\geqslant 0 \tag{4-3-19}$$

式（4-3-17）和式（4-3-18）表明：绝热闭口系统或孤立系统的熵只能增加（不可逆过程）或保持不变（可逆过程），而绝不能减少。任何实际过程都是不可逆过程，只能沿着使孤立系统熵增加的方向进行，这就是熵增原理。

熵增原理的理论意义：

（1）自然界过程总是朝着熵增加的方向进行，可通过孤立系统熵增原理判断过程进行的方向。

（2）当熵达到最大值时，系统处于平衡状态，可用孤立系统熵增原理作为系统平衡的判据。

（3）不可逆程度越大，熵增也越大，可用孤立系统熵增原理定量地评价过程的热力学性能的完善。

综上所述，熵增原理表达了热力学第二定律的基本内容。因此常把热力学第二定律称为熵定律，把式（4-3-18）视为热力学第二定律的数学表达式，它有着极其广泛的应用。

4.4　熵的方程与熵分析

4.4.1　闭口系统熵方程

将研究对象取为闭口热力系统，建立能量方程。

对于可逆过程，有

$$T\mathrm{d}s=\delta q=\delta w+\mathrm{d}u \tag{4-4-1}$$

式中　δq——可逆过程的传热量；

δw——可逆过程的膨胀功。

对于发生在与上述相同初、终态的不可逆过程，有

$$\delta q' = \delta w' + \mathrm{d}u \tag{4-4-2}$$

式中　$\delta q'$——不可逆过程的传热量；

$\delta w'$——不可逆过程的膨胀功。

考虑到热力学能作为状态量，与过程无关，将式（4-4-2）代入式（4-4-1）中，得到

$$\mathrm{d}s = \frac{\delta q'}{T} + \frac{\delta w - \delta w'}{T} \tag{4-4-3}$$

令 $\delta s_\mathrm{f} = \dfrac{\delta q'}{T}$，称为熵流，是由热量的流动带来的熵变，故吸热为正，放热为负，绝热为零。

令 $\delta s_\mathrm{g} = \dfrac{\delta w - \delta w'}{T}$，称为熵产，是由闭口系统内部任何不可逆因素带来的熵变。称 $\delta\Delta w = \delta w - \delta w'$ 为由于过程不可逆带来的做功能力的损失。显然以 δs_g 在不可逆时为正；可逆时为零。

从而得到闭口系统的熵方程为

$$\mathrm{d}s_\mathrm{sys} = \delta s_\mathrm{f} + \delta s_\mathrm{g} \tag{4-4-4}$$

对有限过程：

$$\Delta s_\mathrm{sys} = s_\mathrm{f} + s_\mathrm{g} \tag{4-4-5}$$

或写成

$$\Delta s_\mathrm{sys} = \int_1^2 \frac{\delta q'}{T} + s_\mathrm{g} \tag{4-4-6}$$

式（4-4-4）～（4-4-6）表明：闭口系统的熵变是由熵流和熵产两部分组成。对不可逆过程，系统的熵变除了热量的流动引起的熵流外，还应包括不可逆过程导致的熵产，若去掉熵产项，式（4-4-6）即变为式（4-3-16），显然系统熵变就大于克劳修斯积分了。

熵是系统的状态参数，系统熵变仅取决于系统的初、终状态，与过程的性质及途径无关。然而熵流与熵产均取决于过程的特性，在 Δs_sys 一定的情况下，s_f 和 s_g 的变化视过程的特性可以有不同的组合。

如图 4-4-1 所示，两容器中盛有相同状态（p，T_1）和相同质量的某种工质，在定压条件下通过以下两种不同的途径达到相同的终态（p，T_2）。其中（a）采用绝热搅拌方法，（b）采用容器底部与变温热源在无限小温差下进行传热的方法。取容器中的工质为系统，该系统为闭口系统，（a）、（b）的熵方程均可表示为式（4-4-5）。

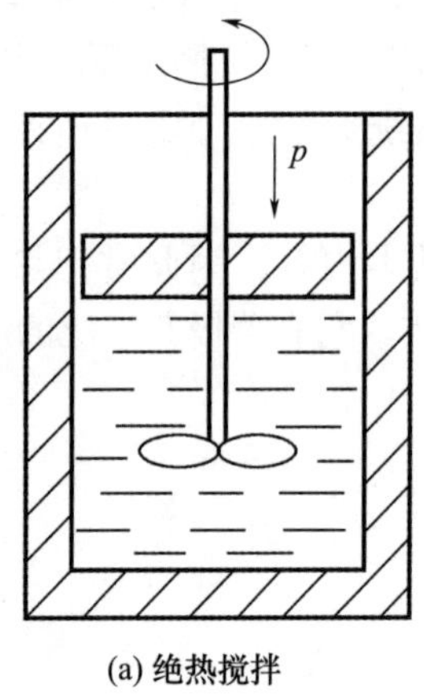

(a) 绝热搅拌

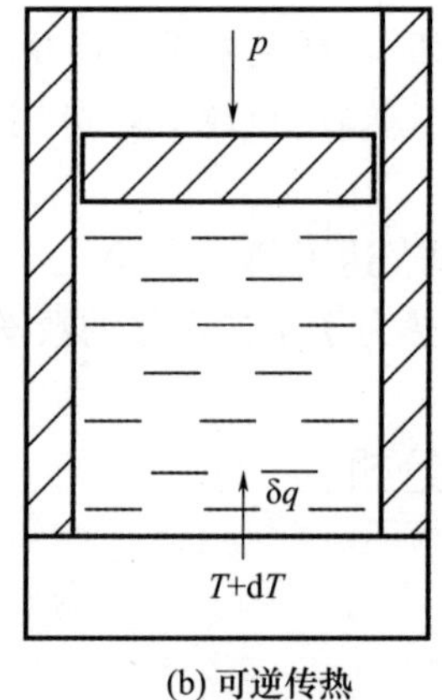

(b) 可逆传热

图 4-4-1　熵变、熵产与熵流

由于（a）、（b）的初、终状态相同，故二者的熵变应该相等，即 $\Delta s_\mathrm{a} = \Delta s_\mathrm{b}$，然而，（a）为绝热

搅拌，$s_f=0$，故 $\Delta s_a=s_g$，说明（a）系统的熵变是由耗散效应的熵产所致；（b）为可逆传热，$s_g=0$，即 $\Delta s_b=s_f$，说明系统熵变是由随热流传递的熵流所致。由于系统熵变取决于初、终状态，无论过程是否可逆，系统熵变均可通过可逆的途径计算得出，设工质的比定压热容 c_p 为定值，则有

$$\Delta s_a = \Delta s_b = \int_1^2 \frac{\delta q}{T} = \int_1^2 \frac{c_p \mathrm{d}T}{T} = c_p \ln \frac{T_2}{T}\ [\mathrm{J/(kg \cdot K)}] \tag{4-4-7}$$

4.4.2　开口系统熵方程

穿过控制体边界传递的熵流，除随热流传递的熵流外，还包括随物质流传递的熵流。如图 4-4-2 所示，进入控制体的质流熵为 $s_1\delta\dot{m}_1$，输出控制体的质流熵为 $s_2\delta\dot{m}_2$。

图 4-4-2　开口系统熵方程示意图

按熵方程的一般形式，控制体熵方程可写成

$$(s_1\delta\dot{m}_1 - s_2\delta\dot{m}_2) + \delta S_f + \delta S_g = \mathrm{d}S_{cv} \tag{4-4-8}$$

式中　s_1、s_2——进出系统每 kg 工质的熵；

$\delta\dot{m}_1$、$\delta\dot{m}_2$——$\mathrm{d}\tau$ 时间内进出系统的质量；

δS_f——开口系统由于热交换而引起熵流；

δS_g——开口系统由于不可逆引起的熵产；

δS_{cv}——开口系统（控制体）熵的变化。

对于有限过程，由式（4-4-8）积分得

$$\Delta S_{cv} = S_f + S_g + \int s_1 \delta\dot{m}_1 - \int s_2 \delta\dot{m}_2 \tag{4-4-9}$$

对于稳态稳流的开口系统

$$\Delta S_{cv} = 0 \tag{4-4-10}$$

且

$$\dot{m}_1 = \dot{m}_2 = \dot{m} \tag{4-4-11}$$

$$\int s_1 \delta\dot{m}_1 - \int s_2 \delta\dot{m}_2 = s_1\dot{m}_1 - s_2\dot{m}_2 = (s_1 - s_2)\dot{m} \tag{4-4-12}$$

则可得单位质量工质表示的稳态稳流熵方程

$$s_f + s_g + (s_1 - s_2) = 0 \tag{4-4-13}$$

或

$$s_g = (s_1 - s_2) - s_f \tag{4-4-14}$$

4.4.3　孤立系统熵方程

孤立系统与外界没有任何能量和质量的传递，因此，由式（4-4-5）或式（4-4-14）得到

$$\Delta S_{iso} = S_g \tag{4-4-15}$$

上式说明：孤立系统的熵变等于孤立系统的熵产，也就是说孤立系统的熵产可以通过该系统各组成部分的熵变进行计算。

$$S_g = \Delta S_{iso} = \sum \Delta S_i \tag{4-4-16}$$

4.5　熵产与不可逆损失

熵产是指实际热力过程不可避免地存在不可逆性所造成的。与传热（比如对流传热）相关的有两种效应，即由传热（实际是温差传热）引起的熵产和由耗散引起的熵产。

根据热力学第二定律的论述，一切实际过程都是不可逆过程，都伴随着熵的产生和做功能力的损失，这二者之间必然存在着内在的联系。通常取环境状态作为衡量系统做功能力大小的参考状

态，即认为系统达到与环境状态相平衡时，系统不再有做功能力。做功能力损失与熵产之间的关系可表示为

$$L = T_0 S_g \quad (\mathrm{J}) \tag{4-5-1}$$

对于孤立系统，由于 $\Delta S_{iso} = S_g$，所以

$$L_{iso} = T_0 \Delta S_{iso} \quad (\mathrm{J}) \tag{4-5-2}$$

式中　T_0——环境温度，K。

下面举例证明上述结论的正确性。图 4-5-1 所示为一可逆循环，图 4-5-2 所示为工质从热源吸热时存在温差（$T_1 - T'$）的不可逆循环。假设两种循环从热源 T 吸取相同的热量 q，经可逆热机对外做功后，向相同的冷源 T_0（即环境）放热，比较两种循环的做功能力大小。

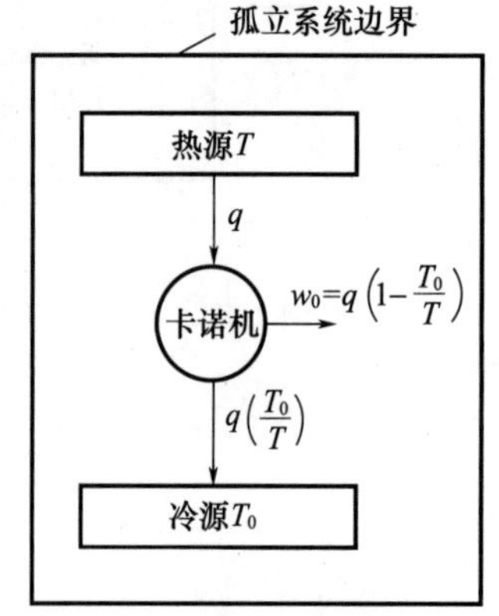

图 4-5-1　孤立系统中进行可逆循环

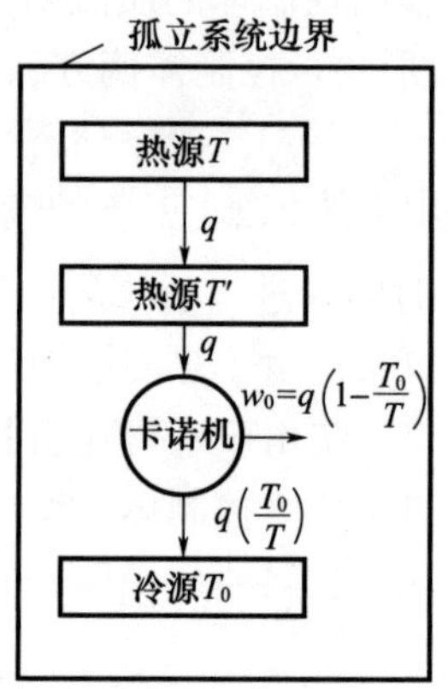

图 4-5-2　孤立系统中存在着不可逆循环

将两种循环同时表示在 T-s 图上，如图 4-5-3 所示，a—b—c—d—a 为可逆循环，用 a'—b'—c'—d—a'代替不可逆循环。

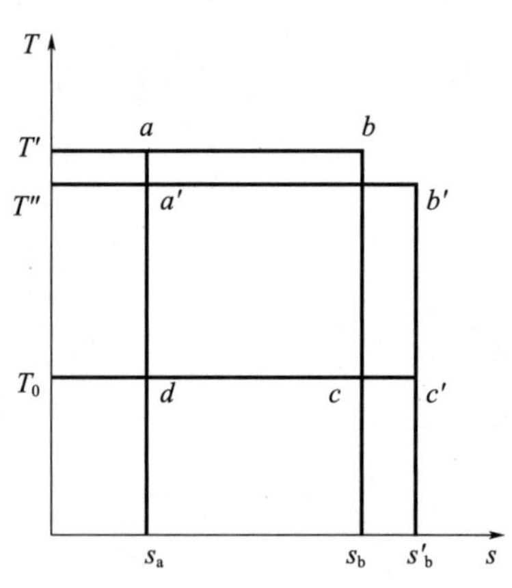

图 4-5-3　两种循环的比较

对两种循环分别取孤立系统进行分析。

（1）可逆循环

对外做最大功

$$w_0 = q\left(1 - \frac{T_0}{T_1}\right) \tag{4-5-3}$$

熵方程

$$\Delta S_{iso} = 0 \tag{4-5-4}$$

（2）不可逆循环（相当于 T' 与 T_0 间的可逆循环）

对外做最大功

$$w'_0 = q\left(1 - \frac{T_0}{T'}\right) \tag{4-5-5}$$

熵方程

$$\Delta s_{iso} = \Delta s_1 + \Delta s_0 + \Delta s_{2'} \tag{4-5-6}$$

式中　Δs_1——热源 T 的熵变，$\Delta s_1 = -\dfrac{q}{T}$；

Δs_0——工质循环的熵变，$\Delta s_0 = 0$；

$\Delta s_{2'}$——冷源 T_0的熵变，$\Delta s_{2'} = \dfrac{q'_0}{T_0}$。

因为

$$q'_0 = q - w'_0 = q - q\left(1 - \frac{T_0}{T'}\right) = \frac{T_0 q}{T'} \tag{4-5-7}$$

所以

$$\Delta s_{2'}=\frac{q}{T'} \tag{4-5-8}$$

于是

$$\Delta s_{iso}=\left(\frac{1}{T'}-\frac{1}{T}\right)q \tag{4-5-9}$$

不可逆循环比可逆循环少做的功，即做功能力损失为：

$$l=w_0-w_0'=T_0\left(\frac{1}{T'}-\frac{1}{T}\right)q=T_0\Delta s_{iso} \tag{4-5-10}$$

4.6　㶲方程与㶲分析

4.6.1　㶲、㶲损

㶲和𬉼是近年来在热力学及能源科学领域中广泛用来评价能量利用价值的新参数。是能量可用性、可用能、有效能的统称，它把能量的“量”和“质”结合起来评价能量的价值，解决了热力学和能源科学中长期以来没有任何一个参数可单独评价能量价值的问题，更深刻地揭示了能量在传递和转换过程中能质退化的本质，为合理用能、节约用能指明了方向。

4.6.1.1　㶲与𬉼的定义

能量“质”的指标是根据它的做功能力来判断的。因此，可以根据能量转换的能力分为三种不同质的能量类型。

(1) 可以完全转换的能量，如机械能、电能等，理论上可以百分之百地转换为其他形式的能量。这种能量的“量”和“质”完全统一，它的转换能力不受约束。

(2) 可部分转换的能量，如热量、热力学能等，这种能量的“量”和“质”不完全统一，它的转换能力受热力学第二定律约束。

(3) 不能转换的能量。如环境状态下的热力学能，这种能量只有“量”没有“质”。由于能量的转换与环境条件及过程特性有关，为了衡量能量的最大转换能力，人们规定环境状态作为基态（其能质为零），而转换过程应为没有热力学损失的可逆过程。

由此得出定义：

当系统由任意状态可逆转变到与环境状态相平衡时，能最大限度转换为功的那部分能量称为㶲(exergy)。不能转换为功的那部分能量称为𬉼（anergy)。

显然，按能量转换能力分类的第一种能量便是㶲，第二种能量包括㶲与𬉼，第三种能量为𬉼，即：能量=㶲+𬉼，或

$$E_n=Ex+An \tag{4-6-1}$$

应用㶲与𬉼的概念，可将能量转换规律表述如下。

(1) 㶲与𬉼的总能量守恒，可表示为热力学第一定律

$$(\Delta Ex+\Delta An)_{iso}=0 \tag{4-6-2}$$

(2) 一切实际热力过程中不可避免地发生部分㶲退化为𬉼，称为㶲损失，而𬉼不能再转化为㶲，可表示热力学第二定律，也可称孤立系统㶲降原理

$$\Delta E_{iso}\leqslant 0 \tag{4-6-3}$$

由此可见，㶲与𬉼都可作为过程方向性及热力学性能完善性的判据。

4.6.1.2　热量㶲与冷量㶲

1. 热量㶲

当热源温度 T 高于环境温度 T_0 时，从热源取得热量 Q，通过可逆热机可对外界做出的最大功称为热量㶲。

如图 4-6-1 所示，可逆循环做的最大功为

$$Ex_Q=\int_Q \delta W_{\max}=\int_Q\left(1-\frac{T_0}{T}\right)\delta Q=Q-T_0S_f \tag{4-6-4}$$

式中　$S_f=\int_Q\frac{\delta Q}{T}$——随热流携带的熵流。

热量㶲除与热量有关外，还与温度有关，在环境温度 T_0 一定时，T 越高，转换能力越强，热量中的㶲值越高。

热量𬸘：

$$An_Q=Q-Ex_Q=T_0S_f \tag{4-6-5}$$

上式表明，在 T_0 一定的情况下，热量𬸘与熵流成正比。

𬸘是不可用能（或无效能），因此，熵从能量转换的角度可以理解为不可用能的度量。对系统加热，既增加了系统的可用能，也增加了系统的不可用能。

单位质量物质的热量㶲与热量𬸘在 T-s 图上表示，如图 4-6-2 所示。

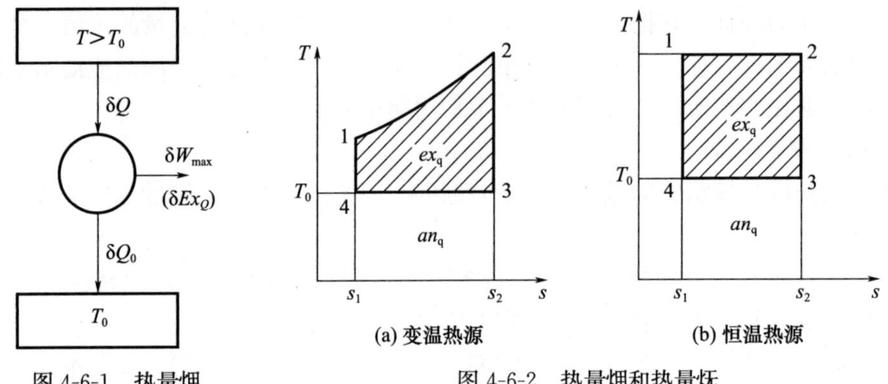

图 4-6-1　热量㶲　　　　图 4-6-2　热量㶲和热量𬸘

2. 冷量㶲

当系统温度 T 低于环境温度 T_0 时，从制冷角度理解，按逆循环进行，从冷源系统获取冷量 Q_0，外界消耗一定量的功，将 Q_0 连同消耗的功一起转移到环境中去。在可逆条件下，外界消耗的最小功即为冷量㶲。反之，如果低于环境温度的系统吸收冷量 Q_0 时，向外界提供冷量㶲，即可以用它做出有用功。

如图 4-6-3 所示，按逆卡诺循环

$$\varepsilon_c=\frac{\delta Q_0}{\delta W_{\min}}=\frac{T}{T_0-T} \tag{4-6-6}$$

即

$$\delta Ex_{Q_0}=\delta W_{\min}=\frac{T_0-T}{T}\delta Q_0=\left(\frac{T_0}{T}-1\right)\delta Q_0 \tag{4-6-7}$$

或

$$Ex_Q=\int_Q \delta W_{\max}=\int_Q\left(1-\frac{T_0}{T}\right)\delta Q=Q-T_0S_f \tag{4-6-8}$$

式中　S_f——冷量携带的熵流，$S_f=\int_{Q_0}\frac{\delta Q_0}{T}$。

冷量𬸘：由热力学第一定律，$Q=Q_0+Ex_{Q_0}=T_0S_f$，该能量是为获取制冷量 Q_0 而必须传给环境的能量，此能量不能再转化为㶲，称为冷量𬸘。即

$$An_{Q_0}=T_0S_f \tag{4-6-9}$$

单位质量工质的冷量、冷量㶲与冷量𬸘在 T-s 图上表示，如图 4-6-4 所示。

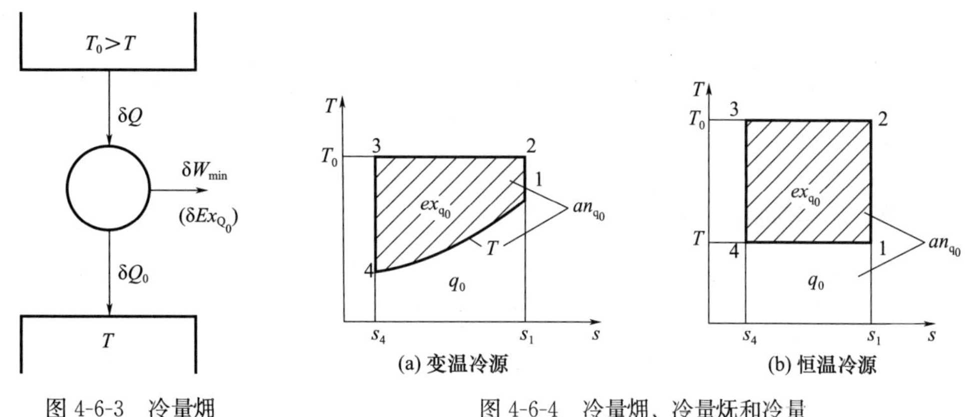

图 4-6-3　冷量㶲　　　　图 4-6-4　冷量㶲、冷量炕和冷量

由图可见，系统温度越低，冷量㶲越大，即外界消耗的功越多。工程上冷库在满足工艺要求的低温条件下，为节约能源尽量不要使系统在更低的低温下运行。同时要重视回收利用低温物质具有的㶲值。

还需指出，由于热量或冷量是过程量，因此，热量㶲、冷量㶲及其热量炕和冷量炕都是过程量。

4.6.1.3　热力学能㶲

当闭口系统所处状态不同于环境状态时都具有做功能力，即有㶲值。闭口系统从给定状态（p，T）可逆地过渡到与环境状态（p，T_0）相平衡时，系统对外所做最大有用功称为热力学能㶲。

如图 4-6-5 所示，设系统状态高于环境状态，为了保证系统与环境之间实现可逆换热条件，系统必须首先进行绝热膨胀，当系统温度达到与环境温度相等时，才能进行可逆换热。因此，系统可逆过渡到环境状态，首先经历一个定熵过程，然后是定温过程。

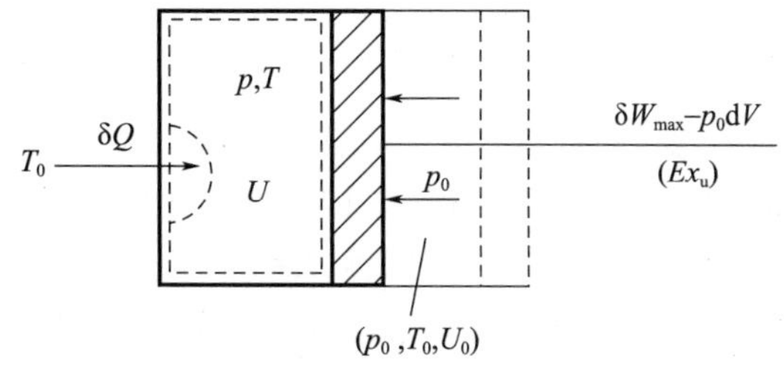

图 4-6-5　热力学能㶲

考虑到系统膨胀时对环境做功 $p_0 \mathrm{d}V$ 不能被有效利用，故最大有用功（即热力学能㶲）为

$$\delta W_{\max,\mathrm{u}}=\mathrm{d}Ex_{\mathrm{u}}=\delta W_{\max}-p_0\mathrm{d}V \tag{4-6-10}$$

按热力学第一定律

$$\delta Q=\mathrm{d}U+\delta W_{\max}=\mathrm{d}U+p_0\mathrm{d}V+\delta W_{\max,\mathrm{u}} \tag{4-6-11}$$

按热力学第二定律，由闭口系统与环境组成的孤立系统，进行可逆过程其熵增为零。即

$$\mathrm{d}S_{\mathrm{iso}}=\mathrm{d}S+\mathrm{d}S_{\mathrm{sur}}=0 \tag{4-6-12}$$

则

$$\delta Q_{\mathrm{sur}}=T_0\mathrm{d}S_{\mathrm{sur}}=-T_0\mathrm{d}S \tag{4-6-13}$$

而

$$\delta Q+\delta Q_{\mathrm{sur}}=0 \tag{4-6-14}$$

由此可得出

$$\delta Q=T_0\mathrm{d}S \tag{4-6-15}$$

合并式（4-6-11）、(4-6-14)，并由初态（p，T）积分至终态（p_0，T_0），得

$$T_0(S_0-S)=(U_0-U)+p_0(V_0-V)+W_{\max,\mathrm{u}} \tag{4-6-16}$$

或

$$Ex_u=W_{max,u}=(U-U_0)-T_0(S-S_0)+p_0(V-V_0) \tag{4-6-17}$$

当环境状态一定时，热力学能㶲仅取决于系统状态，因此，热力学能㶲是状态参数。热力学能㶲的微分形式为

$$dEx_u=dU-T_0dS+p_0dV \tag{4-6-18}$$

单位质量热力学能㶲的微分形式

$$dex_u=du-T_0ds+p_0dv \tag{4-6-19}$$

热力学能㶲表示在 p-v 图、T-s 图上，如图 4-6-6 所示。

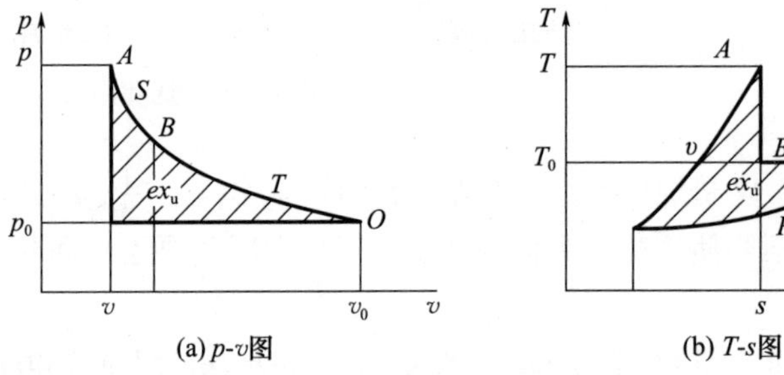

图 4-6-6　热力学能㶲 p-v 图、T-s 图

系统首先进行可逆绝热过程 A—B，然后进行可逆定温过程 B—O 过渡到环境状态。图中带有斜影线的面积为热力学能㶲 ex_u。

热力学能炾

$$an_u=(u-u_0)-ex_u=T_0(s-s_0)-p_0(v-v_0) \tag{4-6-20}$$

或

$$dan_u=T_0ds-p_0dv \tag{4-6-21}$$

4.6.1.4　焓㶲

开口系统稳态稳流工质的总能量包括焓、宏观动能和位能，其中动能和位能属机械能，本身便是㶲。为确定流动工质的焓㶲，故不考虑工质动能、位能及其变化。

如图 4-6-7 所示，忽略动能、位能变化。工质流从初态（p，T）可逆过渡到环境状态（p_0，T_0），单位质量工质焓降（$h-h_0$）可能做出的最大技术功便是工质流的焓㶲。

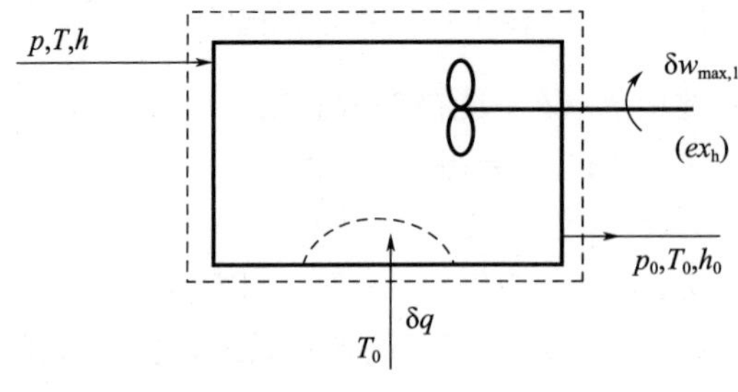

图 4-6-7　焓㶲

同样，为了使系统与环境之间进行可逆换热，工质首先必须进行一个定熵过程，温度达到 T_0，然后再与环境进行定温换热。总之，过程仍然是先定熵，后定温。

按热力学第一定律

$$\delta q=dh+\delta \omega_{max,t} \tag{4-6-22}$$

按热力学第二定律

$$\delta q=T_0ds \tag{4-6-23}$$

合并式（4-6-22）、(4-6-23)，并从工质流初态（p，T）积分至环境状态（p_0，T_0），得焓㶲为

$$ex_h=w_{max,t}=h-h_0-T_0(s-s_0) \tag{4-6-24}$$

微分形式

$$dex_h = dh - T_0 ds \tag{4-6-25}$$

当环境状态一定时，焓㶲为状态参数，工程上遇到的大多数是稳态稳流工况，因此，式（4-6-20）有着广泛的应用。

焓㶲在 p-v 图与 T-s 图上表示，如图 4-6-8 所示。图中：1 为工质流的初态（p，T），0 为环境状态（p_0，T_0），1—2 为定熵线，2—0 为定温线，5—0 为定焓线（h_0），5—1 为定压线。图中斜影线面积所示为焓㶲。稳态稳流工质所带的能量（焓）中，不能转换为有用功（㶲）的那部分能量即为焓𬌗

$$an_h = h - h_0 - ex_h = T_0(s - s_0) \tag{4-6-26}$$

或

$$dan_h = T_0 ds \tag{4-6-27}$$

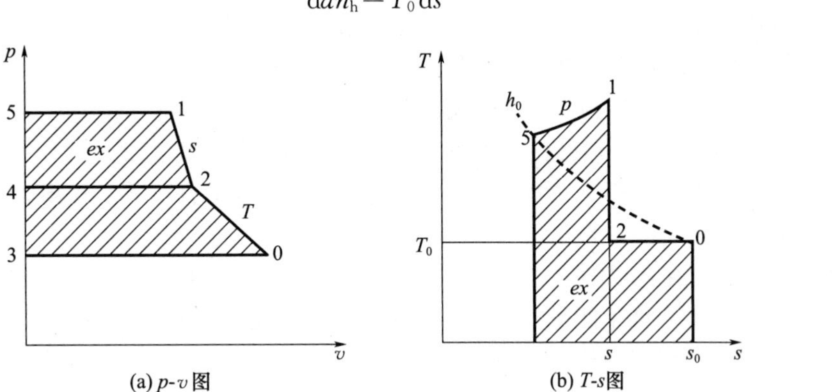

(a) p-v 图　(b) T-s 图

图 4-6-8　焓㶲 p-v 图与 T-s 图

4.6.2　㶲方程

正如一切不可逆过程要产生熵产一样，一切不可逆过程都会造成㶲损失。二者从不同角度揭示不可逆过程中能质的退化、贬值。利用熵分析法和㶲分析法所得结果是一致的。

4.6.2.1　㶲分析与能量分析的比较

对能量系统进行用能分析，通常有两种方法：其一，依据热力学第一定律的能量分析法；其二，依据热力学第二定律的熵分析法或热力学第一定律与热力学第二定律相结合的㶲分析法。下面举例说明能量分析法与㶲分析法的区别。

如图 4-6-9 所示，工质流为稳态稳流。

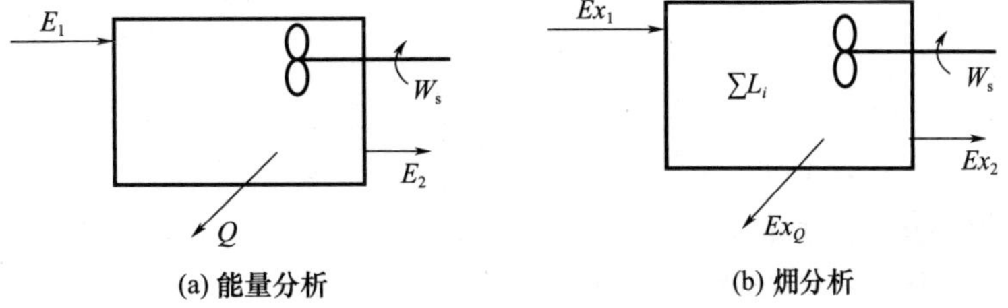

(a) 能量分析　(b) 㶲分析

图 4-6-9　㶲分析与能量分析比较

图（a）表示控制体输入能量（E_1）和输出能量（E_2，W_s，Q）的数量关系；（b）表示对应于图（a）各项能量的㶲值。输出项中除对外做功为有效利用能量外。其余各项均作为控制体的能量或㶲的损失。两种分析列于表 4-6-1。

表 4-6-1　㶲分析与能量分析

名称	能量分析	㶲分析
依据	热力学第一定律	热力学第一、第二定律
平衡式	$E_1=W_s+E_2+Q$	$Ex_1=W_s+Ex_2+Ex_Q+\sum L_i$
效率	$\eta=\frac{W_s}{E_1}=1-\frac{Q-E_2}{E_1}$	$\eta_{ex}=\frac{W}{Ex_1}=1-\frac{Ex_2+Ex_Q+\sum L_i}{Ex_1}$

注：$\sum L_i$——控制体内各项㶲损失；

η_{ex}——㶲效率，$\eta_{ex}=\frac{收益㶲}{支付㶲}$。

从表中可以看出两种分析方法具有不同的特点。

(1) 能量分析是功量、热量等不同质的能量的数量平衡或比值；而㶲分析是同质能量的平衡式或比值。说明㶲分析比能量分析更科学、合理。

(2) 能量分析仅反映出控制体输入与输出能量之间的平衡关系；而㶲分析除考虑控制体输入与输出的可用能外，还要考虑控制体内各种不可逆因素造成的㶲损失，然后建立起它们之间的平衡关系。这说明㶲分析比能量分析更全面，更能深刻指示能量损耗的本质，找出各种损失的部位、大小、原因，从而指明减少损失的方向与途径。

(3) 由于能量分析存在局限性，有时可能得出错误的信息。例如，现代化电站锅炉按能量分析其热效率高达 90%以上，似乎能量已被充分利用，节能已无多少潜力可挖。然而，按㶲分析㶲效率约为 40%，锅炉内部的燃料燃烧及烟气与水系之间的温差传热造成很大的不可逆㶲损失，表明直接采用燃料燃烧加热水发生蒸汽的方式，不是最理想的用能方式。再如，蒸汽动力循环按能量分析，其最大能量损失发生在凝汽器（约占 50%），而按㶲分析凝汽器中虽然损失的能量数量很大，但因其温度接近环境温度，㶲损失却很小（占 1%～2%），已没有多大利用价值。可见两种分析方法所得结论可能完全不同，㶲分析更科学、更全面。

尽管能量分析存在一定的缺陷，但是，它能确定系统能量的外部损失，为节能指明一定方向。同时，能量分析也为㶲分析提供能量平衡的依据。因此对用能系统的全面分析需同时作能量分析和㶲分析，以寻求提高用能效率和节能的有效途径。

4.6.2.2　㶲方程

对能量系统进行㶲分析时必须确定系统各部位的㶲损失。采用类似于建立能量方程和熵方程的方法建立㶲方程。这时需将㶲损失列入方程中，其一般形式为：

输入㶲－输出㶲－㶲损失＝系统㶲变

或　　　　　　㶲损失＝输入㶲－输出㶲－系统㶲变

1. 闭口系统㶲方程

如图 4-6-10 所示，取气缸中气体做系统，气体由初态 (p_1，T_1) 膨胀到终态 (p_2，T_2)，系统与外界有热量和功量交换，输入系统㶲为热量㶲 Ex_Q，输出㶲为 ($W-p_0\Delta V$)，其中 $p_0\Delta V$ 是系统对环境做功，不能被有效利用。

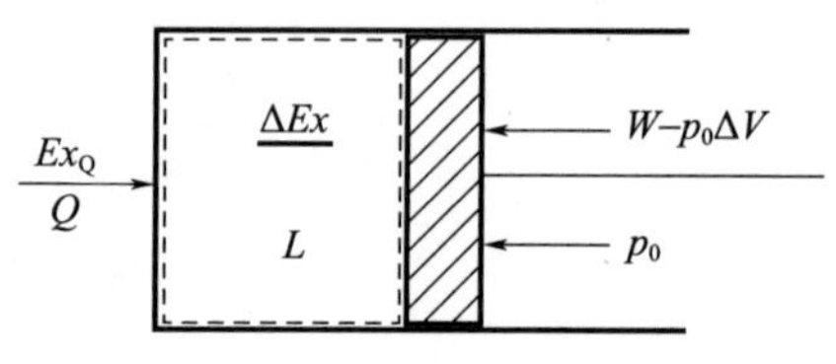

图 4-6-10　闭口系统㶲方程

按㶲方程的一般形式可写成

㶲损失

$$L=Ex_Q-(W-p_0\Delta V)-\Delta Ex \tag{4-6-28}$$

式中　ΔEx——系统㶲变；

Ex_Q——热量㶲。

$$-\Delta Ex=(U_1-U_2)-T_0(S_1-S_2)+p_0(V_1-V_2) \tag{4-6-29}$$

$$Ex_Q=Q-T_0S_f \tag{4-6-30}$$

$$Q=(U_2-U_1)+W \tag{4-6-31}$$

将式（4-6-29）、（4-6-30）、（4-6-31）代入式（4-6-28），经整理得

$$L=T_0[(S_2-S_1)-S_f]=T_0S_g \tag{4-6-32}$$

上式表明：闭口系统内不可逆过程造成的㶲损失等于环境温度（T_0）与系统熵产之乘积。该式与由熵产求做功能力损失的式（4-5-1）相同，说明熵法和㶲法分析结果的一致性。

2. 开口系统㶲方程

如图 4-6-11 所示，控制体输入㶲：包括随质流进入控制体传递的㶲$\left(ex_1+\frac{1}{2}c_1^2+gz_1\right)\delta\dot{m}_1$ 和热量㶲 δEx_Q。输出㶲：包括离开控制体质流的㶲$\left(ex_2+\frac{1}{2}c_2^2+gz_2\right)\delta\dot{m}_2$ 和输出功 δW_s。

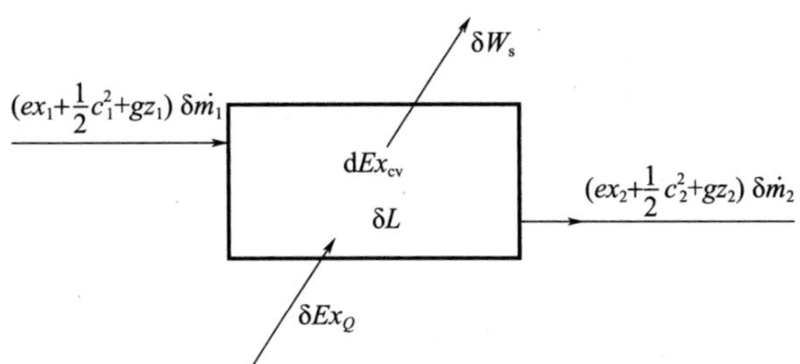

图 4-6-11　开口系统㶲方程

对于微元热力过程，按㶲方程的一般形式可写成

控制体㶲增

$$dEx_{cv}=\delta Ex_Q-\left[\left(ex_2+\frac{1}{2}c_2^2+gz_2\right)\delta\dot{m}_2-\left(ex_1+\frac{1}{2}c_1^2+gz_1\right)\delta\dot{m}_1\right]-\delta W_s-\delta L \tag{4-6-33}$$

式（4-6-33）为开口系统㶲方程的一般式，适用于稳态和非稳态过程。

对于稳态稳流：$dEx_{cv}=0$，且 $\delta\dot{m}_1=\delta\dot{m}_2=\delta\dot{m}$。

于是可整理得到单位质量工质有限过程的㶲方程

$$ex_q-(ex_2-ex_1)-\frac{1}{2}(c_2^2-c_1^2)-g(z_1-z_2)-w_s-l=0 \tag{4-6-34}$$

或

$$ex_q-\Delta ex=\frac{1}{2}\Delta c^2+g\Delta z+w_s+l \tag{4-6-35}$$

式（4-6-35）左侧为热量㶲与工质㶲降之和，右侧为技术功与㶲损失之和。

当忽略动能、位能变化时

$$ex_q-\Delta ex=w_s+l \tag{4-6-36}$$

或

$$\begin{aligned}l=ex_q-\Delta ex-w_s&=(q-T_0s_f)-(\Delta h-T_0\Delta s)-w_s=\\q-(\Delta h+w_s)+T_0(\Delta s-s_f)&=T_0(\Delta s-s_f)=T_0s_g\end{aligned} \tag{4-6-37}$$

式（4-6-37）表明，开口系统㶲损失仍然等于环境温度（T_0）与熵产（s_g）之乘积。

4.6.2.3　孤立系统㶲方程

取闭口系统与开口系统进行㶲分析所求的㶲损失，仅是系统内部不可逆造成的可用能损失，不包括系统外部的㶲损失。欲求整个装置或全过程的㶲损失时，应取孤立系统进行㶲分析。孤立系统没有㶲的输入与输出，按㶲方程的一般形式可表示为

$$L_{iso}=-\Delta Ex_{iso}=-\sum_{i=1}^{n}\Delta Ex_i \tag{4-6-38}$$

式中　$-\Delta Ex_i$——组成孤立系统的任一子系统的㶲降。

意即孤立系统的不可逆损失（㶲损失）等于所有子系统㶲降之和。

孤立系统㶲损失也可以通过孤立系统熵增进行计算，即

$$L_{iso}=T_0\Delta S_{iso} \tag{4-6-39}$$

由于㶲损失 $L_{iso}\geqslant 0$，可逆时等于零，不可逆时大于零。因此，孤立系统㶲变 $\Delta Ex_{iso}\leqslant 0$，可逆时㶲不变，不可逆时㶲减小。一切实际过程都是不可逆过程，所以孤立系统的㶲只能减少。这就是孤立系统的㶲降原理。实际过程中能量数量总是守恒的，而㶲却不断地减少，节能实为节㶲。用能时要尽量减少㶲的损失，充分发挥㶲的效益。

第 5 章　工质性质与状态

本章先介绍最简单的工作流体——理想气体的各种特性，进而对以理想气体为工质的各种热力过程进行状态变化规律的分析以及功和热量计算式的推导，这些内容构成了本课程的计算基础，应通过例题、习题熟练掌握。

本章中的大部分计算式都是工质特性和能量方程结合各种过程的具体特征得出的结果，应注意各计算式的适用条件，避免在计算时因盲目套用公式而造成错误。

5.1　理想气体状态方程

根据分子运动理论和理想气体的假定（分子本身不具有体积，分子之间无作用力），可以得出如下的基本方程（参看分子物理学）

$$p=\frac{2}{3}n\frac{\overline{m}c^2}{2} \tag{5-1-1}$$

式中　$\overline{m}$——分子平均质量；

n——分子浓度，即单位体积包含的分子数；

$\overline{m}c^2/2$——分子平均移动能。

式（5-1-1）可用文字表述如下：理想气体的压力等于单位体积中全部分子移动能总和的三分之二。

根据温度与分子平均移动能的关系式

$$\frac{\overline{m}c^2}{2}=\frac{3}{2}kT \tag{5-1-2}$$

代入式（5-1-1）后得

$$p=\frac{2}{3}n\frac{\overline{m}c^2}{2}=\frac{2}{3}\frac{N}{V}\frac{3}{2}kT=\frac{N}{mv}kT \tag{5-1-3}$$

所以

$$\frac{pv}{T}=k\frac{N}{m}=kN_{(1kg)} \tag{5-1-4}$$

令

$$kN_{(1kg)}=R_g \tag{5-1-5}$$

则得

$$\frac{pv}{T}=R_g \text{ 或 } pv=R_gT \tag{5-1-6}$$

式（5-1-6）即理想气体的状态方程。R_g 称为气体常数，它等于玻尔兹曼常数 k 与每千克气体所包含的分子数 $N_{(1kg)}$ 的乘积。气体常数的单位在我国法定计量单位中是 J/(kg·K)，在工程单位制中是 kgf·m/(kg·K)。

对于同一种气体，$N_{(1kg)}$ 是一定的，所以 $N_{(1kg)}$ 是一个不变的常数；对于不同的气体，由于相对分子质量不同，$N_{(1kg)}$ 的数值是不同的，所以各种气体具有不同的气体常数。

如果对不同气体都取 1mol，那么式（5-1-6）变为

$$Mpv=MR_gT \quad \text{或} \quad pV_m=RT \tag{5-1-7}$$

式中　M——摩尔质量，g/mol 或 kg/mol；

V_m——1mol 气体的体积，称为摩尔体积；

R——1mol 气体的气体常数，称为摩尔气体常数或通用气体常数。

对不同气体，R 是同一数量。这可证明如下：

式（5-1-5）两侧乘以 M 得

$$kMN_{(1kg)}=MR_g \tag{5-1-8}$$

即

$$kN_{(1mol)}=kN_A=R \tag{5-1-9}$$

式中 N_A——阿伏伽德罗常数，对任何物质 $N_A=6.0221367\times10^{23}\text{mol}^{-1}$。所以，对任何气体，摩尔（通用）气体常数是相同的。$R=kN_A=1.380658\times10^{-23}\text{J/K}\times6.0221367\times10^{23}\text{mol}^{-1}=8.31451\text{J/(mol·K)}$。

在工程单位制中，$R=0.847844\text{kgf·m/(mol·K)}$。

若已知气体的摩尔质量，则可以很方便地由摩尔气体常数计算出气体常数。

$$R_g=\frac{R}{M} \tag{5-1-10}$$

例如，已知氮气的摩尔质量是 0.028016kg/mol，所以氮气的气体常数为

$$R_{g,N_2}=\frac{8.31451\text{J/(mol·K)}}{0.028016\text{kg/mol}}=296.777\text{J/(kg·K)}=0.296777\text{kJ/(kg·K)}$$

$$=\frac{0.847844\text{kgf·m/(mol·K)}}{0.028016\text{kg/mol}}=30.2628\text{kgf·m/(kg·K)}。$$

根据摩尔气体常数也可以很容易地计算出标准摩尔体积，即 1mol 理想气体在标准状况（1atm，0℃）下的体积为

$$V_{m,sd}=\frac{RT_{std}}{p_{std}}=\frac{8.31451\text{J/(mol·K)}\times273.15\text{K}}{101325\text{Pa}}$$

$$=0.022414\text{m}^3/\text{mol} \tag{5-1-11}$$

式中下角标 std 表示标准状况。

5.2 实际气体的状态方程

工程中常用的气态工质，有的（如空气、燃气、湿空气等）由于压力相对较低、温度相对较高，比较接近理想气体的性质，基本遵守理想气体状态方程（$pv=R_gT$）；有的（如水蒸气、各种制冷剂等）由于压力相对较高、温度相对较低，比较接近液相，不遵守理想气体状态方程，这样就必须如实地将它们看作实际气体，并设法找出适合于它们的实际气体状态方程 $F(p, v, T)=0$ 的具体函数形式。有了实际气体的状态方程，加上其低压下（理想气体状态下）比热容与温度的关系式 $c_{p0}=f(T)$，就可以通过热力学一般关系式计算出气体的全部平衡性质。由此可见状态方程在流体热物性研究中的特殊重要性。

实际气体的状态方程大致可分为两类。第一类是在考虑了物质结构的基础上建立起来的半经验状态方程，其特点是形式比较简单，物理意义比较清楚，利用少数几个经验或半经验的参量就能得到一定精确度的结果。第二类是为数很多的各种经验的状态方程，这些方程对特定的物质在特定的参数范围内能给出精确度较高的结果，其形式一般都比较复杂。

下面介绍几种形式比较简单的实际气体状态方程式。

5.2.1 范德瓦尔状态方程

比较成功的半经验状态方程，首推范德瓦尔方程。1873 年，荷兰学者范德瓦尔（Vander Waals）针对实际气体区别于理想气体的两个主要特征（分子有体积，分子间有引力），对理想气体状态方程进行了相应的修正而提出了如下的状态方程

$$\left.\begin{aligned}\left(p+\frac{a}{v^2}\right)(v-b)=R_g T\\ p=\frac{R_g T}{v-b}-\frac{a}{v^2}\end{aligned}\right\} \tag{5-2-1}$$

这就是著名的范德瓦尔状态方程。式中修正项 b 是考虑到分子本身有体积，因而将分子运动的自由空间由 v 减小为（$v-b$）。修正项 a/v^2 是考虑分子间吸引力的。当气体分子与容器壁碰撞时，由于受到容器内部分子吸引而产生一指向容器内部的合力，这样，由分子碰撞容器壁而产生的压力就会减小，这减小量从碰撞强度和碰撞频率两方面与气体密度有关。气体密度越大，分子引力作用越大，对碰撞的减弱作用就越明显，这是其一；其二，气体密度越大，单位时间内碰撞在容器单位面积上的被减弱碰撞力度的分子数也就越多。因此，压力的减小量应与气体密度的平方成正比，或者说与比体积的平方成反比，设比例系数为 a，则这一压力的减小量应为 a/v^2。

可以将范德瓦尔方程整理成比体积的三次幂：

$$v^3-\left(b+\frac{R_g T}{p}\right)v^2+\frac{a}{p}v-\frac{ab}{p}=0 \tag{5-2-2}$$

令 T 为各种不同值，可从该式得到一簇定温线（图 5-2-1）。当温度高于某一特定温度 $T>T_C$ 时，定温线在 p-v 坐标系中近似地是一条双曲线。当 $T=T_C$ 时，定温线在 C 点有一拐点。这拐点即为临界点，T_C 即为临界温度。当温度 $T<T_C$ 时，定温线发生曲折。将 $T<T_C$ 的一簇定温线上的极小值连成 Ca 线，在 Ca 线上有

$$\left(\frac{\partial p}{\partial v}\right)_T=0,\quad \left(\frac{\partial^2 p}{\partial v^2}\right)_T>0 \tag{5-2-3}$$

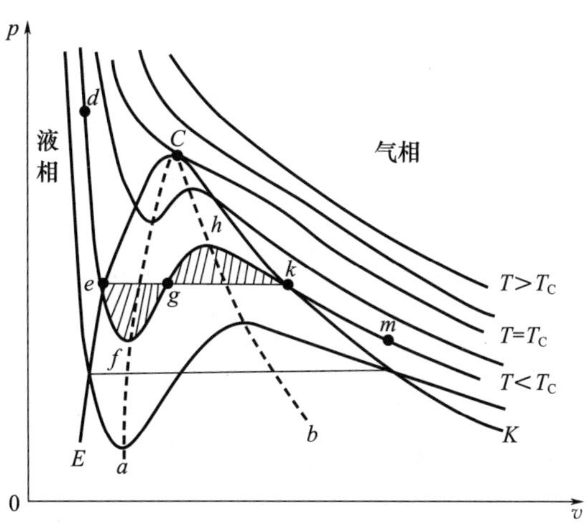

图 5-2-1　实际气体等温线

将这一簇定温线上的大值连成 Cb 线，在 Cb 线上有

$$\left(\frac{\partial p}{\partial v}\right)_T=0,\quad \left(\frac{\partial^2 p}{\partial v^2}\right)_T<0 \tag{5-2-4}$$

原则上对应每一温度和每一压力，比体积都有三个值（即 v 的三个根。这三个根可能是一个实根、两个虚根（如图中 d、m 点）；也可能是一个实根和一个二重根；或是一个三重根（临界点 C）；当然，也可能是三个不同的实根（如图 5-2-1 中的 e、g、k 点）。对 $T<T_C$ 的一簇定温线中的每一条，总可以相应地找到一条定压线（水平线），它和该定温线的横 S 形线段相交时所形成的两块面积正好相等（图中用“＋”和“－”标出的两块带阴影的面积相等）。这条定压线（图中直线 egk）就是对应于该温度的饱和压力线，也是实际的定温线。

将所有这种定压线和定温线相交时左边的交点连接起来形成一条 CE 线，它相当于实验中的饱和液体线；将所有右边的交点连接起来形成一条 CK 线，它相当于饱和蒸气线。

为什么饱和定压线（亦即实际的定温线）必须正好平分那块横 S 形的面积呢？这可以用热力学

第二定律来说明。直线 egk 是实际的定温线，曲线 $efghk$ 是同一温度的理论的定温线。设想沿整个 $egkhgfe$ 定温线进行个可逆循环，这时将形成正向循环 $egfe$（功为正）和逆向循环 $gkhg$（功为负）。如果正循环做出的功大于逆循环消耗的功，则整个循环可以输出功，而热力学第二定律已经确定没有温差是不能循环做功的。如果正循环做出的功小于逆循环消耗的功，造成净功的不可逆损失，则又不符合可逆循环的假定。所以图 5-2-1 中的这两块面积必定相等。据此可在 $T<T_C$ 的定温线上找到相应于饱和液体和饱和蒸气的 e、k 两点。

图中 egk 是定压线，也是实际的定温线，这时气、液两相并存，达到稳定平衡。理论的定温线 $efghk$ 是否也可能实际存在呢？应该说，其中的 ef 段和 kh 段，当压力升高时，比体积减小 $\left[\left(\frac{\partial v}{\partial p}\right)_T<0\right]$ 还是可能存在的。ef 段相当于应该气化而没有气化的过热液体，kh 段相当于应该凝结而没有凝结的过冷蒸气，它们处于压稳状态，虽然可以存在，但很容易转变为稳定的气—液共存状态，因此通常情况下不易实现。至于 fgh 线段，当压力升高时比体积也增大 $\left[\left(\frac{\partial v}{\partial p}\right)_T>0\right]$，则是完全不稳定的无法存在的状态。

下面再来看看范德瓦尔修正数 a、b 和临界参数之间有什么联系。由于 p-v 图中临界定温线在临界点处的斜率等于零，并且形成拐点，因此有

$$\left(\frac{\partial p}{\partial v}\right)_T=0,\quad \left(\frac{\partial^2 p}{\partial v^2}\right)_T=0 \tag{5-2-5}$$

可以根据这两个约束条件求得 a、b 和 T_C、p_c、v_c 之间的关系。

当范德瓦尔方程为

$$p=\frac{R_g T}{v-b}-\frac{a}{v^2} \tag{5-2-6}$$

在临界点上

$$\left(\frac{\partial p}{\partial v}\right)_T=-\frac{R_g T_c}{(v_c-b)^2}+\frac{2a}{v_c^3}=0 \tag{5-2-7}$$

$$\left(\frac{\partial^2 p}{\partial v^2}\right)_T=\frac{2R_g T_c}{(v_c-b)^3}-\frac{6a}{v_c^4}=0 \tag{5-2-8}$$

由式（5-2-7）和式（5-2-8）可解得

$$b=\frac{vc}{3},a=\frac{9}{8}R_g T_c v_c \tag{5-2-9}$$

将式（5-2-9）代入式（5-2-6），在临界点上可得

$$\frac{p_c v_c}{R_g T_c}=\frac{3}{8}=0.375 \tag{5-2-10}$$

令 $\frac{pv}{R_g T}=Z$，Z 称为压缩因子，则 $\frac{p_c v_c}{R_g T_c}=Z_c$，$Z_c$ 称为临界压缩因子。

由式（5-2-10）可得

$$v_c=\frac{3}{8}\frac{R_g T_c}{p_c} \tag{5-2-11}$$

将式（5-2-11）代入式（5-2-9）可得

$$b=\frac{R_g T_c}{8p_c},a=\frac{27}{64}\frac{R_g^2 T_c^2}{p_c} \tag{5-2-12}$$

以上分析结果表明，遵守范德瓦尔方程的气体（简称范德瓦尔气体）的临界压缩因子值应该是相同的，都等于 $\frac{3}{8}$（0.375）。实际情况如何呢？因为，大多数气体 $Z_c=0.23\sim0.30$，距 0.375 较远。所以范德瓦尔方程虽然在定性上能很好地反映气体和液体的很多特性，但在定量上还不是很精确。

表 5-2-1 列出了某些物质的范德瓦尔修正数 a 和 b 的值，它们都由物质的气体常数、临界温度和临界压力根据式（5-2-12）计算而得。

表 5-2-1　某些物质的范德瓦尔修正数

物质	分子式	$a\left(\frac{m^6 \cdot Pa}{kg^2}\right)$	b（m^3/kg）	物质	分子式	$a\left(\frac{m^6 \cdot Pa}{kg^2}\right)$	b（m^3/kg）
氦	He	215.97	0.005936	氨	NH_3	1466.83	0.002195
氩	Ar	85.268	0.000805	水	H_2O	1705.50	0.001692
氢	H_2	6098.3	0.013196	甲烷	CH_4	894.90	0.002684
氮	N_2	174.39	0.001379	乙烷	C_2H_6	615.96	0.002161
氧	O_2	134.91	0.000995	丙烷	C_3H_8	483.05	0.002053
一氧化碳	CO	187.81	0.001411	异丁烷	C_4H_{10}	394.12	0.002000
二氧化碳	CO_2	188.91	0.000974	R134a	$C_2H_2F_4$	96.576	0.000938

5.2.2　其他几种二常数实际气体状态方程式简介

范德瓦尔将不同气体的常数 a、b 看作是定值，实际上由于分子间相互作用力的复杂性以及分子间会发生缔合和分解，常数 a、b 并不是定值，而与气体所处状态有关。因此，该方程定量计算有时很不准确，只是在压力较低时，计算才比较正确。于是后人在此基础上对该方程进行了修正，从而提出一些精度较高且具有一定实用价值的状态方程式。

（1）伯特洛方程（Berthelot）

$$p=\frac{RT}{v-b}-\frac{a}{Tv} \tag{5-2-13}$$

（2）狄特里奇方程（dieterici）

$$p=\frac{RT}{v-b}e^{-\frac{a}{RTv}} \tag{5-2-14}$$

（3）瑞得里奇—邝方程（Redlich Kwong）

$$p=\frac{RT}{v-b}-\frac{a}{v(v+b)T^{0.5}} \tag{5-2-15}$$

式中　$a=0.42748\dfrac{R^2T_C^{2.5}}{p_c}$，$b=0.08664$。

该方程应用简便，与其他二常数方程相比有较高的精度，因此得到广泛应用。

以上几种方程虽然都有 a、b 两个常数，但是，各个方程的常数值都不相同。

我国学者对实际气体状态方程的研究，也取得了多项世界公认的成果。如浙江大学侯虞钧教授和马丁于 1955 年联合发表的马丁-侯方程，哈尔滨工业大学严家騄教授 1978 年提出的实际气体通用状态方程等。读者可参看有关书籍，关于多常数的实际气体状态方程本书不作介绍。

5.3　理想气体与实际气体的比热容

5.3.1　比热容的定义与单位

在分析热力过程时，常涉及气体的热力学能、焓、熵及热量的计算，这些都要借助于气体的比热容来完成。

比热容（有时简称比热）的定义为：单位物量的物质，温度升高或降低 1K（1℃）所吸收或放出的热量。即

$$c=\frac{\delta q}{\mathrm{d}T} \tag{5-3-1}$$

比热容的单位取决于热量单位和物量单位。对固体、液体而言，物量单位常用质量单位（kg），对于气体除用质量单位外，还常用标准体积（Nm^3）和千摩尔（kmol）做单位。因此，相应有质量比热容、体积比热容和摩尔比热容。

质量比热容：符号用 c，单位为 kJ/(kg·K)；

体积比热容：符号用 c'，单位为 kJ/(Nm^3·K)；

摩尔比热容：符号用 Mc，单位为 kJ/(kmol·K)。

三种比热容的换算关系如下：

$$c'=\frac{Mc}{22.4}=c\rho_0 \tag{5-3-2}$$

式中 ρ_0——气体在标准状态下的密度，kg/m^3；

M——气体的 kmol 质量，kg/kmol。

比热容是重要的物性参数，它不仅取决于气体性质，还与气体的热力过程及所处状态有关。

5.3.2 定容比热容与定压比热容

气体的比热容与热力过程特性有关，在热力计算中定容比热容与定压比热容最为重要。

1. 定容比热容

如图 5-3-1（a）所示，气体在容积不变的情况下进行加热，加入的热量全部用于增加气体的热力学能，使气体温度升高。可见定容比热容可定义为：在定容情况下，单位物量的气体，温度变化 1K（1℃）所吸收或放出的热量。即

$$c_v=\frac{\delta q_v}{\mathrm{d}T} \tag{5-3-3}$$

根据物量单位的不同，定容比热容有定容质量比热容 c_v，定容容积比热容 c'_v和定容摩尔比热容 Mc_v。

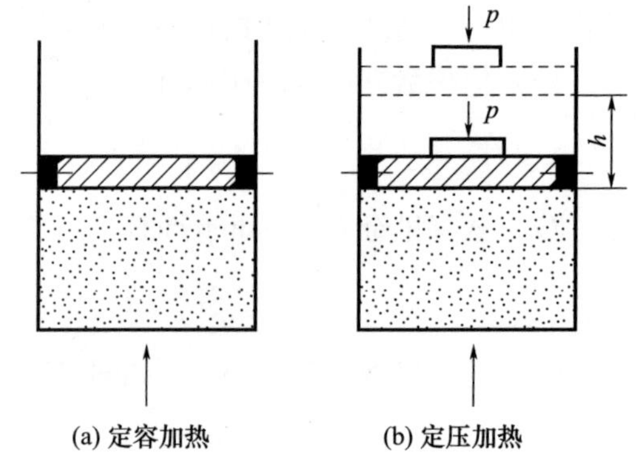

图 5-3-1 定容加热与定压加热

2. 定压比热容

如图 5-3-1（b）所示，气体在压力不变的情况下进行加热，加入的热量部分用于增加气体的热力学能，使其温度升高，部分用于推动活塞升高而对外做膨胀功。定压比热容可表示为：

$$c_p=\frac{\delta q_p}{\mathrm{d}T} \tag{5-3-4}$$

根据物量单位的不同，定压比热容有定压质量比热容 c_p、定压容积比热容 c'_p和定压摩尔比热容 Mc_p。

3. 定压比热容与定容比热容关系

从图 5-3-1 可知，等量气体升高相同的温度，定压过程吸收热量多于定容过程吸收热量。因此，定压比热容始终大于定容比热容。其关系推导如下：

设 1kg 某理想气体，温度升高 $\mathrm{d}T$，所需热量为

按定容加热 $$\delta q_v=c_v\mathrm{d}T \tag{5-3-5}$$

按定压加热 $$\delta q_p=c_p\mathrm{d}T \tag{5-3-6}$$

二者之差为 $$\delta q_p-\delta q_v=[p\mathrm{d}v]_p=\mathrm{d}(pv)_p \tag{5-3-7}$$

即 $$c_p\mathrm{d}T-c_v\mathrm{d}T=R\mathrm{d}T \tag{5-3-8}$$

由此得定压比热容与定容比热容之差为

$$c_p - c_v = R \tag{5-3-9}$$

$$c'_p - c'_v = \rho_0 R \tag{5-3-10}$$

或

$$Mc_p - Mc_v = MR = R_0 \tag{5-3-11}$$

式（5-3-9）称为梅耶公式，适用于理想气体。

c_p 与 c_v 之比值称为比热容比，它也是一个重要参数。

$$k = \frac{c_p}{c_v} = \frac{c'_p}{c'_v} = \frac{Mc_p}{Mc_v} \tag{5-3-12}$$

由式（5-3-4）和式（5-3-12）可推导出：

$$c_v = \frac{R}{k-1} \tag{5-3-13}$$

$$c_p = \frac{kR}{k-1} \tag{5-3-14}$$

对于固体和液体而言，因其热膨胀性很小，可认为 $c_p \approx c_v$。

5.3.3　定值比热容、真实比热容与平均比热容

1. 定值比热容

根据分子运动学说中能量按运动自由度均分的理论，理想气体的比热容值只取决于气体的分子结构，而与气体所处状态无关。凡分子中原子数目相同因而其运动自由度也相同的气体，它们的摩尔比热容值都相等，称为定值比热容。从理论推导可得到

定容摩尔比热容

$$Mc_v = \frac{i}{2} R_0 \tag{5-3-15}$$

定压摩尔比热容

$$Mc_p = \frac{i+2}{2} R_0 \tag{5-3-16}$$

式中　i——分子运动的自由度数目。

各种气体的定值摩尔比热容和比热容比列于表 5-3-1 中。

表 5-3-1　理想气体定值摩尔比热容和比热容比

	单原子气体	双原子气体	多原子气体
Mc_v	$\frac{3}{2}R_0$	$\frac{5}{2}R_0$	$\frac{7}{2}R_0$
Mc_p	$\frac{5}{2}R_0$	$\frac{7}{2}R_0$	$\frac{9}{2}R_0$
比热容比 $k = c_p/c_v$	1.66	1.4	1.29

实验证明，单原子气体的比热容，理论值与实验数据基本一致。而对双原子气体和多原子气体，实验数据与理论值就有比较明显的偏差，尤其在高温时偏差更大。这种偏差的原因在于分子运动论的比热容理论没有考虑到分子内部原子的振动，多原子气体内部原子振动能更大。因此为了使理论接近实际，表 5-3-1 中将多原子气体的自由度由 6 增加到 7。

工程计算中，如气体温度不太高，或计算精度要求不高的情况下，可以把比热容看作定值。

2. 真实比热容

理想气体的比热容实际上并非定值，而是温度的函数。比热容随温度的变化关系在 c-t 图上表示为一条曲线。相应于每一温度下比热容的值称为气体的真实比热容。

为了便于工程应用，通常将比热容与温度的函数关系表示为温度的三次多项式，如定压摩尔比热容可写成

$$Mc_p = a_0 + a_1 T + a_2 T^2 + a_3 T^3 \tag{5-3-17}$$

式中　T——热力学温度，K；

a_0、a_1、a_2、a_3——与气体性质有关的经验常数。

几种理想气体定压摩尔比热容与温度关系的系数值列于表 5-3-2 中。

表 5-3-2 常用理想气体定压摩尔比热容与温度关系的系数值

气体	分子式	a_0	$a_1\times10^3$	$a_2\times10^6$	$a_3\times10^9$	温度范围（K）	最大误差（%）
空气		28.106	1.9665	4.8023	−1.9661	273～1800	0.72
氢	H_2	29.107	−1.9159	−4.0038	−0.8704	273～1800	1.01
氧	O_2	25.477	15.2022	−5.0618	1.3117	273～1800	1.19
氮	N_2	28.901	−1.5713	8.0805	−28.7256	273～1800	0.59
一氧化碳	CO	28.160	1.6751	5.3717	−2.2219	273～1800	0.89
二氧化碳	CO_2	22.257	59.8084	−35.0100	7.4693	273～1800	0.647
水蒸气	H_2O	32.238	1.9234	10.5549	−3.5952	273～1800	0.53
乙烯	C_2H_4	4.1261	155.0213	−81.5455	16.9755	298～1500	0.30
丙烯	C_3H_6	3.7457	234.0107	−115.1278	217353	298～1500	0.44
甲烷	CH_4	19.887	50.2416	12.6860	−11.0113	273～1500	1.33
乙烷	C_2H_6	5.413	178.0872	−69.3749	8.7147	298～1500	0.70
丙烷	C_3H_8	−4.233	306.264	−158.6316	32.1455	298～1500	0.28

对于定容过程，根据梅耶公式，可得相应的定容摩尔比热容的三次多项式为：

$$Mc_v=(a_0-R_0)+a_1T+a_2T^2+a_3T^3 \tag{5-3-18}$$

为求过程中的热量，则必须依据不同的过程取不同的比热容，并由 T_1 到 T_2 进行积分。

定压过程

$$Q_p=\frac{m}{M}\int_{T_1}^{T_2}Mc_p\mathrm{d}T=n\int_{T_1}^{T_2}(a_0+a_1T+a_2T^2+a_3T^3)\mathrm{d}T \tag{5-3-19}$$

定容过程

$$Q_v=\frac{m}{M}\int_{T_1}^{T_2}Mc_v\mathrm{d}T=n\int_{T_1}^{T_2}(a_0-R_0+a_1T+a_2T^2+a_3T^3)\mathrm{d}T \tag{5-3-20}$$

3. 平均比热容

如图 5-3-2 所示，热量计算可表示为

$$q=\int_{t_1}^{t_2}c\mathrm{d}t \tag{5-3-21}$$

这一积分计算结果在 c-t 图上相当于面积 $DEFGD$。但积分计算比较复杂，为了简化计算，从图 5-3-2 中可以看出，面积 $DEFGD$ 可用面积相等的矩形 $MNFGM$ 来代替，于是有：

$$q=\int_{t_1}^{t_2}c\mathrm{d}t=\overline{MG}(t_2-t_1) \tag{5-3-22}$$

矩形高度 MG 就是在 t_1 与 t_2 温度范围内真实比热容的平均值，称为平均比热容，用符号 $c_\mathrm{m}|_{t_1}^{t_2}$ 表示，因此上式写成

$$q=\int_{t_1}^{t_2}c\mathrm{d}t=c_\mathrm{m}|_{t_1}^{t_2}(t_2-t_1) \tag{5-3-23}$$

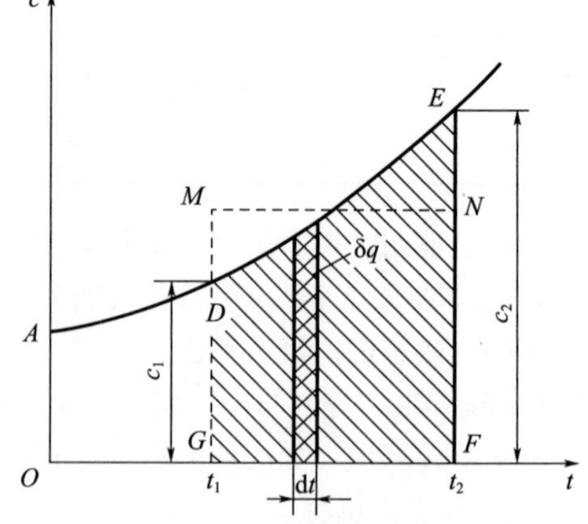

图 5-3-2 比热容与温度的关系

平均比热容

$$c_\mathrm{m}|_{t_1}^{t_2}=\frac{\int_{t_1}^{t_2}c\mathrm{d}t}{t_2-t_1} \tag{5-3-24}$$

为了应用方便，可将各种常用气体的平均比热容计算出来，并列成表格，然而 $c_\mathrm{m}|_{t_1}^{t_2}$ 值随 t_1 和 t_2

的变化而不同，要列出随 t_1 与 t_2 温度范围而变化的平均比热容表将很繁杂。为解决这个问题可选取某一参考温度（通常取 0℃），把式（5-3-21）改写成

$$q=\int_{t_1}^{t_2} c\mathrm{d}t=\int_{0}^{t_2} c\mathrm{d}t-\int_{0}^{t_1} c\mathrm{d}t \tag{5-3-25}$$

即 q=面积 $AEFOA$−面积 $ADGOA$，再用平均比热容的概念，将上式写成

$$q=c_{\mathrm{m}}\big|_0^{t_2}(t_2-0)-c_{\mathrm{m}}\big|_0^{t_1}(t_1-0) \tag{5-3-26}$$

即

$$q=c_{\mathrm{m}}\big|_0^{t_2}t_2-c_{\mathrm{m}}\big|_0^{t_1}t_1 \tag{5-3-27}$$

式中　$c_{\mathrm{m}}\big|_0^{t_2}$——由 0℃到 t_2的平均比执容；

$c_{\mathrm{m}}\big|_0^{t_1}$——由 0℃到 t_1 的平均比热容。

表 5-3-3 中列出几种气体的平均定压质量比热容$c_{pm}\big|_0^{t}$ 的值。

根据梅耶公式，可求得平均定容质量比热容为

$$c_{vm}\big|_0^{t}=c_{pm}\big|_0^{t}-R \tag{5-3-28}$$

还应指出，实际气体的比热容不仅与温度有关，而且还与压力有关。特别是当气体接近液化时，压力对比热容的影响更加显著。对于一些已知实验数据的实际气体，其比热容值可直接从专用图表中查得。

表 5-3-3　几种气体在理想气体状态下的平均定压质量比热容 c_{pm}（曲线关系）　[kJ/(kg・K)]

t（℃）	O_2	N_2	H_2	CO	空气	CO_2	H_2O
0	0.915	1.039	14.195	1.040	1.004	0.815	1.859
100	0.923	1.040	14.353	1.042	1.006	0.866	1.873
200	0.935	1.043	14.421	1.046	1.012	0.910	1.894
300	0.950	1.049	14.446	1.054	1.019	0.949	1.919
400	0.965	1.057	14.477	1.063	1.028	0.983	1.948
500	0.979	1.066	14.509	1.075	1.039	1.013	1.978
600	0.993	1.076	14.542	1.086	1.050	1.040	2.009
700	1.005	1.087	14.587	1.098	1.061	1.064	2.042
800	1.016	1.097	14.641	1.109	1.071	1.08	2.075
900	1.026	1.108	14.706	1.120	1.081	1.104	2.110
1000	1.035	1.118	14.776	1.130	1.091	1.122	2.144
1100	1.043	1.127	14.853	1.140	1.100	1.138	2.177
1200	1.051	1.136	14.934	1.149	1.108	1.153	2.211
1300	1.058	1.145	15.023	1.158	1.117	1.166	2.243
1400	1.065	1.153	15.113	1.166	1.124	1.178	2.274
1500	1.071	1.160	15.202	1.173	1.131	1.189	2.305
1600	1.077	1.167	15.294	1.180	1.138	1.200	2.335
1700	1.083	1.174	15.383	1.187	1.144	1.209	2.363
1800	1.089	1.180	15.472	1.192	1.150	1.218	2.391
1900	1.094	1.186	15.561	1.198	1.156	1.226	2.417
2000	1.099	1.191	15.649	1.203	1.161	1.233	2.442
2100	1.104	1.197	15.736	1.208	1.166	1.241	2.466
2200	1.109	1.201	15.819	1.213	1.171	1.247	2.489

续表

t（℃）	O_2	N_2	H_2	CO	空气	CO_2	H_2O
2300	1.114	1.206	15.902	1.218	1.176	1.253	2.512
2400	1.118	1.210	15.983	1.222	1.180	1.259	2.533
2500	1.123	1.214	16.064	1.226	1.182	1.264	2.554
密度 ρ（kg/m^3）	1.4286	1.2505	0.08999	1.2505	1.2932	1.9648	0.8042

5.4 水蒸气性质

5.4.1 液体的蒸发与沸腾

众所周知，由液态转变为气态的过程称为汽化，汽化又有蒸发和沸腾之分。在液体表面进行的汽化过程称为蒸发；在液体表面和内部同时进行的强烈的汽化过程称为沸腾。物质由气相转变为液相的过程称为凝结，凝结是汽化的反过程。

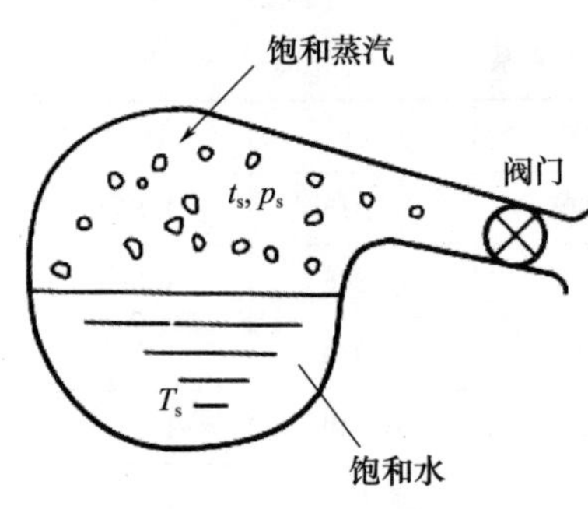

图 5-4-1 压力容器中水和水蒸气的动态平衡

液态分子和气体分子一样，都处于紊乱的热运动中。液态水放置于一个压力的容器内时（图 5-4-1），随时有液体表面附近的动能较大的分子克服表面张力及其他分子的引力飞散到上面空间，同时也有空间内的蒸汽分子碰撞回到液面，凝成液体。液体的温度越高，分子运动越剧烈，水面附近动能较大的分子挣脱水面变成水蒸气的分子数越多。假设容器空间没有其他气体，随着容器空间中的水蒸气分子逐渐增多，液面上的蒸汽压力也将逐渐增大，水蒸气的压力越高，密度越大，水蒸气的分子与液面碰撞越频繁，变为水分子的水蒸气分子数也越多。到一定状态时，这两种方向相反的过程就会达到动态平衡。此时，两种过程仍在不断进行，但宏观结果是状态不再改变。这种液相和气相处于动态平衡的状态称为饱和状态。处于饱和状态的蒸汽称为饱和蒸汽，液体称为饱和液体。此时，气、液的温度相同，称为饱和温度，用 T_s表示；蒸汽的压力称为饱和压力，用 p_s表示。饱和蒸汽的特点是在一定容积中不能再含有更多的蒸汽，即蒸汽压力与密度为对应温度下的最大值。

若温度升高并且维持在一定值，则汽化速度加快，空间内蒸汽密度亦将增加。当增加到某一确定数值时，在液体和蒸汽间又建立起新的动态平衡，此时蒸汽压力对应于新的温度下的饱和压力。对一定温度的液态水减压，也可使水达到饱和状态。这时，汽化所需能量由液体本身的热力学能供给，因此液体的温度要降低，但仍满足饱和压力与饱和温度的对应关系。不同温度水对应的饱和压力见表 5-4-1。

表 5-4-1 不同温度水的饱和压力

温度 t（℃）	饱和压力 p_s（kPa）	温度 t（℃）	饱和压力 p_s（kPa）
−10	0.26	50	12.34
0	0.61	60	19.93
10	1.23	70	31.18
20	2.34	80	47.37
30	4.25	90	70.12
40	7.38	100	101.32（1atm）

5.4.2　水蒸气的定压发生过程

工程上所用的水蒸气多是由锅炉、蒸汽发生器、蒸煮设备等在压力近似不变的情况下产生的。其产生过程可通过图 5-4-2 来说明。在定压容器中盛有定量（假定 1kg ）温度为 0.01℃（0.01℃是水的三相点温度，水的热力学能和熵都以这一状态作为计算的起点）的纯水，容器的活塞上加载一定的重量，使水处在不变的压力下。根据水在定压下变为蒸汽时状态参数变化的特点，水蒸气的发生过程可分为三个阶段，包含五种状态。

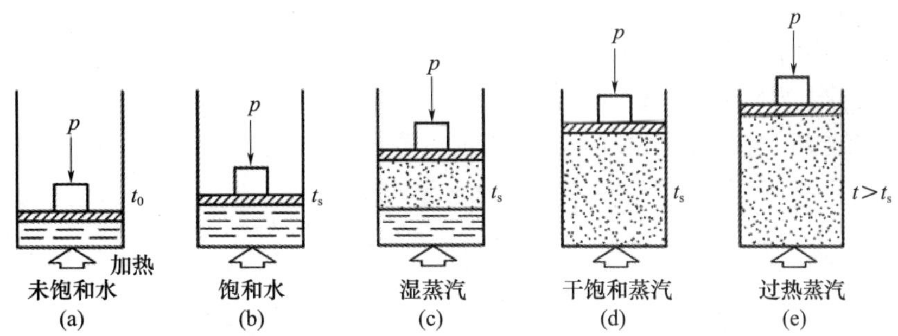

图 5-4-2　水蒸气定压发生过程示意图

1. 定压预热阶段

水温低于饱和温度的水称为未饱和水（也称过冷水），如图 5-4-2（a）所示。对未饱和水加热，水温逐渐升高，水的比体积稍有增大，比熵增大，当水温达到压力 p 所对应的饱和温度 t_s时，水将开始沸腾，这时的水称为饱和水，如图 5-4-2（b）所示。水在定压下从未饱和状态加热到饱和状态，称为水的定压预热阶段。

2. 饱和水定压汽化阶段

对预热到 t_s的饱和水继续加热，饱和水开始沸腾，在定温下产生蒸汽而形成饱和液体和饱和蒸汽的混合物，这种混合物称为湿饱和蒸汽，简称湿蒸汽，如图 5-4-2（c）所示。湿蒸汽的体积随着蒸汽的不断产生而逐渐加大，直至水全部变为蒸汽，这时的蒸汽称为干饱和蒸汽（即不含饱和水的饱和蒸汽），如图 5-4-2（d）所示。把饱和水定压加热为干饱和蒸汽的过程称为饱和水的定压汽化阶段。在这一阶段中，容器内的温度不变，所加入的热量用于由水变为蒸汽所需的能量和容积增大对外做出的膨胀功。这一热量称为汽化潜热，定义为：将 1kg 饱和液体转变成同温度的干饱和蒸汽所需的热量。

3. 干饱和蒸汽定压过热阶段

对于饱和蒸汽再继续加热时，蒸汽温度自饱和温度起不断升高，比体积和比熵增大。这一过程就是干饱和蒸汽的定压过热阶段，如图 5-4-2（e）所示。由于这时蒸汽的温度已超过相应压力下的饱和温度，故称为过热蒸汽。其温度超过饱和温度之值称为过热度，$\Delta t=t-t_s$。

5.4.3　*p*-*v* 图与 T-s 图中的水蒸气定压过程线

上述水蒸气的定压发生过程表示在 p-v 图和 T-s 图上，如图 5-4-3 和图 5-4-4 所示。定压过程线在 p-v 图上为一水平线，相应的状态点 a_0是未饱和水，状态点 a'是饱和水，a''点表示干饱和蒸汽，a 点表示过热蒸汽，a'和 a''点间的任一状态点为湿饱和蒸汽。而 T-s 图中的定压线在预热段 a_0—a'和过热段 a''—a 近似为一上凹的对数曲线。在液汽共存的两相区内，由于相变时的压力和温度都不变，其间的定压线 a'—a''也是定温线，因而是水平线。

同样，图 5-4-3 和图 5-4-4 中的过程线 b_0—b'—b''—b、d_0—d'—d''—d 等是不同压力值下的定压线。由于水的压缩性极小，故压力虽然提高，只要温度不变（仍为 0.01℃），其比体积就基本保持不变，所以在 p-v 图上 0.01℃的各种压力下水的状态点 a_0、b_0、d_0等几乎均在一条垂直线上。由于水受热膨胀的影响大于压缩的影响，压力增大时，水的比体积变化甚小，而随着饱和温度的升高，水的比体积明显增大。因此，饱和水的比体积随温度升高而有所增大。所以，p-v 图上由饱和水状态点构成的曲线斜率为正。由于 $p_s=f(t_s)$ 函数关系中 p_s 比 t_s 增长得快，蒸汽比体积受热膨胀的影响小于受压缩的影响，因而压力较高时的干蒸汽比体积小于压力较低时的比体积。所以，p-v 图上由于饱和蒸汽状态点构成的曲线斜率为负。综上，随着压力与饱和温度的提高，水的预热过程比体积变化率增加，汽化过程的比体积变化率减小，直到某一压力时，汽化过程线缩为一点，该点称为临界点，如图 5-4-3 和 5-4-4 中的 C 点。临界点的状态参数称为临界参数。各种物质的临界参数是不同的，如表 5-4-2 所示。连接 p-v 图上各压力下的饱和水状态点 a'、b'、d'…和 C 得曲线 AC，称为饱和液体线（又称下界线）；连接各压力下的干饱和蒸汽状态点 a''、b''、d''…和 C 得曲线 BC，称饱和蒸汽线（又称上界线）。两线会合于临界点 C。饱和液体线 AC 与临界定温线 t_c 左侧是未饱和液体区，饱和蒸汽线 BC 与临界定温线 t_c 右侧为过热蒸汽区，两饱和线间（AC 和 BC 之间）称湿饱和蒸汽区。

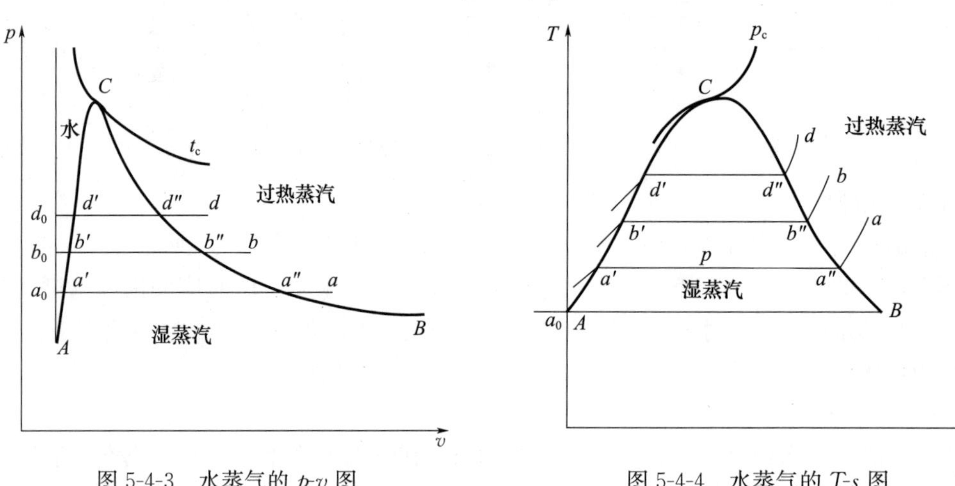

图 5-4-3　水蒸气的 p-v 图　　　　图 5-4-4　水蒸气的 T-s 图

表 5-4-2　几种气体的临界参数和范德瓦尔常数

物质名称	T_c（K）	p_c（MPa）	$a\times10^3$（MPa·m^6/kmol^2）	$b\times10^3$（m^3/kmol）
He	5.3	0.22901	3.5767	24.05
H_2	33.3	1.29702	24.9304	26.68
N_2	126.2	3.39456	136.8115	38.63
O_2	154.8	5.07663	137.6429	31.68
CO_2	304.2	7.38696	365.2920	42.78
NH_3	405.5	11.29830	424.3812	37.30
H_2O	647.3	22.1297	552.1069	30.39
CH_4	190.7	4.64091	228.50	42.69
CO	133.0	3.49589	147.5479	39.53

由于不同压力下液态水的比体积几乎相同，液态水的比热容亦不受压力的影响，所以 T-s 图上不同压力下未饱和水的定压线几乎重合，与曲线 AC 很靠近。

在湿饱和蒸汽区，湿蒸汽的成分常用干度 x 表示，定义为湿饱和蒸汽中，干饱和蒸汽占湿蒸汽的质量分数，即湿蒸汽中干饱和蒸汽的含量。

$$x=\frac{m_v}{m_v+m_w} \tag{5-4-1}$$

式中　m_v——湿蒸汽中干饱和蒸汽的质量；

m_w——湿蒸汽中干饱和水的质量；

m_v+m_w——湿蒸汽的总质量。

$(1-x)$ 称为湿度，它表示湿蒸汽中饱和水的含量。因此，饱和液体线 AC 为 $x=0$ 的定干度线，饱和蒸汽线 BC 为 $x=1$ 的定干度线。

水蒸气的定压发生过程在 p-v 图和 T-s 图上所呈现的特征归纳如下。

一点：临界点 C；

两线：饱和液体线、饱和蒸汽线；

三区：未饱和液体区、湿饱和蒸汽区、过热蒸汽区；

五种状态：未饱和水状态、饱和水状态、湿饱和蒸汽状态、干饱和蒸汽状态和过热蒸汽状态。

上面是关于水的相变过程特征和结论。其他工质如氨、氟利昂，亦有类似的特征和结果，不过其临界参数值、p_s和 t_s的关系以及 p-v 图、T-s 图上各曲线的斜率等各不相同。

5.4.4　水蒸气的热物性计算

1. 水蒸气表和焓熵（h-s）图

在工程计算中，水和水蒸气的状态参数可根据水蒸气表和图查得。为了能正确应用图表查取数据，需了解水蒸气表和图所列参数及参数间的一般关系，并在需要时能根据查得的数据进行计算。

2. 水蒸气参数的计算

在蒸汽性质表中，通常列出状态参数 p、v、T、h 和 s，而比热力学能 u 则不列出，因为工程上水或水蒸气作为能量输运和转换的载体，流入或流出不同的热力设备，其热力过程计算中热力学能用得较少。如果需要知道热力学能的值，可以根据公式 $u=h-pv$ 计算得到。

（1）零点的规定

在工程计算中，对于没有化学反应的热力系统通常不需要计算 u、h、s 等参数的绝对值，仅需要计算它们的变化量 Δu、Δh、Δs，故在水蒸气表中可确定一个基准点。根据 1963 年第六届国际水蒸气会议的决定，以纯水在三相（冰、水和汽）平衡共存状态下的饱和水作为基准点。规定在三相态时饱和水的热力学能和熵为零。其参数为：$t_0=0.01℃$，$p_0=0.6112\text{kPa}$，$v'_0=0.00100022\text{m}^3/\text{kg}$，$u'_0=0\text{kJ/kg}$，$s'_0=0\text{kJ/(kg}\cdot\text{K)}$，$h'_0=u'_0+p_0v'_0=0.00061\text{kJ/kg}\approx 0\text{kJ/kg}$。

如图 5-4-3 和图 5-4-4 所示，A 点为三相态时饱和水的坐标点。

应予指出，各国编制的其他工质蒸汽表的基准点有所不同，数据差异较大，应注意各自的基准点，但并不影响工质状态间的参数变化量。因此，不同基准点的表格数据不能混用。

（2）温度为 0.01℃、压力为 p 的未饱和水

如图 5-4-3 和图 5-4-4 所示的状态点 a_0，由于水的压缩性小，可以认为水的比体积与压力无关。因此温度为 0.01℃时，不同压力下水的比体积可以近似地认为相等，即 $v_0\approx 0.001\text{m}^3/\text{kg}$。因温度相同、比体积相同，所以比热力学能也相同，即 $u_0=u'_0=0$，从而比熵也相同，$s_0=s'_0=0$。当压力不太高时，焓也可近似认为相同，$h_0=u_0+pv_0=0$。因此，a_0点的熵将等于 A 点的熵，在图 5-4-5 所示 T-s 图上，a_0点与 A 点将重合。所以，可以认为在不同压力下，0.01℃的未饱和水状态点 a_0、b_0、d_0…在 T-s 图上都近似地与 A 点重合，而不同压力下的定压预热过程线 a_0—a'、b_0—b'、d_0—d'…都近似地落在下界线 AC 上。

（3）温度为 t_s、压力为 p 的饱和水

0.01℃的水在定压 p 下加热至 t_s 成为饱和水，所加入的热量称为液体热，用 q_1表示。在 T-s 图上相当于预热阶段 a_0—a'下面的面积（如图 5-4-5 所示）。

$$q_1-h'-h_0\approx h' \tag{5-4-2}$$

当温度 T 不是很高、压力 p 不是很大时，可按水的平均比热容 $c_{pm}=4.1868\text{kJ/(kg}\cdot\text{K)}$ 计算

$$q_1 = h' = c_{pm}(t_s - 0.01) \approx 4.1868 t_s \tag{5-4-3}$$

随着压力的升高，t_s也升高，因而q_1也增大。

饱和水的熵s'

$$s' = \int_{273.16}^{T} c_p \frac{\mathrm{d}T}{T} = c_{pm} \ln \frac{T_s}{273.16} = 4.1868 \ln \frac{T_s}{273.16} \quad [\mathrm{kJ/(kg \cdot K)}] \tag{5-4-4}$$

当压力与温度较高时，由于水的c_p变化较大，而且h_0也不能再认为等于零，因而不能用上式计算q_1和s'，而只能查表。

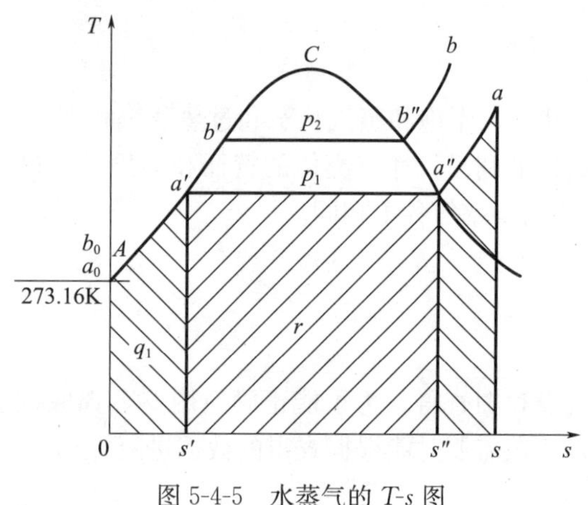

图 5-4-5　水蒸气的 T-s 图

（4）压力为 p 的干饱和蒸汽

将饱和水继续加热，使之全部汽化成为压力为 p、温度为 t_s的干饱和蒸汽。汽化过程中加入的热量称为汽化潜热，用 r 表示，在 T-s 图上相当于汽化段 a'—a''下面的面积（如图 5-4-5 所示）。

$$r = T_s(s'' - s') = h'' - h' \tag{5-4-5}$$

$$h'' = h' + r \tag{5-4-6}$$

$$u'' = h'' - pv'' \tag{5-4-7}$$

$$s'' = s' + \frac{r}{T_s} \tag{5-4-8}$$

（5）压力为 p 的湿饱和蒸汽

对于湿饱和蒸汽，由于压力与饱和温度 t_s有对应的函数关系，它们不是互相独立的参数，仅知道 p 和 t_s还不能确定湿蒸汽的状态，必须再有一个表示湿蒸汽成分的参数才能确定，这个参数就是前面已经提及的干度 x。

有关湿饱和蒸汽的参数值，可以利用表中饱和水和饱和水蒸气的参数值，根据干度 x 计算得出。湿蒸汽的参数为

$$v_x = xv'' + (1-x)v' = v' + x(v'' - v') \tag{5-4-9}$$

$$v_x \approx xv''（当 p 不太大、x 不太小时） \tag{5-4-10}$$

$$h_x = xh'' + (1-x)h' = h' + x(h'' - h') = h' + xr \tag{5-4-11}$$

$$s_x = xs'' + (1-x)s' = s' + x(s'' - s') = s' + x\frac{r}{T_s} \tag{5-4-12}$$

$$u_x = h_x - pv_x \tag{5-4-13}$$

（6）压力为 p 的过热蒸汽

a''—a 定压过热阶段，过程中加入的热量称为过热热量。在 T-s 图上相当于 a''—a 下的面积 $a''ass''a''$（如图 5-4-5 所示）。要确定过热蒸汽的状态，除压力外，还应知道其过热度或过热蒸汽的温度。

过热蒸汽的焓

$$h = h'' + c_{pm}(t - t_s) \tag{5-4-14}$$

式中　$c_{pm}(t-t_s)$——过热热量；

t——过热蒸汽的温度；

c_{pm}——过热蒸汽由 t 到 t_s的平均定压比热容。

过热蒸汽的热力学能

$$u = h - pv \tag{5-4-15}$$

过热蒸汽的熵

$$s = s' + \frac{r}{T_s} + \int_{T_s}^{T} c_p \frac{\mathrm{d}T}{T} = s' + \frac{r}{T_s} + c_{pm} \ln \frac{T}{T_s} \tag{5-4-16}$$

由于过热蒸汽的定压比热容 c_p是温度 t 和压力 p 的复杂函数，计算起来比较麻烦，上述焓和熵

的计算式在工程中一般并不应用，常直接查水蒸气热力性质表和图。

3. 水蒸气表

水蒸气表一般有三种：按温度排列的饱和水与饱和水蒸气表；按压力排列的饱和水与饱和水蒸气表；按压力和温度排列的未饱和水与过热蒸汽表。这三种水蒸气表的整套数据，详见本书附表 5-1～附表 5-3。

（1）饱和水与饱和蒸汽表

因为在饱和液体线、饱和蒸汽线上以及湿饱和蒸汽区内压力和温度是一一对应的，两者只有一个是独立变量，因而可以用 t_s为独立变量列表，如附表 5-1 所示；也可以以 p_s为独立变量列表，如附表 5-2 所示。这两种表中的独立变量都按整数值列出，使用起来很方便。只有在三相点以上、临界点以下才存在液-气平衡的饱和状态，故饱和水和饱和蒸汽表的参数范围为三相点至临界点。

（2）未饱和水与过热蒸汽表

由于液体和过热蒸汽都是单相物质，此时温度和压力不再相互关联，且由于压力和温度是较易测定的参数，故将它们作为独立变量，v、h 和 s 等参数作为它们的函数，并将未饱和水的数据与过热蒸汽的数据列入同一张表，如附表 5-3 所示。该表中粗黑线的上方代表未饱和水的参数值，粗黑线的下方是过热蒸汽的参数值。

水蒸气表是离散的数值表。若查取表中未列出的状态点参数，需要根据相邻同相状态点的参数值做线性内插计算。应予指出，在相变区域（粗黑线两侧），不能用粗黑线两侧的参数值做内插计算。

由于液体压缩性很小，在低压下可以近似认为未饱和液体的参数不随压力而变，只是温度的函数。工程计算中当一时缺乏资料时，可用饱和水的数据近似代替同温度下未饱和水的数据。

同理，对其他的蒸汽工质也有相应的三种表，为此附录中还列出了制冷工质 R134a 的蒸汽表，即附表 5-4～附表 5-6，以供计算时查用。

4. 水蒸气的焓熵图

由于水蒸气表所给出的数据是不连续的，在求表中未列出的状态点参数时，需用内插法；尤其是在分析可能发生跨越相态变化的热力过程，使用水蒸气表很不方便。如果根据水蒸气各参数间的关系及试验数据制成图线，则使用起来更加明了、简便，而且可以形象地表示水或水蒸气的热力过程。水蒸气线图有很多种，如前已讨论过 p-v 图和 T-s 图，这里重点介绍水蒸气的焓熵（h-s）图，如图 5-4-6 所示。

根据水蒸气表中的数据，可以确定某一状态在 h-s 图上的位置，然后分别给定温度、压力和比体积，绘出定温、定压和定容线簇。将相应于各压力下的饱和水状态点连成曲线即是下界线；由于饱和水的焓、熵随饱和温度（或压力）的升高而增大，故在 h-s 图中下界线是一条单调上升的曲线。将相应于各压力下的饱和蒸汽状态点连成曲线便是上界线，两界线会合于临界点 c，从图中可见临界点低于干饱和蒸汽线的最高点，它的焓不是饱和蒸汽焓的极大值（3MPa 饱和蒸汽的焓值最大），这是 h-s 图与 p-v 图、T-s 图的一个显著差别。

由热力学关系式 $T\mathrm{d}s=\mathrm{d}h-v\mathrm{d}p$ 可得到 h-s 图上定压线、定容线和定温线的斜率分别为

定压线斜率
$$\left(\frac{\partial h}{\partial s}\right)_p=T \tag{5-4-17}$$

定容线斜率
$$\left(\frac{\partial h}{\partial s}\right)_v=T+v\left(\frac{\partial p}{\partial s}\right)_v \tag{5-4-18}$$

定温线斜率
$$\left(\frac{\partial h}{\partial s}\right)_T=T+v\left(\frac{\partial p}{\partial s}\right)_T \tag{5-4-19}$$

在定容过程中，$\left(\frac{\partial p}{\partial s}\right)_v>0$，因此$\left(\frac{\partial h}{\partial s}\right)_v>\left(\frac{\partial h}{\partial s}\right)_p$，这说明在 h-s 图上，在同一状态点上定容线的斜率大于定压线的斜率，即定容线比定压线陡。为醒目起见，定容线一般用红色示出。

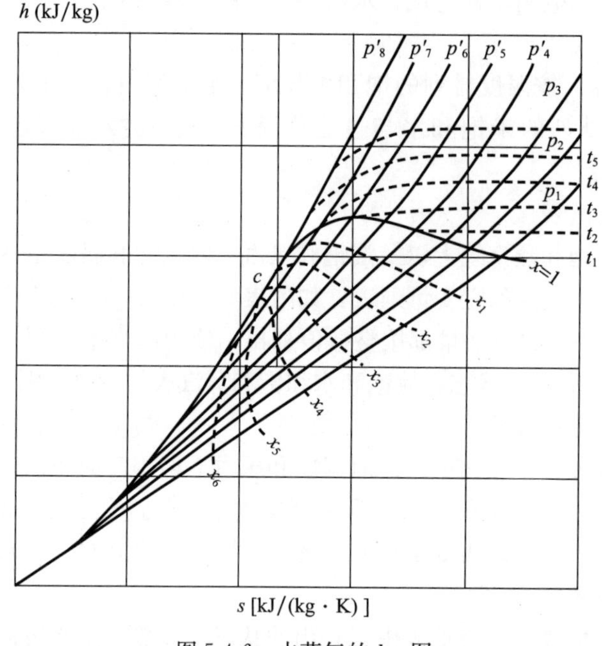

图 5-4-6　水蒸气的 h-s 图

在湿饱和蒸汽区域的汽化过程中，温度保持不变，则压力也保持不变，即$\left(\frac{\partial p}{\partial s}\right)_T=0$，$\left(\frac{\partial h}{\partial s}\right)_p=\left(\frac{\partial h}{\partial s}\right)_T$，也就是说在湿饱和蒸汽区域，过同一状态点的定压线与定温线重合，并且定压线的斜率不变，其斜率数值等于湿饱和蒸汽的热力学温度。但进入过热蒸汽区域后，由于$\left(\frac{\partial p}{\partial s}\right)_T<0$，因此$\left(\frac{\partial h}{\partial s}\right)_p>\left(\frac{\partial h}{\partial s}\right)_T$，此时定压线较陡，而定温线较为平坦。定温过程中，随着所吸收热量增加，过热蒸汽的比熵和比体积不断增加，压力降低，蒸汽越来越接近理想气体的特性，这时$\left(\frac{\partial p}{\partial s}\right)_T\to-\frac{T}{v}$，定温线斜率$\left(\frac{\partial h}{\partial s}\right)_T\to 0$，即定温线将趋于水平直线。

定干度线，即 x=常数的线。将湿饱和蒸汽区各定压线上相应的等分点相连，就可得出 x=常数的定干度线。所有的定干度线汇合于临界点。定干度线包括 $x=0$ 的饱和液体线和 $x=1$ 的饱和蒸汽线。注意，在湿蒸汽区才有干度的概念和定干度线。

由于干度小于 0.5 部分线图过分密集，工程上又不经常用这部分线簇，为清晰可见，一般用的 h-s 图均只绘出 $x>0.6$ 的部分。至于水的参数只能用表查取。

应用水蒸气的 h-s 图，可以根据已知参数确定状态点在图上的位置，并查得其余参数；也可以在图上表示水蒸气的热力过程，并对过程的热量、功量、热力学能变化等进行计算。

5.4.5　水蒸气的基本热力过程

水蒸气的基本热力过程也是定容、定压、定温和可逆绝热四种。计算水蒸气热力过程的任务与求解理想气体热力过程一样，即要求确定：①过程初态与终态的参数；②过程中的热量、功量和焓、热力学能的变化量。但在方法上却与理想气体有所不同，凡是涉及应用理想气体状态方程 $pv=RT$ 的公式不能应用于分析水蒸气的热力过程，主要是由于蒸汽没有适当而简单的状态方程式，不能用分析方法求得各个参数；再因蒸汽的 c_p、c_v以及 h 和 u 都不是温度 T 的单值函数，而是 p 或 v 和 T 的复杂函数，所以不能采用分析法计算求解状态参数，而采用查图、表的方法。因此应用蒸汽性质图表，再结合热力学的基本关系式、热力学第一定律来计算蒸汽的热力过程是准确、实用的工程计算方法。

一般工程应用中，锅炉中水的加热过程和水蒸气的冷凝过程可忽略管路中的压力损失，而视为定压过程；汽轮机中的蒸汽膨胀做功过程、制冷剂工质在膨胀机中的膨胀降温过程、水或制冷剂工质的压缩过程可以忽略工质与外界的热量传递，而视为绝热过程，如若不考虑各种损耗则为可逆绝热过程。

分析蒸汽热力过程的一般步骤为：

(1) 用蒸汽图表由初态的两个已知参数求得其他状态参数。

(2) 根据提示的过程性质，如压力不变、容积不变、温度不变或绝热（可逆绝热即为熵不变）等，加上另一个终态参数即可在图上确定过程进行的方向和终态，并读得终态参数，以上查得的初终态参数可在图（h-s、T-s、p-v）上标出。采用何种图视解题要求而定。

(3) 根据已求得的初、终态参数，应用热力学第一、第二定律等基本方程计算 q、w。

下面在 h-s 图上逐一分析水蒸气的四个基本过程。

1. 定压过程

如图 5-4-7 所示。

$$q=\Delta h=h_2-h_1 \tag{5-4-20}$$

$$\Delta u=h_2-h_1-p(v_2-v_1) \tag{5-4-21}$$

$$w=q-\Delta u \text{ 或 } w=p(v_2-v_1) \tag{5-4-22}$$

$$w_t=-\int v\mathrm{d}p=0 \tag{5-4-23}$$

2. 定容过程

如图 5-4-8 所示。

$$w=\int p\mathrm{d}v=0 \tag{5-4-24}$$

$$q=\Delta u \tag{5-4-25}$$

$$\Delta u=h_2-h_1-v(p_2-p_1) \tag{5-4-26}$$

$$w_t=-\int_{p_1}^{p_2} v\mathrm{d}p=v(p_1-p_2) \tag{5-4-27}$$

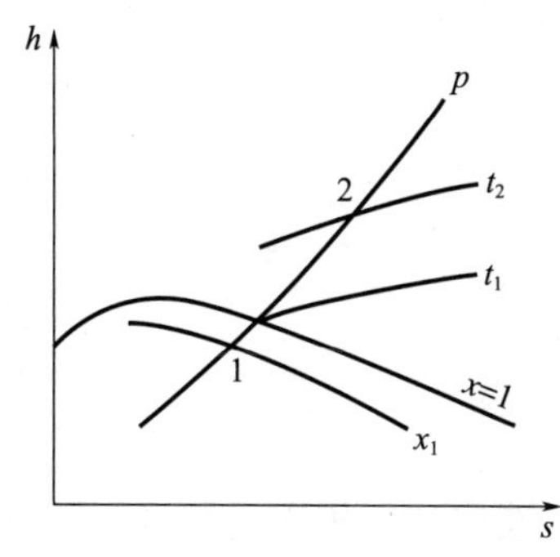

图 5-4-7　水蒸气的定压过程

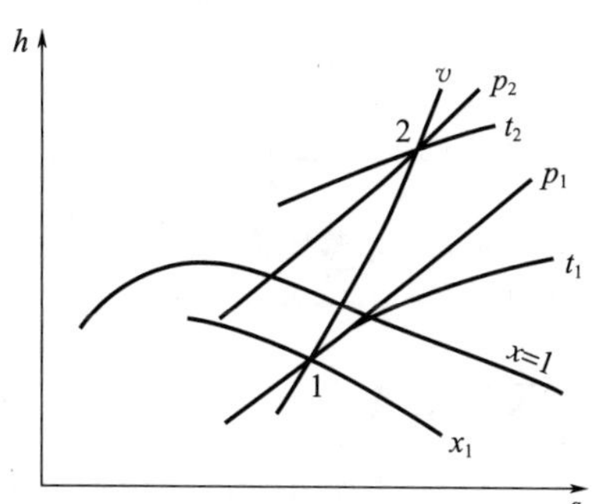

图 5-4-8　水蒸气的定容过程

3. 定温过程

如图 5-4-9 所示。

$$q=T(s_2-s_1) \tag{5-4-28}$$

$$w=q-\Delta u \tag{5-4-29}$$

$$w_t=q-\Delta h \tag{5-4-30}$$

$$\Delta u=h_2-h_1-(p_2v_2-p_1v_1) \tag{5-4-31}$$

从图 5-4-9 可以看出，湿蒸汽定温膨胀时，起初是沿定压线（即定温线）变为干饱和蒸汽，并且保持压力不变。变为干饱和蒸汽后，若再膨胀则压力下降，变为过热蒸汽。

4. 可逆绝热过程

对可逆绝热过程（定熵线）如图 5-4-10 所示。若过程不可逆，则确定过程变化方向和终态时尚需知道不可逆过程的熵增 s_2-s_1（如图 5-4-11 所示）。

$$q=0 \tag{5-4-32}$$

$$w=q-\Delta u \tag{5-4-33}$$

$$w_t=q-\Delta h \tag{5-4-34}$$

$$\Delta u=h_2-h_1-(p_2v_2-p_1v_1) \tag{5-4-35}$$

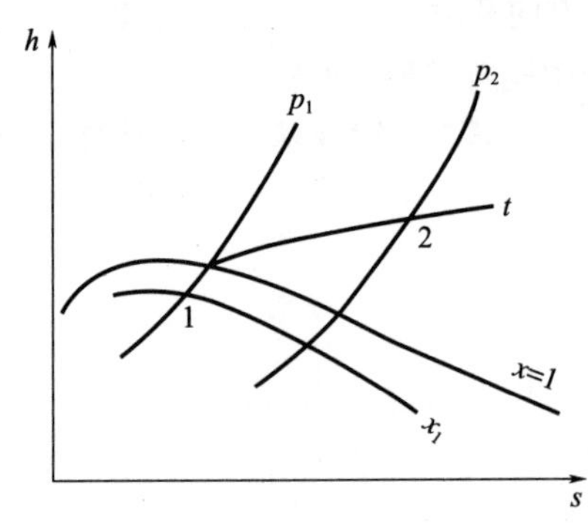

图 5-4-9　水蒸气的定温过程

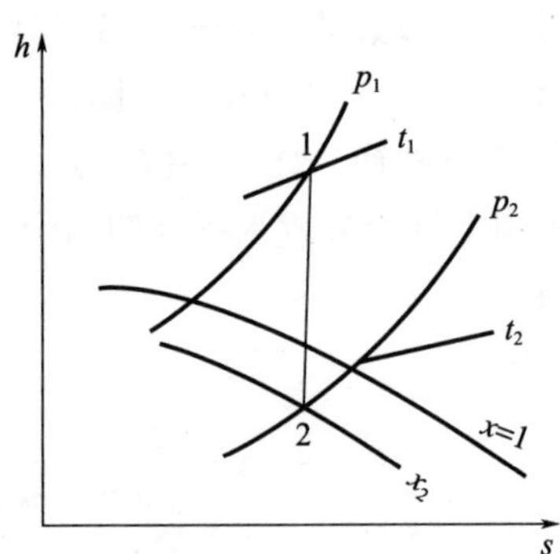

图 5-4-10　水蒸气的定熵过程

从图 5-4-11 和图 5-4-12 可以看出，若蒸汽初态为过热蒸汽，经绝热膨胀，过热度减小，逐渐变为干饱和蒸汽。若继续膨胀，则变为湿蒸汽，同时干度会随着减小。

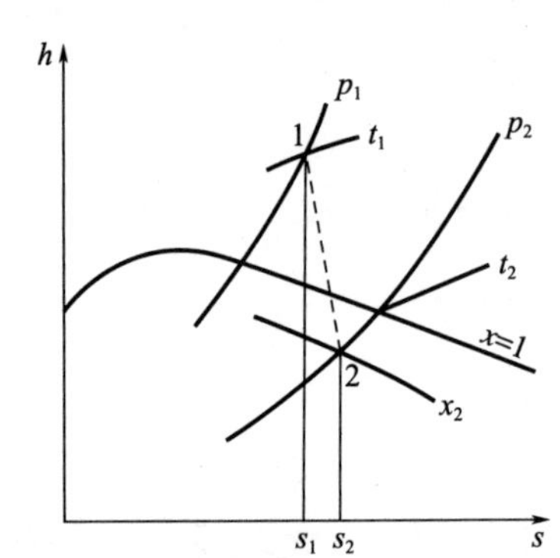

图 5-4-11　水蒸气的不可逆绝热过程

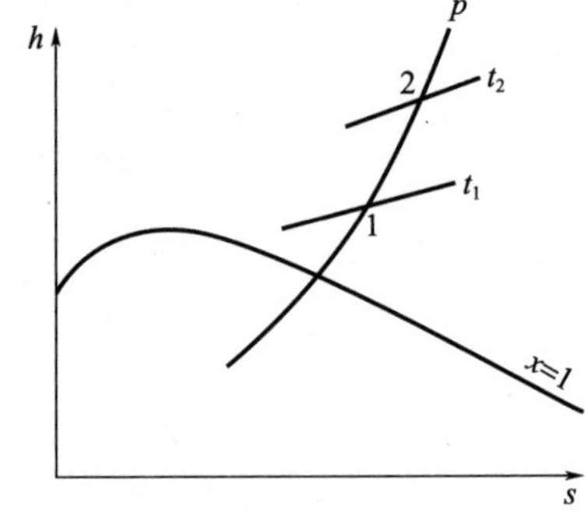

图 5-4-12　水蒸气 h-s 图

5.4.6　水的相图及三相点

自然界中大多数纯物质都以三种聚集态存在：固相、液相和气相。例如水、制冷剂中的氨、氟利昂、二氧化碳等。在热力工程中，水作为携带能量的工质，其应用最为广泛，下面以水为例来分析纯物质的三态变化。

在一定压力下，对固态冰加热，冰逐渐被加热至融点温度，开始融化为液态水，在全部融化之前保持融点温度不变，此过程称为融解过程。对水继续加热升温至沸点温度，水开始汽化，温度保持不变，直至全部变为水蒸气，此过程称为汽化过程；若再进一步加热，温度逐渐升高变为过热水蒸气。上述过程在 p-t 图上由水平线 a—b—e—l 表示，如图 5-4-13 所示，其中 b、b'点等为对应不同压力下冰、水平衡共存的饱和状态，e、e'点等为对应不同压力下水、水蒸气平衡共存的饱和状态，线段 a—b、b—e 和 e—l 相应为冰、水和蒸汽的定压加热过程。

连接 b、b'诸点的曲线 AB，它显示了融点温度与压力的关系，并在 p-t 图上划分了固态与液态的区域，称为融解曲线，注意融解曲线不是某个热力过程的过程线。对于凝固时体积缩小的物质（如 CO_2），融解曲线斜率为正（如图 5-4-14 所示）。对于凝固时体积增大的物质（如水），融解曲线斜率为负（如图 5-4-13 所示），表明压力升高，融点温度降低。因此，滑冰时冰刀与冰面接触，在很小作用面上受到很大的压力，使凝固点降低，冰被融化为水产生润滑作用而大幅度减少了冰刀与冰面的滑动阻力。

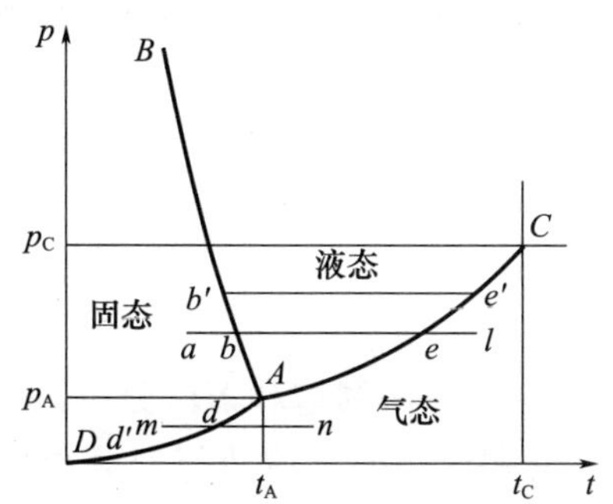

图 5-4-13　凝固时体积膨胀的物质的 p-t 图

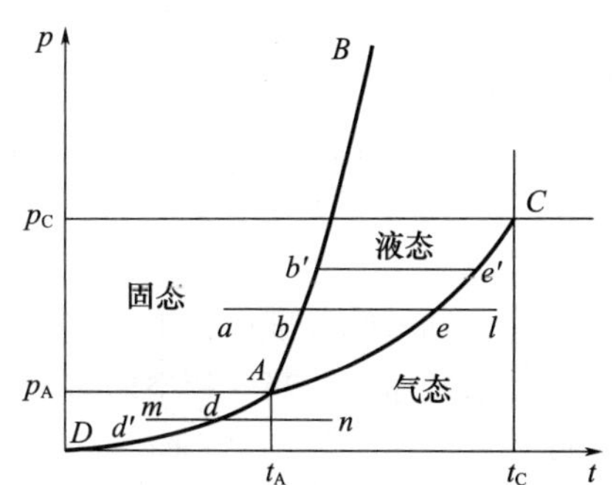

图 5-4-14　凝固时体积缩小的物质的 p-t 图

连接 e、e'诸点的曲线 AC，它显示了沸点温度与压力的关系，并在 p-t 图上划分了液态和气态的区域，称为汽化曲线，同样，汽化曲线也不是某个热力过程的过程线。所有纯物质的汽化曲线斜率均为正，说明沸点温度随压力增大而升高。AC 线上方端点 C 是临界点，此时饱和液和饱和气不仅具有相同的温度和压力，还具有相同的比体积、比热力学能、比焓、比熵，即饱和液和饱和气具有相同的热力学性质。当压力高于临界点的压力时，定压加热（冷却）过程中液-气两相的转变不经历两相平衡共存的饱和状态，而是在连续渐变中完成的，变化中物质总是呈现为均匀的单相。因而在临界压力以上液、气两个相区不存在明显确定的界线。习惯上，常把临界定温线（过 C 点的定温线）当作临界压力以上液、气两个相区的分界。

当压力降低时，AB 和 AC 两线逐渐接近，并交于 A 点，图 5-4-13、图 5-4-14 中，A 点是固、液、气三相平衡共存的状态，叫做三相态，三相态是气液共存曲线的最低点，也称三相点。每种纯物质都有唯一的一个气、液、固三相平衡共存的三相点。

例如　　　　　　　　　水 $p_A=611.2\text{Pa}$、$t_A=0.01℃$

氢气 $p_A=719.4\text{Pa}$、$t_A=-259.4℃$

氧气 $p_A=12534\text{Pa}$、$t_A=-210℃$

若在低于三相点的压力下对冰定压加热，如图 5-4-13 中，由 m 点加热，则当冰的温度升高到 d 点时，开始出现冰直接转变为水蒸气现象，这个过程称为升华，而由水蒸气直接变为冰的过程称为凝华。将纯物质不同压力下对应的固态、气态平衡共存的饱和状态 d、d'诸点连接起来，得曲线 AD，称为升华曲线，它反映了升华温度与压力的关系，并在 p-t 图上划分了固态与气态的区域。秋冬之交的霜冻就是凝华现象。

水和水蒸气具有良好的流动性能，是热力过程中能量输运与转换的主要载体。以下重点关注水和水蒸气的热力性质与相变过程。

汽化有蒸发和沸腾两种形式。蒸发是指液体表面的汽化过程，通常在任何温度下都可以发生；沸腾是指液体内部的汽化过程，它只能在达到沸点温度时才会发生。

从微观上看，汽化是液体分子脱离液面束缚，跃入气相空间的过程。由于分子跃离液面不仅需要克服界面表层液体分子的引力做功，而且还要扩大体积占据气相空间而做功，故汽化过程需要吸收热量。汽化速度取决于液体温度的高低。与汽化过程相反的是凝结过程，即气相空间的蒸汽分子不断冲撞液面，而被液体分子重新捕获变为液体。凝结速度的快慢与气相空间蒸汽分子密度大小有关，而密度与蒸汽压力成正比，所以凝结速度取决于蒸汽的压力。

日常遇到的蒸发现象都是在自由空间中进行的，液面以上的空间中不仅有蒸汽分子还有大量其他气体。蒸汽分子的密度很小，因而分压力低，其汽化速度往往大于凝结速度，宏观上呈现汽化过程。提高液体温度、增加蒸发表面积和加速液面通风都将提高蒸发速度。

对于在封闭容器中进行的蒸发过程，情况有所不同。随着蒸发的进行，气相空间蒸汽分子的浓度不断增大，返回液体的分子也不断增多，当汽化分子数和凝结分子数处于动态平衡时，宏观上蒸发现象将停止。这种汽化和凝结的动态平衡状况称为饱和状态。饱和状态的压力称为饱和压力，温度称为饱和温度。处于饱和状态下的蒸汽和液体分别称为饱和蒸汽和饱和水。饱和蒸汽和饱和水的混合物称为湿饱和蒸汽，简称湿蒸汽；不含饱和水的饱和蒸汽称为干饱和蒸汽。从 p-t 图可见，纯物质的饱和温度和饱和压力存在单值对应关系

$$t_s = f(p_s) \tag{5-4-36}$$

式中 t_s——既是饱和液体温度也是饱和蒸汽温度；

p_s——饱和蒸汽压力。当气相空间有多种气体时，p_s是该液体的饱和蒸汽分压力，即气相空间该蒸汽的分压力达到该液体温度所对应的饱和压力时，该蒸汽及其液体达到饱和状态。

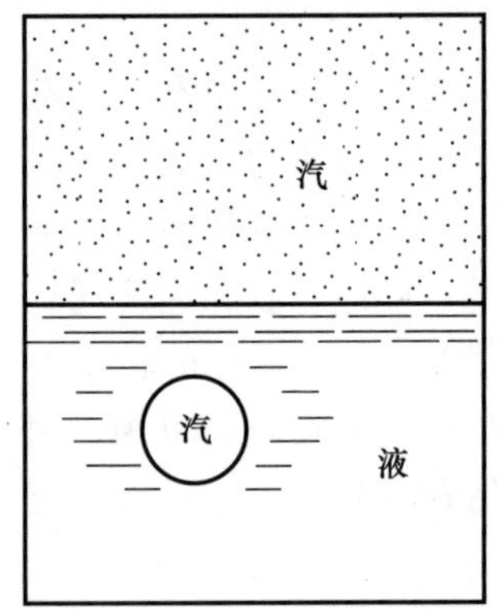

图 5-4-15 水的沸腾现象

在一定压力 p 下，当液体加热到压力 p 所对应的饱和温度时，在液体内部和器壁上涌现大量气泡。这种在液体内部进行的汽化过程称为沸腾（如图 5-4-15 所示）。因为沸腾时在器壁和液体内部产生气泡，气泡在承受住液面压力和气泡上面液柱压力总和的同时，不断有液体汽化进入气泡，从而使气泡体积不断增大并上升进入气相空间。如果忽略液柱的压力，则当液体达到液面上总压力所对应的饱和温度时，就会发生沸腾过程，这个饱和温度也称为该压力下液体的沸点温度。应当指出，该压力是蒸汽的分压力和其他气体分压力的总和。

热力过程中，如果将高温水减压，使其压力降低到对应热水温度的饱和压力以下时，也会使水中产生大量气泡而达到沸腾状态。因此，对高温热水网路，必须采用定压装置，以防止系统内局部发生减压而沸腾汽化，影响安全生产。

5.5 混合气体性质

5.5.1 混合气体的基本规律与物性

1. 混合气体压力和道尔顿分压定律

分压力是假定混合气体中组成气体单独存在，并且具有与混合气体相同的温度及容积时的压力，如图 5-5-1（b）、（c）所示。

道尔顿（Dalton）分压定律指出：混合气体的总压力 p，等于各组成气体分压力 p_i 之和。

即

$$p = p_1 + p_2 + \cdots + p_n = \left[\sum_{i=1}^{n} p_i\right]_{T,V} \tag{5-5-1}$$

2. 混合气体的分容积和阿密盖特分容积定律

分容积是假想混合气体中组成气体具有与混合气体相同的温度和压力时，单独存在所占有的容积，如图 5-5-1（d）、（e）所示。

混合气体的总体积 V 与分体积 V_i 的关系服从阿密盖特（Amagat）分容积定律。

混合气体的总容积 V，等于各组成气体分容积 V_i 之和。

即

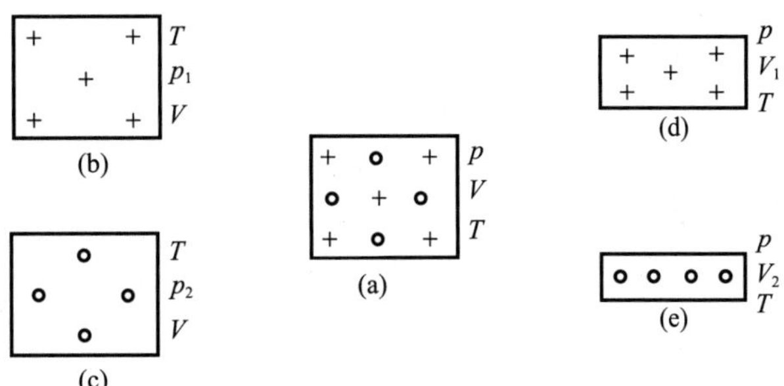

图 5-5-1　混合气体的分压力与分容积示意图

$$V=V_1+V_2+\cdots+V_n=\left[\sum_{i=1}^{n}V_i\right]_{T,p} \tag{5-5-2}$$

5.5.2　混合气体参数的计算

1. 分压力的确定

分别根据某组成气体的分压力与分容积，可写出该组成气体的状态方程式如下：

$$p_iV=m_iR_iT \tag{5-5-3}$$

$$pV_i=m_iR_iT \tag{5-5-4}$$

由此得

$$p_i=\frac{V_i}{V}p=r_ip \tag{5-5-5}$$

即某组成气体的分压力，等于混合气体的总压力与该组成气体容积成分的乘积。

将 $r_i=g_i\frac{\rho}{\rho_i}$代入式（5-5-5）得

$$p_i=g_i\frac{\rho}{\rho_i}p=g_i\frac{M}{M_i}p=g_i\frac{R_i}{R}p \tag{5-5-6}$$

式（5-5-6）是根据组成气体的质量成分确定分压力的关系式。

2. 混合气体的比热容

混合气体的比热容与它的组成气体有关，混合气体温度升高所需的热量，等于各组成气体相同温升所需热量之和。由此可以得出混合气体比热容的计算公式。

若各组成气体的质量比热容分别为 c_1，c_2，…，c_n，质量成分分别为 g_1，g_2，…，g_n，则混合气体的质量比热容为

$$c=g_1c_1+g_2c_2+\cdots+g_nc_n=\sum_{i=1}^{n}g_ic_i \tag{5-5-7}$$

同理可得混合气体的容积比热容

$$c'=r_1c'_1+r_2c'_2+\cdots+r_nc'_n=\sum_{i=1}^{n}r_ic_i \tag{5-5-8}$$

将混合气体的质量比热容乘以混合气体的摩尔质量 M 即得摩尔比热容；也可根据各组成气体的摩尔成分及摩尔比热容求混合气体的摩尔比热容，即

$$Mc=M\sum_{i=1}^{n}g_ic_i=\sum_{i=1}^{n}x_iM_ic_i \tag{5-5-9}$$

3. 混合气体的热力学能、焓和熵

热力学能、焓和熵都是具有可加性的物理量，所以混合气体的热力学能、焓和熵等于各组成气体的热力学能、焓和熵之和，即

$$U=\sum_{i=1}^{n}U_i\ \text{或}\ U=\sum_{i=1}^{n}m_iu_i \tag{5-5-10}$$

$$H=\sum_{i=1}^{n}H_i \text{ 或 } H=\sum_{i=1}^{n}m_ih_i \tag{5-5-11}$$

$$S=\sum_{i=1}^{n}S_i \text{ 或 } S=\sum_{i=1}^{n}m_is_i \tag{5-5-12}$$

混合气体单位质量的热力学能、焓和熵

$$u=\sum_{i=1}^{n}g_iu_i \tag{5-5-13}$$

$$h=\sum_{i=1}^{n}g_ih_i \tag{5-5-14}$$

$$s=\sum_{i=1}^{n}g_is_i \tag{5-5-15}$$

式（5-5-13）和（5-5-14）表明：虽然每种组成气体的单位质量热力学能和焓是温度的单值函数，但是混合气体的单位质量热力学能和焓，不仅取决于温度，而且与各组成气体的质量成分有关。混合气体单位质量的热力学能只有当各组成气体的成分一定时，才是温度的单值函数。

5.6 热湿气体的性质

5.6.1 干空气与湿空气

湿空气是指含有水蒸气的空气。完全不含水蒸气的空气称为干空气。大气中的空气或多或少都含有水蒸气，所以人们通常遇到的空气都是湿空气，只是由于其中水蒸气的含量不大，有时就按干空气计算。但对那些与湿空气中水蒸气含量有显著关系的过程，如干燥过程、空气调节、蒸发冷却等，就有必要按湿空气来考虑。

湿空气是水蒸气和干空气的混合物。干空气本身又是氮、氧及少量其他气体的混合物，干空气的成分比较稳定，而湿空气中水蒸气的含量在自然界的大气中已有不同，而在如上所述的那些工程应用中则变化更大。但总的来说，湿空气中水蒸气的分压力通常都很低，因此可按理想气体进行计算。所以，整个湿空气也可以按理想气体进行计算。按照道尔顿定律，湿空气的压力等于水蒸气和干空气分压力的总和

$$p=p_v+p_{DA} \tag{5-6-1}$$

如果没有特意进行压缩或抽空，那么湿空气的压力一般也就是当时当地的大气压力。

湿空气中的水蒸气通常处于过热状态，即水蒸气的分压力低于当时温度所对应的饱和压力（见图 5-6-1 和图 5-6-2 中状态 a）。这种湿空气称为未饱和空气。未饱和空气具有吸湿能力，即它能容纳更多的水蒸气。

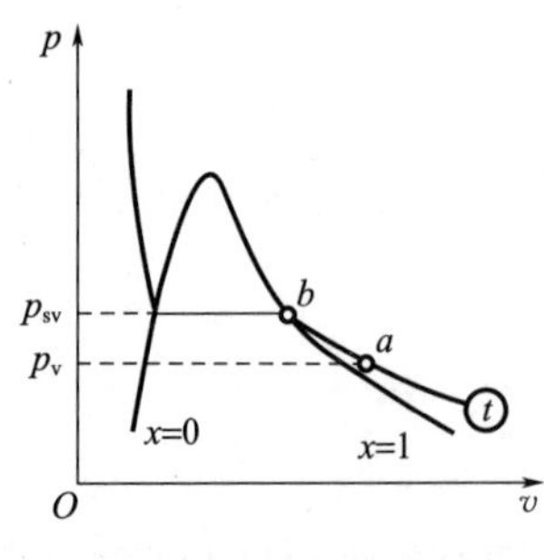

图 5-6-1　水蒸气 p-v 图

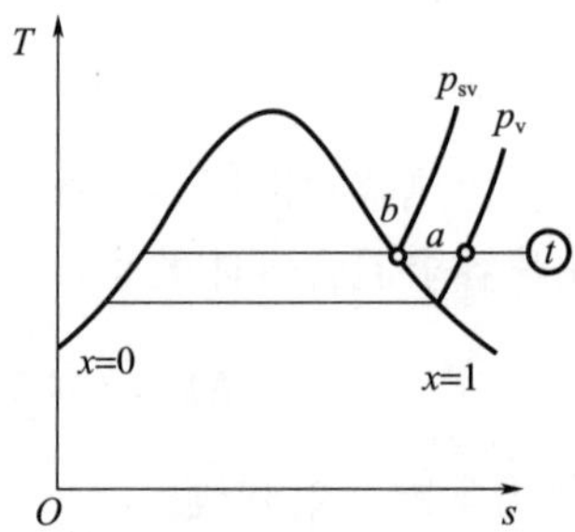

图 5-6-2　水蒸气 T-s 图

如果水蒸气的分压力达到了当时温度所对应的饱和压力（图 5-6-1 和图 5-6-2 中状态 b），那么这时的湿空气便称为饱和空气。饱和空气不再具有吸湿能力，如再加入水蒸气，就会凝结出水珠来。

5.6.2　湿气体的状态参数与焓湿图

1. 湿空气的成分及压力

地球上的大气是由氮、氧、氩、二氧化碳、水蒸气和极微量的其他气体所组成的一种混合气体，大气中干空气的成分会随时间、地理位置、海拔、环境污染等因素而发生微小的变化。为便于计算，可将干空气标准化，不考虑微量的其他气体。表 5-6-1 列出标准化的干空气的容积成分。

表 5-6-1　干空气的组成

成分	分子量	容积成分（摩尔成分）	组成气体的部分分子量
O_2	32.000	0.2095	6.704
N_2	28.016	0.7809	21.878
Ar	39.944	0.0093	0.371
CO_2	44.01	0.0003/1.0000	0.013/28.996

地球上大气的压力也随地理位置、海拔及季节等因素的影响而变化，主要是随海拔升高而减小。当地当时的大气压力 B 可通过大气压力计来测量，每日每月每年的平均大气压力可查阅当地气象台站的记录资料。

完全不含有水蒸气的空气，称为干空气；含有水蒸气的空气，称为湿空气，设湿空气的总压力 p，可表示为干空气压力 p_a 及水蒸气分压力 p_v 之和，即

$$p=p_a+p_v \tag{5-6-2}$$

在通风空调及干燥工程中，一般采用大气作为工质，这时湿空气的总压力就是当地的大气压力 B，因而上式可写成

$$B=p=p_a+p_v \tag{5-6-3}$$

2. 饱和湿空气与未饱和湿空气

湿空气中的水蒸气，由于其含量不同（表现为分压力的高低不同）及温度不同，使湿空气中水蒸气的状态或者处于过热状态，或者处于饱和状态。因而湿空气有饱和湿空气与未饱和湿空气之分。

在水蒸气的 p-v 图上（图 5-6-3），湿空气中水蒸气的状态由其分压力 p_v 和湿空气的温度 t 确定，湿空气中水蒸气的状态点为点 a。此时水蒸气分压力 p_v 低于温度 t 所对应的水蒸气的饱和分压力 p_s，水蒸气处在过热蒸汽状态。这种由于空气与过热水蒸气（状态点 a）所组成的湿空气称为未饱和空气。

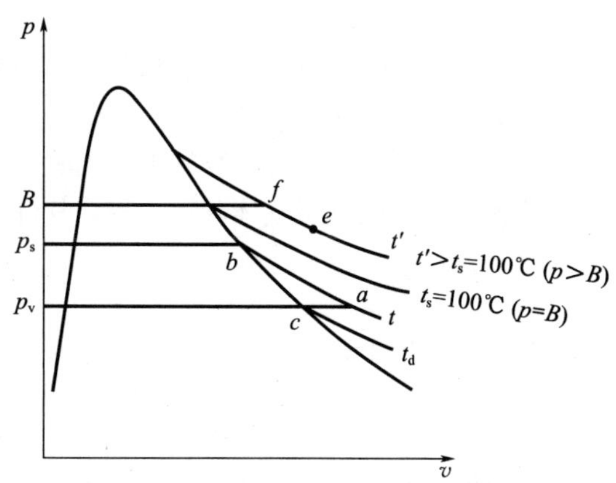

图 5-6-3　湿空气中水蒸气的 p-v 图

若在温度 t 不变的情况下，向湿空气继续增加水蒸气量，则水蒸气分压力将不断增加，水蒸气状态将沿定温线 a—b 变化，直至点 b 而达到饱和状态，此时水蒸气的分压力达到最大值，即饱和分压力 p_s，水蒸气为饱和水蒸气。这种由于空气与饱和水蒸气（状态点 b）组成的湿空气称为饱和空气。如在温度 t 不变的情况下，继续向饱和空气加入水蒸气，则将有水滴出现而析出，而湿空气将保持饱和状态。

对未饱和的湿空气，若在水蒸气分压力 p_v 不变的情况下加以冷却，使未饱和空气的温度 t 下降，这时，虽然湿空气中水蒸气的含量不会变化，但水蒸气的状态将按 p_v 定压线 a—c 变化，直至点 C 而达到饱和状态。点 C 的温度称为露点温度，简称露点，用 t_d 表示。露点 t_d 是对应于水蒸气分压力 p_v 的饱和温度。如再进行冷却，将有水蒸气变为凝结水而析出。湿空气露点在工程中是一

个十分有用的参数，如在冬季供暖季节，房屋建筑外墙内表面的温度必须高于室内空气的露点温度，否则，外墙内表面会产生蒸汽凝结现象。

可见两种常用途径，可将未饱和湿空气变为饱和湿空气：其一是定温加湿过程，如图中 a—b 过程，其二是定压降温过程，如图中 a—c 过程。

在干燥过程中，空气的温度往往超过大气压力 B 下所对应的水蒸气饱和温度。例如 $B=101325\text{Pa}$ 时，水蒸气所能达到的饱和温度最高为100℃。当湿空气温度 $t'>100$℃时，如图 5-6-3 中点 e 所示，水蒸气分压力不可能达到对应于 t' 的饱和压力，因为此时的饱和压力将超过大气压力 B。所以水蒸气的分压力最多只能达到点 f，此时水蒸气分压力已等于大气压力 B，而干空气分压力 p_a 则等于零了。实际上，湿空气作为混合气体，水蒸气分压力一般不会等于 B。但在湿空气的计算中，有时需要这一极限概念。

3. 湿空气的分子量及气体常数

湿空气是由干空气和水蒸气所组成的理想混合气体，它们在一定的组分下有确定的折合分子量和气体常数。

湿空气的折合分子量可按混合气体的容积成分 r_i 或摩尔成分 x_i 进行计算

$$\begin{aligned}M&=r_aM_a+r_vM_v\\&=\frac{p_a}{B}M_a+\frac{p_v}{B}M_v=\frac{B-p_v}{B}M_a+\frac{p_v}{B}M_v\\&=M_a-\frac{p_v}{B}(M_a-M_v)=28.97-(28.97-18.02)\frac{p_v}{B}\\&=28.97-10.95\frac{p_v}{B}\end{aligned}\tag{5-6-4}$$

从式（5-6-4）可知，湿空气的分子量 M 将随着水蒸气分压力 p_v 的增大而减小，而始终小于干空气的分子量。这是因为水蒸气分子量($M_v=18.02$)小于干空气分子量($M_a=28.97$)。水蒸气分压力越大，水蒸气相对含量越多，湿空气的平均分子量就越小。

湿空气的气体常数为

$$R=\frac{8314}{M}=\frac{8314}{28.97-10.95\dfrac{p_v}{B}}=\frac{287}{1-0.378\dfrac{p_v}{B}}\tag{5-6-5}$$

从式（5-6-5）可知，湿空气的气体常数将随水蒸气分压力的提高而增大。

4. 绝对湿度与相对湿度

每立方米湿空气中所含有的水蒸气质量，称为湿空气的绝对湿度。绝对湿度也就是湿空气中水蒸气的密度 ρ_v，按理想气体状态方程，其计算式为

$$\rho_v=\frac{m_v}{V}=\frac{p_v}{R_vT}\quad(\text{kg/m}^3)\tag{5-6-6}$$

在一定温度下，饱和空气的绝对湿度达到最大值，称为饱和绝对湿度 ρ_s，其计算式为

$$\rho_s=\frac{p_s}{R_sT}\quad(\text{kg/m}^3)\tag{5-6-7}$$

绝对湿度只能说明湿空气中实际所含的水蒸气质量的多少，而不能说明湿空气干燥或潮湿的程度及吸湿能力的大小。

湿空气的绝对湿度 ρ_v 与同温度下饱和空气的饱和绝对湿度 ρ_s 的比值，称为相对湿度 φ

$$\varphi=\frac{\rho_v}{\rho_s}\tag{5-6-8}$$

相对湿度 φ 反映了湿空气中水蒸气含量接近饱和的程度。在某温度 t 下，φ 值小，表示空气干燥，具有较大的吸湿能力；φ 值大，表示空气潮湿，吸湿能力小。当 $\varphi=0$ 时为干空气，$\varphi=1$ 时则为饱和空气。未饱和空气的相对湿度在 0 到 1 之间（$0<\varphi<1$）。应用理想气体状态方程，相对湿度

又可表示为

$$\varphi=\frac{\rho_v}{\rho_s}=\frac{p_v}{p_s} \tag{5-6-9}$$

5. 含湿量（比湿度）

在通风空调及干燥工程中，需要确定对湿空气的加湿及减湿的数量，若对湿空气取单位体积或单位质量为基准进行计算，则会由于湿空气在处理过程中体积及质量二者皆随温度及湿度改变而给计算带来麻烦。湿空气中只有干空气的质量，不会随湿空气的温度和湿度而改变。为方便起见，在湿空气中对某些参数的计算均以 1kg 干空气作为基准。

在含有 1kg 质量干空气的湿空气中，所混有水蒸气的质量（常以克表示），称为湿空气的含湿量（或称比湿度），用符号 d 表示

$$d=\frac{m_v}{m_a}=\frac{\rho_v}{\rho_a}\quad[\mathrm{g/kg(a)}] \tag{5-6-10}$$

利用理想气体状态方程式 $p_aV=m_aR_aT$ 及 $p_vV=m_vR_vT$，V 表示湿空气的体积（m^3），也是干空气及水蒸气在各自分压力下所占有的体积。干空气及水蒸气的气体常数分别为 $R_a=\frac{8314}{28.97}=2873\mathrm{J/(kg\cdot K)}$；$R_v=\frac{8314}{18.02}=4613\mathrm{J/(kg\cdot K)}$。

故含湿量式可写成

$$\begin{aligned} d&=1000\frac{R_a}{R_v}\times\frac{p_v}{p_a}=1000\times\frac{287}{461}\times\frac{p_v}{p_a}\\ &=622\frac{p_v}{p_a}=622\frac{p_v}{B-p_v}\quad[\mathrm{g/kg(a)}] \end{aligned} \tag{5-6-11}$$

上式也可写成

$$d=622\frac{\varphi p_s}{B-\varphi p_s}\quad[\mathrm{g/kg(a)}] \tag{5-6-12}$$

式中 kg（a）表示每 kg 干空气。

6. 饱和度

饱和度是表示湿空气饱和程度的另一个参数。它是湿空气的含湿量 d 与同温下饱和空气的含湿量 d_s 的比值，用符号 D 表示

$$D=\frac{d}{d_s}=\frac{622\frac{p_v}{B-p_v}}{622\frac{p_s}{B-p_s}}=\varphi\frac{B-p_s}{B-p_v} \tag{5-6-13}$$

由上式可知，饱和度 D 略小于相对湿度 φ，即 $D\leqslant\varphi$，如 $p-p_v\approx p-p_s$，则 $D\approx\varphi$。

7. 湿空气的比体积

湿空气的比体积是以 1kg 干空气为基准定义的，它表示在一定温度 T 和总压力 p 下，1kg 干空气和 $0.001d$ 水蒸气所占有的体积，即 1kg 干空气的湿空气比体积，它也可看作是用总压力 p 和含湿量 d 计算所得的干空气的比体积，即

$$v=\frac{V}{m_a}=v_a\quad[\mathrm{m^3/kg(a)}] \tag{5-6-14}$$

对体积为 V、温度为 T 的湿空气分别写出干空气和水蒸气的状态方程

$$p_aV=m_aR_aT \tag{5-6-15}$$

$$p_vV=0.001m_vR_vT \tag{5-6-16}$$

将上两式相加后，利用道尔顿定律得

$$pV=T(m_aR_a+0.001m_vR_v) \tag{5-6-17}$$

等式两边同除以 m_a 后，经整理可得

$$v=\frac{V}{m_a}=\frac{R_aT}{p}\left(1+\frac{R_v}{R_a}\times 0.001d\right) \tag{5-6-18}$$

即
$$v_s=\frac{R_aT}{p}(1+0.001606d)\quad [\mathrm{m^3/kg(a)}] \tag{5-6-19}$$

显然，在一定的大气压力 p 之下，湿空气的比体积与温度和含湿量有关。对饱和湿空气的比体积为

$$v_s=\frac{R_aT}{p}(1+0.001606d_s)\quad [\mathrm{m^3/kg(a)}] \tag{5-6-20}$$

应当指出，由于湿空气的比体积是以 1kg 干空气为基准定义，因而湿空气的密度是

$$\rho=\frac{1+0.001d}{v} \tag{5-6-21}$$

即 $\rho v=1+0.001d$，它与通常 $\rho v=1$ 有所区别。

8. 焓

湿空气的焓也是以 1kg 干空气为基准来表示的，它是 1kg 干空气的焓和 $0.001d$kg 水蒸气的焓的总和即

$$h=h_a+0.001dh_v\quad [\mathrm{kJ/kg(a)}] \tag{5-6-22}$$

焓的计算基准点，对干空气来说，取 0℃的干空气焓为零。对水蒸气取 0℃的水的焓为零。因此，温度为 t 的干空气其焓值为

$$h_a=c_pt=1.01t\quad (\mathrm{kJ/kg}) \tag{5-6-23}$$

对水蒸气，焓可按下式计算

$$h_v=2501+185t\quad (\mathrm{kJ/kg}) \tag{5-6-24}$$

因为焓是状态参数，焓的变化与途径无关，所以在计算水蒸气焓 h_v 时，可以假定水在 0℃下汽化，其汽化潜热为 2501kJ/kg，然后蒸汽再从 0℃加热到 t，取水蒸气的定压平均质量比热容 $c_{pm}=1.85\mathrm{kJ/(kg\cdot K)}$，因此，可得上列所示的水蒸气焓的计算式。

将干空气焓 h_a 及水蒸气焓 h_v 的计算式代入湿空气焓的定义式，则

$$h=1.01t+0.001d(2501+1.85t)\quad [\mathrm{kJ/kg(a)}] \tag{5-6-25}$$

在开口系统的通风空调工程中，由于可以不考虑动能及位能的变化，而各种热交换器又不对外做功。因此，根据稳定流动能量方程，对通风量为 V、温度为 T 的湿空气，其热交换量的计算式可写成

$$Q=m_a(h_2-h_1)\quad (\mathrm{kJ}) \tag{5-6-26}$$

式中　m_a——湿空气中干空气的质量。

如应用理想气体状态方程，则 m_a 为

$$m_a=\frac{p_aV}{R_aT}=\frac{(B-p_v)V}{R_aT}=\frac{(B-p_v)V}{287T} \tag{5-6-27}$$

必须指出：在利用上式计算风量 $V(\mathrm{m^3})$ 中干空气的质量 m_a 时，必须用干空气的分压力 p_a，而不能用湿空气的总压力 B。

9. 绝热饱和与湿球温度

对工程和气象科学中经常应用的相对湿度和含湿量，并不能像温度、压力等参数能方便地测量。前面曾讨论过一种通过测定空气露点温度来确定相对湿度的方法，即：已知露点温度，进而确定水蒸气分压力，然后求出 φ 和 d，这一方法虽然简单，但并不方便实用。

相对湿度和含湿量可以采用间接的测量方法，即通过绝热饱和的空气加湿过程来测定。

如图 5-6-4 所示，测量系统由一个包含水池和绝热的长水槽组成，有一稳态稳流的未饱和空气流，其温度为 t_1，而含湿量为 d_1（未知），通过此长水槽，当空气流经水表面时，将有部分水蒸发混入气流，由于水蒸发时所需要的汽化潜热取自空气，因此这一过程将使空气流的含湿量增加而温度降低。假定水槽有充分足够的长度，空气流流出时将是 $\varphi_2=100\%$、温度为 t_2 的饱和空气，这一

温度称为绝热饱和温度，在 T-s 图上可以显示这一过程。

假定供给水槽的补充水保持与 t_2 温度下的水蒸发速率相等，则上述绝热饱和过程可视为稳态稳流过程，同时由于过程中系统与外界没有热量和功量的作用，且空气流进出口动能和位能变化可以忽略不计，于是可列出以下质量和能量关系式。

物质守恒：

绝热饱和器进口空气中的水蒸气质量＋水槽水面蒸发的水质量＝绝热饱和器出口空气中的水蒸气质量

即
$$\dot{m}_{v_1}+\dot{m}_e=\dot{m}_{v_2} \tag{5-6-28}$$

$$\dot{m}_a d_1+\dot{m}_e=\dot{m}_a d_2 \tag{5-6-29}$$

用 $\dot{m}_a$ 除上式各项得

$$h_1+(d_2-d_1)h_{l_2}=h_2 \tag{5-6-30}$$

$$c_p t_1+d_1 h_{v_1}+(d_2-d_1)h_{l_2}=c_p t_2+d_2 h_{v_2} \tag{5-6-31}$$

整理后可得

$$d_1=\frac{c_p(t_2-t_1)+d_2(h_{v_2}-h_{l_2})}{h_{v_2}-h_{l_2}}=\frac{c_p(t_2-t_1)+d_2 r_2}{h_{v_2}-h_{l_2}} \tag{5-6-32}$$

因为绝热饱和器出口空气已是 $\varphi_2=100\%$ 的饱和空气，式（5-6-31）中的 d_2 可由式（5-6-32）得：

$$d_2=0.622\frac{p_{s_2}}{B-p_{s_2}} \tag{5-6-33}$$

由此可得，只要测出绝热饱和器进口和出口空气的压力和温度，就可确定湿空气的 d_1（或 φ）。

10. 湿球温度

图 5-6-5 所示的绝热饱和空气加湿过程，提供了一种测定空气相对湿度的方法，但是为了达到出口的饱和条件，它需要一个长的水槽或者一个喷雾机构。

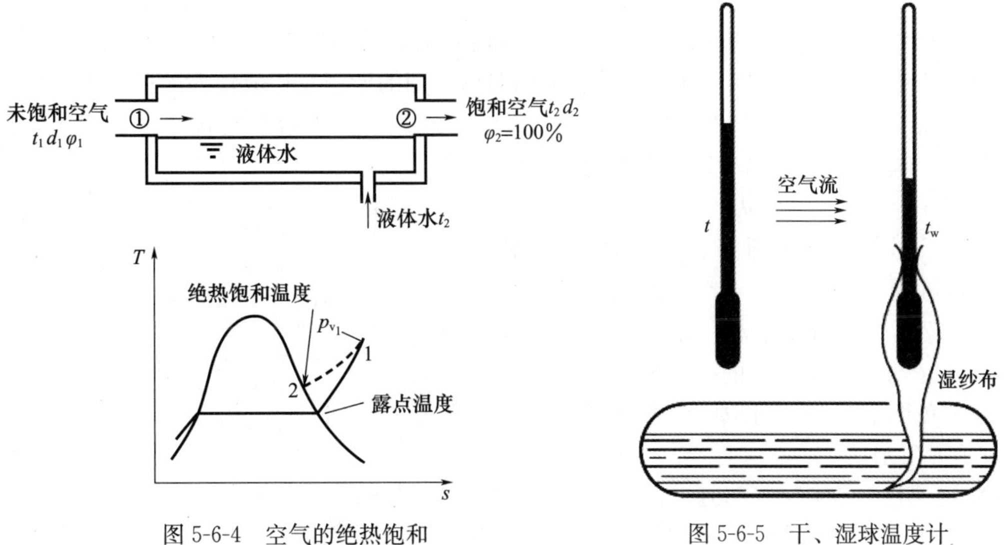

图 5-6-4　空气的绝热饱和　　　　图 5-6-5　干、湿球温度计

在工程中一种更接近实用的方法，如图 5-6-5 所示称为干湿球温度计，是用两支相同的水银温度计，一支用来测量湿空气的温度，称为干球温度计，另一支的水银柱球部用浸在水中的湿纱布包裹起来，置于通风良好的湿空气中，测量的就是湿球温度 t_w，这种测量方法在空调工程中得到广泛应用。

在干、湿球温度计中，如果湿纱布中的水分不蒸发，两支温度计的读数应该是相等的。但由于空气是未饱和空气，湿球纱布上的水分将蒸发，水分蒸发所需的热量来自两部分：一部分是吸收湿纱布上水分本身温度降低而放出热量，另一部分是由于空气温度高于湿纱布表面温度，通过对流换热空气将热量传给湿球。湿纱布上水分不断蒸发的结果，使湿球温度计的读数不断降低。最后，当达到热湿平衡时，湿纱布上水分蒸发的热量全部来自空气的对流换热，纱布上水分温度不再降低。此时，湿球温度计的读数就是湿球温度 t_w。

一般地讲，绝热饱和温度和湿球温度是不相同的，然而在大气压力条件下，对空气—水—蒸汽的混合物，湿球温度刚好近似等于绝热饱和温度，所以可以用湿球温度 t_w 替代式（5-6-32）中的 t_2 来确定空气的含湿量 d_1。

由于干、湿球温度计受风速及测量环境的影响，在相同的空气状态下，可能会出现不同的湿球温度的数值。为此，应防止干、湿球温度计与周围环境之间的辐射换热，以及保证 4m/s 以上的风速。这样测得的 t_w 值，才能非常接近绝热饱和温度 t_2 的值，否则就会产生较大的误差。

最后绝热饱和加湿过程的能量平衡关系式可改写成

$$h_1+(d_2-d_1)c_p t_w\times10^{-3}=h_2 \tag{5-6-34}$$

式中　h_1、d_1——湿空气的焓及含湿量；

h_2、d_2、t_w——湿球纱布表面饱和空气层的焓、含湿量及湿球温度。

由于湿纱布上水分蒸发的数量只有几克（对每千克干空气所吸收的水蒸气而言），而湿球温度计的读数 t_w 又比较低，再乘以 10^{-3} 之后，式（5-6-34）中等号左侧第二项的值是很小的，在一般的通风空调工程中可以忽略不计。因此，式（5-6-34）可简化为

$$h_1=h_2 \tag{5-6-35}$$

从上式可知，通过湿球的湿空气在加湿过程中，湿空气的焓不变，是一个等焓过程。对这个等焓过程可以这样来理解，湿纱布水分的蒸发，在达到热湿平衡时，水汽化所需的潜热完全来自空气，最后这部分潜热又由水蒸气带回到空气中去了，所以对湿空气来说，可以近似地认为焓不变，这是在不考虑蒸发掉的水本身焓值的情况下得出的近似结果。

11. 焓湿图

在工程计算中，为方便分析计算，人们绘制了湿空气的各种线算图，最常用的是焓湿图（h-d 图）。在焓湿图上（图 5-6-6），不仅可以表示湿空气的状态，确定其状态参数，而且还可以方便地表示出湿空气的状态变化过程以及处理过程。下面对焓湿图的绘制及构成作一简单介绍。

焓湿图是以 1kg 干空气为基准，并在一定的大气压力 B 下，取焓 h 与含湿量 d 为坐标而绘制的。为使图面开阔清晰，h 与 d 坐标轴之间成 135°的夹角，如图 5-6-6 所示。在纵坐标轴上标出零点，即$h=0$，$d=0$。故纵坐标轴即为 $d=0$ 的等含湿量线，该纵坐标轴上的读数也是干空气的焓值。在确定坐标轴的比例后，就可以绘制一系列与纵坐标轴平行的等 d 线，与纵轴成 135°的一系列等 h 线。在实用中，为避免图面过长，可取一水平线来代替 d 轴，如图 5-6-6 所示。

根据 $h=1.01t+0.001d(2501+1.85t)$ 的关系式，可以看出当 t 为定值时，h 与 d 成线性关系，其斜率 $0.001(2501+1.85t)$ 为正值并随 t 的升高而增大。由于各定温线的温度不同，每条定温线的斜率不等，所以各定温线不是平行的。但斜率中的 2501 远远大于 $1.85t$ 的值，所以各定温线又几乎是平行的，如图 5-6-6 所示。

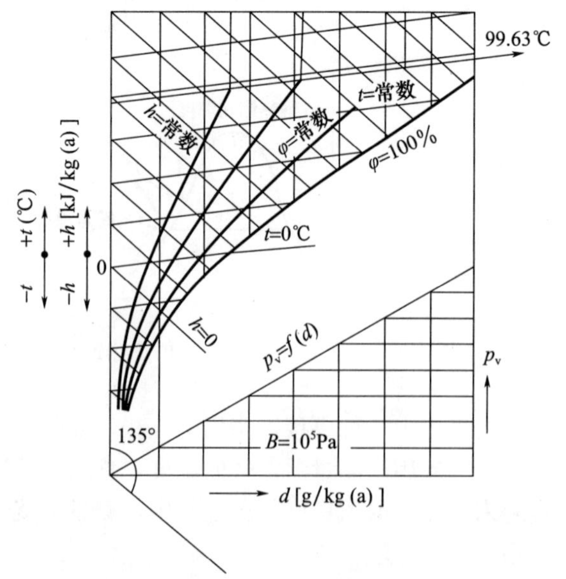

图 5-6-6　湿空气的 h-d 图

根据关系式 $d=622\dfrac{\varphi p_s}{B-\varphi p_s}$，在一定的大气压

力 B 下，当 φ 值一定时，含湿量 d 与水蒸气饱和分压力 p_s 之间有一系列的对应值，而 p_s 又是温度 t 的单值函数。因此，当 φ 为某一定值时，把不同温度 t_s 的饱和分压力 p_s 值代入，就可得到相应温度 t 下的一系列 d 值。在图上可得到相应的状态点，连接这些状态点，就可得出某一条定相对湿度线。显然，$\varphi=0$ 的定相对湿度线就是干空气，亦即纵坐标轴；$\varphi=100\%$的相对湿度线是饱和空气线。在纵坐标轴与 $\varphi=100\%$两线之间，为未饱和空气区域，可以作出一系列的定相对湿度线，如图 5-6-6所示。

应该指出，如大气压力 $B=10^5\text{Pa}$，则相应 B 压力的水蒸气饱和温度 $t=99.63℃$。当湿空气温度 $t<99.63℃$时，根据相对湿度的定义式 $\varphi=\dfrac{p_v}{p_s}$，此时的定 φ 线是上升的曲线，如图 5-6-6 所示。当$t>99.63℃$时，水蒸气分压力能达到的极限值 B，这时的相对湿度应为 $\varphi=\dfrac{p_v}{B}$。当 B 为定值的情况下，φ 为常数时，p_v 也不变。这说明相对湿度 φ 与 t 无关。仅与 p_v 或 d 有关。因此，在 h-d 图上，定 φ 线超过与 B 相应的饱和温度线之后变成一条与等 d 线平行垂直向上的直线，如图 5-6-6 所示。由于在空调工程中，高温空气不常采用，因此未涉及到上述情况。但在干燥工程中所应用 h-d 图，由于湿空气的温度往往超过 100℃，所给出的 h-d 图中定 φ 线就包括上述的垂直线段。

由 $d=622\dfrac{\varphi p_s}{B-\varphi p_s}$可得 $p_v=\dfrac{Bd}{622+d}$。当大气压力 B 为一定值时，水蒸气分压力 p_v 仅与含湿量 d 有关，即 $p_v=f(d)$。这说明在 $B=$常数的 h-d 图上，d 与 p_v 不是相互独立的两个状态参数。因此，可以在 h-d 图上给出 d 与 p_v 之间的变换线。如图 5-6-6 所示，可利用 $\varphi=100\%$曲线下面的空档，将与 d 相对应的 p_v 值表示在图右下方的纵轴上。

湿空气在热湿处理过程中，由初态点 1 变化到终态点 2。假如在过程 1－2 中，热、湿交换是同时而均匀进行的，那么在 h-d 图上热、湿交换过程 1－2 将是连接初态点 1 与终态点 2 的一条直线，这一条直线具有一定的斜率。它说明湿空气在热、湿交换过程 1－2 的方向与特点，这一条直线的斜率称之为热湿比，用符号 ε 来表示，其定义式是

$$\varepsilon=\frac{h_2-h_1}{\dfrac{d_2-d_1}{1000}}=1000\frac{h_2-h_1}{d_2-d_1}=1000\frac{\Delta h}{\Delta d} \tag{5-6-36}$$

热湿比 ε 在 h-d 图上反映了过程线 1－2 的倾斜度，因此，也称角系数。

在 h-d 图上，对于各种过程，不管其初态及终态如何，只要过程的热湿比 ε 值相同，就都是平行的直线。因此，在某些实用的 h-d 图上，在图的右下方，任取一点为基准点，作出一系列的热湿比 ε 值，则在 h-d 图上通过点 1 作一条平行于热湿比为 ε 的辐射线，即得到通过点 1 的过程线。当知道状态点 2 的任一参数值后，与该过程线相交，就可得到状态点 2 在 h-d 图上的位置，进而决定点 2 的其他未知参数值。因此，在 h-d 图上利用热湿比线来分析与计算问题是十分方便的。

从 $\varepsilon=1000\dfrac{\Delta h}{\Delta d}$可知，在定焓过程中 $\Delta h=0$，热湿比 $\varepsilon=0$。在定含湿量过程中，$\Delta d=0$，如过程吸热，则 $\varepsilon=+\infty$，如过程放热，则 $\varepsilon=-\infty$。因此，定焓线与定含湿量线将 h-d 图分成四个区域，如图 5-6-7 所示。从两线交点 1 出发，终态点可落在四个不同的区域内，此时四个区域具有如下的特点。

第Ⅰ区域：从初态点 1 出发，落在这一区域内的过程，$\Delta h>0$，$\Delta d>0$，即增焓增湿过程，$\varepsilon>0$ 为正值。

第Ⅱ区域：从初态点 1 出发，落在这一区域内的过程，$\Delta h>0$，$\Delta d<0$，即增焓减湿过程，$\varepsilon<0$ 为负值。

第Ⅲ区域：从初态点 1 出发，落在这一区域内的过程，$\Delta h<0$，$\Delta d<0$，即减焓减湿过程，$\varepsilon>0$ 为正值。

第Ⅳ区域：从初态点 1 出发，落在这一区域内的过程，$\Delta h<0$，$\Delta d>0$，即减焓增湿过程，$\varepsilon<$

0 为负值。

在 h-d 图上分析各种过程十分方便，如上节介绍的露点温度及湿球温度，它们可以在 h-d 图上十分清楚地表示出来。露点是指在水蒸气分压力不变的情况下冷却到饱和状态时的温度，也就是在含湿量不变的情况下冷却到饱和状态时的温度。在 h-d 图上如图 5-6-8 所示：从初态点 1 向下作垂直线与 $\varphi=100\%$的饱和曲线相交得点 2，通过点 2 的定温线的读数就是状态点 1 的湿空气的露点温度 t_d。

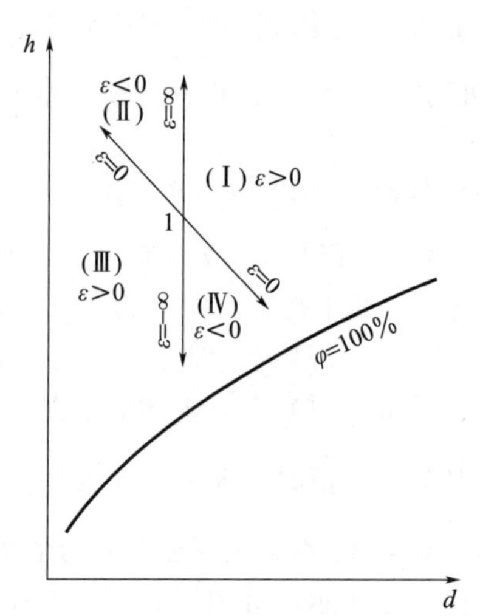

图 5-6-7　h-d 图四个区域的特征

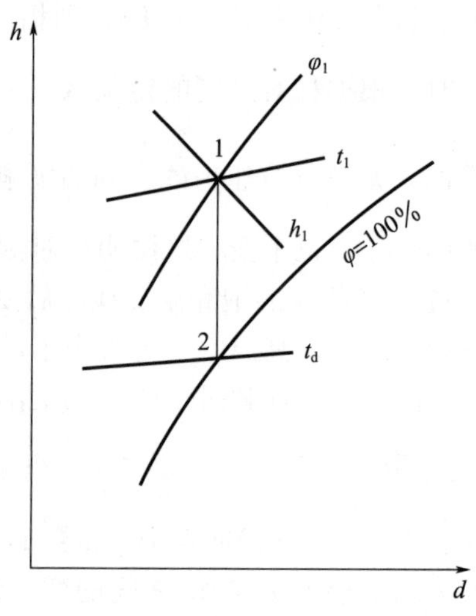

图 5-6-8　露点在 h-d 图上的表示

从湿球热湿交换过程的热平衡方程式（5-6-34）可知，当 t_w 为一定值时，定湿球温度线在 h-d 图上为一条直线。如令 $d_1=0$，则式（5-6-34）可写成

$$h_2=h_1+c_p t_w d_2\times10^{-3} \tag{5-6-37}$$

或

$$h_2-h_1=c_p t_w d_2\times10^{-3} \tag{5-6-38}$$

从上式可知，h_2-h_1 即为 $d_1=0$ 时，两条定焓线在纵轴上的差值，这个结果可以用来绘制定湿球温度线。

5.6.3　湿气体的基本热力过程

湿空气处理过程的目的是使湿空气达到一定的温度及湿度，处理过程可以由一个过程或多个过程组合完成。本节将介绍常用的几个基本热力过程。

1. 加热过程

在湿空气的加热过程中，空气吸入热量，温度 t 升高，但含湿量 d 不变，是一个等 d 过程，在 h-d 图上加热过程 1—2 是一条垂直向上的直线，如图 5-6-9 所示。湿空气经加热后，状态参数的变化是 $t_2>t_1$，$h_2>h_1$，$\varphi_2<\varphi_1$。加热过程使空气的相对湿度减小，是干燥工程中不可缺少的组成过程之一。

加热过程中，$\Delta h>0$，$\Delta d=0$，热湿比 $\varepsilon=\infty$。对每 kg 干空气而言，所吸收的热量为

$$q=h_2-h_1\quad[\text{kJ/kg(a)}] \tag{5-6-39}$$

2. 冷却过程

在冷却过程中，湿空气降低温度而放出热量，只要冷源的温度高于湿空气的露点温度，在冷却过程中不会产生凝结水，因而含湿量不变，是一个等 d 冷却过程，如图 5-6-10 中过程 1—2 所示。等 d 冷却的结果是 $t_2<t_1$，$h_2<h_1$，$\varphi_2>\varphi_1$。

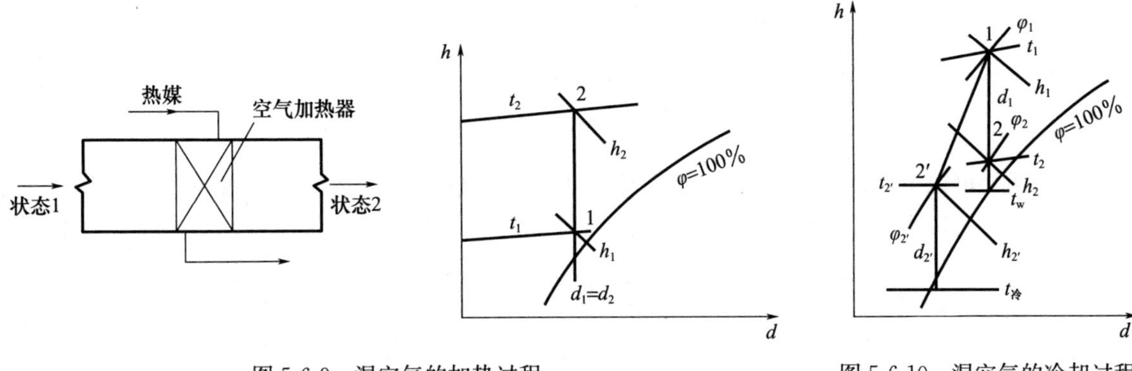

图 5-6-9　湿空气的加热过程　　图 5-6-10　湿空气的冷却过程

在等 d 冷却过程中，$\Delta h<0$，$\Delta d=0$，热湿比 $\varepsilon=-\infty$，湿空气在冷却过程中所放出的热量为

$$q=h_2-h_1(\text{负值})\quad [\text{kJ/kg(a)}] \tag{5-6-40}$$

若冷源温度低于湿空气的露点温度 t_d，则在直接与冷却器表面接触的部分湿空气中的水蒸气将会凝结。这时湿空气的冷却过程如图 5-6-10 中过程 1—2′所示。因此，这种冷却过程称为去湿冷却（或析湿冷却）。在去湿冷却过程中，$h_2<h_1$，$d_2<d_1$，$t_{2'}<t_1$，在一般情况下，$\varphi_2>\varphi_1$。由于 $\Delta h<0$，$\Delta d<0$，故热湿比 $\varepsilon>0$。湿空气在去湿冷却过程中放出的热量为

$$q=h_2-h_1(\text{负值})\quad [\text{kJ/kg(a)}]$$

所析出的水分为

$$\Delta d=d_2-d_1(\text{负值})\quad [\text{g/kg(a)}] \tag{5-6-41}$$

3. 绝热加湿过程

在空气处理过程中，在绝热情况下对空气加湿，称为绝热加湿过程，如在喷淋室中通过喷入循环水滴来达到绝热加湿的目的。水滴蒸发所需的汽化潜热，完全来自空气，而水滴变为水蒸气后又回到空气中去了，对空气来说其焓值只增加了几克水的液体焓。因此，可以认为绝热加湿过程是一个等焓过程，如图 5-6-11 所示，在绝热加湿过程 1—2 中，$h_2=h_1$，$d_2>d_1$，$\varphi_2>\varphi_1$，$t_2<t_1$。因为 $\Delta h=0$，$\Delta d>0$，过程 1—2 的热湿比 $\varepsilon=0$，在绝热加湿过程中对每 kg 干空气而言吸收的水蒸气为

$$\Delta d=d_2-d_1\quad [\text{g/kg(a)}] \tag{5-6-42}$$

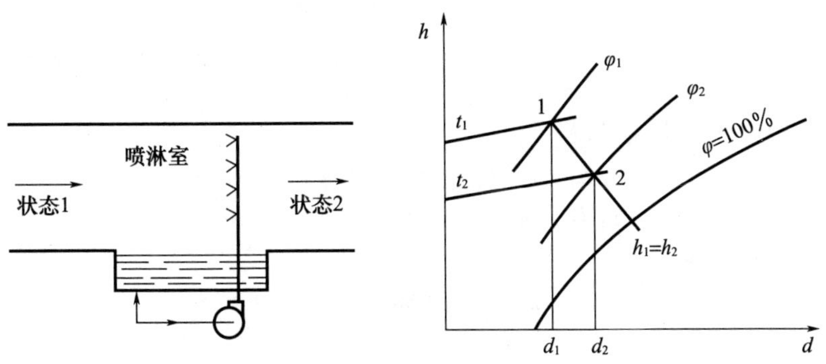

图 5-6-11　湿空气的绝热加湿过程

4. 定温加湿过程

对湿空气喷入少量水蒸气使之加湿的过程称为定温加湿过程，这在小型空调机组中经常采用。这时，湿空气从状态点 1 变化到状态点 2，如图 5-6-12 中过程 1—2 所示。喷蒸汽加湿的结果，使 $h_2>h_1$，$d_2>d_1$，$\varphi_2>\varphi_1$，温度虽略有升高，但可近似地认为不变。

喷入压力为 10^5 Pa 的饱和水蒸气，则水蒸气的焓值 $h_v=2676$kJ/kg，对每 kg 干空气而言所吸收的热量为

$$q=h_2-h_1=0.001\Delta dh_v=\frac{2676\Delta d}{1000}\quad[\text{kJ/kg(a)}] \tag{5-6-43}$$

而含湿量增加 Δd，喷饱和水蒸气加湿过程的热湿比为

$$\varepsilon=1000\times\frac{h_2-h_1}{\Delta d}=1000\times\frac{2676\Delta d}{1000\Delta d}=2676 \tag{5-6-44}$$

从 h-d 图上可以看出，$\varepsilon=2676$ 的过程与常温下的定温线非常接近，所以我们就称之为定温加湿过程。温度之所以不明显升高，是因为在 1kg 干空气中只增加了几克水蒸气，虽然喷入的水蒸气温度接近 100℃，但由于干空气的质量远大于喷入水蒸气的质量，因而湿空气温度升高极为有限，故在空调工程中往往简化为定温过程。但如喷入大量水蒸气，致使空气达到饱和状态，甚至部分水蒸气产生凝结而放出汽化潜热并为湿空气所吸收，此时湿空气的温度将会有较大的升高，不能当作定温过程处理。

5. 湿空气的混合

在空调工程中，在满足卫生条件的情况下，常使一部分空调系统中的循环空气与室外新风混合，经过处理再送入空调房间，以节省冷量或热量，达到节能的目的。

设有质量为 m_1 的湿空气（其中干空气的质量为 m_{a1}，状态参数为 t_1，h_1，φ_1，d_1）与质量为 m_2 的湿空气（其中干空气质量为 $m_a=m_{a1}+m_{a2}$，状态参数为 t_2，h_2，φ_2，d_2），混合后湿空气的质量为 $m_c=m_1+m_2$（干空气的质量为 $m_{ac}=m_{a1}+m_{a2}$，状态参数为 t_c，h_c，φ_c，d_c），混合过程如图 5-6-13（a）所示。

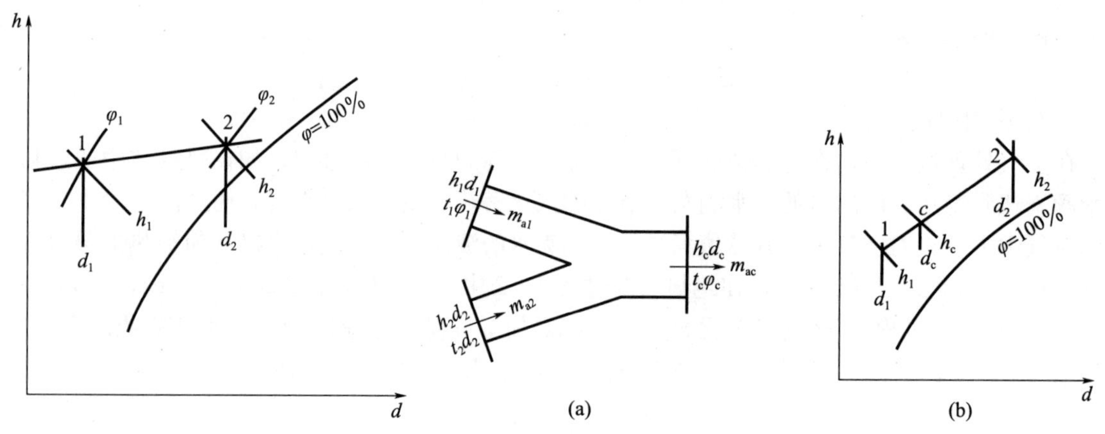

图 5-6-12　定温加湿过程　　　　图 5-6-13　湿空气的混合过程

根据混合过程中的热湿平衡可得

$$m_{a1}h_1+m_{a2}h_2=(m_{a1}+m_{a2})h_c=m_{ac}h_c \tag{5-6-45}$$

$$m_{a1}d_1+m_{a2}d_2=(m_{a1}+m_{a2})d_c=m_{ac}d_c \tag{5-6-46}$$

上列二式也可合并写成

$$\frac{m_{a2}}{m_{a1}}=\frac{h_c-h_1}{h_2-h_c}=\frac{d_c-d_1}{d_2-d_c} \tag{5-6-47}$$

从上式可知，$\frac{h_c-h_1}{d_c-d_1}$是直线 1—c 的斜率，$\frac{h_2-h_c}{d_2-d_c}$是直线 c—2 的斜率。两个斜率相等并有共同点 c，所以混合后的状态点 c 必定落在一条连接点 1 与点 2 的直线上，如图 5-6-13（b）所示。

从式（5-6-47）还可以看出，混合状态点将直线 1—2 分为两段，线段 1—c 与线段 c—2 的长度比和干空气质量 m_{a2} 与 m_{a1} 之比相等，即$\frac{\overline{1c}}{\overline{c2}}=\frac{m_{a2}}{m_{a1}}$。

为确定状态点 c 在 h-d 图上的位置，也可以通过热、湿平衡关系而得到 h_c 及 d_c 的值

$$h_c=\frac{m_{a1}h_1+m_{a2}h_2}{m_{a1}+m_{a2}} \tag{5-6-48}$$

$$d_c=\frac{m_{a1}d_1+m_{a2}d_2}{m_{a1}+m_{a2}} \tag{5-6-49}$$

由上列二式计算所得的 h_c 及 d_c 的点 c，必然落在直线 1—2 上，而其关系必符合式（5-6-49）。

值得指出，由于湿空气饱和曲线在 h-d 图上具有向下凹的特性，联系到上述结论导致一个很有意义的，可能会发生的现象：当有两股非常接近饱和线的状态为 1 和 2 的未饱和的空气流绝热混合，连接该两状态点的直线将穿过饱和曲线，其混合点 c 将落在饱和线下面，由此，在混合过程中将必然会有一些水凝结出来。

6. 湿空气的蒸发冷却过程

湿空气的蒸发冷却可分为直接蒸发冷却和间接蒸发冷却两种方式。当未饱和湿空气和水直接接触时，水会蒸发从周围湿空气中吸收汽化潜热，使水和湿空气的温度降低，这一过程称为湿空气的直接蒸发冷却过程。若将直接蒸发冷却后的湿空气通过间壁式换热器去冷却室外空气作为空调送风，则称为湿空气的间接蒸发冷却。

蒸发冷却主要是利用自然环境中湿空气的干湿球温度差而获得冷却效果，干湿球温差越大，冷却的效果越显著。由于蒸发冷却具有耗能少、节能潜力大且对环境无污染等优点，近年来在国内外受到广泛重视。

湿空气蒸发冷却过程受自然界大气湿球温度和水温的影响较大，从而使实际的热湿交换过程复杂多样。尽管如此，从过程热力特性来分析总是可以把这些实际过程分解为前面所述基本热力过程的组合。

湿空气在直接蒸发冷却过程中有三种可能情况：

（1）湿空气与循环喷淋水接触。在这种情况下，由于水温稳定在等于进口湿空气的湿球温度，因此湿空气进行的是绝热加湿降温过程，如图 5-6-14 所示。

（2）进口湿空气与低于它本身湿球温度的喷淋水接触。这时湿空气进行的是减焓、减湿、降温过程（请读者自己进行分析）。

（3）湿空气与喷淋水接触。这时水温介于湿空气的干、湿球温度之间（即 $t_a>t>t_w$），湿空气进行的是增焓、加湿、降温过程。

7. 冷却塔中的热湿交换过程

冷却塔是将被加热的冷却水与大气进行热湿交换，使之降低温度后重复循环使用的装置。冷却塔广泛应用在电站、空调冷冻机房和化工企业中有冷凝设备的场所。冷却塔中的热湿交换过程主要是通过蒸发冷却，这种冷却方式可最大限度地使冷却水的温度降到大气的湿球温度。

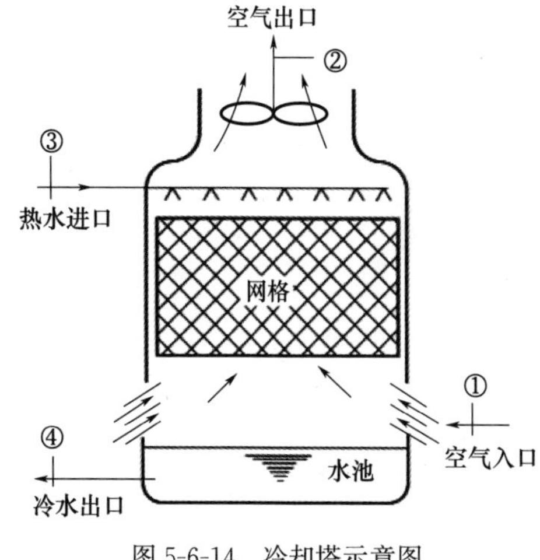

图 5-6-14　冷却塔示意图

图 5-6-14 是冷却塔的示意图。热水由上部进入，通过喷嘴喷成小水滴沿着塑料或木条组成的网格向下流动。空气由冷却塔的底部进入，在浮升力或引风机的作用下向上流动，与热水接触而进行热湿交换过程。过程中一部分热水蒸发而降低本身的温度，变为冷水后流入底部的水池。充分进行热湿交换的结果，使离开冷却塔的湿空气的含湿量增加至接近饱和状态。

在冷却塔中，无论是热水温度高于空气温度，还是水温稍低于空气温度，热湿交换过程的结果总是热量由水传给空气，使水温下降。其极限情况是水温降低到进入冷却塔空气初状态下的湿球温度。

如忽略冷却塔的散热，不考虑流动工质的动能变化及位能变化。由图 5-6-14 可得能量平衡关系式

$$\dot{m}_a(h_2-h_1)=\dot{m}_{w3}h_{w3}-\dot{m}_{w4}h_{w4} \tag{5-6-50}$$

质量守恒关系式

$$\dot{m}_{w3}-\dot{m}_{w4}=\dot{m}_a(d_2-d_1)\times10^{-3} \tag{5-6-51}$$

合并上两式可得

$$\dot{m}_a=\frac{\dot{m}_{w3}(h_{w3}-h_{w4})}{(h_2-h_1)-h_{w4}(d_2-d_1)\times10^{-3}} \tag{5-6-52}$$

式中 h_1、h_2——进入及离开冷却塔湿空气的焓，kJ/kg(a)；

d_1、d_2——进入及离开冷却塔湿空气的含湿量，g/kg(a)；

$\dot{m}_a$——干空气的质量流量，kg(a)/h；

h_{w3}、h_{w4}——进入及离开冷却塔热水的焓，kJ/kg；

$\dot{m}_{w3}$、$\dot{m}_{w4}$——进入及离开冷却塔热水的质量流量，kg/h。

从式（5-6-52）可知，进入冷却塔的湿空气状态1是当地的大气状态参数，只需选定湿空气的出口状态，以及进出冷却塔的水温，就能计算所需的通风量和所需补充的冷却水量。

第 6 章　工质热力过程分析

6.1　热力过程的目的及一般方法

6.1.1　分析热力过程的目的

工程热力学这门学科是研究热能和机械能相互转换过程中所遵循的规律，而热能和机械能的相互转换，必须通过热力过程来实现。

分析热力过程的目的，就在于揭示各种热力过程中状态参数的变化规律和相应的能量转换状况，从而计算热力过程中工质状态参数的变化以及与外界交换的热量和功量。所用工具是热力学第一定律、状态方程和热力过程特性。具体地说，有两个任务：一是根据过程特点和状态方程来确定过程中状态参数的变化规律，揭示状态变化规律与能量传递之间的关系；二是利用能量方程来分析计算在过程中热力系统与外界交换的能量和质量。

在能量转换过程中，热量、膨胀功和技术功都是过程参数，它们与热力过程有关；而热力学能、焓、熵是状态参数，其增量与工质的热力过程无关，仅与工质的初终状态有关。学习本章时应进一步体会这些特点。

6.1.2　分析热力过程的步骤

（1）确定过程特征，即过程方程，过程方程描述过程中状态变化的特征，特别是压力与比体积的变化规律，$p=f(v)$，初、终状态是过程的两个端点，服从过程方程的规律。

（2）确定初、终状态基本参数（p、v、T），依据理想气体状态方程式：

$$pv=RT \tag{6-1-1}$$

即

$$\frac{p_1v_1}{T_1}=\frac{p_2v_2}{T_2} \tag{6-1-2}$$

（3）计算热力过程中热力学能、焓和熵变化，其中理想气体热力学能和焓是温度的单值函数，各种过程都按下式计算，即

热力学能的变化

$$\Delta u=\int_1^2 c_v\mathrm{d}T \tag{6-1-3}$$

焓的变化

$$\Delta h=\int_1^2 c_p\mathrm{d}T \tag{6-1-4}$$

理想气体熵变化计算，根据熵的定义式

$$\Delta s=\int_1^2\frac{\delta q}{T} \tag{6-1-5}$$

将 $\delta_q=\mathrm{d}u+p\mathrm{d}v=c_v\mathrm{d}T+p\mathrm{d}v$ 代入上式积分求得

$$\Delta s=\int_1^2 c_v\frac{\mathrm{d}T}{T}+\int_1^2\frac{p}{T}\mathrm{d}v \tag{6-1-6}$$

由理想气体状态方程$\frac{p}{T}=\frac{R}{v}$，代入上式得

$$\Delta s=\int_1^2 c_v\frac{\mathrm{d}T}{T}+R\ln\frac{v_2}{v_1} \tag{6-1-7}$$

设 c_v 为定值定容比热容，则有

$$\Delta s=c_v\ln\frac{T_2}{T_1}+R\ln\frac{v_2}{v_1} \tag{6-1-8}$$

如用 $\delta_q=\mathrm{d}h-v\mathrm{d}p=c_p\mathrm{d}T+v\mathrm{d}p$ 代入熵定义式中积分，则可得

$$\Delta s=\int_1^2 c_p\frac{\mathrm{d}T}{T}-R\ln\frac{p_2}{p_1}$$

设 c_p 为定值定压比热容，得

$$\Delta s=c_p\ln\frac{T_2}{T_1}-R\ln\frac{p_2}{p_1} \tag{6-1-9}$$

又如用状态方程$\frac{p_1v_1}{T_1}=\frac{p_2v_2}{T_2}$消去式（6-1-8）或式（6-1-9）中$\frac{T_2}{T_1}$，即可整理得出

$$\Delta s=c_p\ln\frac{v_2}{v_1}+c_v\ln\frac{p_2}{p_1} \tag{6-1-10}$$

式（6-1-8）和（6-1-9）的适用条件是理想气体的任意过程。只要知道过程初、终态 p、v、T 三个参数中的任意两个以及气体比热容，即可根据以上公式求出过程中工质熵的变化。

当理想气体比热容为变值时（温度的函数），可利用气体的热力性质表计算 Δu、Δh 和 Δs。读者可参看有关书籍。

（1）将过程线表示在 p-v 图及 T-s 图上，使过程直观，便于分析讨论。

（2）热力过程中传递能量的计算。

热力过程中传递能量的计算首先要考虑能量方程的应用，如闭口系统能量方程：

$$q=\Delta u+w \tag{6-1-11}$$

开口系统稳态稳流能量方程：

$$q=\Delta h+w_t \tag{6-1-12}$$

此外，在可逆过程中膨胀功、技术功及热量的计算式分别为：

$$w=\int_1^2 p\mathrm{d}v \tag{6-1-13}$$

$$w_t=\int_1^2 -v\mathrm{d}p \tag{6-1-14}$$

$$q=\int_1^2 T\mathrm{d}s \tag{6-1-15}$$

6.2 绝热过程与多变过程

本节所讨论的过程均指内平衡过程。

气体进行热力过程时，一般来说，所有状态参数都可能发生变化，但也可以使气体的某个状态参数保持不变，而让其他状态参数发生变化。定容过程、定压过程、定温过程和定熵过程正是这样的过程，它们在进行时分别保持比体积、压力、温度和比熵为定值。

6.2.1 定容过程

定容过程是热力系在保持比体积不变的情况下进行的吸热或放热过程。在压容图中，定容过程是一条垂直线，见图 6-2-1（a）。

理想气体在进行定容过程时，压力和温度的变化保持正比关系：

$$\frac{p}{T}=\frac{R_g}{v}=\text{常数} \tag{6-2-1}$$

定比热容理想气体进行定容过程时，根据 $s=c_{v_0}\ln T+R_g\ln v+C_1=f(T,V)$ 可知，温度和熵的变化将保持如下关系：

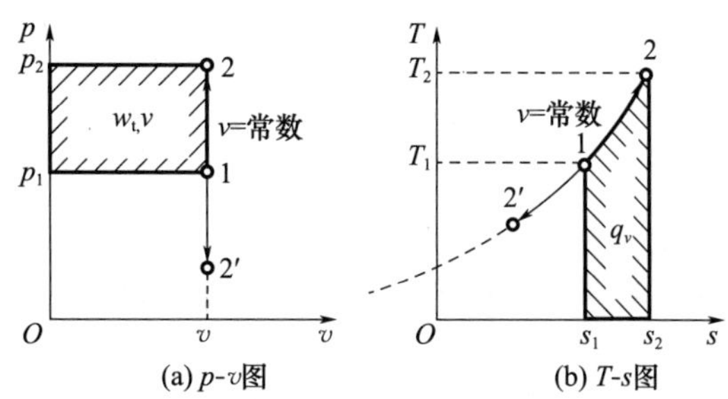

图 6-2-1　定容过程

1→2 为定容吸热过程；1→2′为定容放热过程

$$s=c_{v_0}\ln T+C'_1 \tag{6-2-2}$$

或

$$T=\exp\frac{s-C'_1}{c_{v_0}} \tag{6-2-3}$$

式中　C'_1——常数，$C'_1=R_g\ln v+C_1$。

式（6-2-3）表明，定比热容理想气体进行的定容过程在温熵图中是一条指数曲线，见图 6-2-1（b），它的斜率是

$$\left(\frac{\partial T}{\partial s}\right)_v=\frac{\exp\dfrac{s-C'_1}{c_{v_0}}}{c_{v_0}}=\frac{T}{c_{v_0}} \tag{6-2-4}$$

显然，温度越高，定容线的斜率就越大。

在没有摩擦的情况下，定容过程的膨胀功、技术功和热量可分别计算如下：

$$w_v=\int_1^2 p\mathrm{d}v=0 \tag{6-2-5}$$

$$w_{t,v}=-\int_1^2 v\mathrm{d}p=v(p_1-p_2) \tag{6-2-6}$$

$$q_v=\int_1^2 T\mathrm{d}s=\int_1^2 c_v\mathrm{d}T=\bar{c}_v\big|_0^{t_2}t_2-\bar{c}_v\big|_0^{t_1}t_1 \tag{6-2-7}$$

或

$$q_v=u_2-u_1+w_v=u_2-u_1 \tag{6-2-8}$$

热力学能的值可在气体热力性质（附表 6-1）中查到。

6.2.2　定压过程

定压过程是指热力系在保持压力不变的情况下进行的吸热或放热过程。在压容图中，定压线是一条水平线，见图 6-2-2（a）。

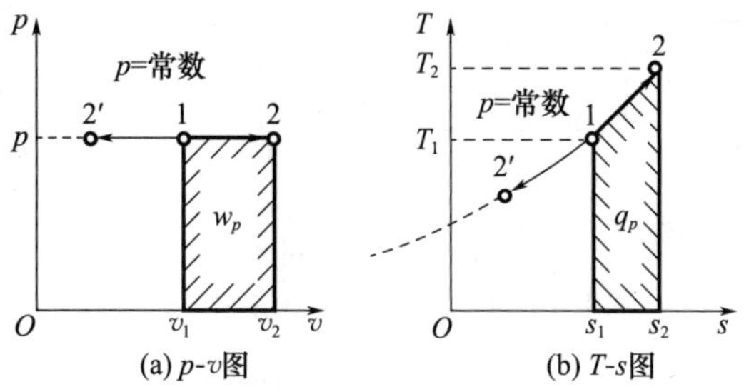

图 6-2-2　定压过程

1→2 为定压吸热过程；1→2′为定压放热过程

理想气体在进行定压过程时，比体积和温度的变化保持正比关系。

$$\frac{p}{T}=\frac{R_g}{v}=常数 \tag{6-2-9}$$

定比热容理想气体在进行定压过程时，温度和熵的变化将保持如下关系：

$$s=c_{p_0}\ln T+C'_2 \tag{6-2-10}$$

或

$$T=\exp\frac{s-C'_2}{c_{p_0}} \tag{6-2-11}$$

式中　C'_2——常数，$C'_2=-R_g\ln p+C_2$。

式（6-2-11）说明，定比热容理想气体进行的定压过程在温熵图中也是一条指数曲线，见图 6-2-2（b），它的斜率为

$$\left(\frac{\partial T}{\partial s}\right)_p=\frac{\exp\frac{s-C'_2}{c_{p_0}}}{c_{p_0}}=\frac{T}{c_{p_0}} \tag{6-2-12}$$

温度越高，定压线的斜率也越大。由于 $c_{p_0}>c_{v_0}$，在相同的温度下，定压线的斜率小于定容线的斜率，因而整个定压线比定容线要平坦些。

在没有摩擦的情况下，定压过程的膨胀功、技术功和热量可分别计算如下：

$$w_p=\int_1^2 p\mathrm{d}v=p(v_2-v_1) \tag{6-2-13}$$

$$w_{t,p}=-\int_1^2 v\mathrm{d}p=0 \tag{6-2-14}$$

$$q_p=\int_1^2 T\mathrm{d}s=\int_1^2 c_p\mathrm{d}T=\overline{c_p}\big|_0^{t_2}t_2-\overline{c_p}\big|_0^{t}t_1 \tag{6-2-15}$$

或

$$q_p=h_2-h_1+w_{t,p}=h_2-h_1 \tag{6-2-16}$$

焓的值可在气体热力性质表（附表 6-1）中查到。

6.2.3　定温过程

定温过程是指热力系在温度保持不变的情况下进行的膨胀（吸热）或压缩（放热）过程。理想气体在进行定温过程时，压力和比体积保持反比关系。

$$\frac{p}{T}=\frac{R_g}{v}=\text{常数} \tag{6-2-17}$$

所以，理想气体进行的定温过程在压容图中是一条等边双曲线，见图 6-2-3（a）。定温过程在温熵图中是一条水平线，见图 6-2-3（b）。

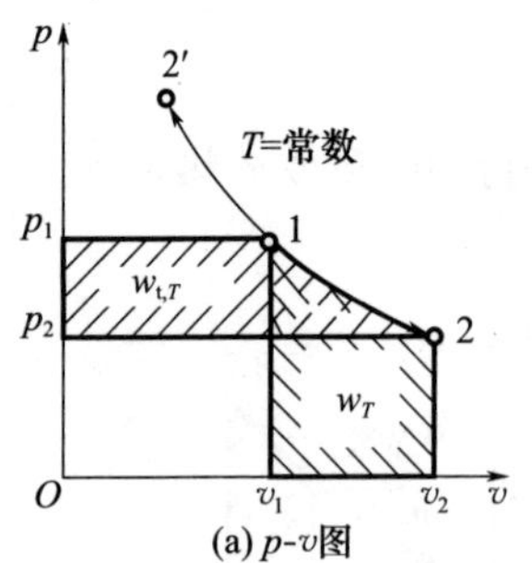

(a) p-v图

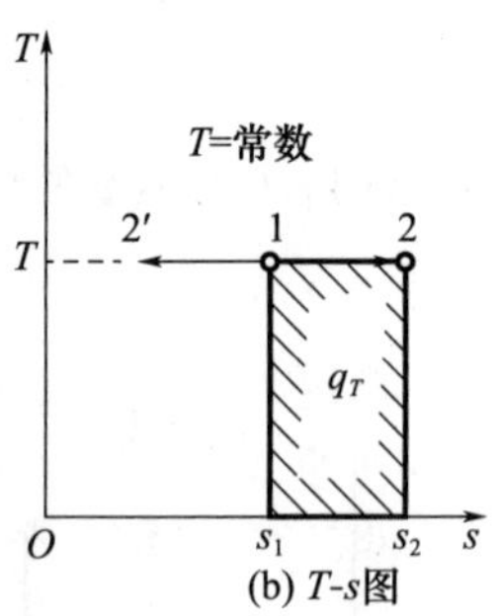

(b) T-s图

图 6-2-3　定温过程

1→2 为定温膨胀（吸热）过程；1→2′为定温压缩（放热）过程

在没有摩擦的情况下，理想气体进行的定温过程，其膨胀功和技术功可分别计算如下：

$$w_T=\int_1^2 p\mathrm{d}v=\int_1^2\frac{R_gT}{v}\mathrm{d}v=R_gT\ln\frac{v_2}{v_1} \tag{6-2-18}$$

$$w_{t,T}=-\int_1^2 v\mathrm{d}p=-\int_1^2\frac{R_gT}{p}\mathrm{d}p=R_gT\ln\frac{p_1}{p_2} \tag{6-2-19}$$

由于定温过程中

$$\frac{v_2}{v_1}=\frac{p_1}{p_2} \tag{6-2-20}$$

因此

$$w_T=R_g T\ln\frac{v_2}{v_1}=R_g T\ln\frac{p_1}{p_2}=w_{t,T} \tag{6-2-21}$$

这就是说，理想气体进行定温过程时，由于进气功和排气功正好抵消，因此技术功和膨胀功相等。

在无摩擦的情况下，定温过程的热量为

$$q_T=\int_1^2 T\mathrm{d}s=T(s_2-s_1) \tag{6-2-22}$$

可知，对理想气体所进行的定温过程，熵的变化为

$$s_2-s_1=R_g\ln\frac{v_2}{v_1}=R_g\ln\frac{p_1}{p_2} \tag{6-2-23}$$

另外，根据热力学第一定律表达式（它们适用于任何工质进行的任何无摩擦或有摩擦的过程），对定温过程可得如下关系：

$$q_T=u_2-u_1+w_T=h_2-h_1+w_{t,T} \tag{6-2-24}$$

对理想气体进行的定温过程，$u_2=u_1$、$h_2=h_1$，所以无论有无摩擦，下列关系始终成立：

$$q_T=w_T=w_{t,T} \tag{6-2-25}$$

6.2.4　定熵过程

定熵过程是指热力系在保持比熵不变的条件下进行的膨胀或压缩过程。定熵过程的条件是

$$\mathrm{d}s=\frac{\mathrm{d}u+p\mathrm{d}v}{T}=0 \tag{6-2-26}$$

即

$$\mathrm{d}u+p\mathrm{d}v=0 \tag{6-2-27}$$

从上式得

$$\mathrm{d}u=\delta q_s-\delta w_s \tag{6-2-28}$$

代入式（6-2-27）可得

$$\delta q_s+(p\mathrm{d}v-\delta w_s)=\delta q_s+\delta w_{L,s}=\delta q_s+\delta q_{g,s}=0 \tag{6-2-29}$$

即

$$\delta q_s=-\delta q_{g,s} \tag{6-2-30}$$

式（6-2-30）说明：只要过程进行时热力系向外界放出的热量始终等于热产，那么过程就是定熵的。虽然如此，通常所说的定熵过程都是指无摩擦的绝热过程（即 $\delta q_s=-\delta q_{g,s}=0$ 的情况）。

对理想气体进行的定熵过程，可得

$$\mathrm{d}s=\frac{c_{p_0}}{T}\mathrm{d}T-\frac{R_g}{p}\mathrm{d}p=0 \tag{6-2-31}$$

$$\mathrm{d}s=\frac{c_{v_0}}{T}\mathrm{d}T+\frac{R_g}{v}\mathrm{d}v=0 \tag{6-2-32}$$

即

$$\frac{c_{p_0}}{T}\mathrm{d}T=\frac{R_g}{p}\mathrm{d}p \tag{6-2-33}$$

$$\frac{c_{v_0}}{T}\mathrm{d}T=-\frac{R_g}{v}\mathrm{d}v \tag{6-2-34}$$

二式相除得

$$\frac{c_{p_0}}{c_{v_0}}=\gamma_0=-\frac{v}{p}\left(\frac{\partial p}{\partial v}\right) \tag{6-2-35}$$

将上式积分得

$$\int\gamma_0\frac{\mathrm{d}v}{v}+\int\frac{\mathrm{d}p}{p}=\text{常数} \tag{6-2-36}$$

如果比热容（c_{p_0}和c_{v_0}）是定值，那么热容比（γ_0）也是定值，所以，对定比热容理想气体可得

$$\ln pv^{\gamma_0}=常数 \tag{6-2-37}$$

或

$$pv^{\gamma_0}=常数 \tag{6-2-38}$$

γ_0是理想气体的热容比，在这里也称为定熵指数。式（6-2-38）表明：定比热容理想气体的定熵过程在压容图中是一条高次双曲线（$\gamma_0>1$），它比定温线陡些，见图 6-2-4（a）。定熵过程在温熵图中是一条垂直线，见图 6-2-4（b）。

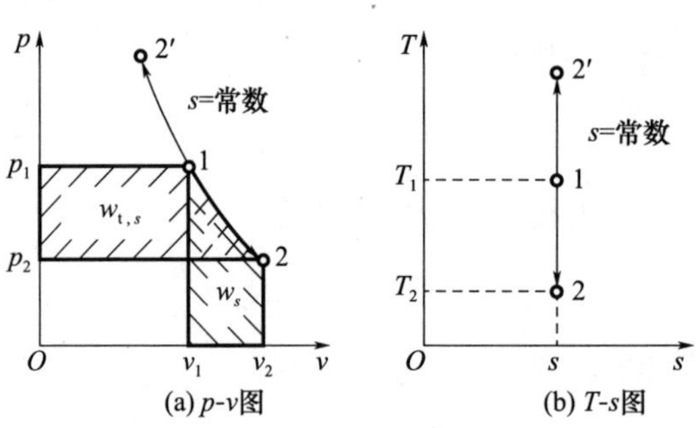

图 6-2-4　定熵过程

1→2 为定熵膨胀过程；1→2′为定熵压缩过程

式（6-2-38）结合理想气体状态方程可得

$$pv^{\gamma_0}=pvv^{\gamma_0-1}=R_g Tv^{\gamma_0-1}=常数 \tag{6-2-39}$$

即

$$Tv^{\gamma_0-1}=常数 \tag{6-2-40}$$

$$pv^{\gamma_0}=\frac{p^{\gamma_0}v^{\gamma_0}}{p^{\gamma_0-1}}=\frac{R_g^{\gamma_0}T^{\gamma_0}}{p^{\gamma_0-1}}=常数 \tag{6-2-41}$$

即

$$\frac{T}{p^{(\gamma_0-1)/\gamma_0}}=常数 \tag{6-2-42}$$

式（6-2-38）～（6-2-42）都是定比热容理想气体的定熵过程方程。它们建立了p、v、T三者中两两之间的变化关系。

在无摩擦的情况下，定比热容理想气体定熵过程的膨胀功和技术功可以根据式（6-2-38）通过积分计算：

$$\begin{aligned} w_s &= \int_1^2 p\mathrm{d}v=\int_1^2\frac{p_1v_1^{\gamma_0}}{v^{\gamma_0}}\mathrm{d}v=p_1v_1^{\gamma_0}\int_1^2\frac{dv}{v^{\gamma_0}} \\ &=\frac{p_1v_1^{\gamma_0}}{\gamma_0-1}\left(\frac{1}{v_1^{\gamma_0-1}}-\frac{1}{v_2^{\gamma_0-1}}\right)=\frac{1}{\gamma_0-1}R_gT_1\left[1-\left(\frac{v_1}{v_2}\right)^{\gamma_0-1}\right] \\ &=\frac{1}{\gamma_0-1}R_gT_1\left[1-\left(\frac{p_2}{p_1}\right)^{(\gamma_0-1)/\gamma_0}\right] \end{aligned} \tag{6-2-43}$$

从式（6-2-35）可得

$$-v\mathrm{d}p=\gamma_0 \tag{6-2-44}$$

所以

$$\begin{aligned} w_{t,s} &=-\int_1^2 v\mathrm{d}p=\gamma_0\int_1^2 p\mathrm{d}v=\gamma_0 w_s=\frac{\gamma_0}{\gamma_0-1}R_gT_1\left[1-\left(\frac{v_1}{v_2}\right)^{\gamma_0-1}\right] \\ &=\frac{\gamma_0}{\gamma_0-1}R_gT_1\left[1-\left(\frac{p_2}{p_1}\right)^{(\gamma_0-1)/\gamma_0}\right] \end{aligned} \tag{6-2-45}$$

对定比热容理想气体而言，定熵过程的技术功是膨胀功的γ_0倍（$w_{t,s}=\gamma_0 w_s$）。例如，空气的热容比$\gamma_0=1.4$，因此空气在定熵膨胀（或定熵压缩）过程中对外界做出（或外界消耗）的技术功是膨胀功的 1.4 倍。

如果考虑到理想气体的比热容随温度的变化，那么定熵过程的状态变化规律将变得很复杂，从而利用过程方程进行状态参数和功的计算将非常麻烦。虽然可以利用平均定熵指数[$p_1v_1^{\bar{\kappa}}=p_2v_2^{\bar{\kappa}}$，

$\bar{\kappa}=\dfrac{\ln(p_1/p_2)}{\ln(v_2/v_1)}$] 仍按 $pv^{\bar{\kappa}}=$常数的过程方程进行分析和计算，但当过程参数变化范围较大时，这样处理会引起明显的误差。一种简便而精确的计算方法是查现成的表。对变比热容理想气体，这种表的编制原理如下。

据式

$$s=\int\frac{c_{p_0}}{T}\mathrm{d}T-R_g\ln p+C_2 \tag{6-2-46}$$

对定熵过程 1→2 可得

$$s_2-s_1=\int_{T_1}^{T_2}\frac{c_{p_0}}{T}\mathrm{d}T-R_g\ln\frac{p_2}{p_1}=0 \tag{6-2-47}$$

取一参考温度 T_0，将上式变换为

$$\int_{T_0}^{T_2}\frac{c_{p_0}}{T}\mathrm{d}T-\int_{T_0}^{T_1}\frac{c_{p_0}}{T}\mathrm{d}T=R_g\ln\frac{p_2}{p_1} \tag{6-2-48}$$

令

$$\int_{T_0}^{T}\frac{c_{p_0}}{T}\mathrm{d}T=s_T^0 \tag{6-2-49}$$

式中　s_T^0——温度对熵的贡献。

则得

$$s_{T_2}^0-s_{T_1}^0=R_g\ln\frac{p_2}{p_1} \tag{6-2-50}$$

$$\left.\begin{aligned}&\text{再令}\quad s_T^0=R_g\ln p_r+C\\&\text{或}\quad p_r=\exp\frac{s_T^0-C}{R_g}\end{aligned}\right\}(C\text{ 为常数}) \tag{6-2-51}$$

式中　p_r——相对压力。

则得

$$(R_g\ln p_{r_2}+C)-(R_g\ln p_{r_1}+C)=R_g\ln\frac{p_2}{p_1} \tag{6-2-52}$$

即

$$R_g\ln\frac{p_{r_2}}{p_{r_1}}=R_g\ln\frac{p_2}{p_1} \tag{6-2-53}$$

所以

$$\frac{p_{r_2}}{p_{r_1}}=\frac{p_2}{p_1} \tag{6-2-54}$$

式（6-2-54）表明：对理想气体进行的定熵过程，相对压力之比等于压力之比。

与上面的推导相仿，根据式

$$s=\int\frac{c_{v_0}}{T}\mathrm{d}T+R_g\ln v+C_1 \tag{6-2-55}$$

对定熵过程 1→2 可得

$$s_2-s_1=\int_{T_1}^{T_2}\frac{c_{v_0}}{T}\mathrm{d}T+R_g\ln\frac{v_2}{v_1}=0 \tag{6-2-56}$$

代入梅耶公式

$$\int_{T_1}^{T_2}\frac{c_{p_0}-R_g}{T}\mathrm{d}T+R_g\ln\frac{v_2}{v_1}=0 \tag{6-2-57}$$

即

$$\int_{T_1}^{T_2}\frac{c_{p_0}}{T}\mathrm{d}T-R_g\ln\frac{T_2}{T_1}+R_g\ln\frac{v_2}{v_1}=0 \tag{6-2-58}$$

将式（6-2-49）代入得

$$s_{T_2}^0-s_{T_1}^0=R_g\ln\frac{T_2}{T_1}-R_g\ln\frac{v_2}{v_1} \tag{6-2-59}$$

$$\left.\begin{aligned} &\text{令}\quad s_T^0=R_g\ln\frac{T}{v_r}+C' \\ &\text{或}\quad v_r=\frac{T}{\exp\dfrac{s_T^0-C'}{R_g}} \end{aligned}\right\}(C'\text{为常数}) \tag{6-2-60}$$

则得

$$\left(R_g\ln\frac{T_2}{v_{r_2}}+C'\right)-\left(R_g\ln\frac{T_1}{v_{r_1}}+C'\right)=R_g\ln\frac{T_2}{T_1}-R_g\ln\frac{v_2}{v_1} \tag{6-2-61}$$

即

$$R_g\ln\frac{T_2}{T_1}-R_g\ln\frac{v_{r_2}}{v_{r_1}}=R_g\ln\frac{T_2}{T_1}-R_g\ln\frac{v_2}{v_1} \tag{6-2-62}$$

所以

$$\frac{v_{r2}}{v_{r1}}=\frac{v_2}{v_1} \tag{6-2-63}$$

式中　v_r——相对比体积。

式（6-2-63）表明：对理想气体所进行的定熵过程，相对比体积之比等于比体积之比。

由于理想气体的 c_{p_0} 只是温度的函数，所以从式（6-2-49）、式（6-2-51）和式（6-2-60）可知，s_T^0 以及 p_r 和 v_r 也都只是温度的函数。在附表 6-1 中列出了空气在不同温度下的 s_T^0、p_r 和 v_r 值，以便对变比热容理想气体定熵过程进行计算时查用。表中还列出了不同温度下的热力学能（u）和焓（h）。这给定熵过程功的计算带来很大方便。因为根据能量方程

$$q_s=u_2-u_1+w_s=0 \tag{6-2-64}$$

$$q_s=h_2-h_1+w_{t,s}=0 \tag{6-2-65}$$

所以定熵过程的膨胀功和技术功分别等于过程中热力学能的减少和焓的减少：

$$w_s=u_1-u_2 \tag{6-2-66}$$

$$w_{t,s}=h_1-h_2 \tag{6-2-67}$$

6.2.5　多变过程

上节讨论的四种过程（定容过程、定压过程、定温过程和定熵过程）只是千变万化的热力过程中的四种特殊情况。要找出一个普遍的过程方程来描述气体在一切可能的热力过程中的状态变化规律是不可能的。下面我们来分析这样一类内平衡过程，它们具有如下的状态变化规律：

$$pv^n=\text{常数} \tag{6-2-68}$$

式中 n 可以是任何实数（符号 $-\infty$ 到 $+\infty$ 之间的任意一个指定值）。不同的 n 值决定了不同的状态变化规律，描述了不同的热力过程，因此式（6-2-68）代表了无数个热力过程的状态变化规律。

凡是状态变化规律符合式（6-2-68）的过程都称为多变过程。每一个特定的多变过程具有一个不变的指数 n，n 称为多变指数。不同的多变过程具有不同的多变指数。

事实上，多变过程已经包括了定容过程、定压过程、理想气体的定温过程和定比热容理想气体的定熵过程。

式（6-2-68）可以改写为

$$p^{1/n}v=\text{常数} \tag{6-2-69}$$

当 $n=\pm\infty$ 时，可得

$$p^{1/\pm\infty}v=p^0v=v=\text{常数} \tag{6-2-70}$$

所以，定容过程是 $n=\pm\infty$ 的特殊的多变过程。

当 $n=0$ 时，可得

$$p^0v=p=\text{常数} \tag{6-2-71}$$

所以，定压过程是 $n=0$ 的特殊的多变过程。

当 $n=1$ 时，式（6-2-68）变为

$$pv=\text{常数} \tag{6-2-72}$$

对理想气体，$pv=R_gT=$常数，即 $T=$常数。所以，理想气体的定温过程是 $n=1$ 的特殊的多变过程。

当 $n=\gamma_0$ 时，式（6-2-68）变为

$$pv^{\gamma_0}=\text{常数} \tag{6-2-73}$$

此式为定比热容理想气体定熵过程方程。所以，定比热容理想气体的定熵过程是 $n=\gamma_0$ 的特殊的多变过程。

气体从某个状态 A 开始，可以进行各种各样的多变过程，这些过程曲线在压容图中的形状如图 6-2-5所示。

当 $n=0$、$\pm\infty$、-1 时为直线；

当 $0<n<+\infty$时为不同方次的双曲线；

当$-\infty<n<-1$ 和$-1<n<0$ 时为不同方次的抛物线。

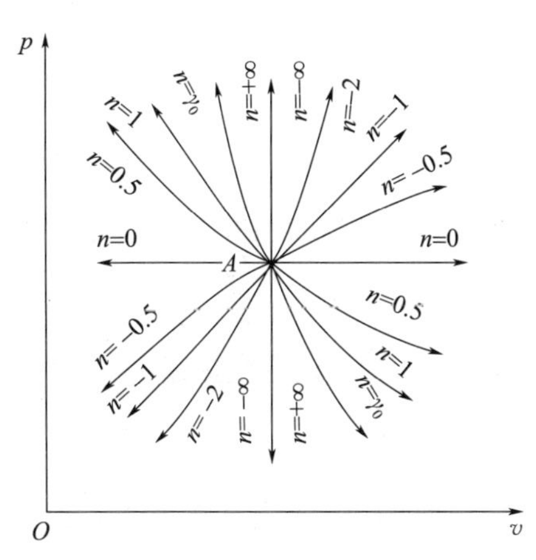

图 6-2-5　$pv^n=p_Av_A^n=$常数

对式（6-2-68）取对数，则得

$$\lg p+n\lg v=\text{常数} \tag{6-2-74}$$

移项后得

$$\lg p=-n\lg v+\text{常数} \tag{6-2-75}$$

式（6-2-75）表明：如果将多变过程画在以 $\lg p$ 为纵轴、$\lg v$ 为横轴的对数平面坐标系，那么所有的多变过程都是直线（见图 6-2-6），而每条直线的斜率正好等于多变指数的负值。

$$\frac{\mathrm{d}\lg p}{\mathrm{d}\lg v}=-n \tag{6-2-76}$$

这就提供了一种分析任意过程的方法：将任意过程画到 $\lg p$-$\lg v$ 对数坐标系中（图 6-2-7），不管它是一条如何不规则的曲线，它总可以近似地用几条相互衔接的直线段来替代。这就说，不管某一过程在进行时压力和比体积的变化如何复杂，总可以用几个相互衔接的多变过程近似地描述这一过程。

在无摩擦的条件下，知道了多变指数，要计算多变过程的功是很方便的。无摩擦的多变过程的膨胀功和技术功的计算式如下

$$w_n=\int_1^2 p\mathrm{d}v \tag{6-2-77}$$

$$w_{t,n}=-\int_1^2 v\mathrm{d}p \tag{6-2-78}$$

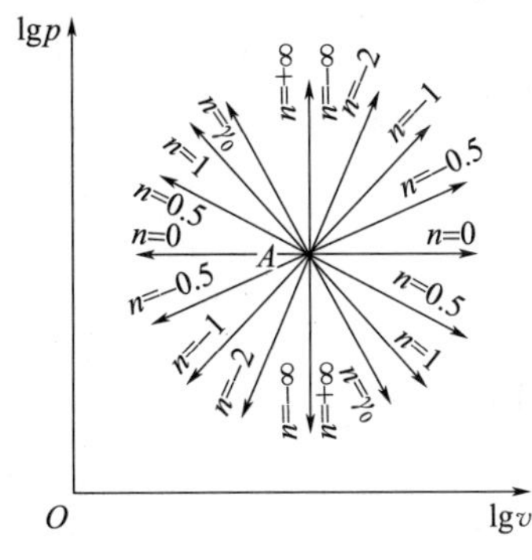

图 6-2-6　多变过程的 $\lg p$-$\lg v$ 图

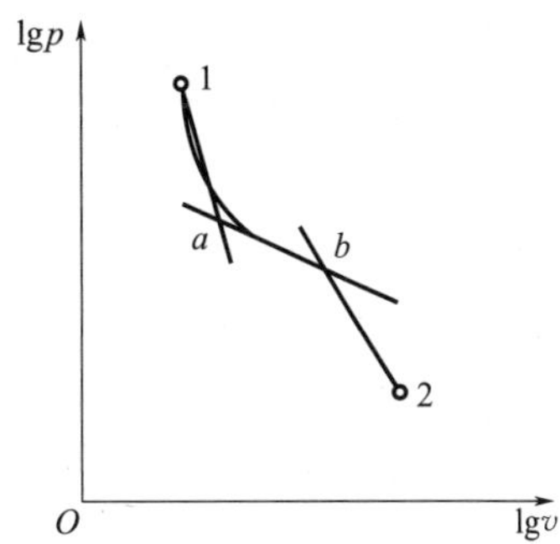

图 6-2-7　任意过程的 $\lg p$-$\lg v$ 图

无摩擦的多变过程的膨胀功和技术功的计算公式如下

$$w_n=\frac{1}{1-n}R_gT_1\left[1-\left(\frac{v_1}{v_2}\right)^{n-1}\right]=\frac{1}{n-1}p_1v_1\left[1-\left(\frac{p_2}{p_1}\right)^{\frac{n-1}{n}}\right] \tag{6-2-79}$$

$$w_{t,n}=\frac{n}{1-n}R_g T_1\left[1-\left(\frac{v_1}{v_2}\right)^{n-1}\right]=\frac{n}{n-1}p_1 v_1\left[1-\left(\frac{p_2}{p_1}\right)^{\frac{n-1}{n}}\right] \tag{6-2-80}$$

对于理想气体进行的多变过程，根据式（6-2-68）、（6-2-77）、（6-2-78），结合理想气体的状态方程，可进一步得出下列各式

$$w_n=\frac{1}{1-n}R_g T_1\left[1-\left(\frac{v_1}{v_2}\right)^{n-1}\right]=\frac{1}{n-1}R_g T_1\left[1-\left(\frac{p_2}{p_1}\right)^{\frac{n-1}{n}}\right]=\frac{1}{1-n}R_g(T_1-T_2) \tag{6-2-81}$$

$$w_{t,n}=\frac{n}{1-n}R_g T_1\left[1-\left(\frac{v_1}{v_2}\right)^{n-1}\right]=\frac{n}{n-1}R_g T_1\left[1-\left(\frac{p_2}{p_1}\right)^{\frac{n-1}{n}}\right]=\frac{n}{1-n}R_g(T_1-T_2) \tag{6-2-82}$$

多变过程的温度和熵的变化规律如下：

$$s=\int\frac{\delta q_n}{T}+常数=\int\frac{c_n\mathrm{d}T}{T}+常数 \tag{6-2-83}$$

式中 c_n——比多变热容。

$$c_n=\frac{\delta q_n}{\mathrm{d}T}=T\left(\frac{\partial s}{\partial T}\right)_n$$

如果比多变热容是不变的定值，则得

$$s=c_n\ln T+常数 \tag{6-2-84}$$

或

$$T=\exp\frac{s-常数}{c_n} \tag{6-2-85}$$

式（6-2-85）表明，如果比多变热容是定值，那么多变过程在温熵图中一簇指数曲线。只有当 $c_n=c_T=\pm\infty$以及 $c_n=c_s=0$时，指数曲线才退化为直线，因而定温过程和定熵过程在温熵图中是直线（见图 6-2-8）。

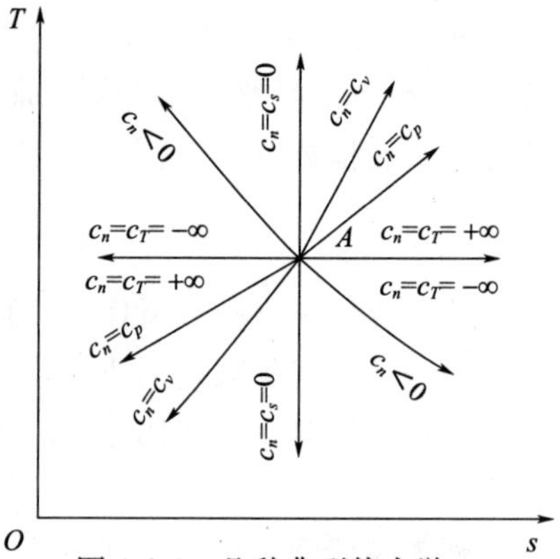

图 6-2-8 几种典型热力学过程的 T-s 图

对于理想气体，比多变热容和多变指数之间有如下关系：

$$c_n=\frac{nc_{v_0}-c_{p_0}}{n-1} \tag{6-2-86}$$

$$c_n=\frac{c_n-c_{p_0}}{c_n-c_{v_0}} \tag{6-2-87}$$

式（6-2-86）和式（6-2-87）可证明如下：

根据热力学第一定律

$$\delta q_n=c_n\mathrm{d}T=\mathrm{d}u+\delta w_n \tag{6-2-88}$$

对理想气体

$$\mathrm{d}u=c_{v_0}\mathrm{d}T \tag{6-2-89}$$

从式（6-50）得

$$\delta w_n=\frac{1}{n-1}R_g(-\mathrm{d}T) \tag{6-2-90}$$

将式（6-2-89）、（6-2-90）代入式（6-2-88）

$$c_n\mathrm{d}T=c_{v_0}\mathrm{d}T-\frac{R_g}{n-1}\mathrm{d}T \tag{6-2-91}$$

所以

$$c_n=c_{v_0}-\frac{R_g}{n-1}=c_{v_0}-\frac{c_{p_0}-c_{v_0}}{n-1} \tag{6-2-92}$$

即

$$c_n=\frac{nc_{v_0}-c_{p_0}}{n-1} \tag{6-2-93}$$

$$n=\frac{c_n-c_{p_0}}{c_n-c_{v_0}} \tag{6-2-94}$$

比多变热容计算：

$$q_n = \int_1^2 c_n \mathrm{d}T \tag{6-2-95}$$

如果比多变热容是定值，则

$$q_n = c_n (T_2 - T_1) \tag{6-2-96}$$

如果工质是理想气体，则

$$q_n = \int_1^2 \frac{nc_{v_0} - c_{p_0}}{n-1} \mathrm{d}T \tag{6-2-97}$$

如果工质是定比热容理想气体，则

$$q_n = \frac{nc_{v_0} - c_{p_0}}{n-1} (T_1 - T_2) \tag{6-2-98}$$

6.3　气体的无功过程

6.3.1　混合过程、充气过程与放气过程

1. 定容混合过程

设有一刚性容器，内置隔板将它分隔成 n 个空间，n 种气体分别装于其间，现将隔板全部抽掉，使它们充分混合，我们来分析混合后的情况。

显然，混合后的质量等于各气体质量的总和：

$$m = \sum_{i=1}^{n} m_i \tag{6-3-1}$$

混合后的体积等于原来各体积的总和：

$$V = \sum_{i=1}^{n} V_i \tag{6-3-2}$$

这一混合过程是在密闭容器中进行的不做膨胀功的过程（$W=0$）。根据热力学第一定律可知

$$Q = \Delta U \tag{6-3-3}$$

如果认为和外界没有热量交换（对短暂的混合过程常常可以认为是绝热的，$Q=0$），那么混合后的热力学能将不发生变化：

$$\left.\begin{aligned} \Delta U &= U - \sum_{i=1}^{n} U_i = 0 \\ U &= \sum_{i=1}^{n} U_i \end{aligned}\right\} \tag{6-3-4}$$

为便于分析，假定 n 种气体都是定比热容理想气体。这时，式（6-3-4）可写为

$$mc_{v_0} T = \sum_{i=1}^{n} m_i c_{v_0,i} T_i \tag{6-3-5}$$

另外，理想混合气体的热力学能应该等于各组成气体在混合状态下的热力学能的总和：

$$mc_{v_0} T = \sum_{i=1}^{n} m_i c_{v_0,i} T \tag{6-3-6}$$

消去 T，得

$$mc_{v_0} = \sum_{i=1}^{n} m_i c_{v_0,i} \tag{6-3-7}$$

式（6-3-7）表明，混合气体的热容等于各组成气体的热容的总和。将该式代入式（6-3-5）后即可得混合气体温度的计算式：

$$T=\frac{\sum_{i=1}^{n}m_ic_{v_0,i}T_i}{\sum_{i=1}^{n}m_ic_{v_0,i}} \tag{6-3-8}$$

混合后的压力则可根据理想气体的状态方程计算

$$p=\frac{mR_gT}{V}=\frac{mRT}{VM} \tag{6-3-9}$$

式中混合气体的平均摩尔质量M用下式计算

$$M=\frac{1}{\sum_{i=1}^{n}\frac{w_i}{M_i}} \tag{6-3-10}$$

$$p=\frac{mRT}{V}\sum_{i=1}^{n}\frac{w_i}{M_i} \tag{6-3-11}$$

所以混合过程的熵增等于每一种气体由混合前的状态变到混合后的状态（具有混合气体的温度并占有整个体积）的熵增的总和。

$$\Delta S=\sum_{i=1}^{n}\Delta S_i=\sum_{i=1}^{n}m_i\left(c_{v_0}\ln\frac{T}{T_i}+R_g\ln\frac{V}{V_i}\right) \tag{6-3-12}$$

如果进行混合的是同一种理想气体（$c_{v_{0,i}}=c_{v_0}$，$M_i=M$），则式（6-3-12）变为

$$T=\frac{\sum_{i=1}^{n}m_iT_i}{m} \tag{6-3-13}$$

$$p=\frac{mRT}{VM} \tag{6-3-14}$$

但是，由于同一种气体的分子混合后无法区分，熵增的计算式不能根据式（6-3-14）进行而应根据混合后全部气体的熵与混合前各部分气体的熵的差值来计算。

$$\begin{aligned}\Delta S&=S-\sum_{i=1}^{n}S_i\\&=m\left(c_{v_0}\ln T+R_g\ln\frac{V}{m}+C_1\right)-\sum_{i=1}^{n}m_i\left(c_{v_0}\ln T_i+R_g\ln\frac{V_i}{m_i}+C_1\right)\end{aligned} \tag{6-3-15}$$

常数C_1可消去，从而得

$$\Delta S=m\left(c_{v_0}\ln T+R_g\ln\frac{V}{m}\right)-\sum_{i=1}^{n}m_i\left(c_{v_0}\ln T_i+R_g\ln\frac{V_i}{m_i}\right) \tag{6-3-16}$$

如按式（6-3-14）计算同种气体混合后的熵增将会引起谬误（即吉布斯佯谬）。为了说明佯谬的产生，举一个最简单的例子。设容器中装有某种定比热容理想气体。它处于平衡状态，温度为T，体积为V，质量为m，见图 6-3-1（a）。根据下式可知，它的熵为

$$S=m\left(c_{v_0}\ln T+R_k\ln\frac{V}{m}+C_1\right) \tag{6-3-17}$$

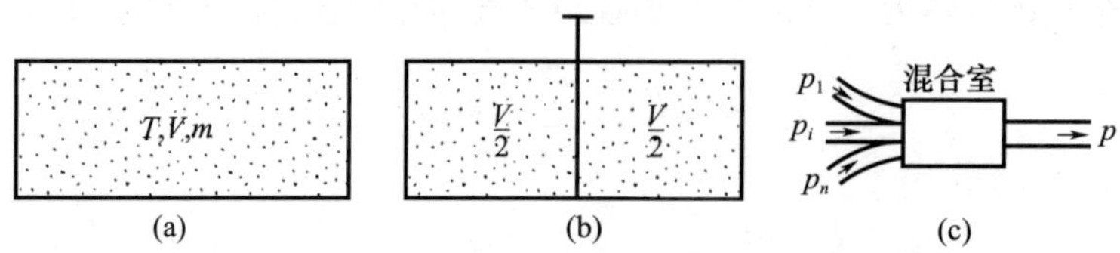

图 6-3-1　同种气体混合热力学过程

现用一块很薄的隔板将它一分为二。两部分温度仍为T，每部分容积为$V/2$、质量为$m/2$，见图 6-3-1（b）。这两部分的熵的总和仍为S。

$$S_1+S_2=\frac{m}{2}\left(c_{v_0}\ln T+R_g\ln\frac{V/2}{m/2}+C_1\right)+\frac{m}{2}\left(c_{v_0}\ln T+R_g\ln\frac{V/2}{m/2}+C_1\right)$$
$$=m\left(c_{v_0}\ln T+R_g\ln\frac{V}{m}+C_1\right)=S \tag{6-3-18}$$

$S_1+S_2=S$，这是很容易理解的。现在再将隔板抽开，两部分进行“混合”，“混合”后的温度仍为 T，容积仍为 V，质量仍为 m。如果按式（6-3-12）来计算“混合”过程的熵增，则得

$$\Delta S=\Delta S_1+\Delta S_2$$
$$=\frac{m}{2}\left(c_{v_0}\ln\frac{T}{T}+R_g\ln\frac{V}{V/2}\right)+\frac{m}{2}\left(c_{v_0}\ln\frac{T}{T}+R_g\ln\frac{V}{V/2}\right)=mR_k\ln 2>0 \tag{6-3-19}$$

如果按式（6-3-16）计算，则得

$$\Delta S=S-(S_1+S_2)$$
$$=m\left(c_{v_0}\ln T+R_g\ln\frac{V}{m}+C_1\right)-2\times\frac{m}{2}\left(c_{v_0}\ln T+R_g\ln\frac{V/2}{m/2}+C_1\right)$$
$$=0 \tag{6-3-20}$$

显然后者是正确的，而前者产生了佯谬。

2. 流动混合过程

设有 n 股不同气体流入混合室，充分混合后再流出，如图 6-3-1(c) 所示。

如果流动是稳定的，那么混合后的流量应等于混合前各股流量的总和。

$$q_m=\sum_{i=1}^{n}q_{mi} \tag{6-3-21}$$

流动混合过程是一个不做技术功的过程，混合前后流体动能及重力位能的变化可以略去不计。同时，通常都可以忽略混合室及其附近管段与外界的热交换，因此它是一个不做技术功的绝热过程（$W_t=0$，$Q=0$）。根据热力学第一定律可知，混合后流体的总焓不变。

$$\left.\begin{aligned}\Delta H=q_m h-\sum_{i=1}^{n}q_{mi}h_i=0\\ \text{或}\qquad q_m h=\sum_{i=1}^{n}q_{mi}h_i\end{aligned}\right\} \tag{6-3-22}$$

如果 n 种流体均为定比热容理想气体，则式（6-3-22）可写为：

$$q_m c_{p_0}T=\sum_{i=1}^{n}q_{mi}c_{p_{0,i}}T_i \tag{6-3-23}$$

另外，理想混合气流的焓应该等于各组成气体在混合流状态下焓的总和。

$$q_m c_{p_0}T=\sum_{i=1}^{n}q_{mi}c_{p_{0,i}}T \tag{6-3-24}$$

$$q_m c_{p_0}=\sum_{i=1}^{n}q_{mi}c_{p_{0,i}} \tag{6-3-25}$$

代入式（6-3-23）后即可得混合气流的温度计算式

$$T=\frac{\sum_{i=1}^{n}q_{mi}c_{p_{0,i}}T_i}{\sum_{i=1}^{n}q_{mi}c_{p_{0,i}}} \tag{6-3-26}$$

混合后各种气体成分的分压力（p'_i）等于混合气流总压力（p）与各摩尔分数（x_i）的乘积。再根据摩尔分数与质量分数的换算关系，可得各分压力为

$$p'_i=px_i=p\frac{w_i/M_i}{\sum_{i=1}^{n}w_i/M_i}=p\frac{q_{mi}/M_i}{\sum_{i=1}^{n}q_{mi}/M_i} \tag{6-3-27}$$

单位时间内混合过程的熵增，等于每一种气流由混合前的状态变化到混合后的状态（具有混合气流的温度及相应的分压力的熵增的总和）：

$$\Delta\dot{S}=\sum_{i=1}^{n}q_{mi}\Delta s_i=\sum_{i=1}^{n}q_{mi}\left(c_{p_{0,i}}\ln\frac{T}{T_i}-R_{g,i}\ln\frac{p'_i}{p_i}\right) \tag{6-3-28}$$

如果进行混合的是同一种理想气体（$c_{p_{0,i}}=c_{p_0}$），则式（6-3-26）变为

$$T=\frac{\sum_{i=1}^{n}q_{mi}T_i}{q_m} \tag{6-3-29}$$

考虑到同种分子混合后无法区分，单位时间内混合过程的熵增应根据混合后全部气流的熵与混合前各股气流的熵之和的差值来计算：

$$\begin{aligned}\Delta\dot{S}&=q_m s-\sum_{i=1}^{n}q_{mi}s_i\\&=q_m(c_{p_0}\ln T-R_g\ln p+C_2)-\sum_{i=1}^{n}q_{mi}(c_{p_0}\ln T_i-R_g\ln p_i+C_2)\end{aligned} \tag{6-3-30}$$

消去常数 C_2，从而得

$$\Delta\dot{S}=q_m(c_{p_0}\ln T-R_k\ln p)-\sum_{i=1}^{n}q_{mi}(c_{p_0}\ln T_i-R_g\ln p_i) \tag{6-3-31}$$

3. 充气过程

由气源向容器充气时（见图 6-3-2），气源通常具有稳定的参数（p_0、T_0、h_0 不随时间变化）。

取容器中的气体为热力系，其容积 V 不变。设充气前容器中气体的温度为 T_1、压力为 p_1、质量为 m_1；充气后压力升高至 p_2（p_2 不可能超过 p_0）、温度为 T_2、质量为 m_2。根据热力学第一定律的基本表达式可得其中各项为

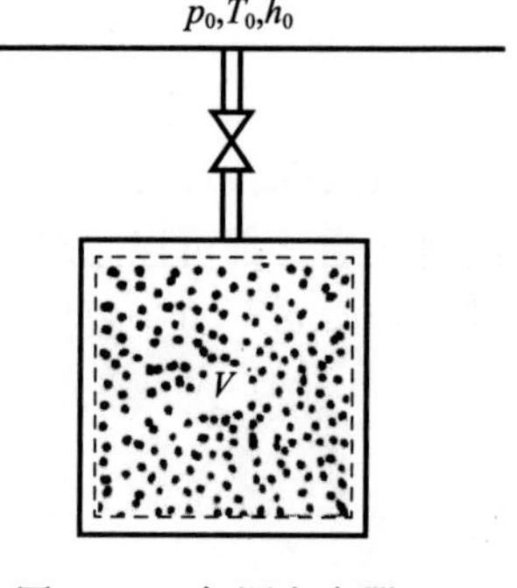

图 6-3-2 气源向容器充气示意图

$$Q=Q \tag{6-3-32}$$

$$\Delta E=\Delta U=U_2-U_1=m_2u_2-m_1u_1 \tag{6-3-33}$$

$$\int_{(\tau)}u_0(e_{out}\delta m_{out}-e_{in}\delta m_{in})=-\int_{(\tau)}u_0\delta m_0=-u_0m_{in}=-u_0(m_2-m_1) \tag{6-3-34}$$

$$W_{tot}=-m_{in}p_0v_0=-(m_2-m_1)p_0v_0 \tag{6-3-35}$$

所以

$$Q=(m_2u_2-m_1u_1)-(m_2-m_1)u_0-(m_2-m_1)p_0v_0 \tag{6-3-36}$$

即

$$Q=m_2u_2-m_1u_1-(m_2-m_1)h_0 \tag{6-3-37}$$

充气时有两种典型情况。一种是快速充气，充气过程在很短的时间内完成，或者容器有很好的热绝缘，这样便可以认为充气过程是在与外界基本上绝热的条件下进行的。另一种是缓慢充气，充气过程在较长的时间内完成，或者容器与外界有很好的传热条件，这样便可以认为充气过程基本上是在定温（具有与外界相同的不变温度）下进行的。

对绝热充气的情况（$Q=0$），式（6-3-37）变为

$$Q=(m_2u_2-m_1u_1)-(m_2-m_1)u_0-(m_2-m_1)p_0v_0 \tag{6-3-38}$$

式（6-3-38）表明：绝热充气后容器中气体的热力学能，等于容器中原有气体的热力学能与充入气体的焓的总和。

如果容器中的气体和充入的气体是同一种定比热容理想气体，则式（6-3-38）可写为

$$Q=m_2u_2-m_1u_1-(m_2-m_1)h_0 \tag{6-3-39}$$

即

$$\frac{p_2V}{R_gT_2}T_2=\frac{p_1V}{R_gT_1}T_1+\left(\frac{p_2V}{R_1T_2}-\frac{p_1V}{R_gT_1}\right)\frac{c_{p_0}}{c_{v_0}}T_0 \tag{6-3-40}$$

从而得充气完毕时的温度

$$T_2=\frac{p_2\gamma_0 T_0 T_1}{(p_2-p_1)T_1+p_1\gamma_0 T_0} \tag{6-3-41}$$

充入容器的质量

$$m_2-m_1=\frac{V}{R_g}\left(\frac{p_2}{T_2}-\frac{p_1}{T_1}\right) \tag{6-3-42}$$

如果容器在充气前抽成真空的（$p_1=0$ 及 $m_1=0$），则从式（6-3-43）可得

$$T_2=\gamma_0 T_0 \tag{6-3-43}$$

这就是说，如果向真空容器绝热充气，那么气体进入容器后温度将提高为原来的 γ_0 倍。比如说，在绝热条件下向真空容器充入压缩空气（$\gamma_0=1.4$）。如果原来压缩空气的温度为 300K（27℃），那么空气进入容器后，温度将达到 420K（147℃）。温度之所以升高，是由于充气时的推动功（$p_0 v_0$）转变成了气体的热力学能。

对定温充气的情况（$T_2=T_1$），如果将气体作定比热容理想气体处理，则 $u_2=u_1$，式（6-3-38）变为

$$Q=(m_2-m_1)c_{v_0}T_1-(m_2-m_1)c_{p_0}T_0 \tag{6-3-44}$$

即

$$Q=(m_2-m_1)c_{v_0}(T_1-\gamma_0 T_0) \tag{6-3-45}$$

或写为

$$Q=\frac{V}{R_g T_1}(p_2-p_1)c_{v_0}(T_1-\gamma_0 T_0) \tag{6-3-46}$$

即

$$Q=(p_2-p_1)V\frac{T_1-\gamma_0 T_0}{T_1(\gamma_0-1)} \tag{6-3-47}$$

定温充气过程中，容器通常向外界放热（Q 为负值），因为通常 $T_1<\gamma_0 T_0$。

充入容器的质量为

$$m_2-m_1=\frac{(p_2-p_1)V}{R_g T_1} \tag{6-3-48}$$

4. 放气过程

放气过程是指容器中较高压力的气体向外界排出（见图 6-3-3）。取容器中的气体为热力系，其体积 V 不变。设放气前容器中气体的温度为 T_1、压力为 p_1、质量为 m_1；放气后压力降至 p_2（p_2 不可能低于外界压力 p_0）、温度变为 T_2、质量减至 m_2。根据热力学第一定律的基本表达式可得

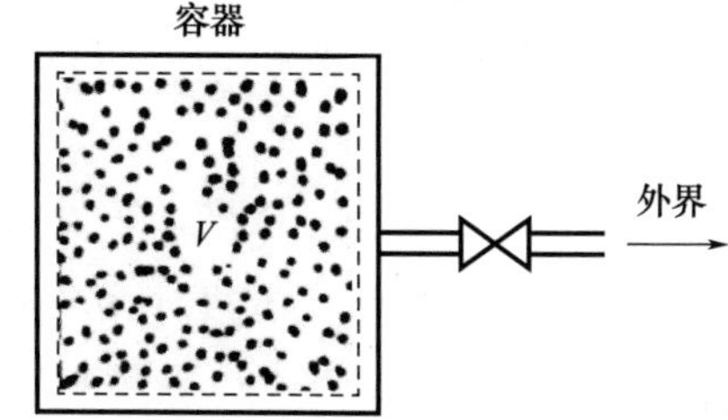

图 6-3-3　容器放气过程

$$Q=Q \tag{6-3-49}$$

$$\Delta E=\Delta U=U_2-U_1=m_2u_2-m_1u_1 \tag{6-3-50}$$

$$\int_{(\tau)}(e_{out}\delta m_{out}-e_{in}\delta m_{in})=\int_{(\tau)}u\delta m_{out}=\int_{(\tau)}u(-\mathrm{d}m)=-\int_{m_1}^{m_2}u\mathrm{d}m \tag{6-3-51}$$

$$W_{tot}=\int_{(\tau)}pv\delta m_{out}=\int_{(\tau)}pv(-\mathrm{d}m)=-\int_{m_1}^{m_2}pv\mathrm{d}m \tag{6-3-52}$$

所以

$$Q=(m_2u_2-m_1u_1)-\int_{m_1}^{m_2}u\mathrm{d}m-\int_{m1}^{m_2}pv\mathrm{d}m \tag{6-3-53}$$

即

$$Q=m_2u_2-m_1u_1-\int_{m1}^{m_2}h\mathrm{d}m \tag{6-3-54}$$

与充气类似，放气也有绝热和定温两种典型情况。

对绝热放气的情况（$Q=0$），式（6-3-54）变为

$$m_2 u_2 = m_1 u_1 + \int_{m_1}^{m_2} h \mathrm{d}m \tag{6-3-55}$$

如果认为容器中的气体是定比热容理想气体，则式（6-3-55）可写为

$$m_2 c_{v_0} T_2 = m_1 c_{v_0} T_1 + c_{p_0} \int_{m_1}^{m_2} T \mathrm{d}m \tag{6-3-56}$$

即

$$m_2 T_2 = m_1 T_1 + \gamma_0 \int_{m_1}^{m_2} T \mathrm{d}m \tag{6-3-57}$$

式中 T 为容器中气体的温度，在绝热放气过程中它是不断降低的。在绝热条件下进行的放气过程，通常都可以认为是一个定熵膨胀过程（气体膨胀后超出 V 的体积从容器中排出），因而容器中气体温度和压力的变化关系应为

$$T = T_1 \left(\frac{p}{p_1}\right)^{\frac{\gamma_0 - 1}{\gamma_0}} \tag{6-3-58}$$

当压力降至 p_2 时，温度为

$$T_2 = T_1 \left(\frac{p_2}{p_1}\right)^{\frac{\gamma_0 - 1}{\gamma_0}} \tag{6-3-59}$$

这时容器中剩余的气体质量为

$$m_2 = \frac{p_2 V}{R_g T_2} = \frac{p_2 V}{R_g T_1}\left(\frac{p_1}{p_2}\right)^{\frac{\gamma_0 - 1}{\gamma_0}} = \frac{p_1 V}{R_g T_1}\left(\frac{p_2}{p_1}\right)^{\frac{1}{\gamma_0}} \tag{6-3-60}$$

即

$$m_2 = m_1 \left(\frac{p_2}{p_1}\right)^{\frac{1}{\gamma_0}} \tag{6-3-61}$$

放出气体的质量为

$$-\Delta m = m_1 - m_2 = m_1\left[1 - \left(\frac{p_2}{p_1}\right)^{\frac{1}{\gamma_0}}\right] = \frac{p_1 V}{R_g T_1}\left[1 - \left(\frac{p_2}{p_1}\right)^{\frac{1}{\gamma_0}}\right] \tag{6-3-62}$$

对定温放气的情况（$T_2 = T_1$），如果将容器中的气体作定比热容理想气体处理，则式（6-3-54）变为

$$\begin{aligned} Q &= (m_2 - m_1) c_{v_0} T_1 - c_{p_0} T_1 (m_2 - m_1) = (m_2 - m_1)(c_{v_0} - c_{p_0}) T_1 \\ &= R_g T_1 (m_1 - m_2) = R_g T_1 \left(\frac{p_1 V}{R_g T_1} - \frac{p_2 V}{R_g T_1}\right) \end{aligned} \tag{6-3-63}$$

即

$$Q = (p_1 - p_2) V \tag{6-3-64}$$

式（6-3-64）表明：定比热容理想气体在定温放气过程中吸收的热量，与气体的温度、比热容及气体常数等均无关，而只取决于容器的体积和压力降。

6.3.2 绝热稳定流动的基本关系式及其特性

1. 稳态稳流

稳态稳流（简称稳定流动）的概念已在第三章中有所介绍。稳态稳流是指开口系统内各点热力学和力学参数都不随时间的变化而变化的流动，但在系统内不同点上，参数值可以不同。为了简化起见，可认为管道内垂直于轴向的任一截面上的各种参数都均匀一致，流体参数只沿管道轴向或流动方向发生变化。这种只沿轴向或流动方向上流体参数发生变化的稳态稳流称为一元（一维）稳定流动。在许多工程设备的正常运转过程中，流体流动情况接近一维稳定流动。本章只讨论一维稳定流动。

2. 连续性方程

根据质量守恒定律可知，在一维稳定流动过程中，垂直于流动方向的各截面处的质量流量都相等，并且不随时间而变化，即

$$\left.\begin{aligned} \dot{m}_1=\dot{m}_2=\cdots=\dot{m}=\text{常数} \\ \frac{f_1c_1}{v_1}=\frac{f_2c_2}{v_2}=\cdots=\frac{fc}{v}=\text{常数} \end{aligned}\right\} \tag{6-3-65}$$

式中　$\dot{m}_1$、$\dot{m}_2$、$\dot{m}$——各截面处的质量流量，kg/s；

f_1、f_2、f——各截面处的截面积，m^2；

c_1、c_2、c——各截面处的气流速度，m/s；

v_1、v_2、v——各截面处气体的比体积，m^3/kg。

对微元稳定流动过程，式（6-3-65）可表示为

$$\left.\begin{aligned} d\dot{m}=d\left(\frac{fc}{v}\right)=0 \\ \frac{dc}{c}+\frac{df}{f}-\frac{dv}{v}=0 \end{aligned}\right\} \tag{6-3-66}$$

式（6-3-65）及式（6-3-66）是连续性方程的数学表达式，给出了流速、流道截面积、比体积之间的关系，是根据质量守恒定律导出的。它普遍适用于任何工质的可逆与不可逆的一维稳定流动过程。

3. 绝热稳定流动能量方程式

在第三章中已知稳定流动能量方程为

$$q=(h_2-h_1)+\frac{c_2^2-c_1^2}{2}+g(z_2-z_1)+w_s \tag{6-3-67}$$

在一般的工程管道流动中，重力位能的变化可忽略不计，且没有做机械功，故如果在绝热情况下，

$$\frac{c_2^2-c_1^2}{2}=h_1-h_2 \tag{6-3-68}$$

对于微元绝热稳定流动过程，式（6-3-68）可写成

$$d\,\frac{c^2}{2}=-dh \tag{6-3-69}$$

式（6-3-68）及式（6-3-69）就是适用于管道流动的绝热稳定流动能量方程，它给出了工质动能与焓之间的转换关系。必须指出，式（6-3-68）及式（6-3-69）是按能量守恒与转换定律导出的，没有涉及工质的性质，也没有涉及过程的可逆与否。因此，适用于任何工质的可逆与不可逆的绝热稳定流动过程。

4. 可逆绝热过程方程式

如果气体在管道内进行可逆绝热流动，则理想气体可逆绝热过程方程式为

$$pv^{\kappa}=\text{常数} \tag{6-3-70}$$

对于微元可逆绝热过程，微分上式可得

$$\frac{dp}{p}+\kappa\frac{dv}{v}=0 \tag{6-3-71}$$

式（6-3-70）及式（6-3-71）只适用于理想气体的比热容比为常数（定比热容）的可逆绝热过程。对于变比热容的可逆绝热过程，c 应取过程范围内的平均值。

对于水蒸气这样的真实气体在可逆绝热过程中状态参数变化复杂，没有简单的过程方程式。在工程上，为简化分析水蒸气可逆绝热流动过程，可借助于类似式（6-3-70）的形式，不过此时不是比热容比，而是经验系数，且随工质的状态变化而改变。如果仅研究可逆绝热流动过程前后的状态参数变化，则可通过水蒸气的 h-s 图或水蒸气表查得。

5. 音速和马赫数

研究流体在管道内的流动时，特别是对可压缩性气体来说，音速具有特别重要的意义。从物理学中可知，音速是微小扰动在物体中的传播速度。当可压缩流体中有一微小的压力变化时，压力波

是以音速向四面传播。由于压力波的传播速度极快，发生状态变化的流体来不及与周围流体进行热交换，故可认为是绝热的。其次，由于扰动极小，压力波在流体内传播时，流体状态变化也极小，内摩擦可以忽略不计，故可以认为是可逆的。因此，压力波的传播过程可以当作可逆绝热过程处理。

如以 a 表示音速，从物理学中可知，在可逆绝热流动过程中，可压缩性流体音速的计算式为

$$a=\sqrt{\left(\frac{\partial p}{\partial \rho}\right)_{\mathrm{s}}}=\sqrt{-v^2\left(\frac{\partial p}{\partial v}\right)_{\mathrm{s}}} \tag{6-3-72}$$

式中下角标 s 表示可逆绝热过程。

将理想气体可逆绝热过程方程式（6-3-71）代入式（6-3-72），可得

$$a=\sqrt{\kappa p v}=\sqrt{\kappa R T} \tag{6-3-73}$$

式（6-3-73）只适用于理想气体的音速计算。可见，对某确定理想气体而言，音速与 a 成正比。

应该指出：流体中的音速不是一个常数，它随流体状态的变化而变化，在不同的状态下有不同的音速值。在某状态（p，v，T）下的音速值称为当地音速。如将空气当作理想气体处理，当 $t=20$℃时，空气中声音的传播速度为 $a=\sqrt{1.4\times287\times293}=343\mathrm{m/s}$。如在 10000m 的高空中，空气温度 $t=-50$℃，则音速$=\sqrt{1.4\times287\times223}=299\mathrm{m/s}$。在研究可压缩流体时，以当地音速作为比较标准，引进马赫数这个无因次量，用 M 表示，其定义为

$$M=\frac{c}{a} \tag{6-3-74}$$

式（6-3-74）中 c 是给定状态的气体流速，a 是该状态下的音速。根据马赫数的大小，可以把气流速度分为三挡：当 $M<1$，称为亚音速；当 $M=1$，称为音速；当 $M>1$，称为超音速。

6.3.3 喷管与扩压管中的流动

1. 可逆绝热滞止参数

在喷管的分析计算中，进口的初始流速 c_1 的大小将影响出口状态的参数值。在可逆绝热流动过程中，为简化计算，常采用所谓可逆绝热滞止参数作为进口的参数。将具有一定速度的流体在可逆绝热条件下扩压，使其流速降低为零，这时气体的参数称为可逆绝热滞止参数。实际工程中常见滞止现象，如流体被固定壁面所阻滞或流经扩压管时，流体的速度降低，如果忽略与外界的热量传递，则动能转化为流体的熵，此时，流体的温度、压力升高。

如喷管的进口参数为 p_1、T_1、h_1、s_1，进口流体速度为 c_1，而相应的可逆绝热滞止参数为 p_0、T_0、h_0、s_0，根据绝热稳定流动能量方程（6-3-68），进口处的滞止焓为

$$h_0=h_1+\frac{c_1^2}{2}=h_2+\frac{c_2^2}{2} \tag{6-3-75}$$

式（6-3-75）的关系式如图 6-3-4 所示，图中可逆绝热滞止过程 1—0 所起的作用，与可逆绝热压缩过程一样。从式（6-3-75）和图 6-3-4 可以看出，在可逆绝热流动过程中，从任一截面的流体状态进行可逆绝热滞止，其滞止后的滞止焓均相等，其他滞止参数如滞止压力 p_0、滞止温度 T_0 也相等。

对理想气体，如定压比热容 c_p 为定值，将 $h_1=c_pT_1$，$h_0=c_pT_0$ 代入式（6-3-75）则可得滞止温度 T_0 为

$$T_0=T_1+\frac{c_1^2}{2c_p} \tag{6-3-76}$$

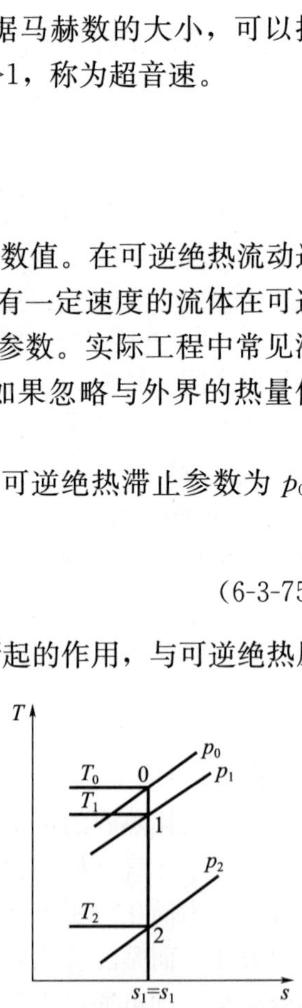

图 6-3-4 可逆绝热滞止过程

利用理想气体可逆绝热过程方程式 $p_1v_0^{\kappa}=p_0v_0^{\kappa}$ 及 $\frac{T_1}{T_0}=\left(\frac{p_1}{p_0}\right)^{\frac{\kappa-1}{\kappa}}$，可得其他滞止参数

$$\left.\begin{aligned} p_0 &= p_1\left(\frac{T_0}{T_1}\right)^{\kappa} \\ v_0 &= v_1\left(\frac{T_1}{T_2}\right)^{\frac{1}{\kappa-1}} \end{aligned}\right\} \tag{6-3-77}$$

在计算滞止焓 h_0 时，当进口流速 c_1 的数值不很大时，$\frac{c_1^2}{2}$的值相对 h_1 很小，可以忽略不计。如进口空气的温度 $T_1=300\text{K}$，进口流速 $c_1=30\text{m/s}$，则滞止焓 h_0、滞止温度 T_0 分别为

$$h_0=h_1+\frac{c_1^2}{2}=1.01\times300+\frac{30^2}{2\times1000}=303+0.45=303.45(\text{kJ/kg})$$

$$T_0=T_1+\frac{c_1^2}{2c_p}=300+\frac{30^2}{2\times1010}=300.45(\text{K})$$

从上面的计算结果可以看出，在喷管计算中，一般情况下都可按 $c_1\approx0$ 处理。尤其在通风空调及燃气工程中，进入这些设备的 c 值都比较小，完全可以按 $c_1=0$ 处理，不必再去计算滞止参数，而直接将 p_1、T_1、v_1、h_1 近似作为滞止参数。但如 $c_1\geqslant50\text{m/s}$，必须先求得 h_0、p_0、T_0、v_0，然后再完成相应的计算。

2. 喷管出口流速

气体在喷管内作绝热稳定流动时，如以进口参数 h_1、p_1、T_1 作为计算依据，并认为 $c_1\approx0$，则从式（6-3-68）可得气体在喷管出口处的流速为

$$c_2=\sqrt{2(h_1-h_2)}\quad(\text{m/s}) \tag{6-3-78}$$

式中 h_1 及 h_2 的单位是 J/kg。但习惯上焓的单位用 kJ/kg，这时应将式（6-3-78）写为

$$c_2=\sqrt{2\times1000(h_1-h_2)}=44.72\sqrt{h_1-h_2}\quad(\text{m/s}) \tag{6-3-79}$$

式（6-3-78）及式（6-3-79）是从能量方程（6-3-68）导得的，因此适用于任何工质的可逆与不可逆绝热一维稳定流动过程。对于定比热容理想气体，$h_1-h_2=c_p(T_1-T_2)$；对于水蒸气，焓降 (h_1-h_2) 可从水蒸气的焓熵图上查得或利用水蒸气表进行计算。

对定比热容理想气体，如在喷管中进行的是可逆绝热过程，则由式（6-3-78）整理可得

$$\begin{aligned} c_2&=\sqrt{2(h_1-h_2)}=\sqrt{2c_p(T_1-T_2)} \\ &=\sqrt{2\frac{\kappa}{\kappa-1}R(T_1-T_2)}=\sqrt{2\frac{\kappa}{\kappa-1}RT_1\left(1-\frac{T_2}{T_1}\right)} \\ &=\sqrt{2\frac{\kappa}{\kappa-1}RT_1\left[1-\left(\frac{p_2}{p_1}\right)^{\frac{\kappa-1}{\kappa}}\right]}=\sqrt{2\frac{\kappa}{\kappa-1}p_1v_1\left[1-\left(\frac{p_2}{p_1}\right)^{\frac{\kappa-1}{\kappa}}\right]} \end{aligned} \tag{6-3-80}$$

从式（6-3-80）可清楚地看出，喷管出口流速 c_2 的大小决定于进口状态参数（p_1，T_1，v_1）、可逆绝热膨胀过程中的定压比焓及气体的比热容比 κ。喷管出口流速 c_2 与喷管出口截面积 f_2 的大小无关，出口截面积的大小决定了喷管的质量流量而非出口流速。另外，喷管进、出口的压力差是获得高速气流的驱动力，进、出口压力差越大，喷管出口气流的速度越高。

3. 临界压力比及临界流速

理想气体的可逆绝热流动应符合管道截面变化规律的关系式$\frac{\text{d}f}{f}=(M^2-1)\frac{\text{d}c}{c}$。在亚音速到超音速的连续转变过程中，渐缩渐扩喷管的喉部处马赫数 $M=1$，喉部的压力为临界压力。当忽略进口流体流速（$c_1\approx0$）时，临界压力 p_c 与进口压力 p_1 的比值，称为临界压力比 β，即 $\beta=\frac{p_c}{p_1}$。

喉部的当地音速是

$$a=\sqrt{\kappa p_c v_c} \tag{6-3-81}$$

渐缩渐扩喷管的喉部压力为临界压力，由式（6-3-80）得临界流速为

$$c_c=\sqrt{2\frac{\kappa}{\kappa-1}p_1v_1\left[1-\left(\frac{p_c}{p_1}\right)^{\frac{\kappa-1}{\kappa}}\right]} \tag{6-3-82}$$

喉部的 $M=1$，即临界流速 c_c 等于当地音速 a_c，因此式（6-3-81）等于式（6-3-82），从而得

$$\frac{p_c v_c}{p_1 v_1}=\frac{2}{\kappa-1}\left[1-\left(\frac{p_c}{p_1}\right)^{\frac{\kappa-1}{\kappa}}\right] \tag{6-3-83}$$

利用可逆绝热过程方程式可得

$$\frac{p_c v_c}{p_1 v_1}=\frac{p_c}{p_1}\left(\frac{p_1}{p_c}\right)^{\frac{1}{\kappa}}=\left(\frac{p_c}{p_1}\right)^{\kappa-1} \tag{6-3-84}$$

将式（6-3-84）代入式（6-3-83）经整理可得临界压力比为

$$\beta=\frac{p_c}{p_1}=\left(\frac{2}{\kappa+1}\right)^{\frac{\kappa}{\kappa-1}} \tag{6-3-85}$$

从式（6-3-85）可以看出，理想气体的临界压力比 β 只与该气体的比热容比 κ 有关。严格来说式（6-3-85）只适用于定比热容理想气体的可逆绝热流动，因为推导过程涉及 $pv=RT$，$c_p=\frac{\kappa R}{\kappa-1}$以及 $pv^{\kappa}=$常数等关系式。但也可应用于具有变比热容理想气体的情况，只是其中的 κ 值为过程温度变化范围的平均值。甚至可以用于水蒸气为工质的可逆绝热流动，只不过这时的 κ 值是纯粹的经验数据而已。

对于单原子气体，$\kappa=1.67$，$\beta=0.487$，即 $p_c=0.487p_1$；

对于双原子气体，$\kappa=1.40$，$\beta=0.528$，即 $p_c=0.528p_1$；

对于多原子气体，$\kappa=1.30$，$\beta=0.546$，即 $p_c=0.546p_1$。

将式（6-3-85）临界压力比的计算式代入式（6-3-80）中，则可得理想气体临界流速的计算式为

$$c_c=\sqrt{2\frac{\kappa}{\kappa+1}p_1 v_1}=\sqrt{2\frac{\kappa}{\kappa+1}RT_1} \tag{6-3-86}$$

注意，式（6-3-79）是以进口状态参数计算临界流速的；若认为临界流速等于音速，则应使用当地状态参数计算当地音速。

临界流速也可直接应用式（6-3-79）计算，只要用 h_c代替式中的 h_2即可，即

$$c_c=44.72\sqrt{(h_1-h_c)} \tag{6-3-87}$$

式（6-3-87）适用于任何工质的可逆与不可逆的绝热稳定流动过程。

对于定比热容理想气体的可逆绝热过程，由于 $T_2=T_1\left(\frac{p_2}{p_1}\right)^{\frac{\kappa-1}{\kappa}}$，故在临界截面处

$$T_c=T_1\left(\frac{p_c}{p_1}\right)^{\frac{\kappa-1}{\kappa}}=\frac{2}{\kappa+1}T_1 \tag{6-3-88}$$

4. 流量与临界流量

根据质量守恒定律，喷管内垂直于气流运动方向任何截面的质量流量都是相同的，所以无论按哪一个截面计算，质量流量都是相同的。渐缩喷管与渐缩渐扩喷管的质量流量都受到最小截面积的控制，所以一般都是按最小截面积来计算质量流量，即对渐缩喷管按出口截面积 f_2 计算流量，对渐缩渐扩喷管按喉部截面积 $f_{\min}$计算质量流量。

（1）渐缩喷管的质量流量计算

如出口截面处的流速为 c_2，比体积为 v_2，出口截面积为 f，则由连续性方程式（6-3-65）可得质量流量为

$$\dot{m}=\frac{f_2 c_2}{v_2} \quad (\text{kg/s}) \tag{6-3-89}$$

上式适用于任何工质、可逆或不可逆的一维稳态稳流过程。

对理想气体的可逆绝热流动，利用 $p_1 v_1^{\kappa}=p_2 v_2^{\kappa}$的关系，将式（6-3-80）代入式（6-3-89），经整理后得

$$\dot{m}=f_2\sqrt{2\frac{\kappa}{\kappa-1}\frac{p_1}{v_1}\left[\left(\frac{p_2}{p_1}\right)^{\frac{2}{\kappa}}-\left(\frac{p_2}{p_1}\right)^{\frac{\kappa+1}{\kappa}}\right]}\quad (\mathrm{kg/s}) \tag{6-3-90}$$

从式（6-3-90）可以看出，在已知进口参数、比热容比 κ 及出口截面积 f_2 的情况下，喷管中气体的质量流量取决于压力比 $\frac{p_2}{p_1}$。

应当指出，式（6-3-90）中的压力 p_2 是指喷管出口处截面处的压力，只有在喷管出口外界背压 p_b 大于临界压力 p_c 时，p_2 才等于 p_b；当外界背压 $p_b \leqslant p_c$ 时，则出口截面处的压力 $p_2=p_c$。而由 p_c 膨胀到 p_b 的过程则在喷管外进行，这部分自由膨胀是典型的不可逆过程。

如以压力比 $\frac{p_b}{p_1}$ 为横坐标，质量流量 $\dot{m}$ 为纵坐标，则可得流量 $\dot{m}$ 随压力比 $\frac{p_b}{p_1}$ 的变化关系，如图 6-3-5 曲线 a—b—c 所示。由图 6-3-5 可知，如果喷管出口截面处压力 $p_2=p_1$，在 $c_1\approx 0$ 的情况下，由于喷管两边压力相等，喷管中没有气体流动；从式（6-3-90）可知，$\dot{m}=0$，如图 6-3-5 点 a 所示。

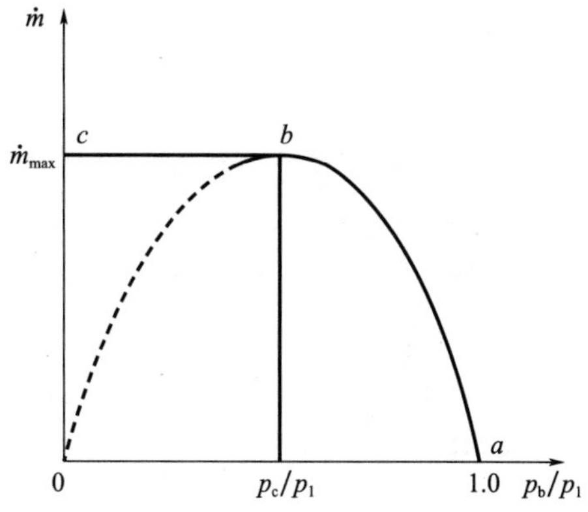

图 6-3-5　质量流量随压力比的关系

随着外界背压 p_b 的降低，喷管出口截面处的压力 p_2 也相应降低，并保持 $p_2=p_b$，直到 $p_2=p_c$ 为止。喷管出口截面处压力由 $p_2=p_1$ 降到 $p_2=p_c$，气体流速由 $c_2=0$ 增加到临界流速 c_c（当地音速 a_c），质量流量也由 $\dot{m}=0$ 升高到最大流量 $\dot{m}_{max}$，这一过程在图 6-3-5 中如曲线 a—b 所示。

当外界背压 $p_b \leqslant p_c$ 时，对渐缩喷管而言，出口截面处的压力 p_2 不再降低而保持为 p_c 不变，即 $p_2=p_c$，质量流量也保持最大流量 $\dot{m}_{max}$ 不变，如图中直线 b—c 所示。这是因为若气体继续降压膨胀，气体流速将增至超音速，由 $M^2\frac{\mathrm{d}c}{c}=\frac{\mathrm{d}v}{v}$ 可知，此时气体比体积相对增大率大于速度相对增大率，由 $\frac{\mathrm{d}f}{f}=(M^2-1)\frac{\mathrm{d}c}{c}$，要求喷管截面积应当逐渐增大，而渐缩喷管无法提供气体膨胀所需的空间，所以气体在渐缩喷管中只能膨胀到 p_c 为止，喷管出口截面的流速也只能达到临界流速 c_c。

应该注意，如按式（6-3-90）进行分析，流量 m 的变化应是曲线 a—b—0。但实际上式（6-3-90）中的 p_z 最小值是 p，不可能出现 $p_2<p_c$ 的情况。因此，在渐缩喷管中 b—0 这一段曲线的情况是不会出现的，实际流量只能按曲线 a—b—c 变化。

将式（6-3-85）的临界压力比 β 代入式（6-3-90），则可得最大质量流量的计算式为

$$\dot{m}_{max}=f_2\sqrt{2\frac{\kappa}{\kappa+1}\left(\frac{2}{\kappa+1}\right)^{\frac{2}{\kappa-1}}\frac{p_1}{v_1}}\quad (\mathrm{kg/s}) \tag{6-3-91}$$

式（6-3-91）适用于定比热容理想气体的可逆绝热流动过程。注意，式（6-3-91）是用喷管进口参数表示的最大质量流量。

如果应用连续性方程式（6-3-89）来计算最大质量流量，则

$$\dot{m}_{max}=\frac{f_2 c_c}{v_c}\quad (\mathrm{kg/s}) \tag{6-3-92}$$

式（6-3-92）可用于一切工质的可逆与不可逆过程。注意，式（6-3-92）是使用渐缩喷管出口临界参数表示的最大质量流量。

（2）渐缩渐扩喷管的流量计算

在正常工作状况下，气流在渐缩渐扩喷管中做可逆绝热膨胀，流速从亚音速增加到超音速，喉部处流速等于当地音速 a_c，压力为 p_c，喷管出口背压 $p_b \leqslant p_c$，在喷管喉部处压力为 p_c，流速等于

当地音速 a_c。气流通过喉部后，压力进一步降低，流速大于当地音速，但质量流量不会增加。因为根据连续性方程，在同一个喷管中，各个截面上的质量流量是相等的。因此，只要进口状态参数相同，渐缩渐扩喷管的最小截面积 f_{min} 与渐缩喷管出口截面积 f 相同，且渐缩喷管出口截面处的压力 $p_2=p_c$，则两种喷管的流量就是相等的。正常工作的渐缩渐扩喷管的质量流量总是等于最大流量，此时式（6-3-91）可写成

$$\dot{m}_{max}=f_{min}\sqrt{2\frac{\kappa}{\kappa+1}\left(\frac{2}{\kappa+1}\right)^{\frac{2}{\kappa-1}}\frac{p_1}{v_1}}\,(\mathrm{kg/s}) \tag{6-3-93}$$

式（6-3-92）可写成

$$\dot{m}_{max}=\frac{f_{min}c_c}{v_c}(\mathrm{kg/s}) \tag{6-3-94}$$

5. 水蒸气流速及流量计算

前面分析讨论了气体尤其是理想气体在喷管中的流动特性。在有些结论中由于应用了理想气体可逆绝热过程方程式 $p=$常数，因而所得到的有关计算公式不适用于水蒸气的可逆绝热过程。另外，水蒸气在可逆绝热膨胀过程中可以从过热蒸汽变化到干饱和蒸汽直至湿蒸汽。因此，水蒸气的可逆绝热过程是比较复杂的。但为了简化分析计算，假定水蒸气的可逆绝热过程也符合 $p=$常数的关系，但此时的 κ 不再是比热容比的概念，而是一个经验数值。这样就可应用式（6-3-85）求得临界压力比 β 的值。

对于过热蒸汽，取 $\kappa=1.3$，$\beta=0.546$，则 $p_c=0.546p_1$；

对于干饱和蒸汽，取 $\kappa=1.35$，$\beta=0.577$，则 $p_c=0.577p_1$。

上述经验数值 κ，原则上只用于求解临界压力 p_c 的值。对水蒸气的可逆绝热膨胀过程，上述 β 值和经验数值 κ 的选取由进口蒸汽的状态决定，不管绝热膨胀后的终态变为什么状态。

对水蒸气的计算，不能应用理想气体的状态方程 $pv=RT$ 及有关可逆绝热过程中理想气体参数间的关系式，而只能应用普遍适用的能量方程及连续性方程。因此，出口流速及质量流量的计算式为

出口流速 $c_2=44.72\sqrt{h_1-h_2}$

临界流速 $c_c=44.72\sqrt{h_1-h_c}$

质量流量 $\dot{m}=\dfrac{f_2c_2}{v_2}$

最大质量流量，对渐缩喷管 $\dot{m}_{max}=\dfrac{f_2c_c}{v_c}$，对渐缩渐扩喷管 $\dot{m}_{max}=\dfrac{f_{min}c_c}{v_c}$

上述计算中，首先由喷管进口水蒸气的状态确定 β 值，通过 $p_c=\beta p_1$，求得临界压力 p_c，然后从水蒸气的 h-s 图或水蒸气表查得 h_1、h_c、h_2 及 v_2，如图 6-3-6 所示。

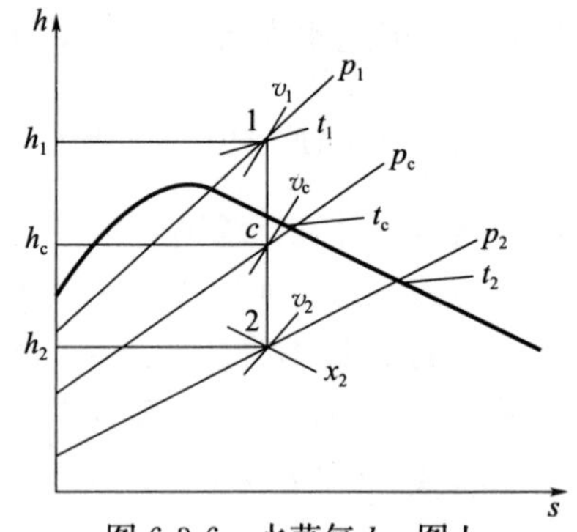

图 6-3-6 水蒸气 h-s 图上的可逆绝热过程

6. 喷管设计选型及尺寸计算

（1）喷管的设计选型

按照如下原则设计选择喷管的形式：当喷管外界背压 p_b 大于等于喷管进口状态所对应的临界压力 p_c，即 $p_b \geqslant p_c$ 时，喷管内气体流速始终处于亚音速区域，气体比体积相对变化率小于流速相对变化率，要求喷管截面逐渐缩小，故此时选择渐缩喷管。

反之，当喷管外界背压 p_b 小于喷管进口状态所对应的临界压力 p_c，即 $p_b<p_c$ 时，喷管内的气体流速包括亚音速和超音速两部分，在超音速区域，气体比体积相对变化率大于流速相对变化率，故要求喷管截面逐渐扩大，故应当选用渐缩渐扩喷管，以保证气体压力在喷管内充分膨胀到外界背压 p_b。

（2）喷管的计算

当渐缩喷管外界背压 $p_b>p_c$ 时，喷管出口截面处的压力 $p_2=p_b$，此时渐缩喷管出口处的流速

$c_2 < c_c$，质量流量 $\dot{m} < \dot{m}_{max}$。

当出口外界背压 $p_b \leqslant p_c$ 时，渐缩喷管出口截面上的压力 p_2 只能降低到临界压力 p_c，即 $p_2 = p_c$。此时渐缩喷管的出口流速为临界流速 c_c，质量流量为最大流量 $\dot{m}_{max}$。由 p_c 降低到背压 p_b 的过程在渐缩喷管外部进行，它并不影响渐缩喷管出口流速及质量流量。

对于渐缩渐扩喷管的计算，在设计工况下，气体在渐缩渐扩喷管中应能充分膨胀到与外界背压 p_b 相等的状态，即出口截面处的压力 $p_2 = p_b$。此时喷管喉部的流速为临界流速 c_c，出口截面处的流速 $c_2 > c_c$，且大于当地音速，而质量流量为最大值 $\dot{m}_{max}$。

（3）喷管尺寸计算

在喷管设计计算中，喷管的质量流量 $\dot{m}$ 是给定的，根据喷管进口状态和喷管外界背压，可计算得到喷管出口处的 c_2、v_2，则喷管出口截面积 f_2 为

$$f_2 = \frac{\dot{m} v_2}{c_2} \quad (\mathrm{m}^2) \tag{6-3-95}$$

渐缩渐扩喷管的最小截面积（喉部）为

$$f_{min} = \frac{\dot{m} v_c}{c_c} \quad (\mathrm{m}^2) \tag{6-3-96}$$

喷管流道截面的具体形状可以是多种形式的，如圆形、方形或其他形状。工程设计上，在保证必需的流道尺寸（如喷管出口截面积 f_2、喷管喉部 f_{min}等）以及流道截面变化满足渐缩或渐缩渐扩规律的同时，必须保证流道光滑以减小摩擦阻力，尽可能使流体在喷管内进行可逆绝热流动。

喷管长度，尤其是渐缩渐扩喷管渐扩部分长度 l 的选择，要考虑截面积变化对气流膨胀的影响。选得过短，气流膨胀过快，易引起扰动而增加喷管内部摩擦损耗；选得过长，气流和管壁间摩擦损耗增加。依据经验，圆台形渐缩渐扩喷管渐扩部分的顶锥角 ψ 一般在 10°～12°之间实际效果为佳，故渐扩段长度 l 为

$$l = \frac{d_2 - d_{min}}{2\tan\frac{\psi}{2}} \tag{6-3-97}$$

6.3.4　具有摩擦的流动

可逆绝热过程是一个理想的热力过程，没有任何摩擦等耗散损失。实际上气体在喷管中高速流动，摩擦总是存在的。为克服摩擦阻力，气体要有一部分动能损失，喷管出口气体的流速将要比没有摩擦时小些。这部分动能的损失就是耗散功，它最终转变为热量而被气体吸收，使喷管出口处的气流熵值有所增加。实际的不可逆绝热膨胀过程在 T-s 图上如图 6-3-7 所示。图中 1—2 为可逆的绝热膨胀过程，1—2′为不可逆的绝热膨胀过程，后者是一个增熵过程。

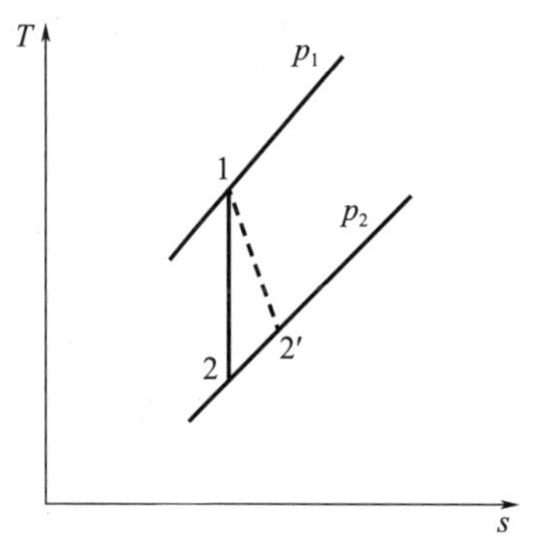

6-3-7　可逆绝热过程与实际绝热过程

可逆绝热过程的焓降为（$h_1 - h_2$），实际过程的焓降为（$h_1 - h_{2'}$）。显然 $h_{2'} > h_2$，因而实际过程的熵降小于理想过程的焓降。这减少的部分（$h_{2'} - h_2$）即为消耗于摩擦的那部分动能损失。

喷管进口状态参数（p_1，T_1）相同，膨胀到相同的终态压力 p_2，实际的出口速度 $c_{2'}$ 总是小于可逆绝热膨胀过程下的出口速度 c_2。实际出口速度 $c_{2'}$ 与可逆绝热过程出口速度 c_2 之比称为速度系数，用 φ 表示：

$$\varphi = \frac{c_{2'}}{c_2} \tag{6-3-98}$$

根据经验，喷管的速度系数 φ 一般在 0.94～0.98。渐缩喷管的 φ 值较大，渐缩渐扩喷管的 φ 值较小，这是由于超音速气流的摩擦损失大而且流道较长的缘故。

在工程计算中，往往先求出理想情况下的出口速度 c_2，再根据经验选用速度系数值 φ，最后可求得实际过程的出口气流速度：

$$c_{2'}=\varphi c_2=44.72\varphi\sqrt{h_1-h_2} \tag{6-3-99}$$

如果在已知 p_2 的情况下，能精确测出实际过程中出口截面处的温度 $T_{2'}$，则实际过程的出口气流速度也可由能量方程直接得到：

$$c_{2'}=44.72\sqrt{h_1-h_{2'}} \tag{6-3-100}$$

工程中还应用喷管效率的概念来反映喷管的动能损失。喷管效率是指实际过程气体出口动能与可逆绝热过程气体出口动能的比值。喷管效率用符号 η_n 表示：

$$\eta_n=\frac{\dfrac{c_{2'}^2}{2}}{\dfrac{c_2^2}{2}}=\frac{h_1-h_{2'}}{h_1-h_2}=\varphi^2 \tag{6-3-101}$$

在已知 φ 或 η_n 的情况下，可通过式（6-3-101）求得实际工程中喷管出口处的焓值 $h_{2'}$，即

$$h_{2'}=h_1-\eta_n(h_1-h_2)=h_1-\varphi^2(h_1-h_2) \tag{6-3-102}$$

式（6-3-100）、（6-3-101）及（6-3-102）适用于任何工质的不可逆绝热一维稳定流动过程。对理想气体，当 c_p 为定值时，上列三式又可写为

$$c_{2'}=44.72\sqrt{c_p(T_1-T_{2'})} \tag{6-3-103}$$

$$\eta_n=\varphi^2=\frac{T_1-T_{2'}}{T_1-T_2} \tag{6-3-104}$$

$$T_{2'}=T_1-\eta_n(T_1-T_2)=T_1-\varphi^2(T_1-T_2) \tag{6-3-105}$$

由于现代喷管的气体动力性能好，加工精度又很高，实际流动过程中的动能损失都比较小，喷管效率一般在 0.9～0.95。

工程实际中，喷管及扩压管有着广泛的应用，如图 6-3-8 所示的蒸汽引射器。这种蒸汽引射器的工作蒸汽具有较高的压力、被引射的是低压蒸汽或低温水，混合以后通过扩压管将得到所需压力的蒸汽或热水。引射器的工作原理是：少量的高压工作蒸汽进入喷管，在其中进行绝热膨胀而成为低压高速气流，它将外界低压蒸汽吸引入混合室，混合后的低压蒸汽仍具有较高的动能，通过扩压管减速增压后将得到具有中间压力的蒸汽。如果被引射的是水，那么混合扩压后将得到较高温度和压力的热水。

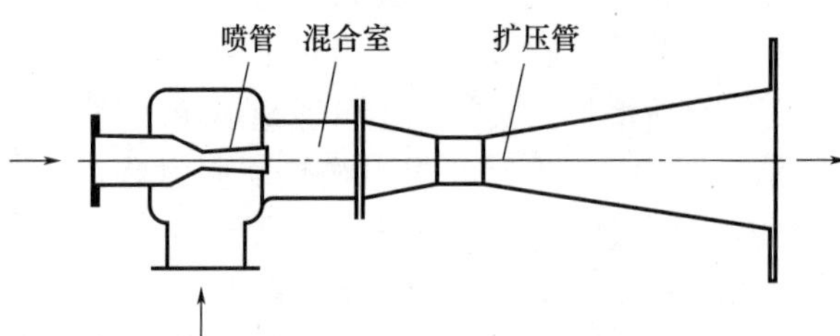

图 6-3-8　蒸汽引射器示意图

在引射器的工作过程中存在很大的耗散损失，尤其是在混合和扩压过程中不可逆损失较大。但由于引射器的构造简单、没有转动部件、使用方便、易于保养，各种引射器在工程中得到了广泛的应用，有关引射器的热力计算将在专业书籍中介绍。

6.3.5　气体绝热节流

节流过程是指流体（液体、气体）在管道中流经阀门、孔板或多孔堵塞物等设备时，由于局部阻力，使流体压力降低的一种特殊流动过程。这些阀门、孔板或多孔堵塞物称为节流元件。若节流

过程中流体与外界没有热量交换，称为绝热节流，常常简称为节流。在热力设备中，压力调节、流量调节或测量流量以及获得低温流体等领域经常利用节流过程。

节流过程是典型的不可逆过程。在节流元件附近，流体发生强烈的扰动，产生大量的涡流，即节流过程中的流体处于非平衡状态。但在节流元件一定距离以外，可以认为流体处于平衡状态。本节所研究分析的节流过程就是指节流元件前、后处于平衡状态的流体状态参数之间的关系。

应用热力学第一定律，已经分析了节流过程的能量方程简化形式。说明节流过程中，流体与外界无热量交换，又无功量交换，如果保持流体在节流后的高度和流速不变，即无重力位能和宏观动能的变化（或变化很小以致可以忽略），则流体在绝热节流前的焓等于绝热节流后的，即图 6-3-9 中的截面 1—1 及截面 2—2 处的焓相等。应予注意，由于节流过程中的流体处于非平衡状态，不能将绝热节流理解为等焓过程。图 6-3-9 中的过程线只是流体状态参数平均估算值的变化趋势，故以虚线表示。由于扰动和摩擦的不可逆性，节流后的压力不能恢复到与节流前一样，而且必然是 $p_2 \leqslant p_1$，$s_1 \geqslant s_2$，做功能力下降。

理想气体绝热节流前后状态参数的变化如图 6-3-9 中的过程 1—2 所示，这时理想气体的比焓不变，温度也不变，$h_1 = h_2$，$T_1 = T_2$。压力下降，$p_2 < p_1$；比体积增大，$v_2 > v_1$；比熵增大，$s_2 > s_1$。

对水蒸气来说，虽然绝热节流前后焓不变 $h_1 = h_2$，但在一般情况下，节流后温度是下降的，即 $t_2 < t_1$。湿饱和蒸汽绝热节流后可以变为干饱和蒸汽或过热蒸汽（如图 6-3-11 中过程 1—2），其他参数的变化与理想气体一样。

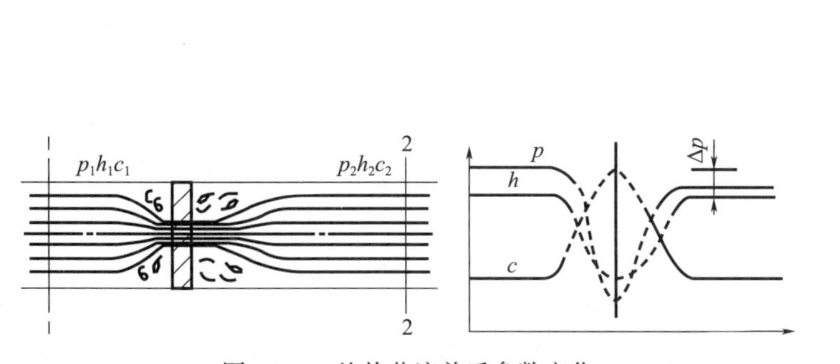

图 6-3-9　绝热节流前后参数变化

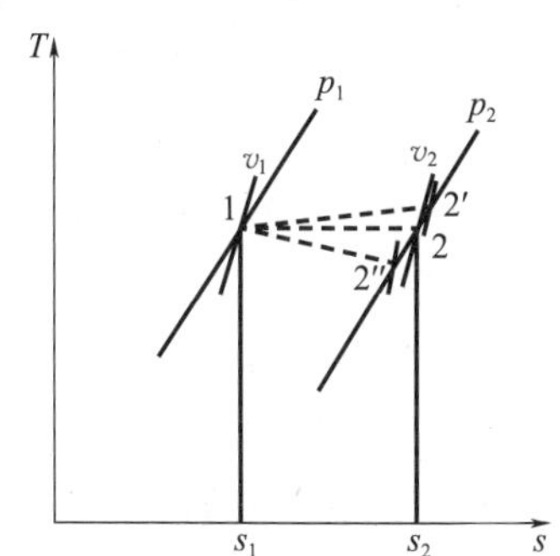

图 6-3-10　气体绝热节流过程

绝热节流前后流体的温度变化称为节流的温度效应。如果节流后的温度升高（$T_2 > T_1$），称为热效应；如果节流后的温度降低（$T_2 < T_1$），则称为冷效应；如果节流前后的温度不变（$T_2 = T_1$），则称为零效应。绝热节流过程中的温度效应与流体的种类、节流前所处的状态及节流前后压力降低的大小有关。

绝热节流温度效应可用绝热节流系数 μ_j（也称焦耳—汤姆逊系数）来表示，其定义式为

$$\mu_j = \left(\frac{\partial T}{\partial p}\right)_h \tag{6-3-106}$$

系数 μ_j 也称为节流的微分效应，即流体在节流过程中压力变化 dp 时的温度变化。当压力变化为一定数值时，节流所产生的温度变化称为节流的积分效应$\left[T_2 - T_1 = \left(\int_{p_1}^{p_2} \mu_j \mathrm{d}p\right)_h\right]$。系数 μ_j 可由焦耳—汤姆逊试验来确定。其试验过程为：选定某种流体，使其通过装有多孔塞的管道（见图 6-3-12），令高压端的压力和温度稳定在 p_1 和 T_1，通过改变调压阀门开度或改变流体流量等方法，在低压端得到不同的出口状态 $2a$、$2b$、$2c$、…。在 T—p 图上绘出这些状态点，如图 6-3-13 所示。因为 $h_1 = h_{2a} = h_{2b} = \cdots$，所以通过这些点画出的一条曲线是等焓线。改变初始压力和温度进行类似实

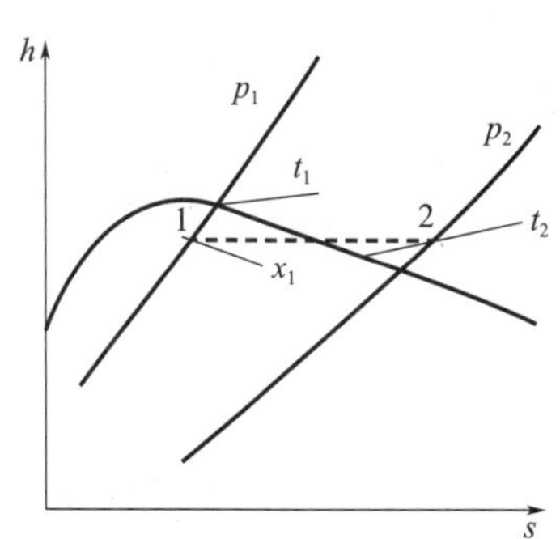

图 6-3-11　水蒸气绝热节流过程

验，就可以得到一系列不同焓值的曲线，如图 6-3-13 中的 1、2、3、4 等线所示。图中等焓线上任一点的斜率$\left(\frac{\partial T}{\partial p}\right)_h$就是实验流体处于该状态时的绝热节流系数$\mu_j$。

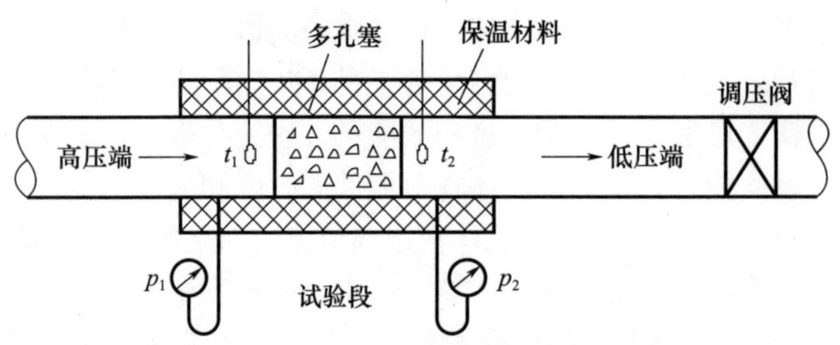

图 6-3-12　焦耳—汤姆逊绝热节流试验装置

应予指出，等焓线不是绝热节流过程线，只是节流元件一定距离以外，处于平衡状态同一焓值流体的状态点连线。

从图 6-3-13 可以看出，在一定焓范围内，每条等焓线有一个温度最大值点，如 1—2d 线上的点 2b。在该点上，$\mu_j=\left(\frac{\partial T}{\partial p}\right)_h=0$ 这个点称为回转点，该点温度称为回转温度，连接所有回转点的曲线称为回转曲线。在回转曲线与温度纵轴围成的区域内所有等焓线上的点恒有$\mu_j>0$，发生在这个区域内的绝热节流过程总是使流体温度降低，称为冷效应区；在回转曲线之外所有等焓线上的点，其$\mu_j<0$，发生在这个区域的微分绝热节流总是使流体温度升高，即压力降低 dp，温度增高 dT，称为热效应区。如果流体的进口状态处于热效应区，而经绝热节流后的出口状态进入冷效应区，那么温度变化就与压力降低的程度有关。例如，节流前流体处于图 6-3-13 中的 2a 状态，当压力降低不大时，节流后状态落在点 2c（它与点 2a 温度相等）的右侧时，节流积分效应为热效应；但当压力降低足够大时，节流后状态落在点 2c 的左侧，节流积分效应为冷效应。压力降低越大，流体温度降低越多。

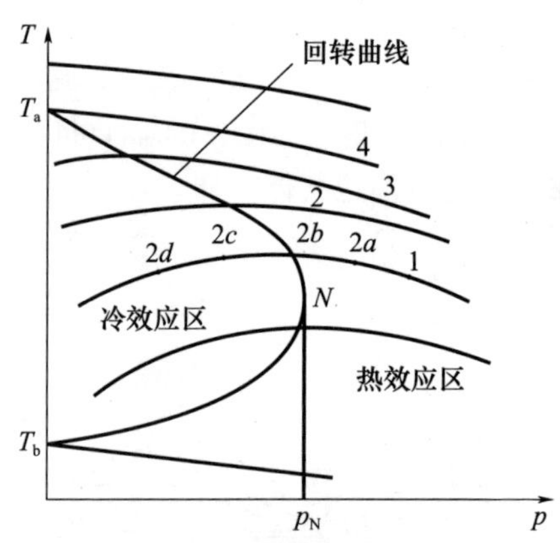

图 6-3-13　绝热节流过程的 T-p 图

回转曲线与温度坐标轴的交点得到最大回转温度 T_a 及最小回转温度 T_b，初始温度高于 T_a 或低于 T_b 的流体，通过节流降低温度都是不可能的。回转曲线具有一个压力为最大值的极点（如图 6-3-13中的点 N），该点的压力称为最大回转压力。流体在压力大于最大回转压力范围内发生的节流不会产生冷效应。

在第 6 章中已知的热力学微分方程式（6-3-102）为

$$\mathrm{d}h=c_p\mathrm{d}T+\left[v-T\left(\frac{\partial v}{\partial T}\right)_p\right]\mathrm{d}p \tag{6-3-107}$$

在微分绝热节流过程中，dh=0，故

$$c_p\mathrm{d}T_h+\left[v-T\left(\frac{\partial v}{\partial T}\right)_p\right]\mathrm{d}p_h=0 \tag{6-3-108}$$

将上式整理后可得

$$\mu_j=\left(\frac{\partial T}{\partial p}\right)_h=\frac{T\left(\frac{\partial v}{\partial T}\right)_p-v}{c_p} \tag{6-3-109}$$

上式中$\left(\frac{\partial T}{\partial p}\right)_p$是流体在定压下比体积随温度的变化率，应用容积膨胀系数β的定义式：

$$\beta=\frac{1}{v}\left(\frac{\partial v}{\partial T}\right)_p \tag{6-3-110}$$

代入式（6-3-109），则可得绝热节流系数的另一表达式：

$$\mu_j=\left(\frac{\partial T}{\partial p}\right)_h=\frac{(T\beta-1)v}{c_p} \tag{6-3-111}$$

式（6-3-109）及式（6-3-111）是绝热节流的一般关系式。如果知道实际气体的状态方程或实测气体的容积膨胀系数以及定压比热容关系式，就可通过该两式计算得到 p 的值，从而确定在某一状态下微分节流产生的是热效应、冷效应还是零效应。

对理想气体来说，从状态方程 $pv=RT$ 可得

$$\left(\frac{\partial v}{\partial T}\right)_p=\frac{v}{T} \tag{6-3-112}$$

代入式（6-3-111）可得

$$\mu_j=\left(\frac{\partial T}{\partial p}\right)_h=\frac{T\frac{v}{T}-v}{c_p}=0 \tag{6-3-113}$$

上述结果说明理想气体绝热节流前后温度不变。最后指出，绝热节流是一个典型的不可逆过程，流体在绝热节流后的熵有较大的增加，从而使工质的做功能力明显降低。但由于绝热节流简单易行，它在工程上得到了广泛的应用。各种阀门就是利用节流过程来调节压力和控制流量的，节流制冷也是获得低温流体的常用方法。另外，节流装置还可以用来测定湿饱和蒸汽的干度和测量流体的流量。

6.4　气体的有功过程

6.4.1　压气机理论压缩轴功

工程中用来压缩气体的设备称为压气机。气体经压气机压缩后，压力升高，称为压缩气体。压缩气体在工程上应用很广泛，如用于各种气动机械的动力、颗粒物料的气力输送。冶金炉鼓风、高压氧舱、制冷工程以及化工生产中对气体或蒸汽的压缩等等。

压气机按其工作原理及构造形式可分为：活塞式、叶轮式（离心式、轴流式、回转容积式）及引射式压缩器等，活塞式压气机中，气体在气缸内由往复运动的活塞来进行压缩，通常用于压力高、排气量小的场所。在叶轮式压气机中，气体的压缩主要依靠离心力作用，通常用于压力低、排量大的地方。

压气机以其产生压缩气体压力的高低大致可分为：通风机（＜115kPa）、鼓风机（115～350kPa）和压气机（350kPa 以上）三类。

各种类型压气机就其热力学原理而言都一样，对它们进行热力学分析的主要任务是计算定量气体自初态压缩到预定的终压时，压气机所耗的轴功，并探讨省功的途径。本节只讨论活塞式压气机。

1. 单级活塞式压气机工作原理

图 6-4-1 为单级活塞式压气机的示意图。活塞式压气机要安置气阀，在活塞的左止点（行程终点）位置与气缸头之间必须留有间隙，这一间隙称为余隙容积。

单级活塞式压气机，其工作过程可分为三个阶段。吸气过程：当活塞自左止点向右移动时，进气阀 A 开启，排气阀 B 关闭，初态为 p_1、T_1 的气体被吸入气缸。活塞到达右止点时进气阀关闭，吸气过程完毕。气体自缸外被吸入缸内的整个吸气过程中状态参数 p_1、T_1 没有变化，但质量不断增加。压缩过程：进、排气阀均关闭，活塞在外力的推动下自右止点向左运动，缸内气体被压缩升压。在压缩过程中质量不变，压力及温度由 p_1、T_1 变为 p_2、T_2。排气过程：活塞左行到某一位置时，气体压力升高到预定压力 p_2（相当于储气罐压力），排气阀被顶开，活塞继续左行，把压缩气体排至储气罐或输气管道，直到左止点，排气完毕。排气过程中气体的热力状态 p_2、T_2 没有变化。活塞

每往返一次，完成以上三个过程。

为了便于研究，假定活塞在左止点时，活塞与气缸盖之间没有余隙存在，即整个气缸容积均为工作容积。还假定压缩过程是可逆的，气体流过进、排气阀时没有阻力损失，气缸中排气压力等于储气罐压力。在这些假定条件下的压气机工作过程，称为理论压气过程（或理论工作循环）。

如图 6-4-2 所示的 p-v 图（示功图）表示活塞式压气机理论压气过程中气缸容积变化与缸内气体压力相应变化的曲线，图中 4—1 和 2—3 过程只是气体被吸入或排出气缸的质量迁移过程，热力状态不发生变化，只有 1—2 压缩过程才是闭口系统的热力过程。压缩过程中，气体终压 p_2 与 p_1 之比 p_2/p_1 称为升压比（或压力比）β。

2. 单级活塞式压气机理论压气轴功的计算

将气体自初态 p_1、T_1 提高到预定的终压 p_2，压气机所耗的压气轴功应等于热力过程 1—2 的压缩功（膨胀功的负值）和进气、排气所耗流动功之代数和。

如图 6-4-2 所示，压缩 $m$kg 气体的理论压气轴功可表示为：

$$W_c = p_1V_1 + \int_1^2 p\mathrm{d}V - p_2V_2 \tag{6-4-1}$$

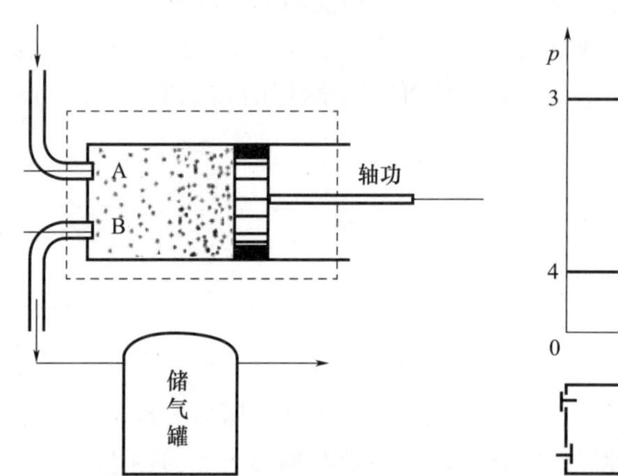

图 6-4-1 单机活塞式压气机

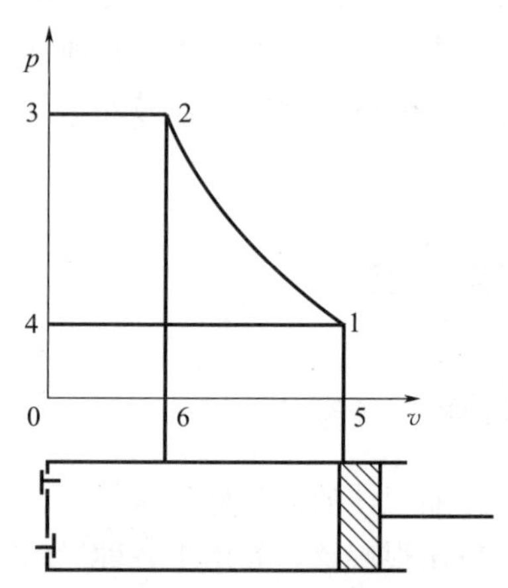

图 6-4-2 理论压气过程示功图

因为

$$p_2V_2 - p_1V_1 = \int_1^2 \mathrm{d}(pV) = \int_1^2 p\mathrm{d}V - \int_1^2 V\mathrm{d}p \tag{6-4-2}$$

故得

$$W_c = -\int_1^2 V\mathrm{d}p \tag{6-4-3}$$

这里表示压气机的理论轴功可写成

$$W_c = W_t = W_s = -\int_1^2 V\mathrm{d}p \tag{6-4-4}$$

若按热力学第一定律稳定流动能量方程，这里略去压气机进出口气体的动能和位能变化，可写出：

$$Q = \Delta H + W_s \tag{6-4-5}$$

对可逆过程

$$Q = \Delta H - \int_1^2 V\mathrm{d}p \tag{6-4-6}$$

则

$$W_s = -\int_1^2 V\mathrm{d}p \tag{6-4-7}$$

压气机的理论轴功在图 6-4-2 中用面积 12341 表示。由式（6-4-3）看到压气机所耗轴功取决于压缩过程的初、终状态和压缩过程的性质。压缩过程 1—2，存在两种极端情况：一种是过程进行极快，机械能转变的热能来不及通过气缸传给外界，或传出热量极少，可以忽略不计，近似于定熵压缩，如图 6-4-3 中的线 1—2_s，压缩终了温度 $T_2=T_1\ (p_2/p_1)^{\frac{\kappa-1}{\kappa}}$。另一种是过程进行很慢，气缸冷却效果很好，机械功转换成的热能随时从气缸壁传出，气体的温度保持不变，属于定温压缩。如图 6-4-3中的线 1—2_T。实际压气机都采用冷却措施，所以压缩过程为定温与绝热之间的多变过程。

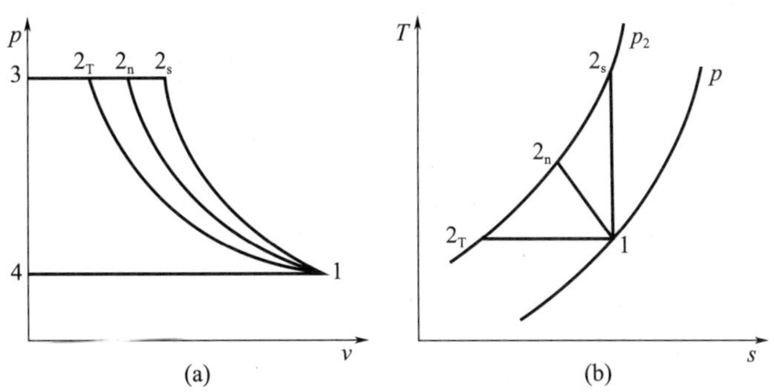

图 6-4-3　三种压缩过程的 p-v 和 T-s 图

图 6-4-3 所示为三种压缩过程的 p-v 和 T-s 图。设工质为理想气体，将式（6-4-3）积分可得三种压缩过程的轴功。

（1）定温压缩轴功

将 $V=\dfrac{p_1V_1}{p}$代入式（6-4-3）积分得

$$W_{sT}=-\int_1^2 V\mathrm{d}p=-p_1V_1\ln\frac{p_2}{p_1}=mRT_1\ln\frac{p_1}{p_2}=p\text{-}v\ \text{图上面积}12_T341 \tag{6-4-8}$$

从式（6-4-8）可知，计算所得结果为负值，即压气过程外界消耗轴功。

按稳定流动能量方程计算：

$$Q_\tau=\Delta H+W_{sT} \tag{6-4-9}$$

$$-W_{sT}=(H_2-H_1)-Q_T=Q_T \tag{6-4-10}$$

上式说明，压气机所消耗的轴功，一部分用于增加气体的焓，一部分转化为热能向外放出。对于理想气体定温压缩 $H_2=H_1$，故 $W_{sT}=Q_T$，表示消耗的轴功全部转化成热能向外界放出。

（2）定熵压缩轴功

将 $V=p_1^{\frac{1}{\kappa}}V_1/p^{\frac{1}{\kappa}}$代入式（6-4-3）积分得

$$W_{ss}=-\int_1^{2_s} V\mathrm{d}p=\frac{\kappa}{\kappa-1}p_1V_1\left[1-\left(\frac{p_2}{p_1}\right)^{\frac{\kappa-1}{\kappa}}\right]=\frac{\kappa}{\kappa-1}mR(T_1-T_2)=p\text{-}v\ \text{图上面积}12_s341 \tag{6-4-11}$$

按稳定流动能量方程式，因 $Q=0$，故

$$-W_{ss}=H_2-H_1 \tag{6-4-12}$$

上式表示绝热压缩消耗的轴功全部用于增加气体的焓，使气体的温度升高。式（6-4-12）由能量方程直接导出，不仅适用于定熵，也适用于不可逆绝热过程。

（3）多变压缩轴功

将 $V=p_1^{\frac{1}{n}}V_1/p^{\frac{1}{n}}$代入式（6-4-3）积分得

$$W_{sn}=-\int_1^{2_n} V\mathrm{d}p=\frac{n}{n-1}p_1V_1\left[1-\left(\frac{p_2}{p_1}\right)\right]=\frac{n}{n-1}mR(T_1-T_2)=p\text{-}v\ \text{图上面积}12_n341 \tag{6-4-13}$$

按稳定流动能量方程式

$$-W_{sn}=(H_2-H_1)-Q_n \tag{6-4-14}$$

说明多变压缩消耗轴功，部分用于增加气体的焓，部分对外放热。

由图 6-4-3 可知，当初态及终压给定时

$$W_{s1}<W_{sn}<W_{ss} \tag{6-4-15}$$

定温压缩的压气机耗功量最小，压缩终温也最低。绝热压缩的压气机耗功量最大且终温最高。为了减少压气机耗功量，应采取措施使压缩过程尽量接近于定温压缩。所以改善压气机的工作性能主要在于采用有效冷却措施，降低多变指数 n 值。

在开口系统中轴功的计算式为 $W_s=-\int V\mathrm{d}p$，在闭口系统中膨胀功的计算式为 $W=\int p\mathrm{d}V$，两者之间有内在联系。对 $pV^n=$常数求导，其结果是$-V\mathrm{d}p=np\mathrm{d}V$，因此可得

$$W_s=-\int V\mathrm{d}p=n\int p\mathrm{d}V=nW \tag{6-4-16}$$

上式说明，轴功等于多变指数 n 乘以膨胀功。在压气机三种不同压缩的轴功计算结果中已清楚地说明了上述结果的正确性。在定温压缩中，由于 $n=1$，如式（6-4-8）所示，$W_{sT}=W$；在绝热压缩过程中，如式（6-4-11）所示，$W_{ss}=\kappa W$；在多变压缩过程中，如式（6-4-13）所示，$W_{sn}=nW$。

6.4.2 活塞式压气机的余隙影响

实际的活塞式压气机，为了运转平稳，避免活塞与气缸盖撞击以及便于安排进气阀和排气阀等，当活塞处于左止点时，活塞顶面与缸盖之间必须留有一定的空隙，这一空隙称为余隙容积，如图 6-4-4 所示。余隙容积的相对大小用余隙百分比 c 表示：

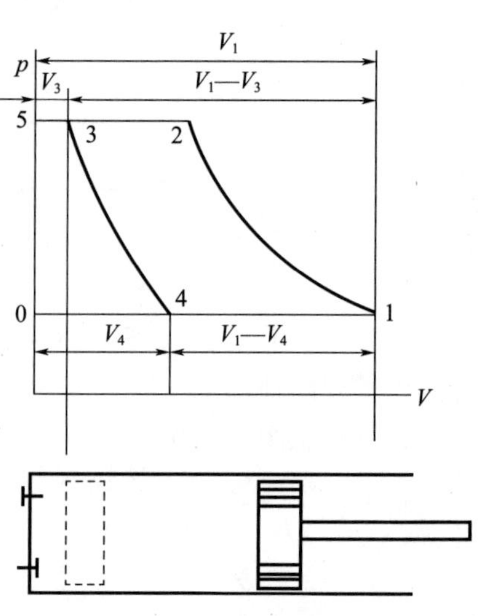

图 6-4-4 具有余隙容积的压气机示功图

$$c=\frac{V_1}{V_1-V_3}\times 100\% \tag{6-4-17}$$

式中 V_3——余隙容积；

V_1-V_3——活塞排量。

1. 余隙对排气量的影响

由于余隙容积的存在，活塞不可能将高压气体全部排出，当活塞达到左止点时，必然有一部分高压气体残留在余隙容积内。因此，活塞在下一个吸气行程中，必须等待余隙容积中残留的高压气体膨胀到进气压力 p_1（即点 4）时，才能从外界吸入新气。图 6-4-4 中 3—4 表示余隙容积中剩余气体的膨胀过程，4—1 表示新气吸入过程。V_1-V_3为活塞排量，V_1-V_4为有效吸气量。显然 $V_1-V_4<V_1-V_3$，两者之比称为容积效率 λ_v，它反映活塞排量的有效利用程度。其定义式为

$$\lambda_v=\frac{V_1-V_4}{V_1-V_3}=1-\frac{V_4-V_3}{V_1-V_3}=1-\frac{V_3}{V_1-V_3}\left(\frac{V_4}{V_3}-1\right) \tag{6-4-18}$$

利用余隙百分比 $c=\frac{V_3}{V_1-V_3}$及$\frac{V_4}{V_3}=\left(\frac{p_2}{p_1}\right)^{\frac{1}{n}}$的关系代入上式，则

$$\lambda_v=1-c\left[\left(\frac{p_2}{p_1}\right)^{\frac{1}{n}}-1\right] \tag{6-4-19}$$

如图 6-4-5 所示，当余隙容积 V_3一定时，如升压比增大，则有效吸气量减少，即容积效率 λ_v要减小。当升压比达到某一极限，如$\frac{p'''_2}{p_1}$时，压缩线 1—2‴与膨胀线 2‴—1 重合，则新气完全不能进入气缸，$\lambda_v=0$，可见，余隙使一部分气缸容积不能被有效利用，压力比越大越不利。因此，当需要获得较高压力时，必须采用多级压缩。

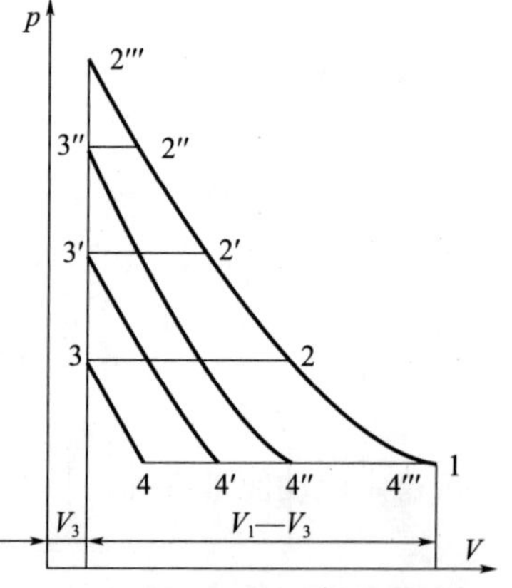

图 6-4-5 余隙容积对排气量的影响

2. 余隙对理论压气轴功的影响

由图 6-4-4 可见，有余隙时的理论压气轴功为

$$W_{sn}=\frac{n}{n-1}p_1V_1\left[1-\left(\frac{p_2}{p_1}\right)^{\frac{n-1}{n}}\right]-\frac{n}{n-1}p_4V_4\left[1-\left(\frac{p_3}{p_4}\right)^{\frac{n-1}{n}}\right] \tag{6-4-20}$$

由于 $p_1=p_4$、$p_3=p_2$，所以

$$W_{sn}=\frac{n}{n-1}p_1(V_1-V_4)\left[1-\left(\frac{p_2}{p_1}\right)^{\frac{n-1}{n}}\right]-\frac{n}{n-1}p_1V\left[1-\left(\frac{p_2}{p_1}\right)^{\frac{n-1}{n}}\right] \tag{6-4-21}$$

式中，$V=V_1-V_4$，是实际吸入的气体容积，其压力为 p_1，温度为 T_1，故 $p_1V=mRT_1$，代入上式得

$$W_{sn}=\frac{n}{n-1}mRT_1\left[1-\left(\frac{p_2}{p_1}\right)^{\frac{n-1}{n}}\right] \tag{6-4-22}$$

或

$$w_{sn}=\frac{n}{n-1}RT_1\left[1-\left(\frac{p_2}{p_1}\right)^{\frac{n-1}{n}}\right] \tag{6-4-23}$$

上式表明，不论压气机有无余隙，压缩每千克气体所需的理论压气轴功相同。然而，有余隙容积时，进气量减小，气缸容积不能充分利用，因此，当压缩同量气体时，必须采用气缸较大的机器，而且这一有害的余隙影响将随压力比的增大而增加。故在设计制造活塞式压气机时，应该尽量减小余隙容积。

6.4.3 多级压缩及中间冷却

气体压缩终了温度过高将影响气缸润滑油的性能，并可能造成运行事故。因此，各种气体的压气机对气体压缩终了温度都有限定数值。例如，空气压缩机的排气温度一般不允许超过 160～180℃。由 $T_2=T_1\left(\frac{p_2}{p_1}\right)^{\frac{n-1}{n}}$ 可知，升压比（p_2/p_1）越大，气体压缩终了温度越高。另外，压缩终了温度过高还会影响压气机的容积效率。因此，为了获得较高压力的压缩气体时，常采用具有中间冷却设备的多级压气机。

1. 多级活塞式压气机的工作过程

多级压气机是将气体依次在几个气缸中连续压缩。同时，为了避免过高的温度和减小气体的比体积，以降低下一级所消耗的压缩功，在前一级压缩之后，将气体引入一个中间冷却器进行定压冷却，然后再进入下一级气缸继续压缩直至达到所要求的压力。

图 6-4-6 为具有中间冷却的两级压气机设备示意图及工作过程的 p-v 图和 T-s 图。图 6-4-6（b）中，6—1 为低压气缸吸气过程；1—2 为低压气缸中的气体的压缩过程；2—5 为低压气缸向中间冷却器的排气过程；2—2′相当于气体在冷却器中的定压冷却过程；5—2′为冷却后的气体被吸入高压气缸的过程；2′—3 为高压气缸中气体的压缩过程；3—4 为高压气缸排气过程。

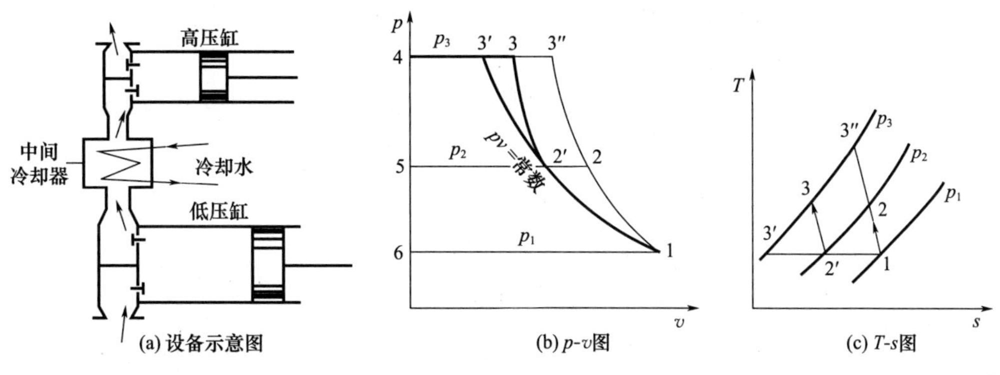

图 6-4-6　两级压气机工作过程图

采用多级压缩和中间冷却具有下列优点：

（1）降低了排气温度。如图 6-4-6（c）所示，如果采用单级压缩，压缩过程将沿 1—3″线进行，压缩终了温度 $T_{3''}$ 显然高于 T_3。因此，一定数量的气体，从相同的初状态压缩到相同的终压力，如采用多级压缩和中间冷却，排气温度比单级压缩时低。

（2）节省功的消耗。如图 6-4-6（b）所示，如果采用单级压缩，消耗的功相当于面积 613″46；当采用两级压缩时，消耗的功相当于面积 61256 与面积 52′345 之和。节省的功相当于面积 2′23″32。但与等温压缩相比，仍多耗了面积 122′1 加面积 2′33′2″的功量。如果多级压缩级数越多，节省功也越多，并且整个压缩过程越接近于定温压缩。但是，级数过多又带来机构复杂、造价增高、阻力损失增加等不利因素。所以，实际上不宜分级太多，视总压力比的大小，一般为两级、三级，高压压气机有的可多达四到六级。

2. 级间压力的确定

级间压力不同，所需的总轴功也不同，最有利的级间压力应使所需的总轴功最小。例如，两级压缩所需总轴功为

$$W_s=W_{sl}+W_{sh}=\frac{n}{n-1}p_1V_1\left[1-\left(\frac{p_2}{p_1}\right)^{\frac{n-1}{n}}\right]+\frac{n}{n-1}p_2V_{2'}\left[1-\left(\frac{p_3}{p_2}\right)^{\frac{n-1}{n}}\right] \tag{6-4-24}$$

式中 W_s——两级压缩所需的总轴功；

W_{sl}——低压气缸所需的轴功；

W_{sh}——高压气缸所需的轴功。

设 $T_{2'}=T_1$，则 $p_1V_1=p_2V_{2'}$ 可得

$$W_s=\frac{n}{n-1}p_1V_1\left[2-\left(\frac{p_2}{p_1}\right)^{\frac{n-1}{n}}-\left(\frac{p_3}{p_2}\right)^{\frac{n-1}{n}}\right] \tag{6-4-25}$$

由上式可见，W_s 随 p_2 而变化，求总轴功 W_s 为最小时的 p_2，可令 $\mathrm{d}W_s/\mathrm{d}p_2=0$，得

$$p_2=\sqrt{p_1p_3} \tag{6-4-26}$$

即

$$\frac{p_2}{p_1}=\frac{p_3}{p_2} \tag{6-4-27}$$

此式表示当两级的升压比相等时，两级压缩所需的总轴功为最小。

若令 $\beta_1=\frac{p_2}{p_1}$，$\beta_2=\frac{p_3}{p_2}$

则

$$\beta_1\beta_2=\beta^2=\frac{p_2}{p_1}\frac{p_3}{p_2}=\frac{p_3}{p_1} \tag{6-4-28}$$

$$\beta=\sqrt{\frac{p_3}{p_1}} \tag{6-4-29}$$

依此类推，对于 z 级压气机，每级升压比 β 应为

$$\beta=\sqrt[z]{p_{z+1}/p_1} \tag{6-4-30}$$

式中 p_{z+1}——压缩终了时气体的压力；

p_1——气体的初始压力。

根据 p_1、p_{z+1} 和级数 z 按上式计算出 β 后，即可确定各级间压力 p_2、p_3…按上述原则选择中间压力，尚可得到其他有利效果：

（1）各级气缸的排气温度相等。对两级压缩 $\frac{T_2}{T_1}=\left(\frac{p_2}{p_1}\right)^{\frac{n-1}{n}}$，$\frac{T_3}{T_{2'}}=\left(\frac{p_3}{p_2}\right)^{\frac{n-1}{n}}$ 因 $p_2/p_1=p_3/p_2$，$T_1=T_{2'}$ 故 $T_2=T_3$。说明每个气缸的温度条件相同。

（2）各级所消耗的轴功相等。如两级压缩，压缩 lkg 质量气体，各级消耗的轴功分别为：第一级 $W_{s1}=\frac{n}{n-1}(p_1v_1-p_2v_2)=\frac{n}{n-1}R(T_1-T_2)$，第二级 $W_{s2}=\frac{n}{n-1}R(T_{2'}-T_3)$，因为 $T_{2'}=T_1$，$T_2=T_3$，

故 $W_{s1}=W_{s2}$，两级压缩所需轴功 $W_s=2W_{s1}$。同理，对于 z 级压缩所需的轴功为 $W_s=zW_{s1}$。

(3) 每级向外散出的热量相等，而且每级通过中间冷却器向外放出的热量也相等。

(4) 分级压缩对提高容积效率有利，在每一级中升压比缩小，其容积效率比不分级时大。

综上所述，对实际的活塞式压气机，为了减少功耗和运行可靠，都尽可能采用冷却措施，力求接近定温压缩。

3. 压气机的效率

工程上通常采用压气机的定温效率来评价活塞式压气机性能优劣的指标。当压缩前气体的状态相同、压缩后气体的压力相同时，可逆定温压缩过程所耗的功 W_{sT} 和实际压缩过程所消耗的功 W'_s 之比，称为压气机的定温效率，用 η_{cT} 表示，即

$$\eta_{cT}=\frac{W_{sT}}{W'_s} \tag{6-4-31}$$

如图 6-4-7 所示，绝热压缩机的定熵过程（可逆过程）是 1—2，由摩擦扰动等存在的实际不可逆过程是 1—2′，图中 $\Delta s=s_2-s_1$ 是由于过程的不可逆而产生的熵增，称为熵产。熵产的存在，使实际压缩过程要比理想的可逆定温过程耗功多，故 η_{cT} 总是小于 1。

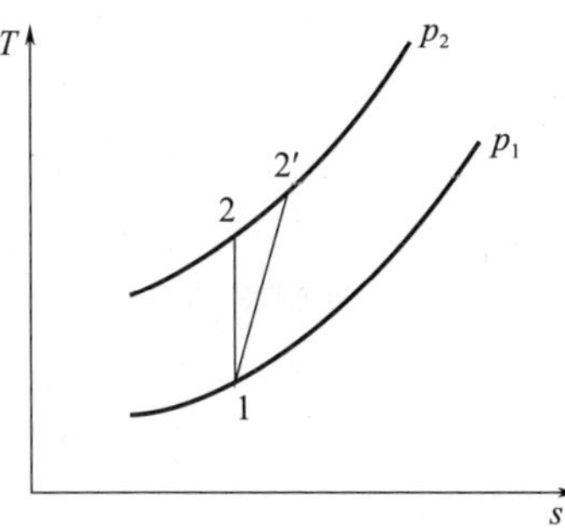

图 6-4-7　绝热压缩机的定熵过程和实际过程在 T-s 图上的表示

对于压缩时不采取冷却措施的实际压气机（如叶轮式压气机等），压缩过程可以认为是绝热的，而理想的绝热压缩过程为可逆绝热过程，即定熵过程，所以常采用绝热压缩效率 η_{cs} 来表示，即

$$\eta_{cs}=\frac{w_{ss}}{w'_{ss}} \tag{6-4-32}$$

式中　η_{cs}——由初始状态到终了压力的定熵压缩轴功；

w'_{ss}——由初始状态到终了压力的实际绝热压缩轴功。

当忽略被压缩气体进出口动能和位能的变化，则上式可以写成

$$\eta_{cs}=\frac{h_1-h_2}{h_1-h_{2'}} \tag{6-4-33}$$

对于理想气体，若比热容为定值，则

$$\eta_{cs}=\frac{T_1-T_2}{T_1-T_{2'}} \tag{6-4-34}$$

6.5　工质相变过程

6.5.1　沸腾过程

当壁温高于液体压力所对应的饱和温度时，发生沸腾过程。如水在锅炉中的沸腾汽化，制冷剂在蒸发器中沸腾汽化，都属沸腾传热，为液相转变成气相的传热。

沸腾分为大空间沸腾（或称池沸腾）和有限空间沸腾（或称受迫对流沸腾、管内沸腾）；而这些又可分为过冷沸腾及饱和沸腾。

6.5.2　凝结过程

当壁温低于蒸气的饱和温度时，蒸气在壁面上发生冷凝过程，如水蒸气在换热器中冷凝，制冷剂在冷凝器中冷凝，等等。

蒸气同低于其饱和温度的冷壁接触，有两种凝结形式：当凝结液能很好地润湿壁面时，凝结液

将形成连续的膜向下流动，称为膜状凝结，这是最常见的凝结形式，如水蒸气在洁净无油的表面上凝结；若凝结液不能很好地润湿壁面，则凝结液将聚成一个个的液珠，称为珠状凝结。例如水蒸气接触到有油膜的壁。凝结液润湿壁的能力取决于它的表面张力和对壁的附着力。当附着力大于表面张力，则会形成膜状凝结，反之则形成珠状凝结。

膜状凝结时，蒸气与壁之间隔着一层液膜，凝结只能在液膜的表面进行，潜热则以导热和对流方式通过液膜传到壁，故膜的厚薄及其运动状态（层流或紊流）对传热的影响很大，而这些又取决于壁的高度（液膜流程长度）以及蒸气与壁的温度差。一般地说，层流膜状凝结表面传热系数随壁的高度及温度差的增加而降低，而紊流膜状凝结则与此相反。由于在一般工业设备中均为膜状凝结，故本章主要讨论纯蒸气的膜状凝结。

珠状凝结时，壁面除液珠占住的部分外，其余都裸露于蒸气中，因此，可认为传热是在蒸气与液珠表面和蒸气与裸露的壁面之间进行的，由于液珠的表面积比它所占的壁面面积大很多，而且裸露的壁面上无液膜形成的热阻，故珠状凝结具有很高的表面传热系数。实验测量表明，大气压下水蒸气呈珠状凝结时，表面传热系数可达 $4\times10^4\sim4\times10^5$ W/($m^2\cdot$K)，相比之下，膜状凝结为$6\times10^3\sim6\times10^4$ W/($m^2\cdot$K)，两者相差10余倍。但珠状凝结过程很不稳定，在工业生产中目前还不能获得持久性珠状凝结。为此，国内外学者正致力于研究材料表面处理技术以设法降低凝结液的附着力，或者加珠状凝结促进剂以达持久形成珠状凝结的条件。

第7章 动力循环

7.1 活塞式内燃机循环

7.1.1 概述

常规的热力发动机或热能动力装置（简称热机），都以消耗燃料为代价而输出机械功。燃料的化学能先通过燃烧变成热能，然后再通过工质的状态变化使热能转变为机械能。在热机中膨胀做功的工质可以是燃烧产物本身（内燃式热机），也可以由燃烧产物将热能传给另一种物质，而以后者作为工质（外燃式热机）。工质在热机中不断完成热力循环，并使热能连续转变为机械能。

由于热机所采用的工质以及工质所经历的热力循环不同，各种热机不仅在结构上，而且在工作性能上都存在着差别。从热力学的角度来分析热机，主要是针对热机中进行的热力循环，计算其热效率，分析影响循环热效率的各种因素，指出提高热效率的途径。虽然实际的热力循环是多样的、不可逆的，而且有时还是相当复杂的，但通常总可以近似地用一系列简单的、典型的、可逆的过程来代替，这些过程相互衔接，形成一个封闭的理论循环。对这样的理论循环就可以比较方便地进行热力学分析和计算了。

理论循环和实际循环当然有一定的差别，但是只要这种从实际到理论的抽象、概括和简化是合理的、接近实际的，那么对理论循环的分析和计算结果不仅具有一般的理论指导意义，而且也会具有一定的精确性，必要时可作进一步修正，以提高其精确度。另外，对某种理论循环进行计算可以给出这类循环理论上能达到的最佳效果，这就为改进实际循环、减少不可逆损失树立了一个可以与之相比较的标准。所以，对理论循环的分析和计算无论在理论上或是在实用上都是有价值的。

7.1.2 活塞式内燃机的混合加热循环

活塞式内燃机（包括煤气机、汽油机、柴油机等）的共同特点是：工质的膨胀和压缩以及燃料的燃烧等过程都是在同一个带活塞的气缸中进行的，因此结构比较紧凑。

在活塞式内燃机的气缸中，气体工质的压力和体积的变化情况可以通过一种叫作“示功器”的仪器记录下来。以四冲程柴油机为例，它的示功图如图7-1-1所示。当活塞从最左（即所谓上止点）向右移动时，进气阀门开放，空气被吸进气缸。这时气缸中空气的压力由于进气管道和进气阀门的阻力而稍低于外界大气压力（图中 $a\rightarrow b$）。然后活塞从最右端（即所谓下止点）向左移动，这时进气阀门和排气阀门都关闭着，空气被压缩，这一过程接近绝热压缩过程，温度和压力同时升高（过程 $b\rightarrow c$），当活塞即将达到上止点时，由喷油嘴向气缸中喷柴油，柴油遇到高温的压缩空气立即迅速燃烧，温度和压力在极短的一瞬间急剧上升，以致活塞在上止点附近移动极微，因此这一过程接近于定容燃烧过程（$c\rightarrow d$）。接着活塞开始向右移动，燃烧继续进行，直到喷进气缸内的燃料烧完为止，这时气缸中的

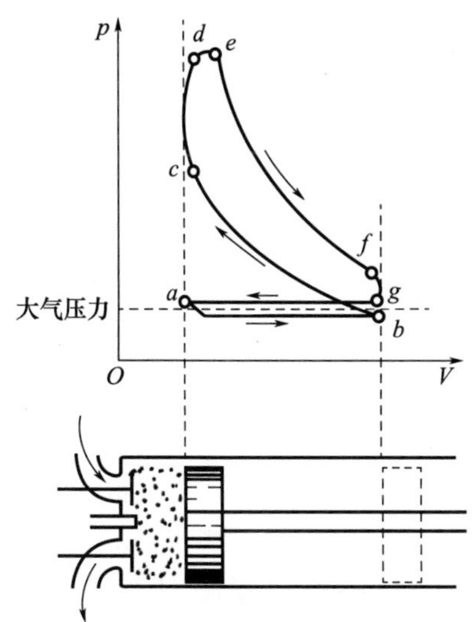

图7-1-1 四冲程活塞式内燃机热力循环

压力变化不大，接近于定压燃烧过程（$d \to e$）。此后，活塞继续向右移动，燃烧后的气体膨胀做功，这一过程接近于绝热膨胀过程（$e \to f$）。当活塞接近下止点时，排气阀门开放，气缸中的气体冲出气缸，压力突然下降，而活塞还几乎停留在下止点附近，接近于定容排气过程（$f \to g$）。最后，活塞由下止点向左移动，将剩余在气缸中的废气排出，这时气缸中气体的压力由于排气阀门和排气管道的阻力而略高于大气压力（$g \to a$）。当活塞第二次回到上止点时（活塞往返共四次），便完成了一个循环。此后，便是循环的不断重复。

如上所述，内燃机的工作循环是开式的（工质与大气连通），工质的成分也是有变化的——进入内燃机气缸的是新鲜空气，而从气缸中排出的是废气（燃烧产物）。但是，由于废气和空气的成分相差并不悬殊（其中80%左右均为不参加燃烧的氮），因此在作理论分析时可以近似地假定气缸中工质的成分不变，而将气缸内部的燃烧过程看作从气缸外部向工质加热的过程，并将定容排气过程看作定容冷却（降压）过程。另外，进气过程和定压排气过程都是在接近大气压力的情况下进行的，可以近似地假定图7-1-1中的$a \to b$和$g \to a$与大气压力线重合，进气过程得到的功和排气过程需要的功互相抵消。因此，可以认为工作循环既不进气也不排气，而是由封闭在活塞气缸中的一定量的气体工质不断地完成热力循环。这样，我们实际上已经将一个工质成分改变的内燃的开式循环变换成了一个工质成分不变的外燃的闭式循环。

再将绝热压缩过程$b \to c$理想化为定熵压缩过程$1 \to 2$（见图7-1-2），将定容燃烧过程$c \to d$理想化为定容加热过程$2 \to 3$，将定压燃烧过程$d \to e$理想化为定压加热过程$3 \to 4$，将绝热膨胀过程$e \to f$理想化为定熵膨胀过程$4 \to 5$，将定容排气（降压）过程$f \to g$理想化为定容冷却（降压）过程$5 \to 1$。这样就得到了图7-1-2所示的活塞式内燃机的理想循环123451。

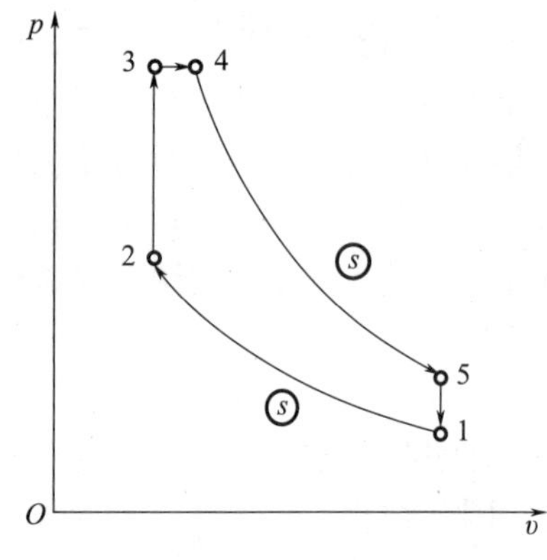

图7-1-2　混合加热理想循环 p-v 图

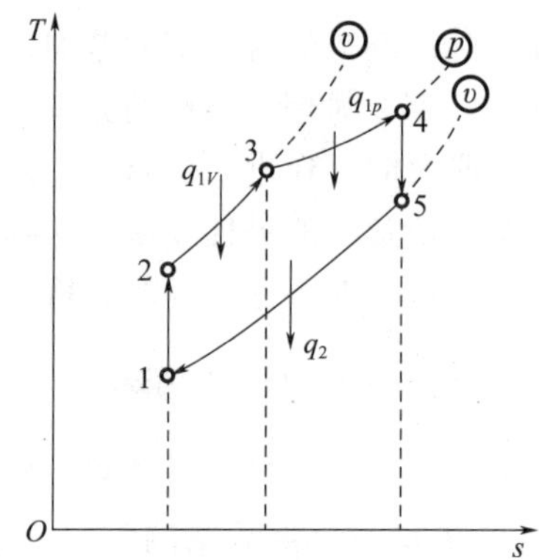

7-1-3　混合加热理想循环 T-s 图

循环123451称为混合加热循环。它的特性可以用下述三个特性参数来说明：

$$\varepsilon=\frac{v_1}{v_2} \tag{7-1-1}$$

$$\lambda=\frac{p_3}{p_2} \tag{7-1-2}$$

$$\rho=\frac{v_4}{v_3} \tag{7-1-3}$$

式中　ε——压缩比，它说明燃烧前气体在气缸中被压缩的程度，即气体比体积缩小的倍率；

λ——压升比，它说明定容燃烧时气体压力升高的倍率；

ρ——预胀比，它说明定压燃烧时气体比体积增大的倍率。

如果进气状态（状态1）和压缩比ε、压升比λ以及预胀比ρ均已知，那么整个混合加热循环也就确定了。

混合加热循环在温熵图中如图7-1-3所示。它的热效率为

$$\eta_t=1-\frac{q_2}{q_1}=1-\frac{q_2}{q_{1V}+q_{1p}} \tag{7-1-4}$$

假定工质是定比热容理想气体，则

$$\left.\begin{aligned} q_2&=c_{V_0}(T_5-T_1)\\ q_{1V}&=c_{V_0}(T_3-T_2)\\ q_{1p}&=c_{p_0}(T_4-T_3)\end{aligned}\right\} \tag{7-1-5}$$

将式（7-1-5）代入式（7-1-4）得

$$\eta_1=1-\frac{c_{V_6}(T_5-T_1)}{c_{V_6}(T_3-T_2)+c_{p_0}(T_4-T_3)}=1-\frac{T_5-T_1}{(T_3-T_2)+\gamma_0(T_4-T_3)} \tag{7-1-6}$$

过程 1→2 是绝热（定熵）过程，因此

$$T_2=T_1\left(\frac{v_1}{v_2}\right)^{\gamma_0-1} \tag{7-1-7}$$

过程 2→3 是定容过程，因此

$$T_3=T_2\frac{p_3}{p_2}=T_1\varepsilon^{\gamma_0-1}\lambda \tag{7-1-8}$$

过程 3→4 是定压过程，因此

$$T_4=T_3\frac{v_4}{v_3}=T_1\varepsilon^{\gamma_0-1}\lambda\rho \tag{7-1-9}$$

过程 4→5 是绝热（定熵）过程，因此

$$T_5=T_4\left(\frac{v_4}{v_5}\right)^{\gamma_0-1}=T_4\left(\frac{v_3\rho}{v_1}\right)^{\gamma_0-1}=T_4\left(\frac{v_2\rho}{v_1}\right)^{\gamma_0-1}=T_1\varepsilon^{\gamma_0-1}\lambda\rho\left(\frac{\rho}{\varepsilon}\right)^{\gamma_0-1}=T_1\lambda\rho^{\gamma_0} \tag{7-1-10}$$

将式（ 7-1-7）～（7-1-10）代入式（7-1-6）得

$$\eta_t=1-\frac{T_1\lambda\rho^{\gamma_0}-T_1}{(T_1\varepsilon^{\gamma_0-1}\lambda-T_1\varepsilon^{\gamma_0-1})+\gamma_0(T_1\varepsilon^{\gamma_0-1}\lambda\rho-T_1\varepsilon^{\gamma_0-1}\lambda)} \tag{7-1-11}$$

化简后可得

$$\eta_t=1-\frac{1}{\varepsilon^{\gamma_0-1}}\frac{\lambda\rho^{\gamma_0}-1}{(\lambda-1)+\gamma_0\lambda(\rho-1)} \tag{7-1-12}$$

从式（7-1-12）可以看出：如果压升比和预胀比不变，那么提高压缩比可以提高混合加热循环的热效率。这也可以从温熵图中看出。图 7-1-4 中循环 12′3′4′51 的压缩比高于循环 123451，它也具有较高的平均吸热温度（$T'_{m1}>T_{m1}$；平均放热温度相同），因而具有较高的热效率（$\eta'_t>\eta_t$）。图 7-1-5中的曲线表示混合加热循环的热效率随压缩比变化的情况。

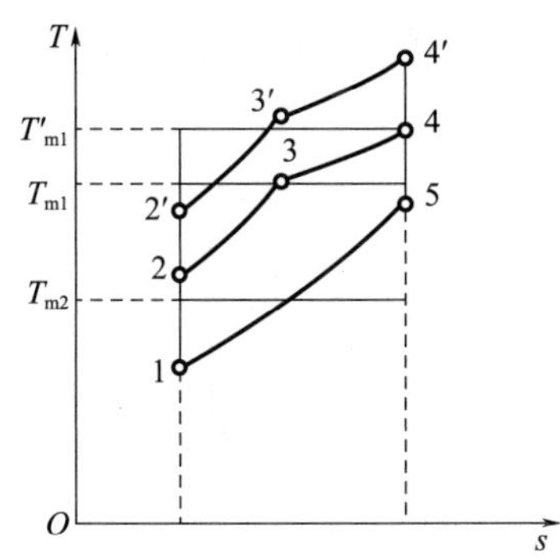

图 7-1-4　混合加热理想循环热效率（改变压缩比）

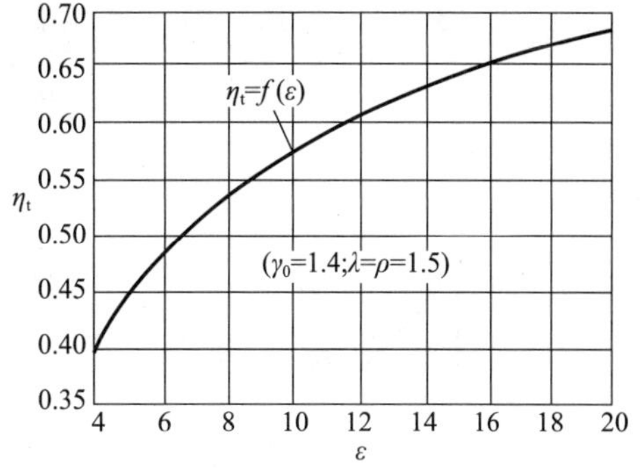

图 7-1-5　压缩比对混合加热理想循环热效率的影响规律

为了保证气缸中的空气在压缩终了时具有足够高的温度，以便喷油燃烧，同时也为了获得较高的热效率，柴油机的压缩比比较高，一般为 13～20。

压升比和预胀比对混合加热循环热效率的影响如图 7-1-6 中曲线所示。从图中可以看出：提高压升比、降低预胀比，可以提高混合加热循环的热效率。也可以用温熵图来说明压升比和预胀比对混合加热循环热效率的影响。图 7-1-7 中循环 123′4′51 比循环 123451 具有较高的压升比（$\lambda'<\lambda$）和较低的预胀比（$\rho'<\rho$）。循环 123451 的热效率为 $\eta_t=1-\dfrac{q_2}{q_1}=1-\dfrac{面积C}{面积(B+C)}$，循环 123′4′51 的热效率为 $\eta'_t=1-\dfrac{q'_2}{q'_1}=1-\dfrac{面积C}{面积(A+B+C)}$，显然 $\eta'_t>\eta_t$。

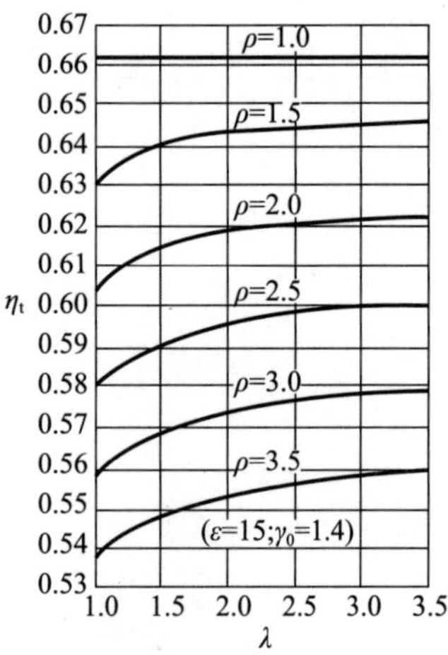

图 7-1-6　增压比对混合加热理想循环热效率的影响规律

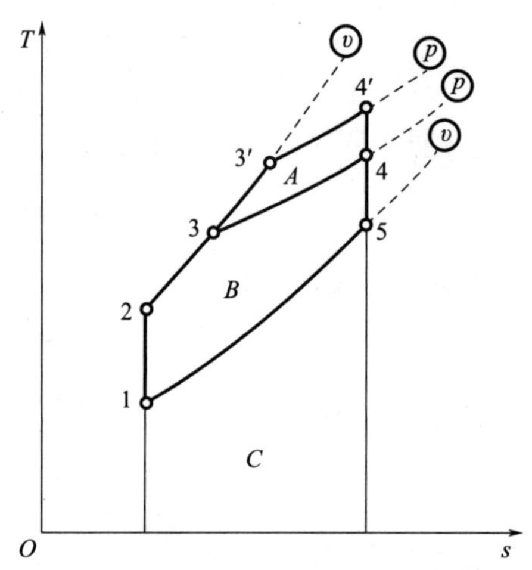

图 7-1-7　混合加热理想循环热效率（改变增压比）

所以说，如果压缩比不变，那么提高压升比并降低预胀比（意即使燃烧过程更多地在定容下进行，更少地在定压下进行），可以提高混合加热循环的热效率。

7.1.3　活塞式内燃机的定容加热循环和定压加热循环

有些活塞式内燃机（如煤气机和汽油机），燃料是预先和空气混合好再进入气缸的，然后在压缩终了时用电火花点燃。一经点燃，燃烧过程进行得非常迅速，几乎在一瞬间完成，活塞基本上停留在上止点未动，因此这一燃烧过程可以看作定容加热过程。其他过程则和混合加热循环相同。

这种定容加热循环（又称奥托循环）在热力学分析上可以看作混合加热循环当预胀比 $\rho=1$ 时的特例。当 $\rho=1$ 时，$v_4=v_3$，状态 4 和状态 3 重合，混合加热循环便成了定容加热循环（见图 7-1-8、图 7-1-9）。令式（7-1-12）中 $\rho=1$，即可得定容加热循环的理论热效率计算式

$$\eta_{t,v}=1-\frac{1}{\varepsilon^{\gamma_0-1}} \tag{7-1-13}$$

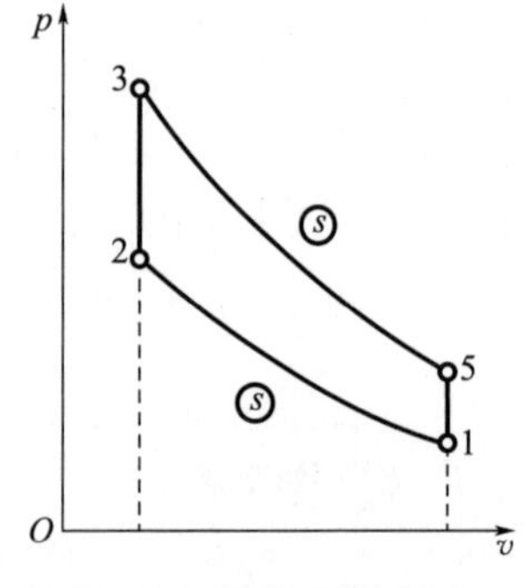

图 7-1-8　定容加热理想循环 p-v 图

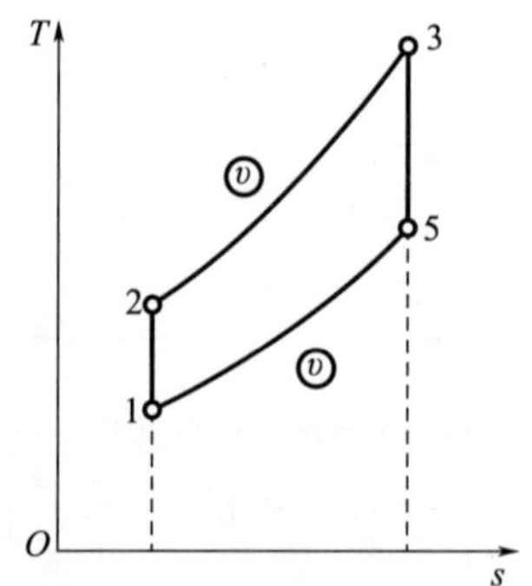

图 7-1-9　定容加热理想循环 T-s 图

从式（7-1-13）可以看出：提高压缩比可以提高定容加热循环的理论热效率。但是，由于这种点燃式内燃机中被压缩的是燃料和空气的混合物，压缩比过高，使压缩终了的温度和压力太高，容易引起不正常的燃烧（爆燃），不仅会降低热效率，而且会损坏发动机。所以，点燃式内燃机的压缩比都比较低，一般为 5～9，远低于压燃式内燃机（柴油机）的压缩比（13～20）。

另外，有些柴油机的燃烧过程主要在活塞离开上止点的一段行程中进行。这时，一面燃烧，一面膨胀，气缸内气体的压力基本保持不变，相当于定压加热。这种定压加热循环（又称狄赛尔循环）也可以看作混合加热循环的特例。当 $\lambda=1$ 时，$p_3=p_2$，状态 3 和状态 2 重合，混合加热循环便成了定压加热循环（见图 7-1-10、图 7-1-11）。令式（7-1-12）中 $\lambda=1$，即可得定压加热循环的理论热效率计算式

$$\eta_{1,p}=1-\frac{1}{\varepsilon^{\gamma_0-1}}\frac{\rho^{\gamma_0}-1}{\gamma_0(\rho-1)} \tag{7-1-14}$$

从式（7-1-14）可以看出：如果预胀比不变，那么提高压缩比可以提高定压加热循环的热效率；如果压缩比不变，那么预胀比的增大（即增加发动机负荷）会引起循环热效率的降低（当 ρ 增大时 $\rho^{\gamma_0}-1$ 比 $\rho-1$ 增加得快）。从图 7-1-6 也可以看出：当 $\lambda=1$ 时，η_t 随 ρ 的增加而下降。

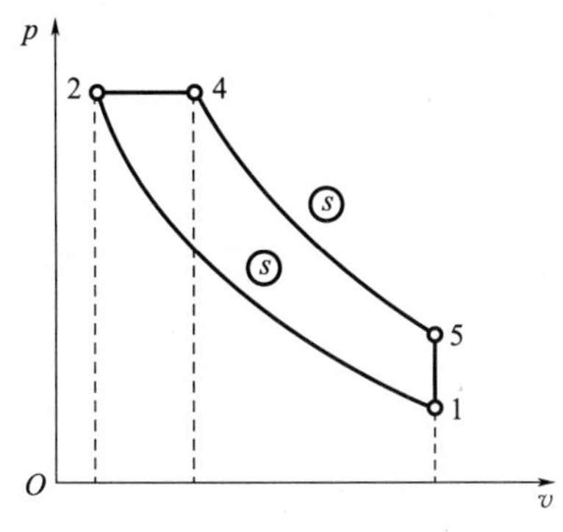

图 7-1-10　定压加热理想循环 p-v 图

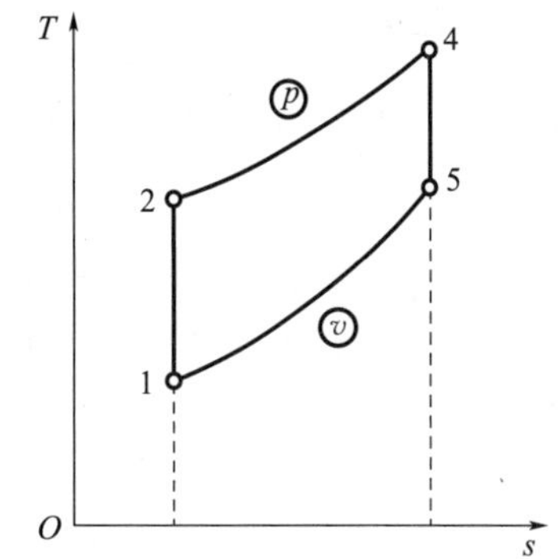

图 7-1-11　定压加热理想循环 T-s 图

7.1.4　活塞式内燃机各种循环的比较

上面讨论的活塞式内燃机的三种循环，它们的工作条件并不相同，但是为了对它们进行比较，需要给定某些相同的比较条件。只要比较条件选择恰当，还是可以得出某些合理结论的。

1. 在进气状态、压缩比以及吸热量相同的条件下进行比较

图 7-1-12 示出了符合上述条件的内燃机的三种理论循环。图中循环 123451 为混合加热循环；循环 124′5′1 为定容加热循环；循环 124″5″1 为定压加热循环。按所给的条件，三种循环吸热量相同，$q_{1V}=q_1=q_{1p}$，即面积 724′6′7＝面积 723467＝面积 724″6″7。

从图中可以明显地看出，定容加热循环放出的热量最少，混合加热循环次之，定压加热循环最多，$q_{2V}<q_2<q_{2p}$，即面积 715′6′7＜面积 71567＜面积 715″6″7。

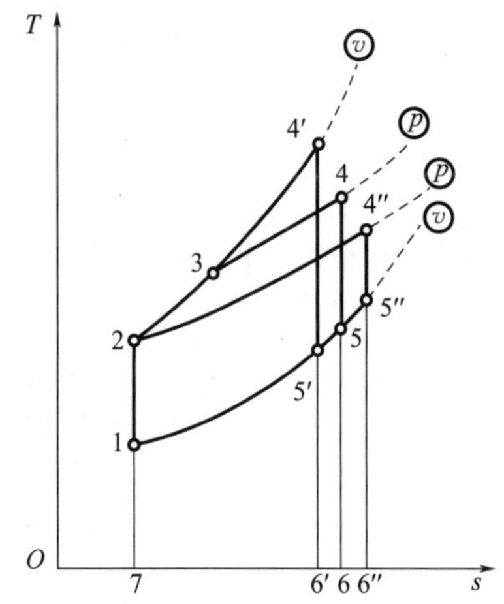

图 7-1-12　压缩比和吸热量相同时各理想循环的比较

根据循环热效率的公式 $\eta_t=1-\frac{q_2}{q_1}$ 可知

$$\eta_{tV}>\eta_t>\eta_{tp} \tag{7-1-15}$$

所以，在进气状态、压缩比和吸热量相同的条件下，定容加热循环的热效率最高，混合加热循环次之，定压加热循环最低。这一结论说明了如下两点：第一，对点燃式内燃机（汽油机、煤气机

等），在所用燃料已经确定，压缩比也跟着基本确定的情况下，发动机按定容加热循环工作是最有利的；第二，对于压燃式内燃机（柴油机等），在压缩比确定以后，按混合加热循环工作比按定压加热循环工作有利，如能按接近于定容加热循环工作，则可达更高的热效率。但是，不能从式（7-1-15）得出点燃式内燃机的热效率高于压燃式内燃机的结论（事实恰恰相反），因为它们的压缩比相差悬殊，不符合上述比较条件。

2. 在进气状态以及最高温度（T_{max}）和最高压力（p_{max}）相同的条件下进行比较

图 7-1-13 示出了符合上述比较条件的内燃机的三种理论循环。图中循环 123451 为混合加热循环；循环 12′451 为定容加热循环；循环 12″451 为定压加热循环。从图中可以看出，三种循环放出的热量相同，即 $q_{2p}=q_2=q_{2V}=$面积 71567。

它们吸收的热量则以定压加热循环的最多，混合加热循环的次之，定容加热循环的最少，$q_{1p}>q_1>q_{1V}$，即面积 72″467 ＞面积 723467 ＞面积 72′46。

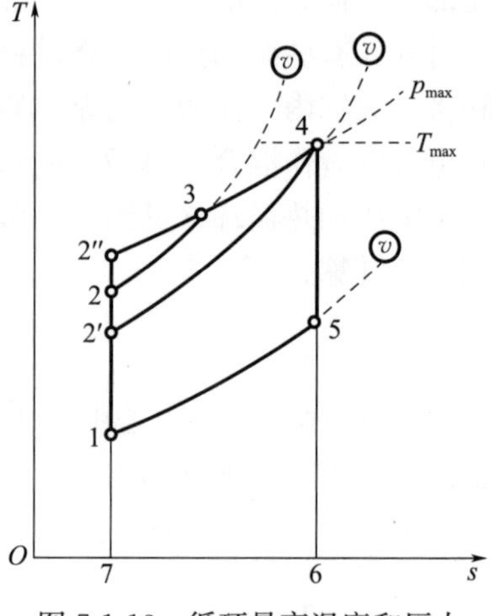

图 7-1-13　循环最高温度和压力相同时各理想循环的比较

根据循环热效率的公式 $\eta_t=1-\dfrac{q_2}{q_1}$ 可知

$$\eta_{tp}>\eta_t>\eta_{tV} \tag{7-1-16}$$

所以，在进气状态以及最高温度和最高压力相同的条件下，定压加热循环的热效率最高，混合加热循环次之，定容加热循环最低。这一结论也说明了两点：第一，在内燃机的热强度和机械强度受到限制的情况下，为了获得较高的热效率，采用定压加热循环是适宜的；第二，如果近似地认为点燃式内燃机循环和压燃式内燃机循环具有相同的最高温度和最高压力，那么压燃式内燃机具有较高的热效率。实际情况正是这样，由于压缩比较高，柴油机的热效率通常都显著地超过汽油机。

7.2　燃气轮机循环

7.2.1　简单燃气轮机定压加热循环

燃气轮机装置是一种以空气和燃气为工质、旋转式的热力发动机，主要由燃气轮机、压气机和燃烧室三部分组成。

图 7-2-1（a）所示是燃气轮机装置的原理图，叶轮式压气机从外界吸入空气，压缩后送入燃烧室，同时燃油或燃气连续喷入燃烧室与压缩空气混合，在定压下进行燃烧。生成的高温、高压烟气进入燃气轮机膨胀做功，做功后的烟气则排入大气。燃气轮机做出的功除用于带动压气机外，其余部分的功量对外输出。

为了便于分析，假设 1kg 理想气体在其中工作，理论循环如图 7-2-1（b）、（c）所示。图中 1—2 是工质在压气机中可逆绝热压缩过程，2—3 是在燃烧室的定压加热过程，3—4 是工质在燃气轮机中可逆绝热膨胀做功过程，4—1 是工质在定压下放热（相当于在大气压下被冷却）。燃气轮机的理想循环又称为布雷（Brayton）循环。

工质的吸热量

$$q_1=c_p(T_3-T_2) \tag{7-2-1}$$

放热量

$$q_2=c_p(T_4-T_1) \tag{7-2-2}$$

循环的热效率

$$\eta_t=1-\frac{q_2}{q_1}=1-\frac{T_4-T_1}{T_3-T_2}=1-\frac{T_1\left(\frac{T_4}{T_1}-1\right)}{T_2\left(\frac{T_3}{T_2}-1\right)} \tag{7-2-3}$$

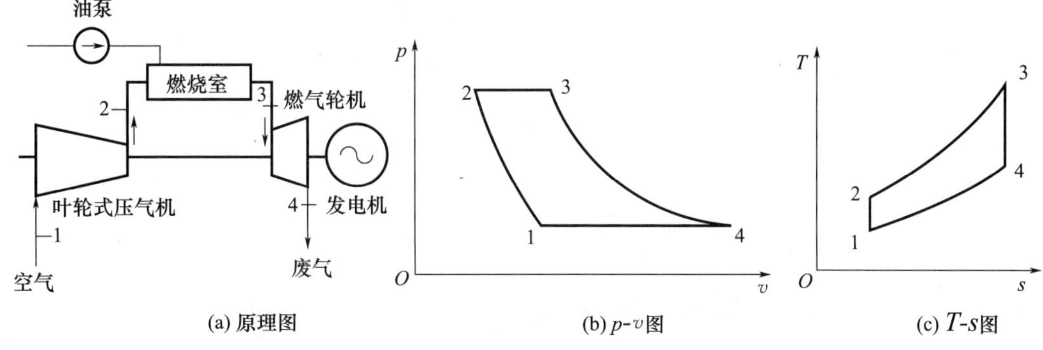

图 7-2-1　燃气轮机装置理论循环

可逆绝热过程 1—2、3—4

$$\frac{T_2}{T_1}=\left(\frac{p_2}{p_1}\right)^{\frac{\kappa-1}{\kappa}},\frac{T_3}{T_4}=\left(\frac{p_3}{p_4}\right)^{\frac{\kappa-1}{\kappa}} \tag{7-2-4}$$

因为 $p_3=p_2$、$p_1=p_4$，所以$\frac{T_2}{T_1}=\frac{T_3}{T_4}$或$\frac{T_4}{T_1}=\frac{T_3}{T_2}$，令$\frac{p_2}{p_1}=\beta$，$\beta$称为增压比。

则
$$\frac{T_2}{T_1}=\left(\frac{p_2}{p_1}\right)^{\frac{\kappa-1}{\kappa}}=\beta^{\frac{\kappa-1}{\kappa}} \tag{7-2-5}$$

将式（7-2-4）、(7-2-5）代入热效率计算式，可得

$$\eta_t=1-\frac{1}{\beta^{(\kappa-1)/\kappa}} \tag{7-2-6}$$

从式（7-2-6）可见，燃气轮机循环的热效率仅与增压比β有关。β越大，则热效率越高。但随着增压比的提高，在相同温度范围内单位质量的工质在热力循环中输出的净功（$w_{net}=q_1-q_2$）并不是越来越大，一般燃气轮机装置增压比为 3～10。

从理论上讲，燃气轮机中工质可以完全膨胀，燃气轮机高速转动，具有体积小、功率大、结构紧凑、运行平稳的优点，而且工作过程是连续的，没有活塞式内燃机那样的往复运动机构以及由此引起的不平衡惯性力。但是燃气轮机的叶片长期在高温下工作，要求用耐高温和高强度的材料，对燃气及烟气的洁净要求高，以及消耗于压气机的功率很大等则是其缺点。目前，小型燃气轮机装置主要用于机车、飞机、舰船做动力，大型燃气轮机装置则用于火力发电厂，由于具有系统热效率高、启动快、污染物排放少等优点，主要用于调峰电厂、分布式能源系统等领域，是未来清洁能源系统的主要发展方向之一。

7.2.2　具有回热的燃气轮机循环

一般来说，燃气轮机的排气温度较高，直接排入大气环境不仅浪费能源，而且加剧了环境热污染。采用回热装置能够有效降低燃气轮机排气温度，提高工质的平均吸热温度，进而提高燃气轮机循环的热效率。

图 7-2-2 为具有回热装置的燃气轮机循环原理示意图及 T-s 图。由于燃气轮机排气温度 T_4往往高于压气机的出口温度 T_2，所以通过增设回热器，用做功后的高温烟气加热压缩空气。理想情况下，燃气轮机的排气温度可以降低到 $T_6=T_2$，而压缩空气温度可以提高到 $T_5=T_4$，这种理想情况称为极限回热。这样，工质自外热源吸热量减少到 $q_1=h_3-h_5$，而向外界环境放热量减少到 $q_2=h_6-h_1$，而单位质量工质作出的净功量 w_{net}仍然是 T-s 图中 1—2—3—4 所围成的面积。根据热力学第一定律可知，采用回热装置后的燃气轮机循环热效率 $\eta=w_{net}/q_1$得到了提高。另外，采用回热器

后的平均吸热温度比未采用回热器的要高，而平均放热温度降低了，因此从平均吸热温度和平均放热温度角度来看，采用回热装置后的燃气轮机循环热效率有所提高。

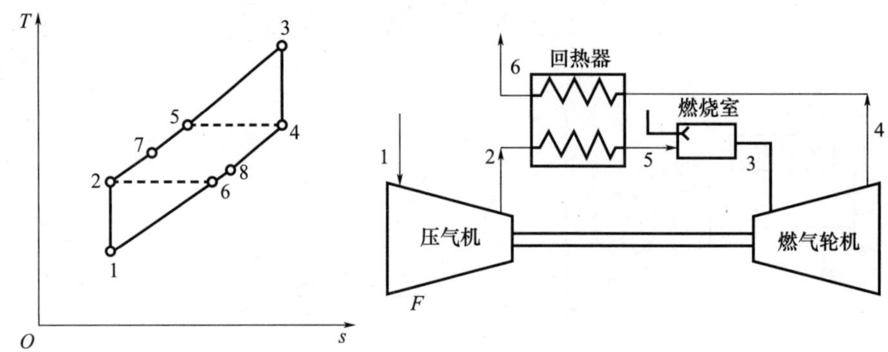

图 7-2-2 具有回热的燃气轮机循环原理示意图及 T-s 图

由于回热器中燃气轮机排气向空气传热过程中具有一定的温差，因此极限回热实际上是无法实现的。排气离开回热器的温度 T_8一定高于 $T_6=T_2$，压缩空气被加热后的温度 T_7一定低于 $T_5=T_4$。一般用回热度来表示实际利用的热量与理论上极限情况可利用的热量之比，即

$$\sigma=\frac{h_7-h_2}{h_5-h_2} \tag{7-2-7}$$

若近似地将比热容取为定值，则

$$\sigma=\frac{T_7-T_2}{T_5-T_2}=\frac{T_7-T_2}{T_4-T_2} \tag{7-2-8}$$

通常 $\sigma=0.5\sim0.7$。

7.2.3 具有回热的多级压缩、中间冷却、多级膨胀、中间再热的燃气轮机循环

燃气轮机循环所做的净功等于燃气轮机输出的功与输入压气机的功之差。如果增大燃气轮机输出的功、减少输入压气机的功，就可以增大燃气轮机输出的净功。由压气机工作过程的分析可知，在相同的压力范围内，多级压缩、中间冷却过程能够减少压气机耗功，降低压气机出口工质的温度；如果分级次数越多，则压缩过程越接近于定温压缩。同样，在相同压力范围内，多级膨胀、中间再热过程能够增加燃气轮机输出的功，增大燃气轮机出口工质的温度；若分级次数越多，则膨胀过程越接近于定温膨胀。

图 7-2-3 为具有两级压缩、中间冷却的压气机和两级膨胀、中间再热的燃气轮机循环装置示意图及其 T-s 图。在具有理想回热装置的情况下，燃气轮机排气从 T_9降低到 T_{10}，而压气机出口的空气温度从 T_4增加到 T_5。则整个循环的平均吸热温度在 T_5和 T_6之间，平均放热温度在 T_1和 T_{10}之间。与同样具有理想回热装置的 1—4′—6—9′循环相比，平均吸热温度提高了，而平均放热温度降低了。因此，具有两级压缩、中间冷却的压气机和两级膨胀、中间再热的燃气轮机循环效率提高了。理想情况下，如果分级级数趋向于无穷，则转变为定温膨胀和定温压缩，若在两个温度之间的两个定压过程 a—6 和 b—1 进行极限回热，此时的循环称为埃尔逊（Ericsson）循环，其循环热效率与同温度范围内的卡诺循环热效率相等。

应予指出，只有在回热的基础上进行多级压缩、中间冷却、多级膨胀、中间再热的燃气轮机循环，其热效率才能够得到明显提高。否则，平均吸热温度将在 T_4和 T_6之间，而平均放热温度在 T_1和 T_9之间，循环的热效率将降低。

从实际工程应用角度来看，由于燃气轮机的排气温度升高以及压缩机排出的空气温度降低，使循环可以在较大的温度范围内进行回热，改善了回热效果。但如果分级级数越多，则每次分级对循环效率的贡献越小，且系统越来越复杂，故一般燃气轮机循环仅分两级或三级。

随着科学技术的发展，以及日益紧张的能源供应，高效节能型的新型动力循环，如蒸汽—燃气

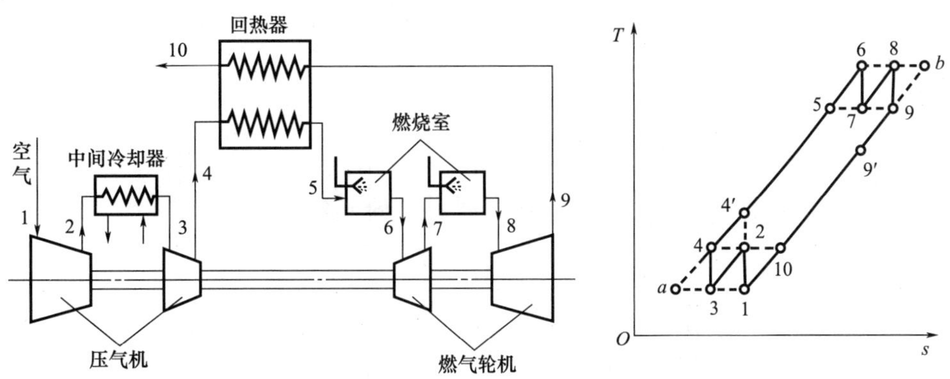

图 7-2-3　两级压缩、膨胀、回热燃气轮机装置及其 T-s 图

联合循环、整体煤气化燃气—蒸汽联合循环（简称 IGCC）、热电冷三联供系统（又称能源岛）等得到大力发展，这些知识可参考有关文献资料。

7.3　喷气发动机循环

喷气发动机的工作特点是利用高温、高压气体在喷管中加速时的反作用力推动移动装置，如飞机、汽车等。图 7-3-1 为现代喷气式飞机中采用的涡轮喷气发动机的示意图，其理论热力过程如图 7-3-2所示。飞机在飞行时，空气以飞行速度的相对流速进入扩压管，通过它初步提高压力（见图 7-3-2 中过程 1—5），再进入压气机继续压缩（过程 5—2），然后压缩空气进入燃烧室喷油烧（定压加热过程 2—3）。从燃烧室出来的高温、高压燃气先在燃气轮机中初步膨胀（过程 3—6），所做之功供压气机之用。

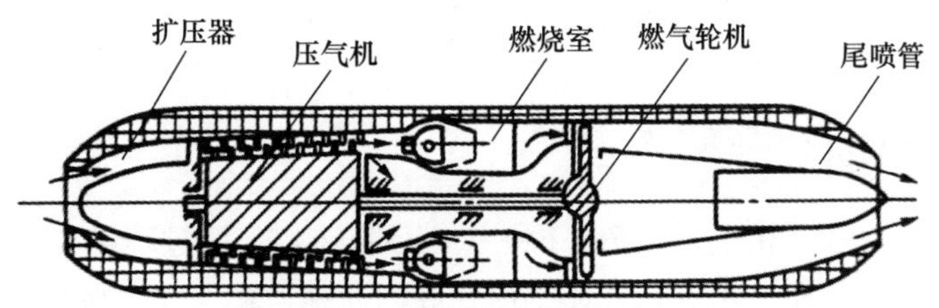

图 7-3-1　涡轮喷气式发动机

在图 7-3-2 中：$w_T=h_3-h_6=$面积 $d36cd$，$w_C=h_2-h_5=$面积 $d25bd$，$w_T=w_C$。

最后，燃气在尾喷管中膨胀至环境压力，并以高速喷出，对飞机产生推动。每流过 1kg 气体，在尾喷管中获得的速度能相当于面积 $c64ac$，而扩压管消耗的速度能相当于面积 $b51ab$。二者之差（面积 $c6415bc$）和整个膨胀过程（过程 3—4）与整个压缩过程（过程 1—2）的技术功之差（面积 12341）相等。在理论上可以将整个发动机的工作过程看作由定熵压缩过程 1—2、定压加热过程 2—3、定熵膨胀过程 3—4 和喷出气体在大气中的定压冷却过程 4—1 构成的勃雷顿循环。其理论热效率为

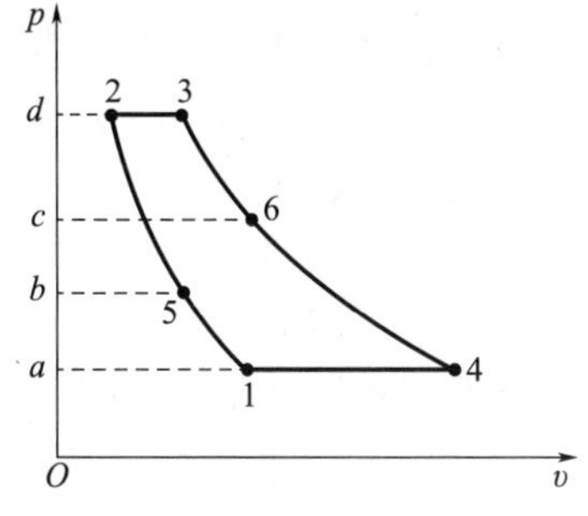

图 7-3-2　喷气式发动机理想循环

$$\eta_{t,p}=1-\frac{1}{\dfrac{\gamma_0-1}{B^{\gamma_0}}}\left(B=\frac{p_2}{p_1}=\frac{p_3}{p_4}\right) \tag{7-3-1}$$

7.4　活塞式热气发动机循环

活塞式热气发动机（又称斯特林发动机）是一种外燃式的闭式循环发动机。它的工作原理如

图 7-4-1所示。图中 A 为动力活塞、B 为配气活塞、C 为回热器。该发动机的循环可分为四个过程（见图 7-4-2、图 7-4-3）：

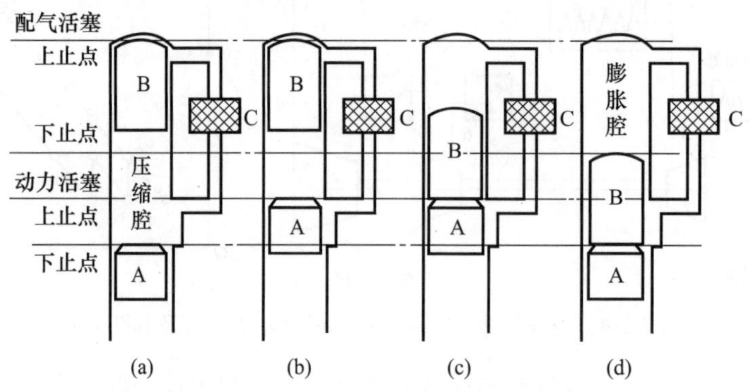

图 7-4-1　斯特林发动机工作过程示意图

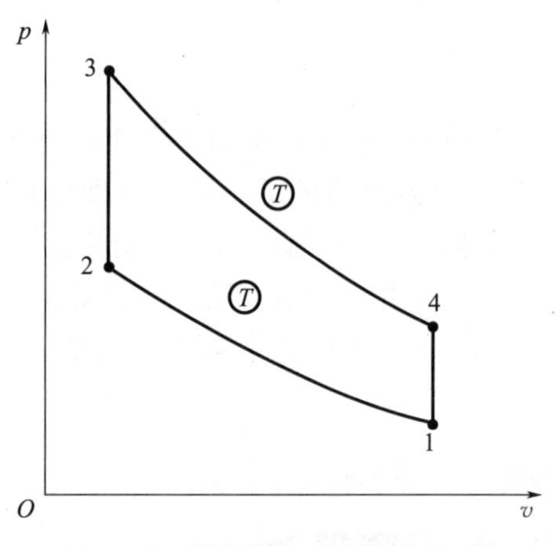

图 7-4-2　斯特林发动机循环 p-v 图

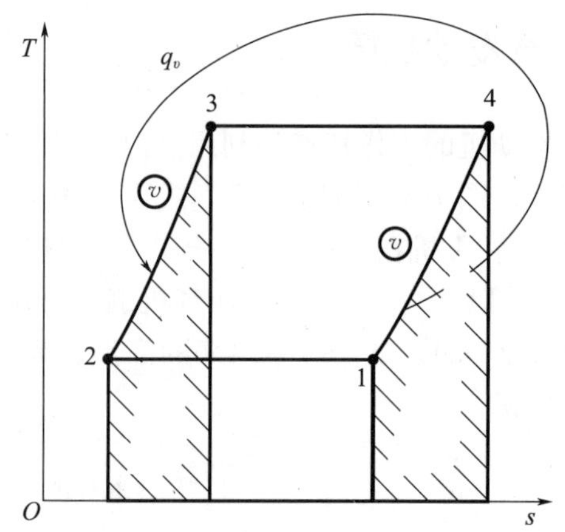

图 7-4-3　斯特林发动机循环 T-s 图

（1）定温压缩过程 1—2［相当于图 7-4-1 中（a）到（b）］。该过程进行时，活塞 B 停留在上止点不动，活塞 A 由下止点移向上止点，气体工质在腔内压缩。由于压缩腔壁有冷却水冷却，而压缩过程也进行得比较缓慢，气体被压缩时得到比较充分的冷却，因而可以近似地认为是定温压缩过程。

（2）定容加热过程 2—3［相当于图 7-4-1 中（b）到（c）］。该过程进行时，活塞 A 停留在上止点不动，活塞 B 由上止点下移到其底部与活塞 A 的顶部接触。在这一过程中，气体从压缩腔被驱赶到膨胀腔，气体的体积并未改变，但在流经回热器时被加热了，因此是一个定容加热过程。

（3）定温膨胀过程 3—4［相当于图 7-4-1 中（c）到（d）］。这时活塞 B 推动活塞 A 下行，并同时达到各自的下止点。这一膨胀过程是一个通过活塞 A 对外做功的过程（活塞 A 因此而叫做动力活塞）。气体在膨胀的同时，由于有外界燃烧系统向它提供热能，而膨胀过程也进行得比较缓慢，气体膨胀时的温度基本保持不变，因而可以认为是定温膨胀（做功）过程。

（4）定容冷却过程［相当于图 7-4-1 中（d）到（a）］。这时活塞 A 停留在下止点不动，活塞 B 由下止点向上止点移动，高温气体由膨胀腔被赶进压缩腔，体积没有改变，但在流经回热器时将热量传给回热器（以备下一个循环加热压缩气体），从而经历了一个定容冷却过程。

在经历了上述四个过程后，发动机完成了一个工作周期，气体工质完成了一个循环。该循环由两个定温过程和两个吸热、放热相互抵消的定容过程组成。该循环也叫斯特林循环，是回热卡诺循环的一种，其理论热效率为

$$\eta'_{t,c}=1-\frac{T_2}{T_3} \tag{7-4-1}$$

斯特林发动机实现了回热卡诺循环，理论上达到了一定温度范围内最高的循环热效率，但实际上，由于一些技术条件的限制和过程的不可逆损失，斯特林循环的热效率达不到式（7-4-1）的计算值。现代斯特林发动机的热效率约为 40%～50%，这样的热效率可算较高，加之所用燃料品种不限，工作也稳定可靠，虽然因过程较慢，功率不可能很大，在应用上也还是占有一席之地。

7.5　蒸汽朗肯循环

朗肯循环（Rankine Cycle）是最简单的蒸汽动力理想循环，热力发电厂各种较复杂的蒸汽动力循环都是在朗肯循环基础上发展起来的。

7.5.1　装置与流程

朗肯循环的蒸汽动力装置包括锅炉、汽轮机、凝汽器和给水泵等四个主要设备。其工作原理图如图 7-5-1（a）所示：水先经给水泵，绝热加压送入锅炉，在锅炉中水被定压加热汽化，形成高温高压的过热蒸汽，过热蒸汽在汽轮机中绝热膨胀做功，变为低温、低压的乏汽，最后排入凝汽器内定压凝结为冷凝水，重新经水泵将冷凝水送入锅炉进行新的循环。

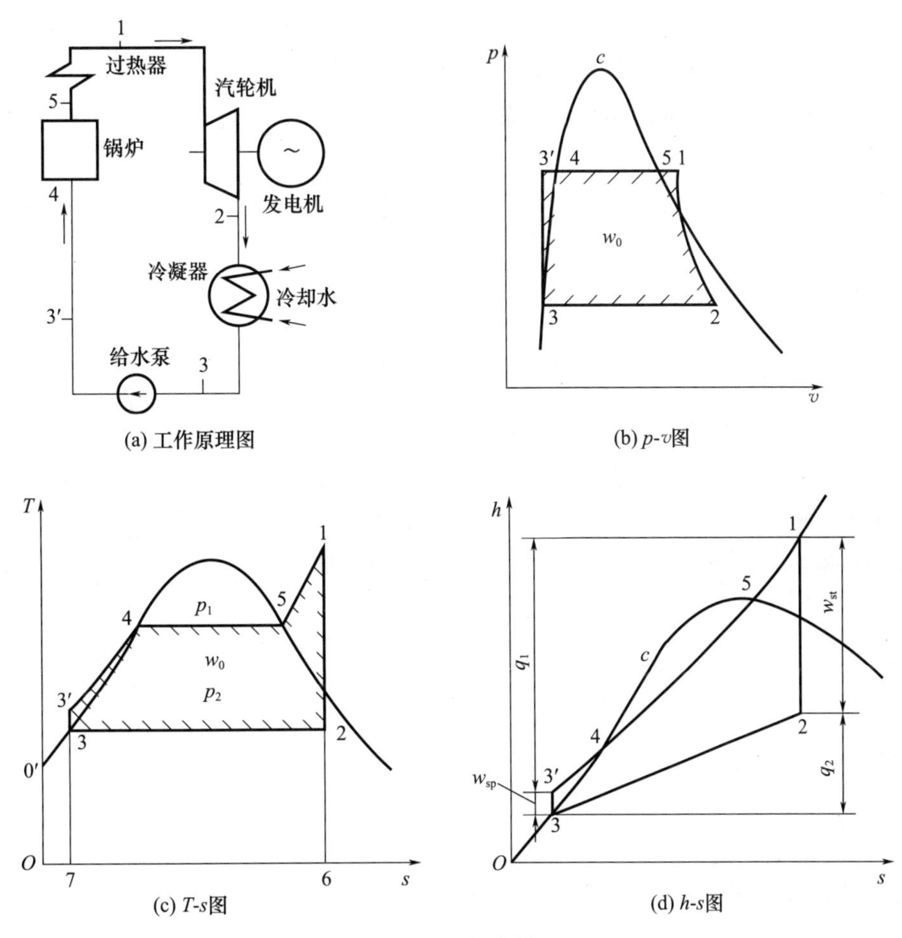

图 7-5-1　朗肯循环

为研究方便，将朗肯循环理想化为两个定压过程和两个可逆绝热过程。

图 7-5-1（b）、（c）、（d）为朗肯循环的 p-v、T-s 和 h-s 示意图。图中：3′—4—5—1 为水在蒸汽锅炉中定压加热变为过热蒸汽；1—2 为过热蒸汽在汽轮机内可逆绝热膨胀；2—3 为湿蒸汽在凝汽器内定压（也是定温）冷却，同时凝结放热；3—3′为凝结水在水泵中可逆绝热压缩。

由于水的压缩性很小，水在经过水泵可逆绝热压缩后温度升高极小，在 T-s 图上，一般可以认为点 3′与点 3 重合，3′—4 与下界线的 3—4 线段重合。于是，简单蒸汽动力装置的朗肯循环在 T-s 图上可表示为 1—2—3—4—5—1。

7.5.2 朗肯循环的能量分析及热效率

取汽轮机为控制体，1kg 水蒸气在流经汽轮机的可逆绝热膨胀过程 1—2 中所做理论轴功为

$$w_{s,t}=h_1-h_2 \tag{7-5-1}$$

取水泵为控制体，水泵在可逆绝热压缩过程 3—3′中消耗轴功为

$$w_{s,p}=h_{3'}-h_3=v_3(p_1-p_2) \tag{7-5-2}$$

同样，对锅炉和凝汽器分别取控制体，蒸汽在定压过程 3′—1 中从锅炉吸收的热量为

$$q_1=h_1-h_{3'} \tag{7-5-3}$$

乏汽在定压凝结过程 2—3 中向凝汽器放出的热量为

$$q_2=h_2-h_3 \tag{7-5-4}$$

若取整个装置作热力系统，则有

$$\oint \delta q=\oint \delta w \tag{7-5-5}$$

即

$$q_1-q_2=w_{s,t}=w_0 \tag{7-5-6}$$

$$\eta_t=\frac{\text{收获}}{\text{消耗}}=\frac{w_0}{q_1}=\frac{w_{s,t}-w_{s,p}}{q_1}=\frac{q_1-q_2}{q_1}=\frac{(h_1-h_{3'})-(h_2-h_3)}{h_1-h_{3'}} \tag{7-5-7}$$

通常水泵消耗轴功与汽轮机做功量相比甚小，可忽略不计，因此 $h_{3'}=h_3$，于是式（7-5-7）可简化为

$$\eta_t=\frac{h_1-h_2}{h_1-h_3} \tag{7-5-8}$$

7.5.3 提高朗肯循环热效率的基本途径

依据卡诺循环热效率 $\eta_{t.c}=1-\dfrac{T_2}{T_1}$ 指出的方向，提高动力循环热效率的基本途径是提高工质的吸热温度与降低工质的放热温度。但是，朗肯循环工质吸热温度是变化的。为了便于分析，引用平均吸热温度的概念，以一个等效的卡诺循环代替朗肯循环，如图 7-5-2 所示，工质在锅炉中吸热量 q_1＝面积 3451673＝等效矩形面积 98679。

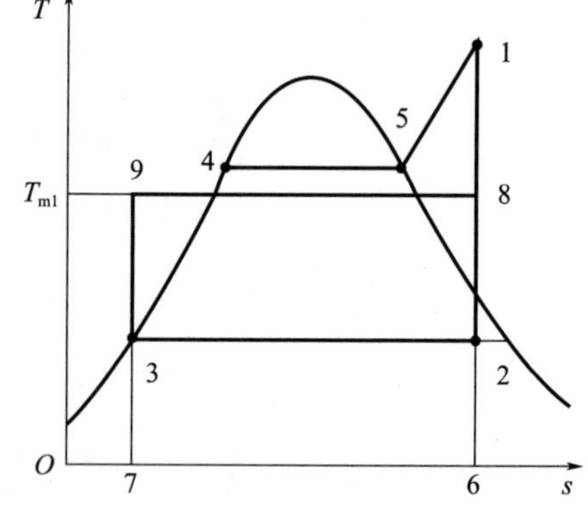

图 7-5-2 平均吸热温度

从 T-s 图可知

$$q_1=\int_3^1 T\mathrm{d}s=T_{m1}(s_6-s_7) \tag{7-5-9}$$

故平均吸热温度：

$$T_{m1}=\frac{\int_3^1 T\mathrm{d}s}{s_6-s_7} \tag{7-5-10}$$

于是等效卡诺循环热效率为

$$\eta_t=1-\frac{T_2}{T_{m1}} \tag{7-5-11}$$

由此可见，提高朗肯循环效率的基本途径便是提高等效卡诺循环的平均吸热温度及降低排气温度。

1. 提高平均吸热温度

提高平均吸热温度的直接方法是提高蒸汽压力和温度。如图 7-5-3 所示，保持初始温度 t_1 及冷凝压力 p_2 不变，将初始蒸汽压力由 p_1 提高到 $p_{1'}$。从图中可以看出，新循环 1′—2′—3—4′—5′—1′

的平均吸热温度增高，所以热效率得到提高，同时汽轮机出口乏汽的比体积变小（2′与 2 比较），设备尺寸可以减小。然而，随着初压的提高，乏汽的干度将由 x_2降至 $x_{2'}$，使乏汽中水蒸气湿度加大，侵蚀汽轮机末级叶片，对汽轮机的安全运行极为不利。工程上一般要求乏汽干度不低于 86%～88%。

如果保持 p_1及 p_2不变，而将初始温度由 t_1提高到 $t_{1'}$，则如图 7-5-4 所示。同样由于新循环 1′—2′—3—4—5—1′平均吸热温度的提高，循环功量增大，它的热效率将随之提高，同时乏汽的干度也会有所提高。但也应看到，初温的提高，锅炉的过热器和汽轮机的高压部分必须使用昂贵的耐高温、高压金属材料，增加设备投资，并且汽轮机出口乏汽的比体积变大，加大了设备的尺寸。

现代大容量的蒸汽动力装置，其初参数毫无例外的都是高温、高压的。目前国产蒸汽动力发电机组初压为亚临界压力（17.2～18.4MPa）的已很普遍，有的超过临界压力（24MPa），甚至高达 27MPa 以上。初温一般高达 560℃左右，最新建造的超超临界压力锅炉的蒸汽温度甚至高达 610℃左右。

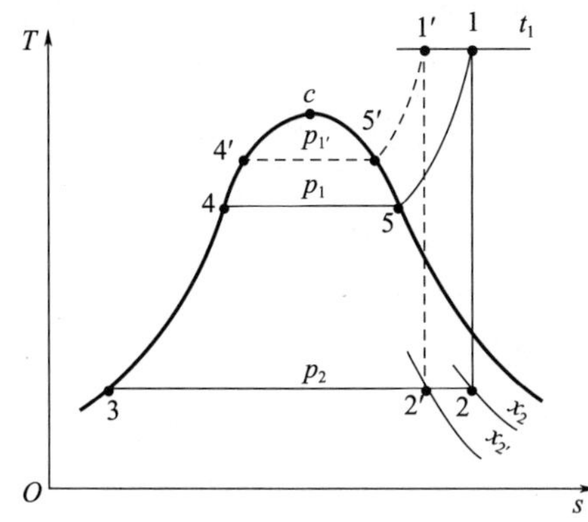

图 7-5-3　提高初压的 *T-s* 图

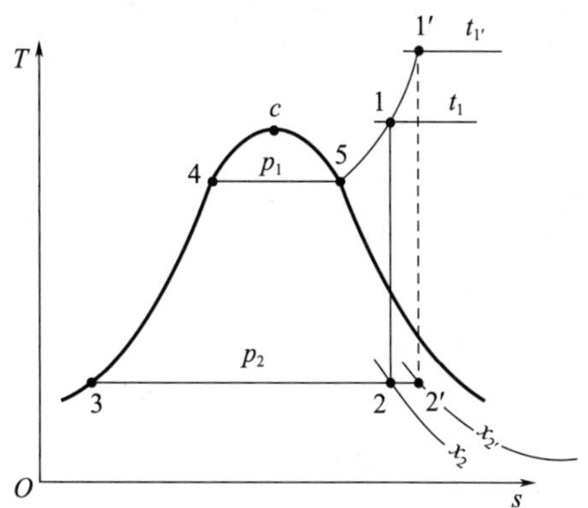

图 7-5-4　提高初温的 *T-s* 图

2. 降低排气温度

如初参数不变而将终压 p_2降低至 $p_{2'}$，如图 7-5-5 所示，相应的蒸汽凝结放热温度 T_2降低为 $T_{2'}$，因而提高了循环的热效率。然而蒸汽凝结压力的数值主要取决于冷却水的温度，而冷却水温受自然环境控制，并不能任意降低。可见，环境温度对蒸汽动力装置的运行有很大影响，冬季运行的热效率高于夏季，北方机组的热效率高于南方。目前我国大型蒸汽动力装置的蒸汽凝结设计压力为 3～4kPa，其对应的饱和温度通常在 24～29℃。

从以上分析可知，局限于朗肯循环的范围内，以调整蒸汽参数来提高蒸汽动力循环的热效率，其潜力有限。应在朗肯循环的基础上发展较为复杂的循环，如回热循环、再热循环等，以达到有效提高蒸汽循环热效率的目的。

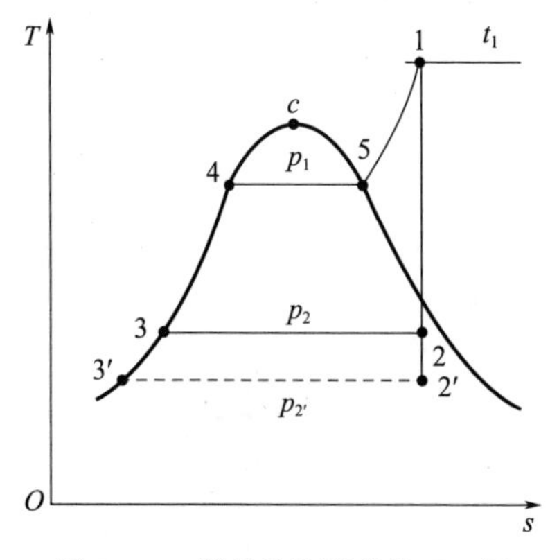

图 7-5-5　降低放热温度的 *T-s* 图

7.5.4　有机朗肯循环

有机朗肯循环（Organic Rankine Cycle，简称 ORC）是一种以有机工质代替水工质的朗肯循环，可以回收 80～450℃范围内的中低温余热资源，是一种环保的新型能源技术，具有循环热效率高、系统设备简单、部件强度要求低、动力部件尺寸小等特点。前文所介绍的蒸汽动力循环原理、计算方法以及提高热力性能的途径等也适用于有机朗肯循环。

1. 有机工质的优选

ORC 采用有机工质替代了水蒸气朗肯循环中的水工质。有机工质的热力学性能在很大程度上影响着 ORC 系统的效率、动力部件选择、系统部件尺寸，以及系统整体的安全性、稳定性、环保性和经济性。

ORC 系统可采用的工质种类范围广泛，包括碳氢化合物、芳香碳氢化合物、醚类、全氟碳化物、醇、硅氧烷和无机物等。根据饱和蒸汽曲线斜率，可将有机工质划分为干工质、等熵工质和湿工质。由于湿工质易对动力部件造成损坏，故 ORC 系统常用干工质和等熵工质。仅从能量转换角度来看，早期使用的 R113 及 R11 都具有较好的能量转换效率，但由于其具有极大的臭氧层破坏能力及温室效应，已被国际社会明确禁止。国内外学者在有机工质筛选及物性研究方面做了大量工作，常见的纯工质包括 R245fa、R123、R141b 等，常见的混合工质包括 R401C、R141b/RC318 等。尽管在热效率方面所选混合工质并不具优势，然而在综合考虑环保等因素后，却大大拓宽了 ORC 系统的工质选择范围。

2. 有机朗肯循环系统结构

基本型 ORC 运行原理与传统水蒸气朗肯循环一致。在此基础上，研究人员还对 ORC 系统结构进行了改进，主要包括：回热循环、抽汽回热循环、再热循环、超临界循环、喷射式循环等循环方式。

（1）回热循环。原理图如图 7-5-6 所示，当循环采用干工质时，膨胀机出口处于过热区，工质蒸汽仍具有较高的温度，此时可以采用回热循环。对比基本型 ORC 系统与回热型 ORC 系统的热力性能可知，回热循环可以提高系统循环热效率，但不能增加系统的输出功率。当系统循环输出功率相同时，回热循环可以相对减少蒸发器侧的吸热量，提高热源的排放温度。

（2）抽汽回热循环。原理图如图 7-5-7 所示，它是指从膨胀机中抽出部分没有完全膨胀的蒸汽，与泵入口的液态工质混合，从而提高蒸发器入口的工质温度。研究结果表明，抽汽回热循环的不可逆损失减少，热效率与㶲效率提高。当循环产生相同功率时，其蒸发器吸热量更少；随着工质入口温度的提高，抽汽回热循环的热效率降低；提高抽汽回热循环的抽汽比率，循环的热效率增加。在相同条件下，由于抽汽回热循环中部分蒸汽没有做功，使得抽汽回热循环的净输出功相对减小。

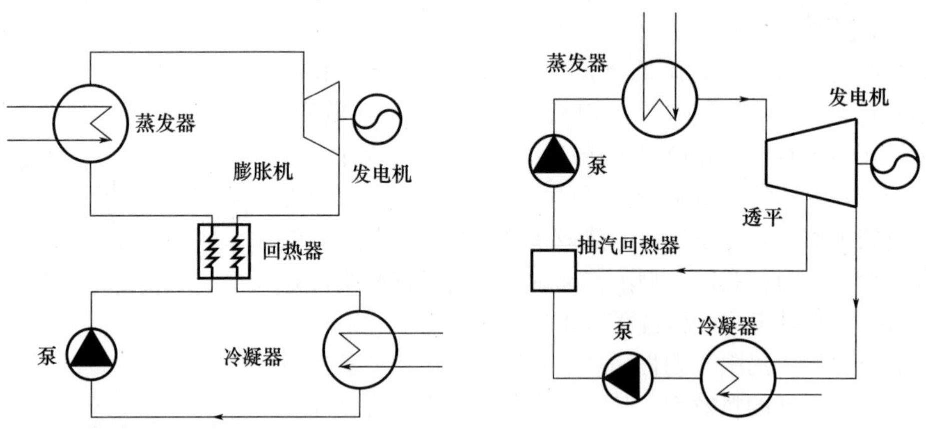

图 7-5-6　回热循环系统示意图　　图 7-5-7　抽汽回热循环系统示意图

（3）再热循环。原理图如图 7-5-8 所示，是指将膨胀后的部分有机工质蒸汽重新送入再热器中加热，再送入另一个膨胀机中做功。以 R245fa 为循环工质为例，当再热压力增加时，吸热量减少，循环输出功率和热效率先增加后降低，证明存在一个最佳再热压力。再热循环的最大热效率与基本循环相差不大，而循环的输出功率更多。

（4）超临界 ORC 循环。超临界 ORC 循环的热力过程与基本型 ORC 相似，工质经泵加压到其临界压力以上，工质在蒸发过程中不存在两相区。研究人员对以 CO_2 为工质的超临界循环与以 R123 为工质的基本循环进行了比较分析，结果表明超临界循环的热效率更高。超临界循环可以使系统热效率提高 8%左右，采用共沸工质的超临界循环的性能将提高 10%～30%。

（5）喷射式 ORC 循环。原理图如图 7-5-9 所示，将有机朗肯循环与喷射制冷循环相结合，提出了低温热源喷射式发电制冷系统。液态饱和有机物工质由工质泵提高压力送入余热换热器中加热至饱和或过热蒸汽状态，进而推动透平旋转，并带动发电机组输出电功。透平排气作为工作流体流入喷射器，将蒸发器 2 出口侧气体引射至喷射器中，二者在喷射器中经过混合扩压，进入冷凝器中冷凝至液态。液态工质一部分重新进入工质泵，完成发电循环，另一部分经由节流阀降温降压，重新回到蒸发器，完成制冷循环。从而实现利用低温余热发电制冷。

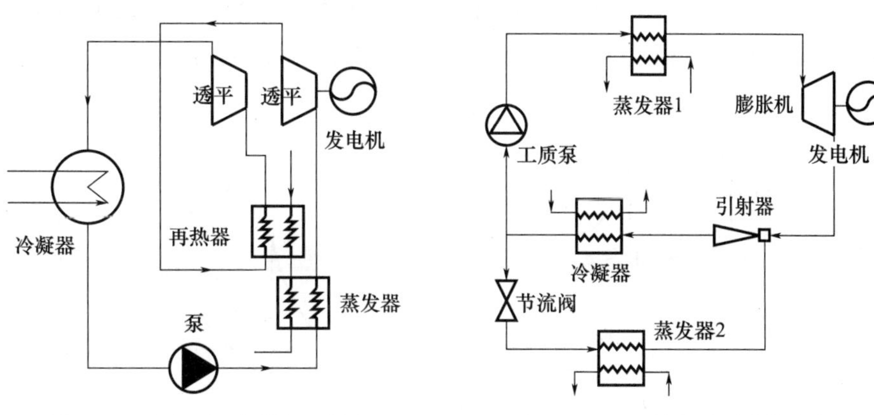

图 7-5-8　再热循环系统示意图　　图 7-5-9　喷射式循环系统示意图

3. 有机朗肯循环的设计方法与性能评价

ORC 系统设计思想采用优化膨胀机进口处的温度和压力等手段提高整体循环性能。先寻求最佳循环参数，通过对窄点温差分析，再确定载热流体的质量流量和出口温度。这种设计思路导致 ORC 系统的热效率与膨胀机的输出功无任何关联，造成系统热效率高、但膨胀机输出功却很低的情况。研究人员对于如何获取在给定热源侧载热流体的质量流率、进口温度和出口温度条件下的 ORC 系统的最佳运行参数更感兴趣。因此，提出了在耦合热源温度和蒸发器内窄点温差的约束条件下，获取 ORC 系统最佳运行参数的方法。通过对四组不同工况计算比较，优化 ORC 系统最佳运行参数，并详细分析了窄点温差与烟气进口温度对整体循环的影响，将系统的输出功与热效率直接联系起来。改善了窄点温差与热源匹配问题，对 ORC 整体结构设计具有现实意义。

常见的有机朗肯循环性能评价方法包括㶲经济性分析法和熵分析法。㶲分析和熵分析分别从系统做功能力和不可逆性角度进行分析，而近期逐渐兴起的煾分析则是从传热角度进行分析。与采用单一评价指标不同，有的研究者采用两个或几个评价指标对系统性能进行分析，从而减少了单一评价指标存在偏差的弊端。以单位输出功率所需换热面积及系统热回收率为目标函数，建立系统多目标优化模型，采用模拟退火算法进行计算。存在的问题是：目前尚没有进行换热设备结构多参数并行优化。同时，在计算循环系统换热设备中㶲损失时，只考虑换热器中温差传热㶲损失，忽略了由流动阻力引起的压降㶲损失对系统性能的影响。

7.6　再热、回热动力循环

7.6.1　回热循环

朗肯循环热效率不高的主要原因是平均吸热温度不高。造成该问题的原因主要有金属材料的耐高温、高压能力有限，同时，冷凝后的水经水泵加压后的未饱和水温度很低，造成工质的平均吸热温度不高。为了提高朗肯循环的平均吸热温度，提出了回热循环。

1. 极限回热循环

为了便于和卡诺循环对照分析，取初态为干饱和蒸汽的朗肯循环，如图 7-6-1 所示。由凝汽器出来的低温凝结水不是直接送回锅炉，而是首先进入汽轮机壳的夹层中，由汽轮机的排气端向进汽端流动，并依次被汽轮机内的蒸汽所加热。这时蒸汽在汽轮机内膨胀做功的同时，通过机壳不断向凝结水放热，即膨胀过程将沿曲线 1—2 进行。假设传热过程是可逆的，即在机壳的每一点上，蒸汽与凝结水之间的温差为无限小，此时曲线 1—2 将与 4—3 平行，结果蒸汽通过机壳传出的热量（面积 12781）将等于凝结水吸收的热量（面积 34653）。凝结水最终被加热到初压下的饱和温度（即 T_4），然后再送入锅炉中加热成干饱和蒸汽。由于面积 122′1 等于面积 433′4，所以面积 12341 与面积 12′3′41 相等。于是循环 1—2—3—4—1 将与相同热源温度 T_1、T_2 下的卡诺循环 1—2′—3′—4—1 等效，即它们将具有相同的热效率。这个循环称为极限回热循环。

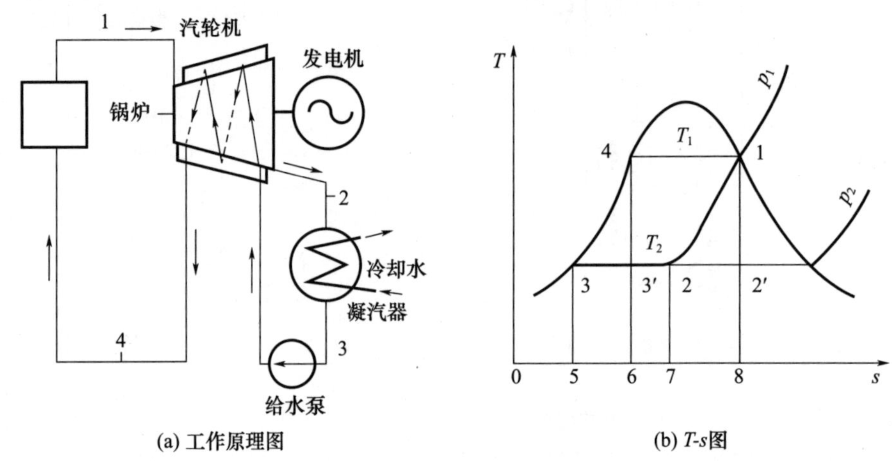

图 7-6-1　极限回热循环

极限回热循环与同温度范围内的卡诺循环热效率相等，表明极限回热循环的热效率在该温度范围内是最高的。极限回热循环比朗肯循环热效率高的原因是消除了水从外界吸热的预热阶段，而是通过循环内部的传热使水温从 T_3 增高到该压力下的饱和温度 T_4，因此循环的平均吸热温度提高到 T_1。

显然，极限回热循环实际上是无法实现的，因为蒸汽流过汽轮机时的速度很高，要在短时间内使蒸汽通过机壳传热给水是不可能的，传热温差为零更是无法实现的；而且放热膨胀做功后的蒸汽干度很低，影响汽轮机的正常工作。

2. 抽汽回热循环

尽管极限回热循环是无法实现的，但用汽轮机中的蒸汽加热低温段的水，可以提高平均吸热温度，从而发展了用分级抽汽加热给水的实际回热循环，即抽汽回热循环。图 7-6-2 所示为两级抽汽回热循环原理图及理论循环 T-s 图。设有 1kg 过热蒸汽进入汽轮机膨胀做功。当压力降低至 p_6时，由汽轮机内抽取 $a_1$kg 蒸汽送入一号回热器，其余的（$1-a_1$）kg 蒸汽在汽轮机内继续膨胀，到压力降至 p_8时再抽出 $a_2$kg 蒸汽送入二号回热器，汽轮机内剩余的（$1-a_1-a_2$）kg 蒸汽继续膨胀，直到压力降至 p_2时进入凝汽器。凝结水离开凝汽器后，依次通过二号、一号回热器，在回热器内先后与两次抽汽混合加热，每次加热终了水温可达到相应抽汽压力下的饱和温度（如 T_9、T_7）。图中所示回热器为混合式的，实际上，电厂都采用表面式回热器（即蒸汽不与凝结水相混合），其抽汽回热的作用相同。

根据以凝结水被加热到抽汽压力下的饱和温度为原则，由质量守恒和能量平衡式来计算回热抽汽率 a_1、a_2。取图 7-6-2（a）中一号回热器为控制体。

$$a_1+(1-a_1)=1\text{kg} \tag{7-6-1}$$

$$a_1h_6+(1-a_1)h_9=h_7 \tag{7-6-2}$$

从而得

$$a_1=\frac{h_7-h_9}{h_6-h_9} \tag{7-6-3}$$

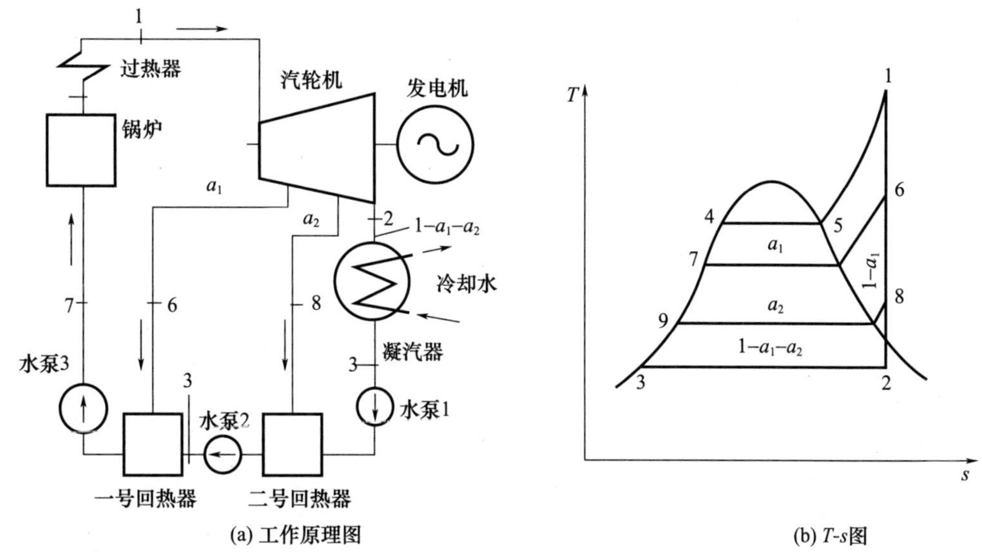

(a) 工作原理图　　(b) T-s图

图 7-6-2　抽汽回热循环

同理，取二号回热器为控制体，则有

$$a_2+(1-a_1-a_2)=(1-a_1) \tag{7-6-4}$$

$$a_2h_8+(1-a_1-a_2)h_3=(1-a_1)h_9 \tag{7-6-5}$$

从而得

$$a_2=\frac{(1-a_1)(h_9-h_3)}{h_8-h_3} \tag{7-6-6}$$

式中　h_6、h_8——第一、第二次抽汽的焓；

h_7、h_9——第一、第二次抽汽压力下饱和水的焓；

h_3——乏汽压力下凝结水的焓。

通过两级回热循环，水在锅炉中的吸热量 q_1 为（h_1-h_7），则两级回热循环热效率为

$$\eta_t=\frac{w_0}{q_1}=\frac{(h_1-h_6)+(1-a_1)(h_6-h_8)+(1-a_1-a_2)(h_8-h_2)}{h_1-h_7} \tag{7-6-7}$$

式中　h_1、h_2——汽轮机入口蒸汽与乏汽的焓。

与朗肯循环相比，抽汽回热循环提高了平均吸热温度，因此提高了循环热效率。同时，锅炉的热负荷降低了，减少了锅炉受热面，节省了金属材料；另外，进入凝汽器的乏汽减少了，节省了凝汽器换热面的金属材料。当然，1kg 蒸汽的膨胀做功量减少了，使得发电装置输出 1kWh 功量所耗费的蒸汽量（称为汽耗率）增加了。不过，由于汽轮机高压段的蒸汽流量增大，抽汽又使汽轮机低压段的流量减少，可使汽轮机的结构更趋合理。

需要指出的是，虽然理论上抽汽回热次数越多，最佳给水温度越高，从而平均吸热温度越高，热效率也越高。但是，级数越多，设备和管路越复杂，而每增加一级抽汽的获益越少。因此，回热抽汽次数不宜过多，通常电厂回热级数为 3～8 级。

7.6.2　再热循环

由上节讨论可知，提高蒸汽初压而不提高蒸汽温度将引起乏汽干度的下降。故为了克服汽轮机尾部蒸汽湿度过大造成的危害，将汽轮机高压段中膨胀到一定压力的蒸汽重新引到锅炉的中间加热器（称为再热器）加热升温，然后再送入汽轮机使之继续膨胀做功。这种循环称为中间再过热循环或简称再热循环，如图 7-6-3 所示。

从 T-s 图可看出，再热部分实际上相当于在原来朗肯循环的基础上增加了一个新的循环 6—1′—2′—2—6。通常最有利的再热压力为（0.2～0.3）p_1之间，只要再热过程的平均吸热温度高于

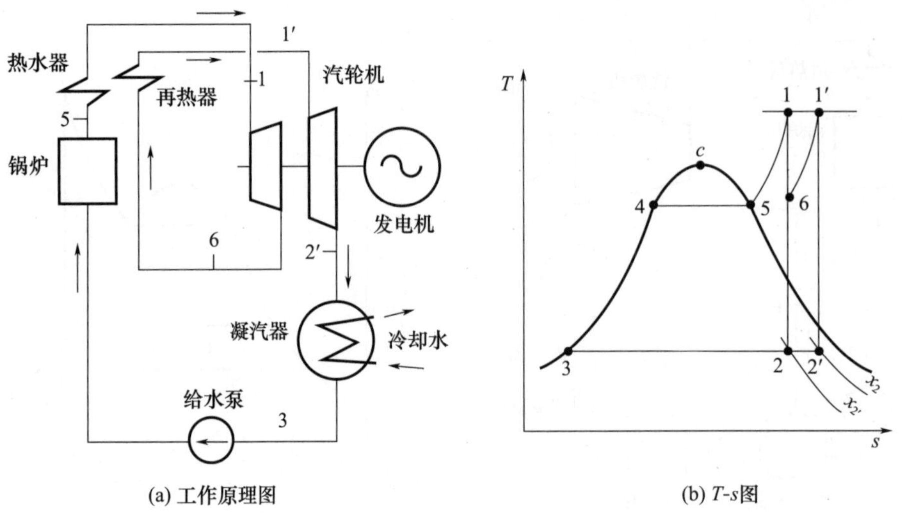

(a) 工作原理图　　　(b) T-s图

图 7-6-3　再热循环

原来朗肯循环的平均吸热温度，再热循环的热效率就可以高于原来循环的热效率。因此，现代大型蒸汽动力循环采用再热的目的不只局限于解决膨胀终态湿度太大的问题，而且也作为提高循环热效率的途径之一。一般而言，采用一次再热循环以后，循环效率可提高 2%～4%。若增加再热次数，尽管可能提高热效率，但因管道系统过于复杂，投资加大，运行管理不方便，故实际应用的再热次数一般不超过两次。

如图 7-6-3 所示的一次再热循环的热效率可计算如下：

工质在整个循环中获得的总热量为

$$q_1=(h_1-h_3)+(h_{1'}-h_6) \tag{7-6-8}$$

对外界的放热量为

$$q_2=h_{2'}-h_3 \tag{7-6-9}$$

于是，整个循环的热效率为

$$\eta_t=\frac{q_1-q_2}{q_1}=\frac{(h_1-h_3)+(h_{1'}-h_6)-(h_{2'}-h_3)}{(h_1-h_3)+(h_{1'}-h_6)} \tag{7-6-10}$$

或

$$\eta_t=\frac{(h_1-h_6)+(h_{1'}-h_{2'})}{(h_1-h_3)+(h_{1'}-h_6)} \tag{7-6-11}$$

目前超高压以上（如蒸汽初压为 13MPa、24MPa 或更高）的大型发电厂几乎毫无例外地采用再热循环。我国制造的超超临界压力 100 万 kW 的汽轮机发电机组即为一次中间再热式的，进汽初参数为 27.46MPa、605℃，再热参数为 5.94MPa、603℃。

7.7　热电联产循环

现代蒸汽动力厂循环，即使采用了超高蒸汽参数，回热、再热等措施，其热效率仍不超过 50%，也就是说，给水从锅炉中吸收的大部分热量没有得到利用，其中通过凝汽器冷却水带走而排放到大气中去的能量约占总能量的 50%以上，如图 7-5-1（c）所示。这部分热能虽然数量很大，但因温度不高（例如排汽压力 4kPa 时，其饱和温度仅有 29℃）以致难以利用。所以普通的火力发电厂都将这些热量作为“废热”随大量的冷却水丢弃了。与此同时，厂矿企业常常需要压力为 1.3MPa 以下的生产用汽，房屋采暖和生活用热常常需要 0.35MPa 以下的蒸汽作为热源。因此，如果利用发电厂中做了一定数量功的蒸汽作为供热热源，就可大大提高能量的利用率，这种既发电又供热的电厂叫热电厂，它是目前我国发展集中供热的方向之一。

热电厂这种既发电又供热的动力循环称为热电循环。为了供热，热电厂需装设背压式或调节抽汽式汽轮机。因此，相应地有两种热电循环。

7.7.1　背压式热电循环

排汽压力高于大气压力的汽轮机称为背压式汽轮机。如图 7-7-1（a）所示，这种系统没有凝汽器，蒸汽在汽轮机内做功后具有一定的压力，通过管路送给热用户作为热源，放热后，全部或部分凝结水再回到热电厂。

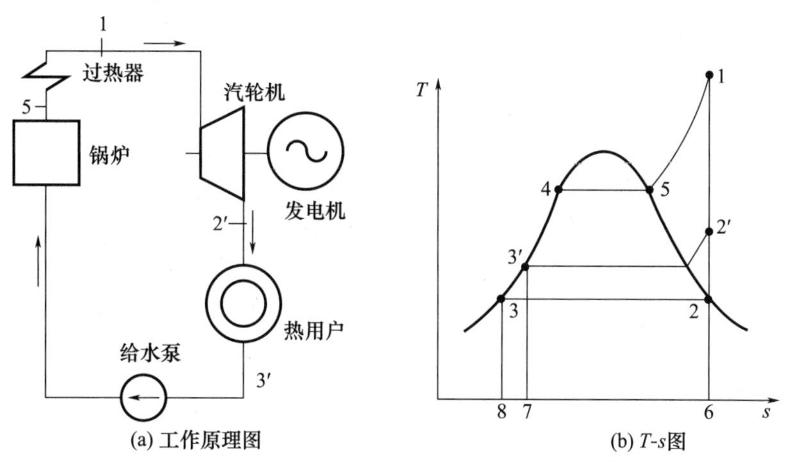

图 7-7-1　背压式热电循环

由于提高了汽轮机的排汽压力，蒸汽中用于做功（发电）的热能相应减少，所以背压式热电循环 1—2′—3′—4—5—1［图 7-7-1（b）］的循环热效率比单纯供电的凝汽式朗肯循环 1—2—3—4—5—1 有所降低。尽管如此，由于热电循环中乏汽的热量得到了利用，所以从总的经济效果看，热电循环要比简单朗肯循环优越。为了全面地评价热电厂的经济性，除了循环热效率外，常引用热能利用率 K 这样一个经济指标，即所利用的能量与外热源提供的总能量的比值。从图 7-7-1（b）可见，蒸汽从热源吸取的热量 q_1 可用面积 3′451673′表示，其中一部分转变为循环净功 w_0，其数量等于面积 12′3′451；另一部分热量 q_2 则供应热用户，等于面积 2′3′762′。如不考虑动力装置及管路等的热损失，背压式热电循环的热能利用率为

$$K=\frac{w_0+q_2}{q_1}=\frac{q_1}{q_1}=1 \tag{7-7-1}$$

从上式可以看出，背压式热电循环的热能利用率很高。实际上由于热负荷和电负荷不能完全配合以及存在各种损失，K 值为 0.65～0.7。

背压式热电循环的热能利用率很高，而且不需要凝汽器，使设备简化。但是这种循环有一个很大的缺点，就是供热与供电互相牵制，难以同时单独满足用户对于热能和电能的需求。为了解决这个矛盾，热电厂常采用调节抽汽式汽轮机。

7.7.2　调节抽汽式热电循环

这种循环其实就是利用汽轮机中间抽汽来供热，其原理性系统如图 7-7-2 所示。

蒸汽在调节抽汽式汽轮机中膨胀至一定压力时，被抽出一部分送给热用户；其余蒸汽则经过调节阀继续在汽轮机内膨胀做功，乏汽进入凝汽器。凝结水由水泵送入混合器，然后与来自热用户的回水一起送回锅炉。

这种热电循环的主要优点是能自动调节热电出力，保证供汽量和供汽参数，从而可以较好地满足用户对热、电负荷的不同要求。

从图 7-7-2 可以看出，通过汽轮机高压段及热用户的那部分蒸汽实质是进行了一个背压式热电循环，热能利用率 $K=1$；通过凝汽器的那部分蒸汽则进行了普通的朗肯循环。所以，就整个调节

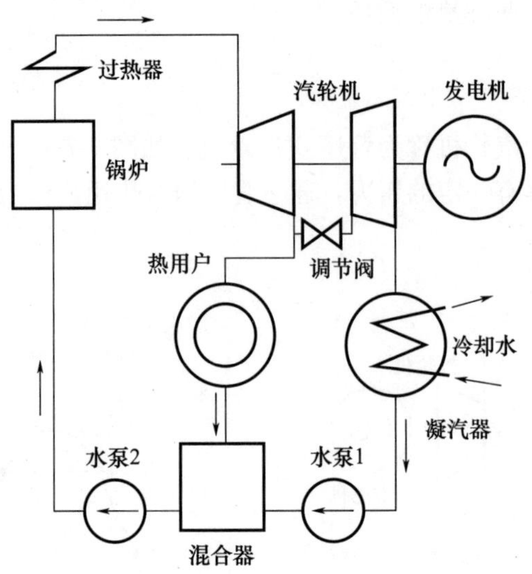

图 7-7-2　调节抽汽式热电循环

抽汽式热电循环而言，其热能利用率介于背压式热电循环和普通朗肯循环之间。

这里需要指出的是机械能和热能二者不是等价的，即使两个循环的 K 相同，热经济性也不一定相同。所以，同时用 K 和 η_t 来衡量热电循环的经济性才比较全面。

第 8 章　制冷循环

8.1　逆卡诺循环

8.1.1　逆卡诺循环

卡诺循环（Carnot Cycle）是两个温度不相同的定温热源之间进行的理想热力循环。图 8-1-1 所示温熵图（T-s 图）的 1—2—3—4—1 是逆卡诺循环（Reverse Carnot Cycle），也是理想循环。在逆卡诺循环中，制冷剂沿等熵线 3—4 绝热膨胀（采用膨胀机），温度从 T'_k 降至 T'_0；然后，在低温热源温度 T'_0 下，沿等温线 4—1 吸热膨胀，从低温热源吸收热量 q_0；制冷剂再沿等熵线 1—2 被绝热压缩（采用压缩机），温度从 T'_0 升至 T'_k；最后制冷剂在高温热源温度 T'_k 下，沿等温线 2—3 进行放热压缩，向高温热源放出热量 q_k。

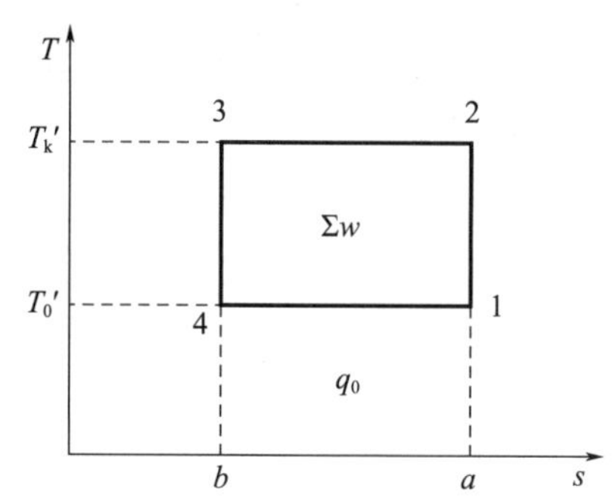

图 8-1-1　逆卡诺循环

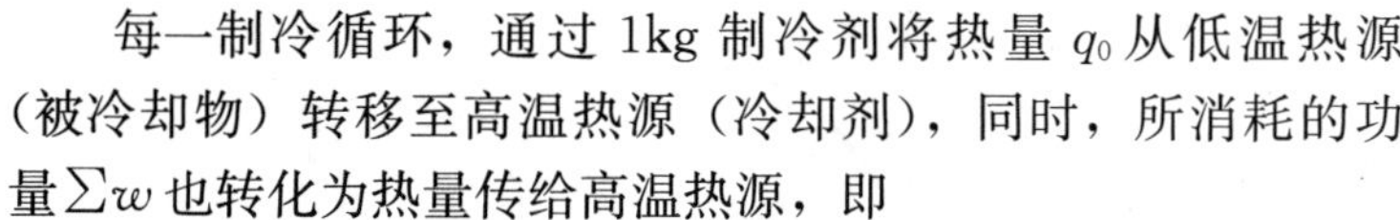

每一制冷循环，通过 1kg 制冷剂将热量 q_0 从低温热源（被冷却物）转移至高温热源（冷却剂），同时，所消耗的功量 $\sum w$ 也转化为热量传给高温热源，即

$$q_k = q_0 + \sum w \tag{8-1-1}$$

制冷循环的性能指标用制冷系数 ε 表示，制冷系数为单位耗功量所获取的冷量，即

$$\varepsilon = \frac{q_0}{\sum w} \tag{8-1-2}$$

对于逆卡诺循环而言，所消耗的功量等于压缩机的耗功量 w_c 与膨胀机的得功量 w_e 之差，即

$$\sum w = w_c - w_e = (T'_k - T'_0)(s_a - s_b) \tag{8-1-3}$$

制冷量为

$$q_0 = T'_0(s_a - s_b) \tag{8-1-4}$$

此时的制冷系数如果用 ε_1 表示，则

$$\varepsilon_1 = \frac{T'_0}{T'_k - T'_0} \tag{8-1-5}$$

公式（8-1-5）说明，逆卡诺循环的制冷系数 ε_1 与制冷剂的性质无关，仅取决于被冷却物和冷却剂的温度 T'_0、T'_k。被冷却物温度越高，冷却剂温度越低，制冷系数越高，制冷循环的经济性越好。而且，被冷却物温度的变化比冷却剂温度的变化对制冷系数的影响更大，这点可从以下两个偏导数看出：

$$\left|\frac{\partial \varepsilon_1}{\partial T'_k}\right| = \frac{T'_0}{(T'_k - T'_0)^2} \tag{8-1-6}$$

$$\left|\frac{\partial \varepsilon_1}{\partial T'_0}\right| = \frac{T'_k}{(T'_k - T'_0)^2} \tag{8-1-7}$$

因此

$$\left|\frac{\partial \varepsilon_1}{\partial T'_0}\right| > \left|\frac{\partial \varepsilon_1}{\partial T'_k}\right| \tag{8-1-8}$$

此外还需指出，制冷循环也可用来获得供热效果。例如，冬季制冷剂在蒸发器内吸收室外较冷空气（或水体等）中的热量，而通过冷凝器加热空气（或水体）向室内供热，这种装置称为热泵。热泵循环的性能指标用供热系数 ε_2 表示，供热系数为单位耗功量所获得的热量，即

$$\varepsilon_2 = \frac{q_k}{\sum w} = \frac{T'_k}{T'_k - T'_0} = \varepsilon_1 + 1 \tag{8-1-9}$$

可以看出，热泵的供热量（也称为制热量）永远大于所消耗的功量，所以热泵是能源综合利用中很有价值的装置。

8.1.2 热泵

热泵实质上是一种能源提升装置，它以消耗一部分高位能（机械能、电能或高温热能等）为补偿，通过热力循环，把环境介质（水、空气、土壤）中贮存的不能直接利用的低位能量转换为可以利用的高位能。它的工作原理与制冷机相同，都按逆循环工作，所不同的是它们工作的温度范围和要求的效果不同。制冷装置是将低温物体的热量传给自然环境，以营造低温环境；热泵则是从自然环境中吸取热量，并将它输送到人们所需要温度较高的物体中去。

图 8-1-2 所示为一热泵装置的工作原理图和 *T-s* 图。

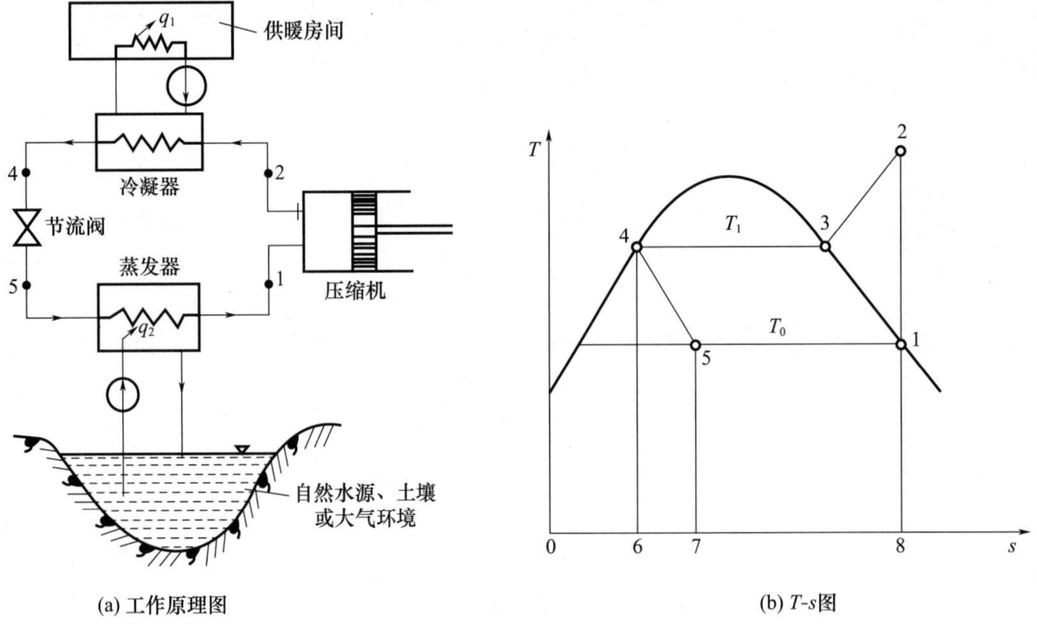

图 8-1-2　热泵示意图

在蒸发器中制冷剂蒸发吸取自然水源、土壤或环境大气中的热能，经压缩后的制冷剂在冷凝器中放出热量加热供热系统的回水，然后由循环泵送到热用户用作采暖或热水供应等；在冷凝器中，制冷剂凝结成饱和液体，经节流降压降温进入蒸发器，蒸发吸热，汽化为干饱和蒸气，从而完成一个循环。热泵循环的经济性以消耗单位功量所得到的供热量来衡量，称为供热系数 ε_2（或 COP_H），它是无因次量，表示热泵的供热量与消耗功的比值，即

$$\varepsilon_2 = \frac{q_1}{w_0} \tag{8-1-10}$$

式中　q_1——热泵的供热量，kJ/kg；

w_0——热泵消耗的功量，kJ/kg。

热泵循环向供暖房间（高温热源）供热量 q_1 为［见图 8-1-2（b）］

$$q_1 = q_2 + w_0 = h_2 - h_1 = \text{面积}234682 \tag{8-1-11}$$

因为 $q_1 > w_0$，故总是 $\varepsilon_2 > 1$。

由于制冷系数

$$\varepsilon_1=\frac{q_2}{w_0} \tag{8-1-12}$$

故

$$\varepsilon_2=\frac{q_1}{w_0}=\frac{q_2+w_0}{w_0}=\varepsilon_1+1 \tag{8-1-13}$$

由此可见，循环制冷系数越高，供热系数也越高。

如上所述，热泵以花费一部分高位能为代价（作为一种补偿条件）从自然环境中获取能量，并连同所花费的高位能一起向用户供热，节约了高位能而有效地利用了低水平的热能。因此热泵是一种比较合理的供热装置。与用电直接供暖相比，它总是优于电采暖的。经过合理设计，使系统可在不同的温差范围内运行，这样热泵又可成为制冷装置。因此，用户可使用同一套装置在夏季作为制冷机用于空调，冬季作为热泵用来供热。

热泵的种类很多，按低位热源种类分有：空气源热泵、水源热泵、土壤源热泵、太阳能热泵；按热泵系统低温端与高温端所使用的载热介质分有：空气/空气热泵、空气/水热泵、水/空气热泵、水/水热泵、土壤/水热泵和土壤/空气热泵等；按热泵的驱动方式分有：机械压缩式热泵和吸收式热泵等。

热泵系统虽然初投资费用相对要高一些，但长期运行节能省钱，已被人们认识和接受，目前热泵系统已得到广泛采用，使用得最普遍的是空气/空气热泵系统。空气源热泵在室外空气相对湿度大于 70%、气温降到低于 3～5℃时，机组蒸发器盘管表面会严重结霜从而使传热过程恶化，虽然可以采用逆向循环进行除霜，但结果将降低整个系统的供热系数 ε_2（或 COP_H）。水源热泵系统通常是利用温度范围为 5～18℃的距地面深 80m 的井水，所以它们没有结霜的问题。水源热泵有较高的供热系数，但系统较复杂且要求有容易取得地下水源的条件。土壤源热泵系统同样要求将很长的管子深埋在土壤温度相对恒定的土层中。热泵的供热系数 ε_2一般在 1.5～4 之间，它取决于不同的系统和热源的温度。近年开发的采用变速电动机驱动的新型热泵，其供热系数比原先系统至少大两倍。对水源热泵空调系统可以随意进行房间的供暖或供冷的调节和同时满足供冷供暖要求，使建筑物热回收利用合理。因此，对于同时有供热供冷要求的建筑物，热泵具有明显的优点。

8.2　蒸气压缩制冷循环

空气的热物性决定了空气压缩制冷循环的制冷系数低和单位质量工质的制冷能力小。如果采用低沸点的物质作为工质，利用该种工质在定温定压下液化和气化的相变性质，可以实现定温定压吸热或放热过程（在湿蒸气区）。因而原则上可实现逆卡诺循环 1′—3—4—8—1′［如图 8-2-1（b）所示］。

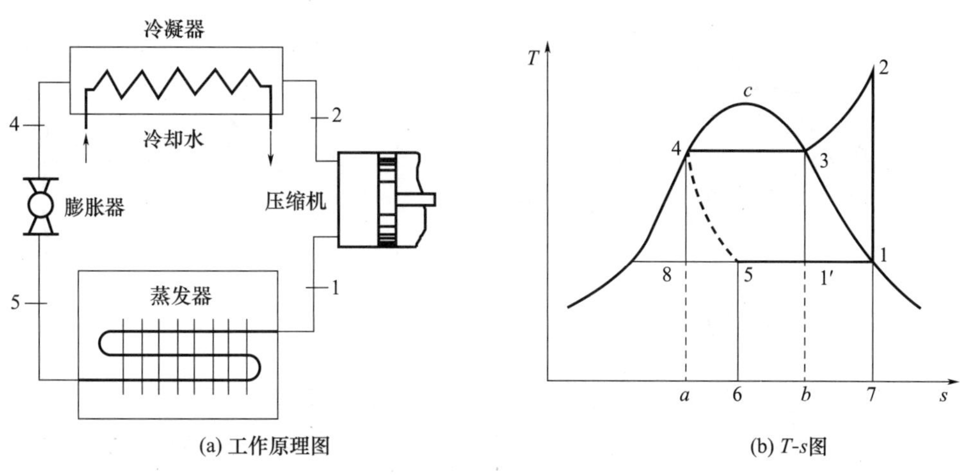

图 8-2-1　蒸气压缩式制冷循环图

图中 1′—3 是制冷剂在压气机中定熵压缩，3—4 是制冷剂在冷凝器中定压定温冷凝放热，4—8 是制冷剂在膨胀机中的定熵膨胀，8—1′是通过蒸发器从冷库中定压定温气化吸热。由于汽化潜热较大，因而单位质量工质的制冷能力也大。

8.2.1 实际压缩式制冷循环

实际上采用的蒸气压缩制冷循环是图 8-2-1（b）中 1—2—3—4—5—1。蒸气压缩制冷装置主要由压缩机、冷凝器、膨胀阀及蒸发器组成，其装置原理图如图 8-2-1（a）所示。

由蒸发器出来的干饱和蒸气被吸入压缩机，绝热压缩后成为过热蒸气（过程 1—2），因压缩前后都是气态而不是气液混合物，使压气机设计制造较方便，压缩效率也高。蒸气进入冷凝器后，在定压下冷却（过程 2—3）并进一步在定压定温下凝结成饱和液体（过程 3—4）。饱和液体继而通过一个膨胀阀（又称节流阀或减压阀）经绝热节流降压降温而变成低干度的湿蒸气。绝热节流是不可逆过程，节流前后焓值相同，在图 8-2-1（b）中用虚线 4—5 表示。湿蒸气被引进冷室的蒸发器，在定压定温下吸热气化成为干饱和蒸气（过程 5—1），从而完成一个循环。这里用节流阀取代了膨胀机，从热力学的观点来看，将可逆绝热膨胀改换为不可逆的绝热节流，会损失一部分原可回收的膨胀功，但从实用观点来看，以节流阀代替结构复杂的膨胀机，既简化了设备，又易于调节温度。

8.2.2 制冷剂的压焓图（lg*p*-*h* 图）

在对蒸气压缩制冷循环进行热力计算时，除了利用有关工质的 *T*-*s* 图外，使用最方便的是压焓图即 lg*p*-*h* 图，如图 8-2-2 所示。

lg*p*-*h* 图以制冷剂的焓作为横坐标、以压力为纵坐标，但为了缩小图面，压力采用对数分格（需要注意，从图上读取的仍是压力值，而不是压力的对数值）。图上共绘出制冷剂的六种状态参数线簇，即定焓（h）、定压力（p）、定温度（T）、定比体积（v）、定熵（s）及定干度（x）线，如图 8-2-2 所示。与水蒸气的图表类似，在图上也绘有饱和液体（$x=0$）线和干饱和蒸气（$x=1$）线，二者汇合于临界点 c。饱和液体线与饱和蒸气线将图面划分成三个区域：下界线（$x=0$）以左为过冷液体（或未饱和液体）区，下界线与上界线（$x=1$）之间是湿蒸气区，上界线右侧是过热蒸气区。由于在制冷的热工计算中，主要利用 lg*p*-*h* 图的过热蒸气区，因此有些实用的 lg*p*-*h* 图只有过热蒸气区范围，还有些图把工程上不常用的顶部和饱和区的中间大部分裁去，再将剩下的过热蒸气区、过冷液体区及小部分湿蒸气区合并为一张可供查用的 lg*p*-*h* 图。对各种制冷剂都可绘出类似的温熵图与压焓图。

蒸气压缩式制冷循环各热力过程在 lg*p*-*h* 图上的表示见图 8-2-3。图中，1—2 表示压缩机中的绝热压缩过程，因是可逆绝热过程，点 1、2 在同一条定熵线上。2—3—4 是冷凝器中的定压冷却过程，制冷剂首先被冷却成干饱和蒸气（点 3），并进而冷凝为饱和液体（点 4）。

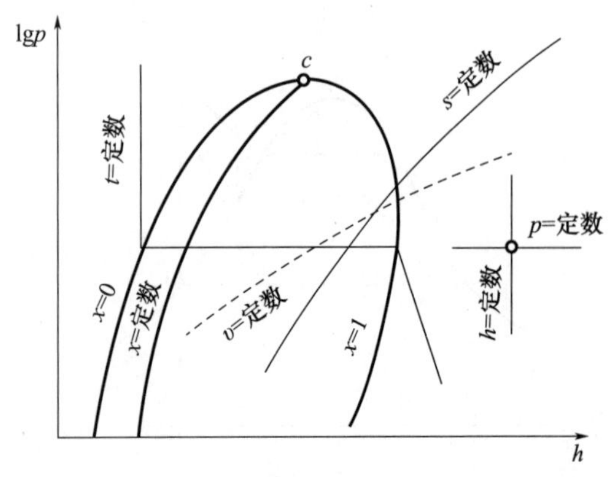

图 8-2-2 制冷剂 lg*p*-*h* 图

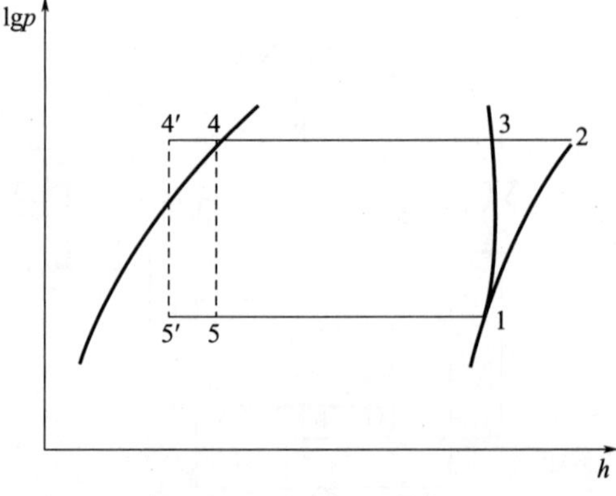

图 8-2-3 制冷循环 lg*p*-*h* 图

4—5 为膨胀阀中的绝热节流过程。节流前后制冷剂焓值不变，故点 4、点 5 在同一条垂直的定焓线上，其间以虚线连接。5—1 表示蒸发器内的定压蒸发过程。因温度不变，故图上为一水平线。如果饱和液体受到过冷，在过冷器中进行的过程为定压冷却过程 4—4′，此时节流过程以虚线 4′—5′表示，蒸发过程则为 5′—5—1。

8.2.3　制冷循环能量分析及制冷系数

实际蒸气压缩制冷循环整个装置的能量分析。其制冷系数为

$$\varepsilon_1=\frac{\text{收获}}{\text{消耗}}=\frac{q_2}{w_0} \tag{8-2-1}$$

从 lg$p$-h 图上可以很方便地获得下列数据（如图 8-2-3 所示）：

制冷量

$$q_2=h_1-h_5 \tag{8-2-2}$$

消耗的循环净功

$$w_0=h_2-h_1 \tag{8-2-3}$$

冷凝放热量

$$q_1=h_2-h_4 \tag{8-2-4}$$

于是可得

$$\varepsilon_1=\frac{h_1-h_5}{h_2-h_1} \tag{8-2-5}$$

制冷剂质量流量

$$\dot{m}=\frac{Q_2}{q_2} \tag{8-2-6}$$

式中　Q_2——制冷装置冷负荷，kJ/h。

压缩机所需功率

$$\dot{W}=\frac{\dot{m}w_0}{3600} \tag{8-2-7}$$

冷凝器热负荷

$$Q_1=\dot{m}q_1=\dot{m}(h_2-h_4) \tag{8-2-8}$$

8.2.4　影响制冷系数的主要因素

从式（8-1-5）可以看出，降低制冷剂的冷凝温度（即热源温度）和提高蒸发温度（即冷源温度），都可使制冷系数增高。

1. 冷凝温度

如图 8-2-4 所示，1—2—3—4—5—1 为原有蒸气压缩制冷循环，当冷凝温度由 T_4 降低至 $T_{4'}$ 时，形成了新的循环 1—2′—3′—4′—5′—1。可以看出，新循环中不仅压缩机所消耗的功减少了（$h_2-h_{2'}$）。同时制冷量增加了（$h_5-h_{5'}$），因而制冷系数得到了提高。需要指出的是，冷凝温度的高低完全取决于冷却介质（一般为水或空气）的温度，而冷却介质的温度不能任意降低，它受到环境温度的限制。这点在选择冷却介质时，应予以注意。

2. 蒸发温度

如图 8-2-5 所示。将制冷循环 1—2—3—4—5—1 的蒸发温度由 T_5 升高到 $T_{5'}$ 时，由于压缩功减少了（$h_{1'}-h_1$），制冷量增加了（$h_{1'}-h_{5'}$）－（h_1-h_5），因而也提高了制冷系数。

蒸发温度主要由制冷的要求确定，因此在能够满足需要的条件下，应尽可能采取较高的蒸发温度，而不应不必要地降低蒸发温度。

除上述冷凝温度与蒸发温度是影响制冷系数的主要因素外，制冷剂的过冷温度对于制冷系数也

有直接的影响。实际制冷循环中，不仅使制冷剂蒸气通过冷凝器变为饱和液体，而且将其进一步冷却，使制冷剂的温度降得更低，成为状态 4′的过冷液体（参见图 8-2-6）。由图可见，压缩机消耗的功量（h_2-h_1）未变，但制冷量增大了（$h_5-h_{5'}$），因而也提高了制冷系数。显然，过冷温度越低，制冷系数也越高。但是过冷温度并不能任意降低，因为它同样取决于冷却介质的温度。液体的过冷过程（4—4′）一般是在冷凝器与膨胀阀之间装设的过冷器中进行的。

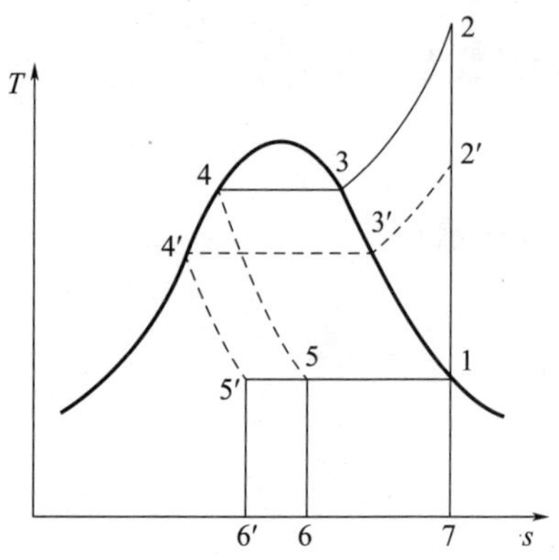

图 8-2-4　冷凝温度对制冷系数的影响

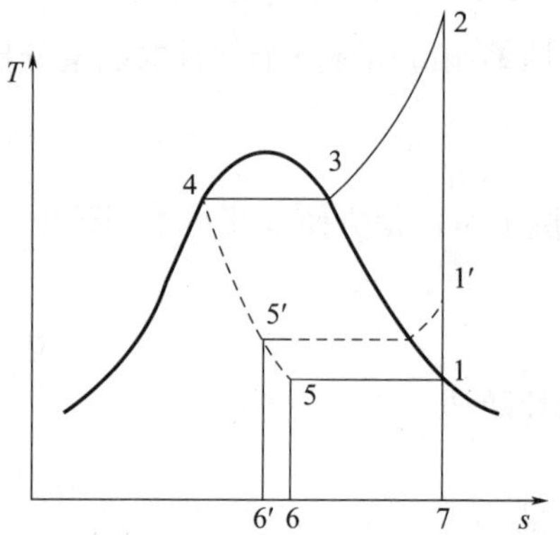

图 8-2-5　蒸发温度对制冷系数的影响

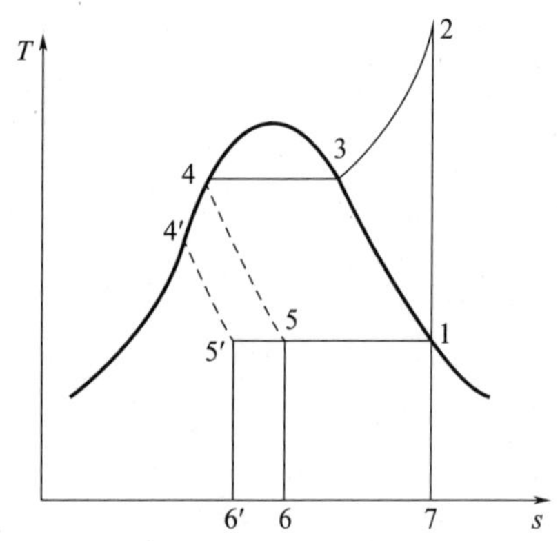

图 8-2-6　过冷温度对制冷系数的影响

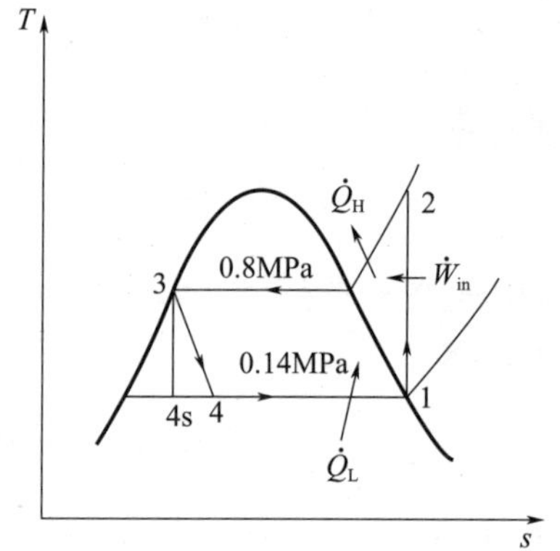

图 8-2-7　R134a *T*-*s* 图

8.2.5　制冷剂的热力学性质

逆卡诺循环的制冷系数仅是冷源、热源温度的函数，与制冷剂的性质无关，但是在实际的制冷装置中，无论是压缩机所需的功率，还是蒸发器、冷凝器的尺寸及材料等，以及制冷循环的性能，都与制冷剂的性质有密切的关系。所以在设计制冷装置时，必须选取适合于工作条件的制冷剂。为此，对制冷剂应提出一定的要求：

（1）对应大气温度的饱和压力尽可能降低，以减少压气机成本和对设备强度、密封方面的要求。

（2）对应冷库温度的压力不要太低，最好稍高于大气压力，以免为维持真空度而引起麻烦。

（3）在冷库温度下的制冷剂汽化潜热值要大，以使单位质量的制冷剂具有较大的制冷能力。

（4）液体比热容要小。也就是说在温熵图中的饱和液体线要陡，这样就可以减小因节流而损失的功和制冷量。节流过程引起的功和制冷量的损失为（如图 8-2-8 所示）：

$$h_5-h_{4'}=h_4-h_{4'}=(h_4-h_{5'})-(h_{4'}-h_{5'})$$

$$=\text{面积}5'4765'-\text{面积}5'4'765'$$

$$=\text{面积}5'44'5'$$

饱和液体线越陡，则面积 $5'44'5$ 越小，节流过程引起的功和制冷量的损失也就越小。

(5) 临界温度应远高于环境温度，使循环不在临界点附近运行，而在较大可资利用的汽化潜热范围内运行以提高经济性。

(6) 凝固点要低，以免在低温下凝固而阻塞管路。同时饱和蒸气的比体积要小，以减小设备的体积。

此外，要求制冷剂传热性能良好，以减少制冷装置的尺寸；制冷剂不溶于油，以免影响润滑；制冷剂有一定的吸水性，以免因析出水分而在节流降温后产生冰塞。还需要制冷剂化学性质稳定，不易分解变质；不腐蚀设备，不易燃，不易爆，对人体无害，价格低廉，来源充足，等等。

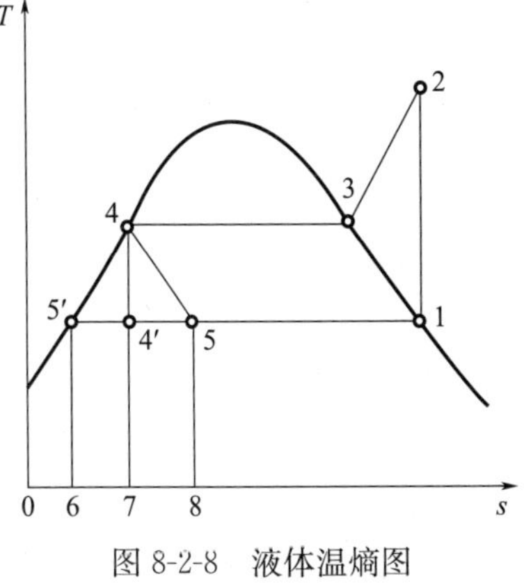

图 8-2-8　液体温熵图

常用的制冷剂有空气、水（H_2O）、氨（NH_3）、各种氟利昂、二氧化碳（CO_2）、二氧化硫（SO_2）等。其中氟利昂制冷剂中氯氟烃 CFC 类（包括 CFC11、CFC12，即 R11 和 R12），由于其良好的使用性能和安全性，自 20 世纪 30 年代至今被广泛应用于空调制冷、冰箱、汽车空调、房间空调器、冷水机组和空调热泵设备中用作主要制冷剂。

必须指出，氟利昂既是制冷行业的骄子，又是破坏大气臭氧层的罪魁。一方面氯氟烃类化学性质极其稳定，寿命可达百年以上，在低空中很难分解，最终都会分解在高空的平流层中，破坏臭氧层，影响生物圈的动植物；另一方面当氟利昂中含有较多的氟原子时，分子的稳定性增加，使氟利昂在大气中存在的时间延长，加剧温室效应。尤其是氟利昂 11（CFC11）和氟利昂 12（CFC12）等制冷剂对臭氧层的破坏和温室效应的影响都比较大，且非常稳定，可能会存在几十年至上百年，将长期影响生态平衡，因此已被称为环害工质。大量环害氟利昂的排放造成臭氧层的破坏已经引起国际社会的极大关注。

1987 年 9 月联合国环保组织在加拿大蒙特利尔市国际保护臭氧层会议上通过了《关于消耗臭氧层物质的蒙特利尔议定书》，我国政府于 1991 年 6 月提出参加，并于 1992 年 8 月起正式成为该议定书的缔约国。1992 年 11 月在哥本哈根召开的“蒙特利尔议定书缔约国第四次会议”上又进一步修正与调整了淘汰限制使用 CFC（氟利昂）物质的时间表，对经济发达国家：①CFC 至 1996 年 1 月 1 日停用；②HCFC 至 2030 年 1 月 1 日停用。对发展中国家（包括中国）：①CFC 物质 2010 年全部停止使用；②HCFC 物质 2016 年开始受限，2040 年全部停止使用。

为了解决 CFC 对臭氧层的破坏的问题，空调制冷工程界采取三个措施：一是对空调制冷设备使用的 CFC11 和 CFC12 采取回收、再循环技术，尽可能减少排放量；二是寻找和研制新的替代物；三是正在积极研究磁制冷等其他新型制冷方式。

有关研究表明 CFC11、CFC12 的替代物在近期可用 R22 及其混合剂 R123，长远可采用氢氟烷 HFC，如 HFC134a、HFC245ca，它们是分别替代 CFC12 和 CFC11 的较理想的制冷剂。几种常见制冷剂的物理性质见表 8-2-1。

表 8-2-1　几种制冷剂的物理性质表

名称	代号	分子式	分子量 M	标准沸点 t_s（℃）	凝固温度 t_f（℃）	临界点			绝热系数 κ（20℃，101.325kPa）	受控物质与否
						t_c（℃）	p_c（MPa）	$v_c\times10^{-3}$（m^3/kg）		
空气	R729		28.96	−194.5	−121.9	−140.63	38.4	2.83		否
水	R718	H_2O	18.02	100.0	0.0	374.12	22.1	3.15	1.33（0℃）	否
氨	R717	NH_3	17.03	−33.35	−77.7	132.4	11.52	4.13	1.32	否

续表

名称	代号	分子式	分子量 M	标准沸点 t_s（℃）	凝固温度 t_f（℃）	临界点			绝热系数 κ（20℃，101.325kPa）	受控物质与否
						t_c（℃）	p_c（MPa）	$v_c\times10^{-3}$（m³/kg）		
二氧化碳	R744	CO_2	44.01	−78.52	−56.6	31.0	7.38	2.456	1.295	否
二氧化硫	R764	SO_2	64.06	−10.08	−63.5	157.5	80.4	1.91		否
氯甲烷	R40	CH_3Cl	50.49	−23.74	−97.6	143.1	6.68	2.70	1.2（30℃）	否
氟利昂 11	R11	$CFCl_3$	137.39	23.7	−111.0	198.0	4.37	1.805	1.135	是
氟利昂 12	R12	CF_2Cl_2	120.92	−29.8	−155.0	112.04	4.12	1.793	1.138	是
氟利昂 22	R22	CHF_2Cl	86.48	−40.84	−160.0	96.13	4.986	1.905	1.194（10℃）	（否）
氟利昂 123	R123	$C_2HF_3Cl_2$	152.9	27.9	−107	183.8	3.67	1.818	1.09	（否）
氟利昂 134a	R134a	$C_2H_2F_4$	102.0	−26.2	−101.0	101.1	4.06	1.942	1.11	否
氟利昂 152a	R152a	$C_2H_4F_2$	66.05	−25	−117.0	113.5	4.49	2.74		否

注：（否）为过渡性物质，2020 年和 2040 年之间受限。

8.3 空气压缩制冷循环

众所周知，将常温下较高压力的空气进行绝热膨胀，会获得低温低压的空气。空气压缩式制冷就是利用这一原理获得所需的低温，其装置的工作原理如图 8-3-1（a）所示。

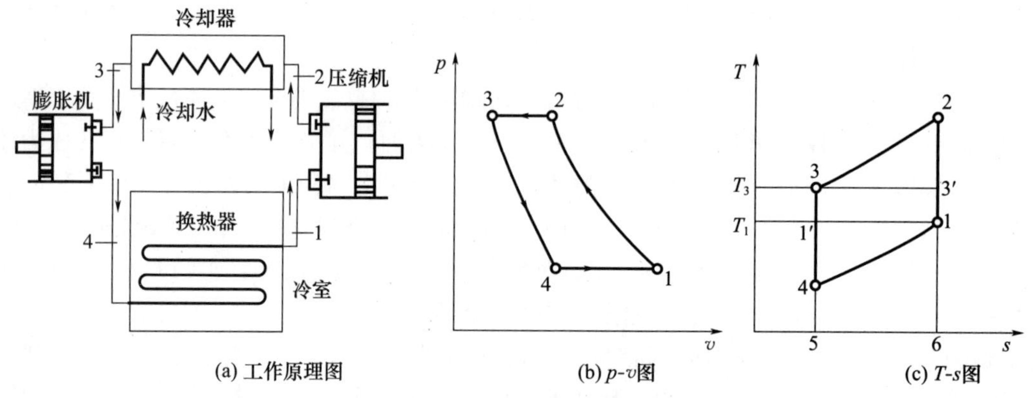

(a) 工作原理图　(b) p-v图　(c) T-s图

图 8-3-1　空气压缩式制冷循环

8.3.1 制冷循环

低温低压的空气（制冷剂）在冷室的盘管中定压吸热升温后进入压缩机，被绝热压缩提高压力，同时温度也升高，然后进入冷却器，被大气或水冷却到接近常温（即大气环境温度）后再进入膨胀机。压缩空气在膨胀机内进行绝热膨胀，压力降低同时温度也降低，将低温空气引入冷室的换热器，在换热器盘管内定压吸热，从而降低冷室的温度。空气吸热升温后又被吸入压缩机进行新的循环。

上述空气制冷装置理想循环又称为布雷顿制冷循环，它的 p-v 图及 T-s 图如图 8-3-1（b）和（c）所示，图上各状态点与图 8-3-1（a）相对应。

其中：1—2 过程是空气在压缩机内定熵压缩过程；2—3 过程是空气在冷却器中定压放热过程；3—4 过程是空气在膨胀机中定熵膨胀过程；4—1 过程是空气在冷室换热器中定压吸热过程。

8.3.2　制冷系数

假定空气是定比热容理想气体，则每 kg 空气排向冷却水的热量 q_1（T-s 图上以面积 23562 表示）为

$$q_1=h_2-h_3=c_p(T_2-T_3) \tag{8-3-1}$$

空气自冷室吸取的热量（即制冷量）q_2（在 T-s 图上以面积 41654 表示）为

$$q_2=h_1-h_4=c_p(T_1-T_4) \tag{8-3-2}$$

循环所消耗的净功 w_0 为

$$w_0=q_1-q_2=c_p(T_2-T_3)-c_p(T_1-T_4) \tag{8-3-3}$$

循环的制冷系数 ε_1 为

$$\varepsilon_1=\frac{q_2}{w_0}=\frac{T_1-T_4}{(T_2-T_3)-(T_1-T_4)} \tag{8-3-4}$$

或

$$\varepsilon_1=\frac{1}{\dfrac{T_2-T_3}{T_1-T_4}-1} \tag{8-3-5}$$

因过程 1—2 与 3—4 为定熵过程，故有

$$\frac{T_2}{T_1}=\left(\frac{p_2}{p_1}\right)^{\frac{\kappa-1}{\kappa}} \tag{8-3-6}$$

$$\frac{T_3}{T_4}=\left(\frac{p_3}{p_4}\right)^{\frac{\kappa-1}{\kappa}} \tag{8-3-7}$$

而过程 2—3 与 4—1 为定压过程，即 $p_2=p_3$，$p_1=p_4$

因此

$$\frac{T_2}{T_1}=\frac{T_3}{T_4}=\frac{T_2-T_3}{T_1-T_4} \tag{8-3-8}$$

于是制冷系数为

$$\varepsilon_1=\frac{1}{\dfrac{T_2}{T_1}-1}=\frac{1}{\left(\dfrac{p_2}{p_1}\right)^{\frac{\kappa-1}{\kappa}}-1} \tag{8-3-9}$$

或

$$\varepsilon_1=\frac{T_1}{T_2-T_1} \tag{8-3-10}$$

相同的温度范围内的逆向卡诺循环如图 8-3-1（c）中循环 1—3′—3—1′—1 所示。这相同温度范围是指冷室温度 T_1（即制冷剂在换热器盘管出口的温度）和冷却水温度 T_3（即制冷剂在冷却器出口能够达到的大气环境温度）之间，该逆卡诺循环的制冷系数为

$$\varepsilon_{1,c}=\frac{T_1}{T_3-T_1} \tag{8-3-11}$$

比较上述两种制冷循环在相同温度范围内的制冷系数，由图 8-3-1（c）显见，$T_3<T_2$。所以空气压缩制冷循环的制冷系数要比逆向卡诺循环的制冷系数小。从图 8-3-1（c）中还可看出，空气压缩制冷循环 1—2—3—4—1 所消耗的功量（面积 12341）大于逆向卡诺循环所消耗的功量（面积 13′31′1）。但其制冷量却比后者少（二者相差面积 411′4），所以前者的制冷系数小于后者。

由于空气压缩制冷循环不易实现定温吸热和放热，同时空气的比热容值较低，而它在冷室中的温升（T_1—T_4）又不宜太大（从图 8-3-1（c）可知，若要使（T_1—T_4）增大，压力比 p_2/p_1 就要大，而 ε_1 偏离 $\varepsilon_{1,c}$ 则越大），所以空气压缩制冷循环中单位工质的制冷能力较低。为达到一定的制冷量，空气的流量要大，就需要较大的装置，这是不经济的。因此在常规制冷范围内（冷库温度不低于－50℃），除了飞机上空调等特殊用途，现今很少应用。但近年来采用低压力比、大流量的叶轮压气机和有回热措施的装置，使空气压缩制冷循环又有了应用前景。

8.3.3 空气回热压缩制冷循环

图 8-3-2（a）是实际的空气回热压缩制冷循环的流程图。空气（制冷剂）从冷藏室的盘管中定压吸热升温到 T_1（T_1为冷室应保持的低温，即冷源温度），首先进入回热器被加热升温到 $T_{1'}$（即大气环境温度），然后进入叶轮式压气机进行绝热压缩，升压升温到 $p_{2'}$、$T_{2'}$，再进入冷却器，定压放热降温到 T_5（$T_5=T_3=T_{sur}$），随后进入回热器进一步定压冷却降温到 $T_{3'}$，再经叶轮式膨胀机定熵膨胀，降压降温到 p_4、T_4，最后进入冷藏室实现定压吸热升温到 T_1，于是完成了一个理想的回热循环 1′—2′—5—3′—4—1—1′。

在理想情况下，空气在回热器中的放热量（过程 5—3′）恰好等于被预热空气的吸热量（过程 1—1′），如图 8-3-2（b）所示，面积 53′675＝面积 11′981。它与没有回热的空气压缩制冷循环相比，最显著的优点是在单位质量工质的制冷量和向环境放热量都相同的情况下，使循环的压力比从原先的 p_2/p_1降到 $p_{2'}/p_1$，这一压力比的降低提供了采用低压力比、大流量叶轮式压气机和膨胀机的条件，从而使总制冷量得以提高。

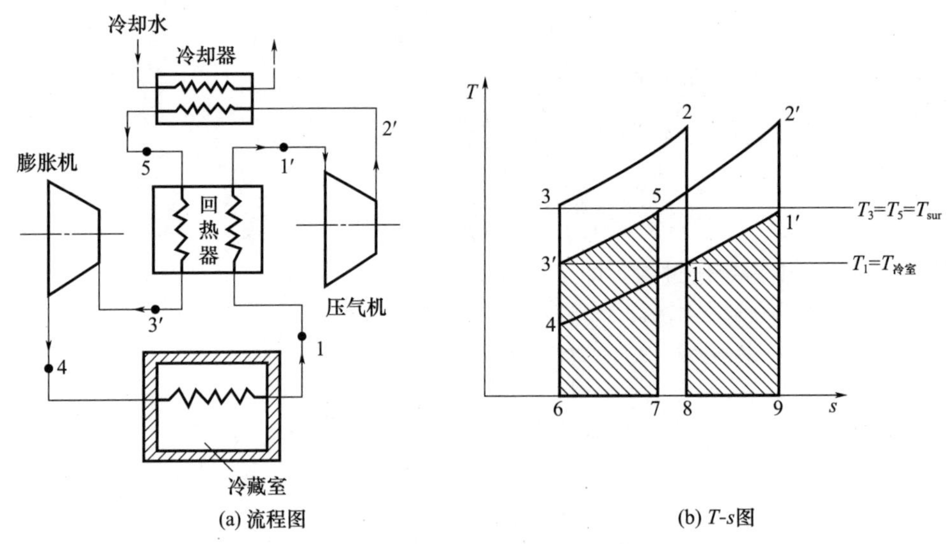

图 8-3-2 空气回热压缩制冷循环

8.4 蒸汽引射制冷循环

蒸汽引射制冷循环的主要特点是用引射器代替压缩机来压缩制冷剂，它以消耗蒸汽的热能作为补偿来实现制冷的目的，蒸汽喷射制冷装置主要由锅炉、引射器（或喷射器）、冷凝器、节流阀、蒸发器和水泵等组成，其工作原理图及 *T-s* 图如图 8-4-1 所示，而作为压缩机替代物的喷射器是由喷管、混合室和扩压管三部分组成。

由锅炉出来的工作蒸汽（状态 1′）在喷射器的喷管中膨胀增速（状态 2′），在喷管出口的混合室内形成低压，将冷室蒸发器内的制冷蒸汽（状态 1）不断吸入混合室。工作蒸汽与制冷蒸汽混合成一股汽流变成状态 2，经过扩压管减速增压至状态 3（相当于压缩机的压缩过程 2—3）。然后在冷凝器中定压放热而凝结（过程 3—4）。由冷凝器流出的饱和液体分成两路：一路经水泵提高压力后（状态 5′）送入蒸汽锅炉再加热汽化变成较高压力的工作蒸汽（状态 1′），从而完成了工作蒸汽的循环 1′—2′—2—3—4—5′—1′；另一路作为制冷工质经节流阀降压、降温（过程 4—5），然后在冷室蒸发器中吸热汽化变成低温低压的蒸汽（状态 1），从而完成了制冷循环 1—2—3—4—5—1。

循环中的工作蒸汽在锅炉中吸热，而在冷凝器中放热给冷却水，以花费燃料的热能为补偿实现了制冷循环。

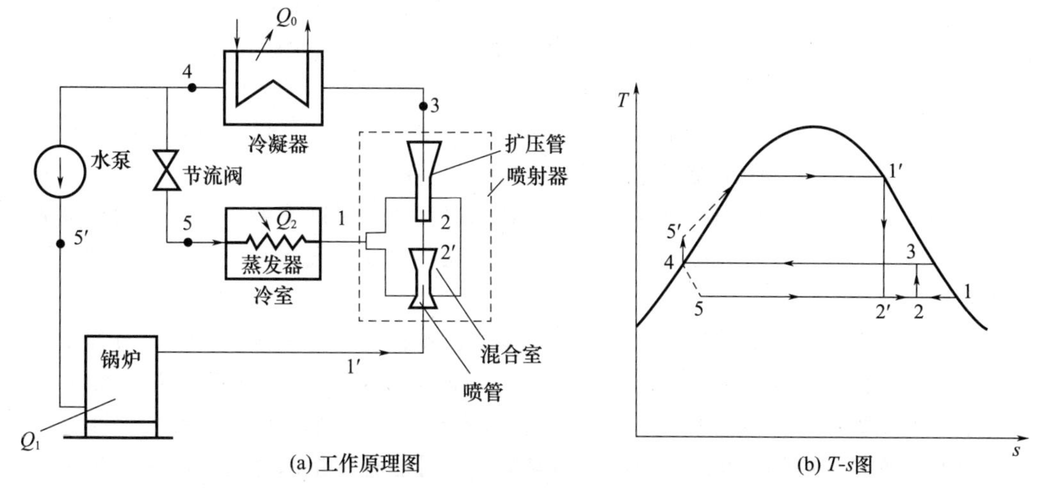

图 8-4-1　蒸汽喷射制冷循环

蒸汽喷射制冷循环的经济性用热能利用系数 ξ 来衡量，即

$$\xi=\frac{\text{收益}}{\text{代价}}=\frac{Q_2}{Q_1} \tag{8-4-1}$$

式中　Q_1——工作蒸汽在锅炉中吸收的热量，kJ/h；

Q_2——从冷室吸取的热量，kJ/h。

蒸汽喷射制冷装置的优点是：不是消耗机械功，而是直接消耗热能实现制冷；喷射器简单紧凑，容许通过较大的容积流量，可以利用低压水蒸气作为制冷剂。其缺点是：由于混合过程的不可逆损失很大，因而热能利用系数较低。制冷温度只能在 0℃以上。适用在空调工程中作为冷源。

8.5　吸收式制冷循环

吸收式制冷也是利用制冷剂液体气化吸热实现制冷，它是直接利用热能驱动，以消耗热能为补偿将热量从低温物体转移到环境中去。吸收式制冷采用的工质是两种沸点相差较大的物质组成的二元溶液，其中沸点低的物质为制冷剂，沸点高的物质为吸收剂。图 8-5-1 为吸收式制冷循环的工作原理流程图。这里以氨水溶液为工质的氨吸收式制冷循环为例来说明，其中氨用作制冷剂、水为吸收剂。图 8-5-1 中，冷凝器、膨胀阀和蒸发器与蒸气压缩制冷完全相同，而明显的区别是用吸收器、

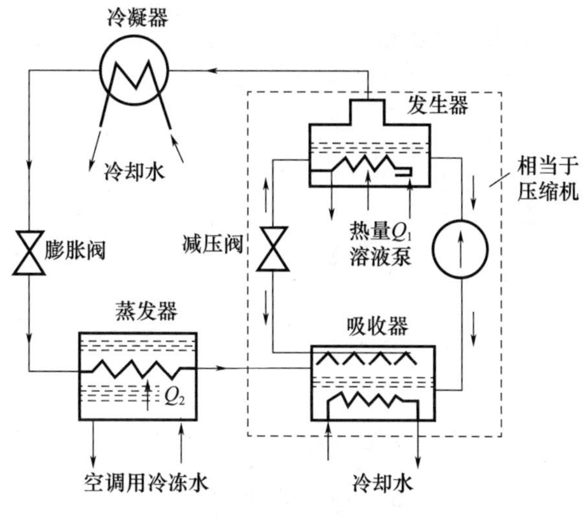

图 8-5-1　吸收式制冷循环

发生器、溶液泵及减压阀取代了压缩机。吸收式制冷循环是利用溶液在不同温度下具有不同溶解度的特性，使制冷剂（氨）在较低温度下被吸收剂（水）吸收，并在较高温度下蒸发起到升压的作用。因此，吸收器相当于压缩机的低压吸气侧，而发生器则相当于压缩机的高压排气侧，其中吸收剂（水）充当了将制冷剂（氨）从低压侧输运到高压侧的运载液体的角色。所以，吸收式制冷机中为实现制冷目的的工质进行了两个循环，即制冷剂循环和溶液循环。

制冷剂循环：由发生器出来的制冷剂（氨）的高压蒸气在冷凝器中被冷凝放热而形成高压饱和液体，再经膨胀阀节流到蒸发压力进入蒸发器中，在蒸发器中吸热气化变成低压制冷剂（氨）的蒸气，达到了制冷的目的。

溶液循环：从蒸发器引来的低压制冷剂（氨）蒸气在吸收器中被稀氨水在喷淋过程中吸收而成为浓氨水（溶液浓度以制冷剂含量为准）。这一吸收过程有放热效应。为使吸收过程能够持续有效地进行，需要不断从吸收器中取走热量。吸收器中的浓氨水用溶液泵加压送入发生器。在发生器中，利用外热源对浓氨水加热，使之沸腾，产生氨蒸气（可能有少量水蒸气同时蒸发出来，所以氨蒸气并不是纯氨蒸气），所产生的氨蒸气进入冷凝器冷凝，而发生器中剩余的稀氨水通过减压阀降压后返回吸收器再次用来吸收低压氨蒸气。从而实现了将低压氨蒸气转变为高压氨蒸气的压缩升压过程。

吸收式制冷机中所用的二元溶液主要有两种：氨水溶液和溴化锂水溶液。这两种二元溶液的制冷温度范围不同，前者在－45～1℃范围内，多用作工艺生产过程的冷源。而后者是以水为制冷剂、溴化锂为吸收剂，其制冷温度只能在0℃以上，所以它被广泛应用在空调工程中。

吸收式制冷循环的效率也用热能利用系数表示：

$$\xi=\frac{Q_2}{Q_1} \tag{8-5-1}$$

式中 Q_2——制冷量，kJ/h；

Q_1——发生器消耗的热量，kJ/h。

为了对利用热能直接制冷的系统进行评价，假设有一台理想的吸收式制冷机，所有热量传递都是可逆的定温过程，制冷机从温度为 T_2 的蒸发器吸热 Q_2，从温度为 T_1 的发生器吸热 Q_1，并在吸收器及冷凝器向温度为 T_s 的外界分别放出热量 Q_a、Q_c，另外还消耗泵功 W_p，对每一循环由热力学第一定律：

$$Q_1+Q_2+W_p-Q_s=0 \tag{8-5-2}$$

而

$$Q_s=Q_a+Q_c \tag{8-5-3}$$

由于泵消耗的功相对其他项很小可忽略

$$Q_s=Q_1+Q_2 \tag{8-5-4}$$

由热力学第二定律有

$$\Delta s_{sys}+(\Delta s)_{sur}\geqslant 0 \tag{8-5-5}$$

因系统是按循环工作的，故

$$\Delta s_{sys}=0 \tag{8-5-6}$$

则有

$$(\Delta s)_{sur}=(\Delta s)_{T_1}+(\Delta s)_{T_2}+(\Delta s)_{T_s}\geqslant 0 \tag{8-5-7}$$

即

$$-\frac{Q_1}{T_1}-\frac{Q_2}{T_2}+\frac{Q_s}{T_s}\geqslant 0 \tag{8-5-8}$$

或

$$-\frac{Q_1}{T_1}-\frac{Q_2}{T_2}+\frac{Q_1+Q_2}{T_s}\geqslant 0 \tag{8-5-9}$$

整理后可得

$$\frac{Q_2}{Q_1} \leqslant \frac{T_2}{T_s - T_2} \cdot \frac{T_1 - T_s}{T_1} \tag{8-5-10}$$

式中
$$T_1 > T_s > T_2 \tag{8-5-11}$$

对于可逆的吸收式制冷机有

$$\xi_{max} = \frac{Q_2}{Q_1} = \frac{T_2}{T_s - T_2} \cdot \frac{T_1 - T_s}{T_1} = \varepsilon_{1,c} \eta_c \tag{8-5-12}$$

式中　$\varepsilon_{1,c}$——工作在 T_s、T_2 之间的逆卡诺循环制冷系数；

η_c——工作在 T_1、T_s 之间的卡诺循环热效率。

上式表明，最大的热能利用系数是工作在 T_1 和 T_s 两热源间的卡诺热机效率与工作在 T_1 和 T_s 两个热源间的卡诺逆循环制冷系数的乘积。

吸收式制冷装置的优点是可利用较低温度的热能如低压蒸汽、热水、烟气的余热或太阳能等，对综合利用热能有实际意义。

8.6　气体的液化

工业生产、科学研究、医疗卫生等许多场合中需要使用一些特殊的液态物质。例如核动力厂需要液态氢（H_2），某些医疗工作中要使用液态氮（N_2），超低温技术中广泛地使用液态氦（He）等。石油气及天然气等，也常以液态运输和贮存。这些液态物质都是由相应的气体经液化而得到的，任何气体只要使其经历适当的热力过程，将其温度降低至临界温度以下，并保持其压力大于对应温度下的饱和压力，便都可以从气体转化为液体。可以看出，为了使气体液化，最重要的是解决降温问题。由此，产生了许多液化方法与系统，下面仅介绍最基本的气体液化循环——林德汉普森（Linde-Hampson）循环。

8.6.1　林德汉普森系统工作原理

此法最先由林德与汉普森用于大规模空气液化中，主要是利用焦耳—汤姆逊效应，使气体通过节流阀而降温液化。系统的工作原理与热力过程如图 8-6-1 所示。

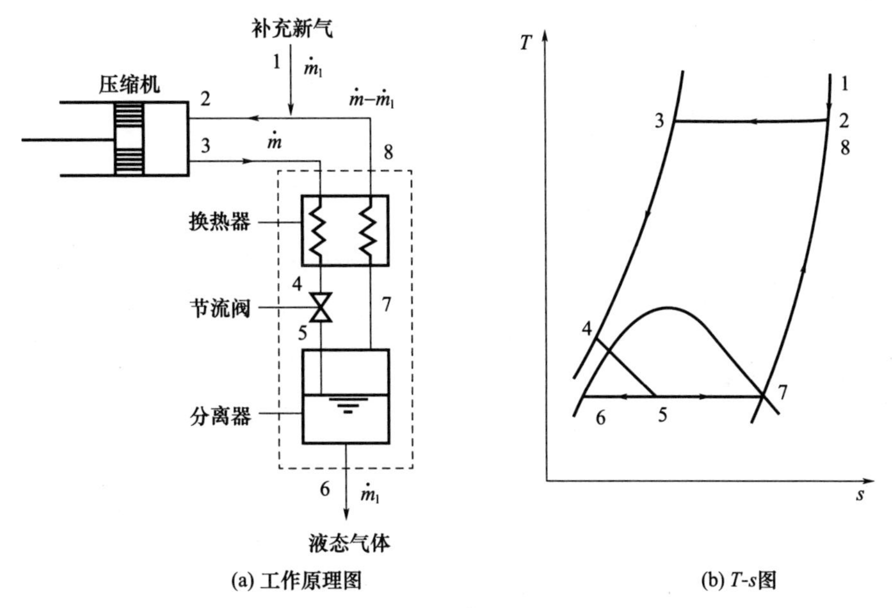

图 8-6-1　林德—汉普森液化系统

被液化的气体（以空气为例）以大约 2MPa 的压力进入定温压气机，压缩至约 20MPa 的高压［过程 2—3，参看图 8-6-1（b）］，然后进入换热器，在其中被定压冷却（3—4）。使温度降低至最大回转温度以下。这时，使气体通过节流阀，由于焦耳—汤姆逊效应，气体的压力和温度均大大降低（例如降至 2MPa 与相应的饱和温度，如过程 4—5），节流后的状态点 5 为湿蒸气，流入分离器中使空气的饱和液体 6 和饱和蒸气 7 分离开来，液体空气留在分离器中而饱和蒸气 7 被引入换热器去冷却从压气机出来的高压气体而自身被加热升温到状态点 8，然后与补充的新鲜空气 1 混合成状态 2，再进入压气机重复进行上述循环。

8.6.2 系统的产液率及所需的功

假设流体在液化系统中的流动为稳定流动，进入压气机的气体流量为 $\dot{m}$，产生的液体流量为 $\dot{m}_l$。取换热器、节流阀、分离器及其连接管路为所研究的控制体（图 8-6-1 中虚线包围的部分），如果不考虑系统中动能与位能的变化，而且认为控制体与外界没有热量和功量的交换，则根据热力学第一定律可写出能量方程

$$\dot{m}h_3-(\dot{m}-\dot{m}_l)h_8-\dot{m}_lh_6=0 \tag{8-6-1}$$

移项整理后即可得系统的产液率

$$L=\frac{\dot{m}_l}{\dot{m}}=\frac{h_8-h_3}{h_8-h_6} \tag{8-6-2}$$

产液率表示系统生产的液体质量与被压缩气体质量的比值。显然 L 值越大，说明系统越完善、越经济。

取压气机为控制体，写出能量方程

$$\dot{Q}=\Delta H+\dot{W}_s=\dot{m}(h_3-h_2)+\dot{W}_s \tag{8-6-3}$$

而对定温压缩

$$\dot{Q}=\dot{m}T_2(s_3-s_2) \tag{8-6-4}$$

代入经整理后可得

$$w_s=\frac{\dot{W}_s}{\dot{m}}=T_2(s_3-s_2)-(h_3-h_2) \tag{8-6-5}$$

式（8-6-5）即为压缩单位质量气体所需要的功。

生产单位质量液体所需功为：

因为 $$\dot{m}_l=\dot{m}L$$

故

$$w_s=\frac{\dot{W}_s}{\dot{m}}=\frac{\dot{W}_s}{\dot{m}L}=\frac{h_8-h_6}{h_8-h_3}[T_2(s_3-s_2)-(h_3-h_2)] \tag{8-6-6}$$

从式（8-6-6）可看出 $(h_8-h_6)>(h_8-h_3)$，因此产液率 L 较小，由于 h_8 大致一定，因此必须使 h_3 降低，这就是采用定温压缩的原因。

8.7 （吸收式）热泵

吸收式制冷机可以作为热泵使用，它可以回收废热水的热量，制取高温热水，用于供热等场合。吸收式热泵是热能驱动实现从低温向高温输送热量的设备，因此，从广义上说，吸收式制冷机也是一种吸收式热泵。

吸收式热泵有两种类型：输出热的温度低于驱动热源的第一类热泵（增热型）和输出热的温度高于驱动热源的第二类热泵（升温型，又称热变换器），两类热泵的能量及温度转换关系如图 8-7-1 所示。第一类吸收式热泵用于采暖和制备生活热水与工业热水，第二类热泵常用于制备工业热水和蒸汽。

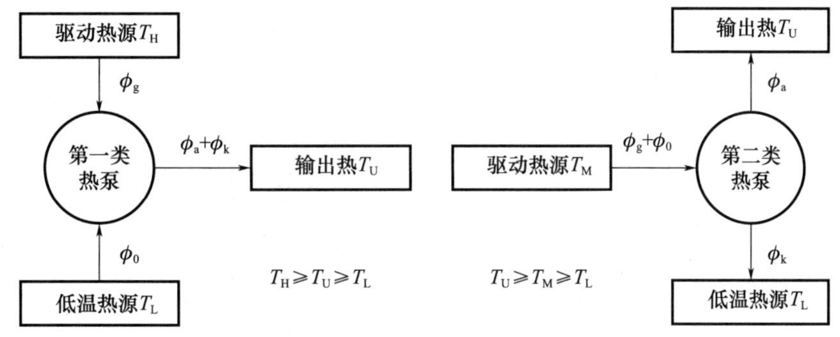

图 8-7-1　吸收式热泵的能量、温度转换关系

8.7.1　第一类热泵

利用高温热源，把低温热源的热能提高到中温的热泵系统，它是同时利用吸收热和冷凝热以制取中温热水的吸收式循环。图 8-7-2 示出了以溴化锂—水为工质对的单效第一类热泵机组的工作原理，低温热水获得吸收热和冷凝热后被加热成较高温度的热水。

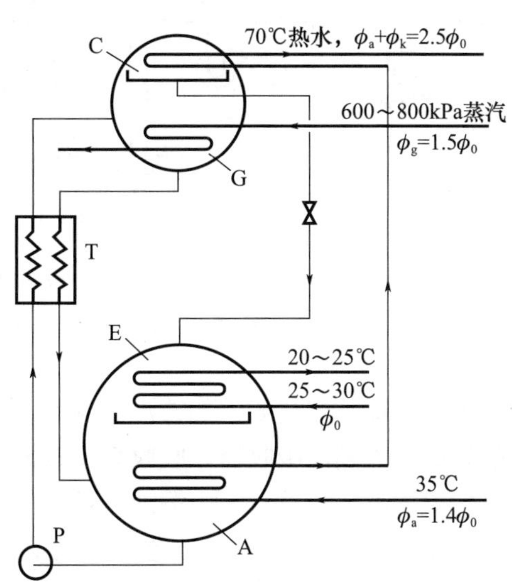

图 8-7-2　第一类吸收式热泵的工作原理

A—吸收器；C—冷凝器；E—蒸发器；G—发生器；P—溶液泵；T—热交换器

例如：蒸发器将 25～35℃水冷却 5～10℃，用吸收热和冷凝热将工艺排出的 25～35℃水加热到 60～80℃，热媒温度为 160～180℃，此时，发生器每输入 1kW 的热量可获得 1.6～1.8kW 的制热量（制热系数 1.6～1.8）。

从图中可以看出，将单效吸收式冷水机组的冷水回路作为低温热源水回路、将串联的冷却水回路作为热水回路，就构成了单效第一类吸收式热泵机组。冷水机组和热泵机组的差别在于二者的使用目的不同，前者用于制冷，后者用于供热；而且二者的运行工况和热力系数有很大的差别。

同理，利用双效吸收式制冷循环还可以研制双效第一类吸收式热泵机组。可见，第一类吸收式热泵与吸收式制冷机具有相同的工作原理。

现有的第一类吸收式热泵提升热水的温升一般不超过 40℃。在实际工程中，经常遇到余热温度较低且用户需求温度较高的情况，希望进一步提高温升。采用两级或多级吸收式热泵串联的方式虽然可以达到较大幅度提升热水温度的目的，但导致系统复杂、体积庞大、投资高、能源利用效率降低以及运行调节复杂等问题。针对上述问题，目前已发展出一种大温升吸收式热泵机组，如图 8-7-3 所示，通过改善循环形式，热水升温幅度可达到 50℃。

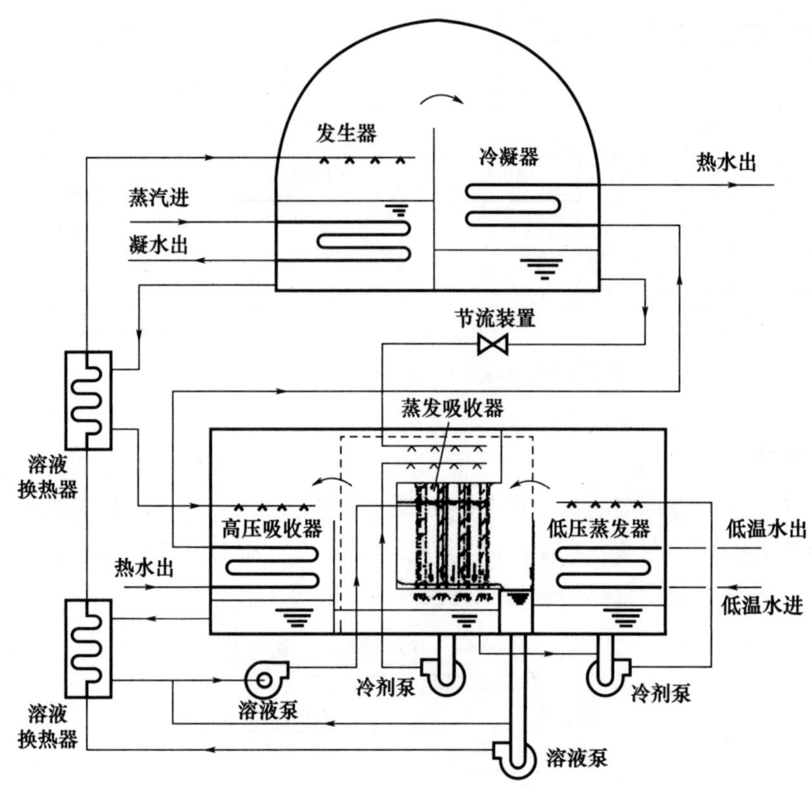

图 8-7-3　大温升吸收式热泵机组原理图

大温升吸收式热泵机组属于第一类吸收式热泵，由发生器、冷凝器、低压蒸发器、蒸发吸收器（即高压蒸发器也是低压吸收器）、高压吸收器、溶液换热器、节流装置、溶液泵、冷剂泵等组成。其工作原理如下。

（1）溶液循环。稀溶液在发生器中被高温热源（如蒸汽或燃油、燃气）加热，产生冷剂蒸气后变成浓溶液，通过高温溶液换热器后进入高压吸收器，吸收高压蒸发器中产生的冷剂蒸气；从高压吸收器中流出的较稀的溶液通过低温溶液换热器后，由溶液泵送入低压吸收器中，吸收低压蒸发器中产生的冷剂蒸气，低压吸收器中的稀溶液通过溶液泵送入低温及高温溶液换热器并返回发生器中，完成溶液循环。

（2）冷剂循环。发生器产生的冷剂蒸气进入冷凝器冷凝放热，加热用于供热的热水；冷凝后的冷剂水通过节流装置进入高压蒸发器，吸收低压吸收器产生的吸收热，蒸发出的水蒸气被高压吸收器中的溶液吸收；未被蒸发的部分冷剂水通过冷剂泵送入低压蒸发器中，吸收低温热源（低温水）的热量，蒸发出的水蒸气进入低压吸收器被溶液吸收，完成冷剂循环。

该机组的主要特点体现在两个方面：（1）采用了两级蒸发、两级吸收的方式，低压蒸发器从低温热源（低温水）吸收热量，将低压吸收器中产生的热量作为高压蒸发器的热源，高压吸收器和冷凝器中产生的热量用于加热热水。其优点是能够从较低温度的热源中吸热，并产生出较高温度的热水；（2）将低压吸收器和高压蒸发器结合在一起，组成了一体化结构的蒸发吸收器，简化了机组的结构和流程，可减小整个机组的体积。

8.7.2　第二类热泵

利用中温废热和发生器形成驱动热源系统，同时还利用中温废热和蒸发器构成热源系统，在吸收器中制取温度高于中温废热的热水的热泵系统。

图 8-7-4 示出了单效第三类热泵机组的工作原理，进入蒸发器的废热水把热量传给冷剂水，使冷剂水蒸发成冷剂蒸气，被吸收器中的溴化锂溶液吸收，由于吸收过程放出热量，因而在吸收器管

内流动的水被加热，得到所需的热水。

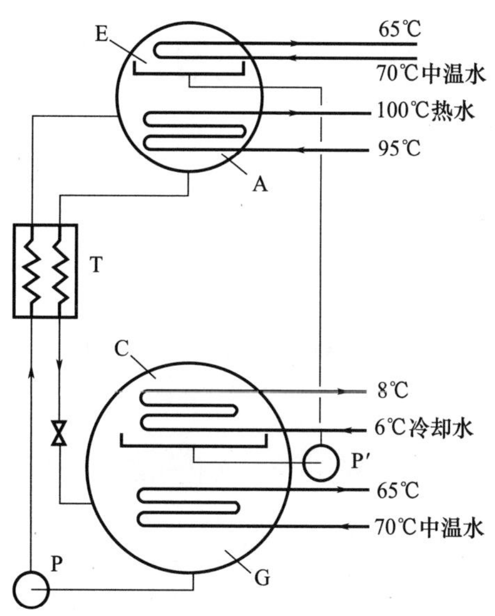

图 8-7-4　第二类吸收式热泵工作原理

A—吸收器；C—冷凝器；E—蒸发器；G—发生器；P—溶液泵；P′—冷剂水泵；T—热交换器

吸收冷剂蒸气后的稀溶液，经节流阀进入发生器，被在发生器管内流动的废热水加热沸腾、浓缩。浓缩后的浓溶液由溶液泵输送，经热交换器与来自吸收器的高温稀溶液换热后，进入吸收器，重新吸收冷剂蒸气。发生器中产生的冷剂蒸气进入冷凝器，被管内流动的低温冷却水冷却成冷剂水，再由冷剂水泵送往蒸发器。

由于热泵循环的冷凝压力低于蒸发压力，所以，需由溶液泵 P 将浓溶液从发生器送至吸收器，而冷剂水需用冷剂水泵 P′将其从冷凝器送至蒸发器。

当有 5～10℃的低温水（如冬季）作为冷却水时，这种机型可利用较低温度（如 70℃）的中温废热水作发生器和蒸发器的热源，使较高温度的水在吸收器内升温（95℃→100℃），其热力系数约 0.5。应当指出的是：冷凝器中的冷却水温度越低，所得到的高温水温度越高。

第 9 章　化学热力学基础

9.1　热力学第一定律在化学反应中的应用

9.1.1　具有化学反应的热力学第一定律表达式

1. 闭口系统

热力学第一定律是普遍适用的，当然也适用于有化学反应的闭口系统的能量转换，此时，热力学第一定律表达式为

$$Q=(U_2-U_1)+W=(U_2-U_1)+W_{ex}+W_a \tag{9-1-1}$$

或

$$Q=(U_P-U_R)+W=(U_P-U_R)+W_{ex}+W_a \tag{9-1-2}$$

式中　Q——反应热，化学反应过程中，系统与外界交换的热量，反应热 Q 的符号仍和以前一样，吸热为正，放热为负；

U_2、U_P——化学反应系统中生成物的总热力学能，即指化学反应所有生成物的热力学能总和，$U_2=U_P=\sum n_P u_P$，n_P 指某一种生成物的物质的量，u_P 指某一种生成物的摩尔热力学能；

U_1、U_R——化学反应系统中反应物的总热力学能，指参与化学反应所有反应物热力学能的总和，即 $U_1=U_R=\sum n_R u_R$，n_R 指某一种反应物的物质的量，u_R 指某一种反应物的摩尔热力学能；

W——化学反应系统与外界交换的总功，总功可分为两部分：一部分是系统容积变化所做的膨胀功 W_{ex}，另一部分是系统所做的有用功 W_a，如燃料电池中产生的电能等，$W=W_{ex}+W_a$。

必须指出，化学反应过程中，由于涉及物质分子及原子相互结合或分解将产生化学能的变化，因此，式（9-1-1）、式（9-1-2）中热力学能 U 应是物理热力学能 U_{ph} 与化学热力学能 U_{ch} 之和，即 $U=U_{ph}+U_{ch}$。

在许多化学反应过程中不产生有用功，如燃料的燃烧反应过程就不产生有用功，此时 $W_a=0$，故式（9-1-2）可写成

$$Q=(U_2-U_1)+W_{ex} \tag{9-1-3}$$

在许多化学反应过程中，如燃料燃烧过程中，系统在定压下进行，又不做有用功，系统所做的膨胀功 $W_{ex}=p(V_2-V_1)$，因此，反应热的计算式（9-1-3）变为

$$Q_{(P)}=(U_2-U_1)+P(V_2-V_1)=H_2-H_1=H_P-H_R \tag{9-1-4}$$

式中　H_2、H_P——化学反应系统中生成物的总焓，$H_P=\sum n_P h_P$；

H_1、H_R——化学反应系统中反应物的总焓，$H_R=\sum n_R h_R$；

$Q_{(P)}$——定压反应过程中的反应热，即定压反应过程中，当 $W_a=0$ 时，系统与外界交换的热量。

定压绝热反应时，$Q_{(P)}=0$，上式变为

$$H_P=H_R \tag{9-1-5}$$

即绝热反应前后闭口系统的总焓不变。

如在反应中系统的容积保持不变，系统与外界没有膨胀功的交换，$W_{ex}=0$，则式（9-1-4）变为

$$Q_{(v)}=U_2-U_1=U_P-U_R \tag{9-1-6}$$

式中　$Q_{(v)}$——定容反应过程中的反应热，即定容反应过程中，当 $W_a=0$ 时，系统与外界交换的热量。

定容绝热反应时，与外界热量交换也为零，即 $Q_{(v)}=0$，上式进一步简化为

$$U_P=U_R \tag{9-1-7}$$

这表明，定容绝热化学反应前后，闭口系统的总热力学能保持不变。

必须指出：如化学反应过程是可逆的，并且完成了最大有用功，则系统放出的热为最小，反应热可按式（9-1-2）计算，如化学反应是不可逆的燃料燃烧过程，$W_a=0$，则放热为最大，反应热可按式（9-1-3）计算，对定压过程可简化为式（9-1-5），对定容过程可简化为式（9-1-7）。

2. 开口系统

有化学反应的稳态稳流开口系统，当忽略由于化学变化引起的其他功时，其热力学第一定律的表达式为

$$Q=\sum_P H_0-\sum_R H_i+W_t \tag{9-1-8}$$

式中　Q、W_t——开口系统与外界交换的反应热和技术功；

$\sum_R H_i$、$\sum_P H_0$——反应前后进出系统的总焓。

若为定压过程（技术功为零），上式变为

$$Q=\sum_P H_0-\sum_R H_i \tag{9-1-9}$$

定压绝热反应时，$Q=0$，上式变为

$$\sum_P H_0=\sum_R H_i \tag{9-1-10}$$

9.1.2　反应热与反应热效应

1. 反应热

反应热是指化学反应过程中系统与外界交换的热量。按其定义，没有规定系统进行的是可逆过程还是不可逆过程，没有规定系统反应前和反应后的状态，也没有规定反应过程中是否做了有用功，如式（9-1-2）及式（9-1-3）中的 Q 就是反应热，式（9-1-4）中的 $Q_{(P)}$ 是定压过程中系统不做有用功的反应热，式（9-1-6）中 $Q_{(v)}$ 是定容过程中系统不做有用功的反应热。

2. 反应热效应

反应热效应的定义是：在反应过程中，系统不做有用功，生成物的温度与反应物的温度相等时系统所吸收或放出的热量，称为反应热效应，或简称热效应。反应在定温定容条件下进行时，称为定容热效应 Q_v；反应在定温定压条件下进行时，称为定压热效应 Q_p。若不加注明，通常所谓热效应均指定压热效应。

3. 标准反应热效应

热效应的数值与温度、压力等有关。为了便于比较和计算，常取 $p=101325$Pa、$T=298$K 为热化学的标准状态。当系统在标准状态下进行定温化学反应，或反应前后系统的生成物与反应物的温度均为 298K，又不产生有用功，则此时的反应热称为标准反应热效应，又简称标准热效应。

4. 燃料的热值

燃料在完全燃烧过程中所能释放出的热能称为燃料的热值，也称为燃料的发热量或燃烧热。标准状态下的热值称为标准热值（标准燃烧热）。燃料热值在数值上与反应热效应相等，但符号相反，热效应为负值，热值为正值。

对含有 H 元素的燃料来说，燃烧产物中的 H_2O 如为气态，则此时燃料的热值称为低热值，如 H_2O 为液态，则此时燃料的热值称为高热值。高、低热值之间的差值为水蒸气的凝结潜热。

5. 定压反应热效应与定容反应热效应的关系

根据反应热效应的定义，反应过程中系统温度保持不变，或生成物的温度等于反应物的温度，即 $T=T_2=T_1$ 或 $T=T_p=T_R$。如反应系统是理想气体混合物，则对相同的反应系统，从初态开始，无论是经过定温定压反应或经过定温定容反应，其热力学能的变化是相同的，即

$$(U_2-U_1)_{T,P}=(U_2-U_1)_{T,V}=Q_v \tag{9-1-11}$$

但当反应前后系统的总物质的量有变化时，两种反应的热效应则是有差别的。设反应前系统的总物质的量为 n_1，反应后系统的总物质的量为 n_2，对定温定压反应则有 $pV_1=n_1R_0T$，$pV_2=n_2R_0T$。将此关系式及式（9-1-7）一并代入式（9-1-4），可得

$$Q_p=Q_v+(n_2-n_1)R_0T=Q_v+\Delta nR_0T \tag{9-1-12}$$

式中 Δn——反应前、后系统总物质的量的变化，$\Delta n=(n_2-n_1)=(n_P-n_R)$。

在计算式（9-1-12）中，对于固体及液体物质的物质的量可以不予以考虑，而只考虑气态物质的物质的量。因为固体及液体物质的物质的量与气态物质的摩尔体积相比是微不足道的，可以忽略不计。

应该指出，式（9-1-4）与式（9-1-6）中的 $Q_{(P)}$ 和 $Q_{(v)}$ 与式（9-1-12）中的 Q_p 和 Q_v 是有区别的。式（9-1-4）和式（9-1-6）中没有规定反应必须是定温过程，因此是一个普遍式，式中的 $Q_{(P)}$ 与 $Q_{(v)}$ 是反应热，它们与反应前后系统的温度有关。式（9-1-12）规定反应过程在定温下进行，式中 Q_p 和 Q_v 是热效应，它们只取决于反应物的初状态。

从式（9-1-12）可以看出，定温定压反应热效应 Q_p 与定温定容反应热效应 Q_v 究竟哪一个大，这决定于反应前后系统物质的量的变化。如 $\Delta n>0$，则 $Q_p>Q_v$；如 $\Delta n<0$，则 $Q_p<Q_v$；如 $\Delta n=0$，则 $Q_p=Q_v$。但应指出，ΔnR_0T 的值与 Q_p 和 Q_v 相比是微不足道的，对于一般的燃料燃烧来说，可以忽略不计。因此，在实际测定燃料热值时，往往不考虑定压热值与定容热值的区别。

6. 盖斯定律

根据能量守恒的原理，盖斯（Hess）定律确定：反应热效应与反应的途径无关，不管这个化学反应过程是通过一个阶段完成，或经过几个阶段完成，只要反应前系统的状态与反应后系统的状态相同，那么它们的反应热效应必然相等。例如以 C 燃烧成 CO_2 为例，如直接燃烧成 CO_2，则

$$C+O_2 \longrightarrow CO_2+Q$$

如先燃烧成 CO，然后 CO 再燃烧成 CO_2，分两个阶段进行，则

$$C+\frac{1}{2}O_2 \longrightarrow CO+Q_1$$

$$CO+\frac{1}{2}O_2 \longrightarrow CO_2+Q_2$$

对上述两种情况来说，根据盖斯定律可得

$$Q=Q_1+Q_2 \tag{9-1-13}$$

盖斯定律是难以用实验测定的，Q_1 可通过较易测定的 Q 及 Q_2 得出。

9.2 反应热与反应热效应计算

9.2.1 生成焓

由元素单质 C、H_2、O_2 等，在定温下生成化合物如 CO_2、CO、H_2O 等，这种化学反应过程叫生成反应。生成反应中，生成 1kmol 的化合物的反应热效应称为该化合物的生成焓，用符号 h_T^0 表示，其单位是 kJ/kmol。如生成反应在标准状态下进行，则所测得的标准反应热效应称为标准生成焓，用符号 h_{298}^0 来表示，其单位是 kJ/kmol。

元素单质如 C、O_2、N_2、H_2 等不是化合物，规定它们的标准生成焓为零。为了进一步说明标

准生成焓的物理意义，我们可以看如图 9-2-1 所示的一个稳定流动的燃料燃烧过程。

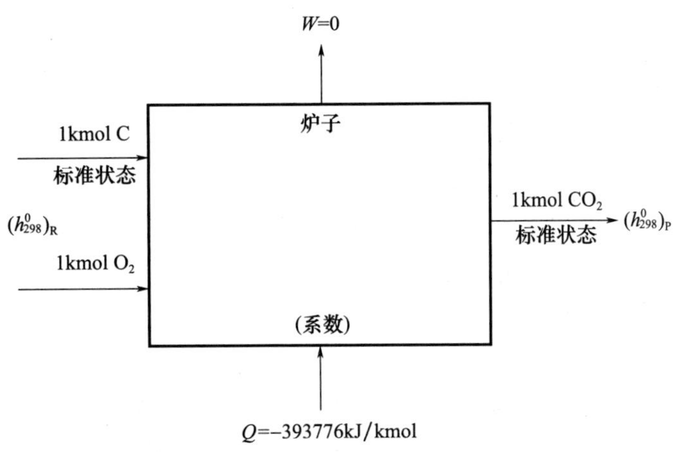

图 9-2-1　确定标准生成焓的示意图

取炉子为控制容积。进入系统的反应物是标准状态下的 C 和 O_2，离开系统的生成物是标准状态下的 CO_2。化学反应方程式为

$$C(s)+O_2(g)=CO_2(g) \tag{9-2-1}$$

在反应过程中系统传给外界的热量，就是标准反应热效应，其值 $Q=-393776\text{kJ/kmol}$。应用式（9-1-4），标准状态下的反应热效应为

$$Q=H_2-H_1=H_P-H_R=(h_{298}^0)_P-(h_{298}^0)_R \tag{9-2-2}$$

从化学反应方程可知，反应物 C 及 O_2 都是 1kmol，生成物也是 1kmol，所以上式可写成

$$Q=(h_{298}^0)_{CO_2}-[(h_{298}^0)_C+(h_{298}^0)_{O_2}] \tag{9-2-3}$$

由于元素单质 $(h_{298}^0)_C$ 及 $(h_{298}^0)_{O_2}$ 的标准生成焓均为零，所以得到 CO_2 的标准生成焓为 $(h_{298}^0)_{CO_2}=-393776\text{kJ/kmol}$。

表 9-2-1 列出了某些化合物的标准生成焓。

如果化学反应不在 298K 下进行，而是在 $p=101325\text{Pa}$ 及任意温度下进行，则其生成焓可通过标准生成焓而求得。对 1kmol 生成物而言，由已知标准生成焓求任意状态的生成焓的计算式为

$$h_T^0=h_{298}^0+\Delta h_T^0 \tag{9-2-4}$$

式中　h_{298}^0——标准生成焓，可从表 9-2-1 查得；

Δh_T^0——在定压下从 298K 加热到 T 时的物理焓的变化。

表 9-2-1　几种常用物质的标准生成焓 h_{298}^0（101325Pa，298K）

物质名称	化学式	分子量	物态	生成焓 h_{298}^0（kJ/kmol）
一氧化碳	CO	28.011	气	−110598
二氧化碳	CO_2	44.011	气	−393776
水（汽）	H_2O	18.016	汽	−241988
水（液）	H_2O	18.016	液	−286030
甲烷	CH_4	16.043	气	−74897
乙炔	C_2H_2	26.038	气	−226883
乙烯	C_2H_4	28.054	气	−52326
乙烷	C_2H_6	30.07	气	−84724
丙烷	C_3H_8	44.097	气	−103916
正丁烷	C_4H_{10}	58.124	气	−124809
碳（石墨）	C	12.011	固	0

续表

物质名称	化学式	分子量	物态	生成焓 h_{298}^0（kJ/kmol）
氮	N_2	28.013	气	0
氧	O_2	31.998	气	0
氢	H_2	2.159	气	0
辛烷（气）	C_8H_{18}	114.23	气	−208586
辛烷（液）	C_8H_{18}	114.23	液	−250119

①水在标准状态下可以有两种状态存在，因此相应地有两个生成焓数据。

②本表所列标准生成焓数据系摘自 Richard E. Balzhiser and Michael R. Samnels《Engineering Thermodynamics》1977。

此物理焓值的变化与反应的过程无关，仅决定于反应物或生成物状态的变化。对理想气体来说，可按摩尔定压比热容公式进行计算，即

$$\Delta h_T^0 = \int_{298}^{T} (a_0 + a_1 T + a_2 T^2 + a_3 T^3) \mathrm{d}T \quad (\mathrm{kJ/kmol}) \tag{9-2-5}$$

由于上式计算复杂，对常用的几种物质的 Δh_T^0 值列于表 9-2-2 中。

表 9-2-2 几种物质的 Δh_T^0 值（$\Delta h_T^0 = h_T^0 - h_{298}^0$） （kJ/kmol）

T（K）	CO_2	CO	H_2O	H_2	O_2	N_2
175	−4209	−3575	−4100	−3437	−3583	−3578
200	−3415	−2848	−3272	−2749	−2863	−2849
225	−2588	−2122	−2442	−2055	−2139	−2122
250	−1730	−1396	−1609	−1356	−1410	−1395
275	−842	−669	−773	−652	−678	−668
298	0	0	0	0	0	0
300	74	58	67	57	59	58
350	1989	1517	1760	1486	1547	1513
400	4003	2984	3471	2928	3054	2974
450	6109	4460	5203	4381	4582	4442
500	8298	S949	6957	5843	6130	5920
600	12895	8968	10539	8786	9287	8912
700	17745	12049	14228	11749	12526	11960
800	22803	15197	18038	14728	15842	15669
900	28031	18412	21957	17723	19230	18241
1000	33402	21691	26004	20738	22682	21475
1100	38891	25030	30176	23777	26190	24767
1200	44479	28423	34471	26845	29746	28114
1300	50150	31864	38887	29949	33343	31510
1400	55892	35346	43422	33092	36873	34949
1500	61696	38861	48070	36280	40632	38424
1600	67554	42405	52827	39516	44313	41931
1700	73460	45972	57685	42801	48015	45463
1800	79408	49556	62639	46134	51735	49018
1900	85394	53156	67678	49515	55472	52590
2000	91414	56770	72794	52940	59227	56178

续表

T (K)	CO_2	CO	H_2O	H_2	O_2	N_2
2100	97465	60395	77977	56405	63002	59780
2200	103542	64032	83214	59904	66799	63395
2300	109642	67681	88491	63432	70621	67024
2400	115763	71343	93793	66983	74471	70665
2500	121901	75019	99103	70553	78349	74321
2600	128054	78709	104401	74140	82258	77990
2700	134222	82413	109663	77743	86194	81671
2800	140402	86127	114863	81368	90155	85364
2900	146598	89846	119971	85022	94132	89063
3000	152813	93363	124953	88724	98112	92762

注：此表所列数据的出处与表 9-2-1 相同。

9.2.2　定温下反应热效应的计算

在标准状态下反应热效应的计算式可从式（9-1-4）得出：

$$Q = (H_{298}^0)_P - (H_{298}^0)_R = \sum n_P (h_{298}^0)_P - \sum n_R (h_{298}^0)_R \quad (9\text{-}2\text{-}6)$$

式中　$(H_{298}^0)_P$——全部生成物的标准生成焓，kJ；

$(H_{298}^0)_R$——全部反应物的标准生成焓，kJ；

$(h_{298}^0)_P$——系统中某一种生成物 1kmol 的标准生成焓，kJ/kmol；

$(h_{298}^0)_R$——系统中某一种反应物 1kmol 的标准生成焓，kJ/kmol；

n_P——系统中某一种生成物的物质的量，kmol；

n_R——系统中某一种反应物的物质的量，kmol。

式（9-2-6）就是计算标准反应热效应的普遍式。从式中可以知道，标准反应热效应等于全部生成物的标准生成焓减去全部反应物的标准生成焓。标准反应热效应可从标准生成焓的数值求得，有关常用物质的标准生成焓值已列在表 9-2-1 中。

如化学反应过程在 $p=101325$Pa 及任意温度 T 下进行，此时只需将式（9-2-4）中的 $\Delta h_T^0 = h_{298}^0 + \Delta h_T^0$ 代入式（9-1-4），即可得到任意温度下的反应热效应计算式：

$$Q = (H_T^0)_P - (H_T^0)_R \quad (9\text{-}2\text{-}7)$$

或

$$Q = \sum n_P (h_T^0)_P - \sum n_R (h_T^0)_R$$

$$= \sum n_P [(h_{298}^0)_P + (\Delta h_T^0)_P] - \sum n_R [(h_{298}^0)_R + (\Delta h_T^0)_R] \quad (9\text{-}2\text{-}8)$$

式中　$(H_T^0)_P$——全部生成物在标准压力及 T 下的生成焓，kJ；

$(H_T^0)_R$——全部反应物在标准压力及 T 下的生成焓，kJ；

$(\Delta h_T^0)_P$——系统中某一种生成物由 298K 变化到 T 时，1kmol 物理焓的变化，kJ/kmol；

$(\Delta h_T^0)_R$——系统中某一种反应物由 298K 变化到 T 时，1kmol 物理焓的变化，kJ/kmol。

式（9-2-8）就是计算在温度 T 下反应热效应的普遍式。此时，反应热效应等于全部生成物的生成焓减去全部反应物的生成焓。应该指出：式（9-2-8）中的物理焓的变化 $(\Delta h_T^0)_P$ 及 $(\Delta h_T^0)_R$ 有相同的温度变化，都是从 298K 变化到温度 T。

9.2.3　非定温下反应热的计算

式（9-2-6）及式（9-2-8）适用于定温下的反应系统，此时系统与外界交换的热量称为反应热效应。在燃料燃烧等实际的化学反应过程中，反应物与生成物的温度并不相等。根据前面的定义，非定温下系统与外界交换的热量称为反应热。在非定温下反应热的计算式，可以从式（9-2-8）演变得到，如反应物的温度为 T_1，反应后生成物的温度为 T_2，则非定温下反应热的计算式为

$$Q=\sum n_P\,(h^0_{T_2})_P-\sum n_R\,(h^0_{T_1})_R=\sum n_P[(h^0_{298})_P+(\Delta h^0_{T_2})_P]-\sum n_R[(h^0_{298})_R+(\Delta h^0_{T_1})_R] \tag{9-2-9}$$

式中 $(h^0_{T_2})_P$——系统中某一生成物温度为 T_2 时，1kmol 的生成焓，kJ/kmol；

$(h^0_{T_1})_R$——系统中某一反应物温度为 T_1 时，1kmol 的生成焓，kJ/kmol；

$(\Delta h^0_{T_2})_P$——系统中某一种生成物由 298K 变化到 T_2 时，1kmol 物理焓的变化，kJ/kmol；

$(\Delta h^0_{T_1})_R$——系统中某一种反应物由 298K 变化到 T_1 时，1kmol 物理焓的变化，kJ/kmol。

9.2.4 理论燃烧温度

燃料与空气在定压或定容下进行燃烧，产生的热效应分为两部分：一部分通过热交换传给外界，即所谓反应热；另一部分使燃烧产生的温度升高，被燃烧产物所带走。燃料如在绝热条件下进行完全燃烧，则可以得到最高的燃烧温度，称为理论燃烧温度。一般取标准状态下的温度 298K 作为计算的基准点，即认为进入炉子（系统）的反应物的温度是 25℃。

根据式（9-2-9）很容易导出理论燃烧温度的计算公式，假设燃料和空气在标准状态下进入系统进行绝热燃烧，所以反应物的物理焓 $(\Delta h^0_{298})_R=0$，反应热 $Q=0$。若用 T 表示理论燃烧温度，则式（9-2-9）可写成

$$\sum n_P[(h^0_{298})_P+(\Delta h^0_T)_P]=\sum n_R\,(h^0_{298})_R \tag{9-2-10}$$

从而可得

$$\sum n_P\,(\Delta h^0_T)_P=\sum n_R\,(h^0_{298})_R-\sum n_P\,(h^0_{298})_P \tag{9-2-11}$$

式（9-2-11）右侧就是燃料在燃烧过程中释放出来的热能，这部分热能完全用来增加燃烧产物的物理焓，即 $\sum n_P\,(\Delta h^0_T)_P$，使得其温度由 298K 增加到理论燃烧温度 T。式（9-2-11）就是理论燃烧温度的计算公式。

9.3 热力学第二定律在化学反应中的应用

9.3.1 概述

热力学第一定律应用于化学反应，使我们建立了计算反应热与反应热效应等的能量平衡关系式。热力学第二定律在本质上是指出热力过程进行的方向的一个定律，这对于化学反应过程也是适用的。得出有关孤立系统熵变化的下列关系式

$$dS_{iso}=dS+dS_{sur}\geqslant 0 \tag{9-3-1}$$

这一孤立系统熵增原理的结论也适用于化学反应的过程，它可以用来判断化学过程进行的方向和平衡问题，但使用起来不够方便，因为不仅要计算化学反应系统熵的变化 dS，还要计算外界环境熵的变化 dS_{sur}。我们可以利用式（9-3-1）在指定条件下导出新的状态参数，并且只要知道这些新的状态参数的变化，就能分析特定化学过程进行的方向和平衡，这里所说的新的状态参数有两个，它们就是自由能 F 和自由焓 G。

9.3.2 自由能与最大有用功

从应用于化学反应的热力学第一定律能量平衡关系式

$$\delta Q=dU+\delta W \tag{9-3-2}$$

从热力学第二定律熵的定义式可得

$$TdS \geqslant \delta Q \tag{9-3-3}$$

合并上列两式，则得

$$TdS \geqslant dU + \delta W \tag{9-3-4}$$

从自由能的定义式 $F=U-TS$ 可得

$$dF = dU - TdS - SdT \tag{9-3-5}$$

以式（9-3-4）代入式（9-3-5）则有

$$dF \leqslant -SdT - \delta W \tag{9-3-6}$$

等号适用于可逆过程，不等号适用于不可逆过程。式中 δW 是指微元过程中的总功，$\delta W=\delta W_{ex}+\delta W_a$。

对于定温定容过程，$dT=0$ 及 $dV=0$，则 $\delta W_{ex}=0$，因而 $\delta W=\delta W_a$，将这些关系代入式（9-3-6）则得

$$dF \leqslant -\delta W_a \tag{9-3-7}$$

或

$$F_1 - F_2 \geqslant \delta W_a \tag{9-3-8}$$

式（9-3-8）是定温定容过程中自由能与有用功之间的一般关系式。现分析如下。

（1）在一般的定温定容反应过程中，如燃料的燃烧过程，并不产生有用功，$W_a=0$，则式（9-3-8）变为

$$F_1 - F_2 \geqslant 0 \tag{9-3-9}$$

式（9-3-9）中等号适用于可逆过程，不等号适用于不可逆过程。上式说明，在定温定容不对外做有用功的不可逆反应过程中，系统自由能必然减少，即反应过程向系统自由能减小的方向进行，一旦系统自由能达到最小值，则反应停止，系统达到了化学平衡状态，此时系统的自由能不再变化。因此，化学反应系统的自由能函数 F 可以用来判断定温定容过程的方向，这一过程永远朝着自由能减小的方向进行，直到平衡为止。

（2）式（9-3-8）将系统自由能与有用功相联系，如进行的是可逆的定温定容化学反应过程，则产生的最大有用功等于系统自由能的减少：

$$W_{w,max} = F_1 - F_2 \tag{9-3-10}$$

（3）如进行的是不可逆定温定容过程，则从式（9-3-8）可得

$$W_{w,max} < F_1 - F_2 \tag{9-3-11}$$

上式说明，在不可逆定温定容反应过程中，有用功总是小于系统自由能的减少。根据过程不可逆的程度，有用功 W_a 可在零与 $W_{w,max}$ 之间变化。例如燃料的定温定容燃烧过程，不做有用功，$W_a=0$，因此，系统自由能将减少，如式（9-3-9）所示。

9.3.3　自由焓与最大有用功

将自由能的定义式 $F=U-TS$ 代入自由焓的定义式 $G=H-TS=U+pV-TS$，则得 $G=F+pV$，因此

$$dG = dF + pdV + Vdp \tag{9-3-12}$$

以式（9-3-6）代入上式，则得

$$dG \leqslant -SdT + PdV + Vdp - \delta W \tag{9-3-13}$$

因为 $\delta W=\delta W_{cx}+\delta W_a=pdV+\delta W_a$，代入上式则得

$$dG \leqslant -SdT + Vdp - \delta W_a \tag{9-3-14}$$

等号适用于可逆过程，不等号适用于不可逆过程。

在定温定压的化学反应过程中 $dT=0$ 及 $dp=0$。式（9-3-14）变为

$$dG \leqslant -\delta W_a \tag{9-3-15}$$

或

$$G_1 - G_2 \geqslant \delta W_a \tag{9-3-16}$$

式(9-3-16)是定温定压过程中自由焓与有用功的一般关系式，现讨论如下。

(1)在一般的定温定压反应过程中，如燃料的燃烧，并不产生有用功，$W_a=0$，故式(9-3-16)变为

$$G_1-G_2\geqslant 0 \tag{9-3-17}$$

式(9-3-17)中等号适用于可逆过程，不等号适用于不可逆过程。上式说明，对定温定压不对外做有用功的不可逆反应过程，系统的自由焓必然减小，即反应过程朝着系统自由焓减少的方向进行。一旦系统自由焓达到最小值，反应即停止，化学反应系统达到平衡，在平衡状态下系统的自由焓不再变化。因此，化学反应过程中系统的自由焓，可以用来判断定温定压过程进行的方向，这一过程永远朝着自由焓减小的方向进行，直到系统平衡为止。

(2)式(9-3-16)将系统自由焓与有用功相联系。如进行的是可逆定温定压化学反应过程，则产生的最大有用功等于系统自由焓的减少：

$$W_{w,max}=G_1-G_2 \tag{9-3-18}$$

(3)如进行的是不可逆的定温定压化学反应过程，则

$$W_a<G_1-G_2 \tag{9-3-19}$$

上式说明，在不可逆定温定压化学反应过程中，有用功W_a总是小于自由焓的减少，即总是小于最大有用功。根据过程不可逆的程度，有用功W_a可在零与$W_{w,max}$之间变化。对燃料的定温定压燃烧过程，由于$W_a=0$，因而系统自由焓将减少，如式(9-3-17)所示。

9.4 化学平衡与平衡常数

化学反应是物质的相互转化过程，反应物的分子在相互接触时发生作用，这时反应物的分子被破坏，产生生成物的分子。同时生成物的分子在相互接触时也会发生作用，它们可以被破坏而重新变成反应物的分子。化学反应过程方程式可表示为

$$A_1+A_2\rightleftharpoons B_1+B_2 \tag{9-4-1}$$

式中 A_1、A_2——反应物；

B_1、B_2——生成物。

从式(9-4-1)可以看出：A_1及A_2可以变成B_1及B_2，同时B_1及B_2也可变成A_1及A_2，这两种过程同时进行着。根据反应环境的不同，有时正向进行有利，有时逆向进行有利，有时处在所谓平衡状态。形成生成物或重新变为反应物取决于正向与逆向的反应速度，而反应速度又取决于反应物与生成物的浓度。当反应尚未达到平衡时，各物质的物质的量浓度用大写字母C_{A1}、C_{A2}、C_{B1}、C_{B2}来表示。物质的量浓度是指每立方米中物质的物质的量，因此，某物质的物质的量浓度$C_i=\frac{n_i}{V}$。根据质量作用定律，化学反应的速度与各反应物的物质的量浓度成正比。因此，自左向右形成生成物B_1及B_2的正向反应瞬时速度v_1为

$$v_1=k_1C_{A1}C_{A2} \tag{9-4-2}$$

式中 k_1——正向反应的速度常数。

自右向左反方向的瞬时速度v_2为

$$v_2=k_2C_{B2}C_{B2} \tag{9-4-3}$$

式中 k_2——反向反应的速度常数。

当化学平衡时，$v_1=v_2$，此时各物质的浓度称为平衡浓度，用小写字母c_{A1}、c_{A2}、c_{B1}、c_{B2}表示。将各物质的平衡浓度代入等式$v_1=v_2$可以得到

$$k_1c_{A1}c_{A2}=k_2c_{B1}c_{B2} \tag{9-4-4}$$

通常把上式改写成

$$\frac{k_1}{k_2}=\frac{c_{B1}c_{B2}}{c_{A1}c_{A2}} \tag{9-4-5}$$

k_1与k_2对于某一反应式在一定温度下是常数，它们的比值也应当是一个常数，用符号K_c代表比值$\frac{k_1}{k_2}$，这个常数K_c称为化学平衡常数。

$$K_c=\frac{c_{B1}c_{B2}}{c_{A1}c_{A2}} \tag{9-4-6}$$

对于指定的化学反应，平衡常数的大小决定于反应时的温度。

如果反应式具有下列形式

$$\alpha_1 A_1+\alpha_2 A_2 \rightleftharpoons \beta_1 B_1+\beta_2 B_2 \tag{9-4-7}$$

这里α_1、α_2、β_1、β_2表示各物质的物质的量，那么平衡常数K_c具有下列形式

$$K_c=\frac{c_{B1}^{\beta_1}c_{B2}^{\beta_2}}{c_{A1}^{\alpha_1}c_{A2}^{\alpha_2}} \tag{9-4-8}$$

在这里应该指出，式（9-4-6）及（9-4-8）只适用于单相的化学反应，而且组成系统的物质都是气态物质。但在有些化学反应中，参加反应的物质其中有一些是固态或液态，而其他一些则是气态，如C（s）$+CO_2$（g）$\rightleftharpoons$2CO（g），在这种情况下，固体或液体由于受热升华或蒸发的结果，产生了这些物质的蒸气。此时反应之所以进行，是由于固体或液体的蒸气与气态物质互相之间发生反应所致。在反应中，蒸气的减少由固体升华或液体蒸发来补充。还有，不管什么反应，固体或液体的饱和蒸气的分压力决定于反应时的温度。当反应温度为某一数值时，饱和蒸气的分压力相应为某一数值，保持不变，并与发生这些蒸气的固体或液体处于平衡状态，即参加化学反应的固体或液体的蒸气的浓度保持不变。因此在计算平衡常数时，固体或液体的浓度变化不予以考虑，而把其影响包含在正向反应的速度常数或反向反应的速度常数中。这样，上述化学反应式的平衡常数为

$$K_c=\frac{c_{CO}^2}{c_{CO_2}} \tag{9-4-9}$$

如果参与反应的物质均为气态物质，由于气体的浓度与气体的分压力成正比，那么平衡常数也可以用分压力来表示。利用气体状态方程式$p_iV=n_iR_0T$和浓度定义式$C_i=\frac{n_i}{V}$可得

$$C_i=\frac{n_i}{V}=\frac{p_i}{R_0T} \tag{9-4-10}$$

式中　n_i——系统中某一种气体的物质的量；

p_i——系统中某一种气体的分压力；

V——系统的容积。

这样，用化学反应达到平衡时的各物质的分压力表示的平衡常数K_p可写成

$$K_p=\frac{p_{B1}^{\beta_1}p_{B2}^{\beta_2}}{p_{A1}^{\alpha_1}p_{A2}^{\alpha_2}} \tag{9-4-11}$$

式中　p_{A1}、p_{A2}、p_{B1}、p_{B2}——在化学平衡时各种气态物质的分压力。

按照式（9-4-10）可知$c_{A1}=\frac{p_{A1}}{R_0T}$；$c_{A2}=\frac{p_{A2}}{R_0T}$；$c_{B1}=\frac{p_{B1}}{R_0T}$；$c_{B2}=\frac{p_{B2}}{R_0T}$。

将上列各式代入式（9-4-11），则得

$$K_p=\frac{c_{B1}^{\beta_1}c_{B2}^{\beta_2}}{c_{A1}^{\alpha_1}c_{A2}^{\alpha_2}}(R_0T)^{\beta_1+\beta_2-\alpha_1-\alpha_2} \tag{9-4-12}$$

令$(\beta_1+\beta_2)-(\alpha_1+\alpha_2)=\Delta n$，再利用式（9-4-8），可将上式写成

$$K_p=K_c\ (R_0T)^{\Delta n} \tag{9-4-13}$$

式中　Δn——反应前后系统中气态物质总物质的量的变化。

式（9-4-13）确定了K_c与K_p之间的关系。在一般情况下，平衡常数K_c与K_p不等。K_c或K_p的

数值可根据所给出的反应温度从化学手册中查得。

9.5 化学反应定温方程式

自由焓的计算式为

$$dG=Vdp-Sdt \tag{9-5-1}$$

上式适用于不做有用功的可逆过程。对可逆的定温过程而言，$dT=0$，上式可简化为

$$dG=Vdp \tag{9-5-2}$$

再将理想气体状态方程式 $pV=nR_0T$ 代入，则得

$$dG=nR_0T\frac{dp}{p} \tag{9-5-3}$$

或

$$\Delta G=nR_0T\int_P^p\frac{dp}{p}=nR_0T\ln\frac{p}{P} \tag{9-5-4}$$

式（9-5-4）适用于理想气体的可逆定温过程，式中大写 P 表示非平衡时的压力，小写 p 表示平衡时的压力。式（9-5-4）说明了在可逆的定温过程中，由非平衡压力变化到平衡压力时系统自由焓的变化。

如进行的是定温定压的可逆过程，则式（9-5-4）变为

$$\Delta G=0 \tag{9-5-5}$$

式（9-5-5）说明，进行可逆定温过程时，系统的自由焓不变。

设由理想气体组成系统的化学反应式为

$$\alpha_1A_1+\alpha_2A_2\Longrightarrow\beta_1B_1+\beta_2B_2 \tag{9-5-6}$$

认为反应是在定压定温下进行，而且对外不作任何有用功，同时规定反应前各物质的浓度和分压力为大写字母表示的 C_{A1}、C_{A2}、C_{B1}、C_{B2} 和 P_{A1}、P_{A2}、P_{B1}、P_{B2}；在平衡时的浓度及分压力为小写字母表示的 c_{A1}、c_{A2}、c_{B1}、c_{B2} 和 p_{A1}、p_{A2}、p_{B1}、p_{B2}。因此，可以从计算 ΔG 的值来决定上述反应的方向。

假定上述反应自左至右进行，此时自由焓的增量为 ΔG。另外我们假想化学反应从另一途径进行，即反应物 a_1A_1 和 a_2A_2 先进行可逆的定温变化过程（变化极其缓慢），使其分压力由 P_{A1} 和 P_{A2} 变化至平衡时的力 p_{A1} 和 p_{A2}，此时自由焓的增量为 ΔG_1。接着反应物在定压定温下进行可逆的化学反应过程，使其由平衡状态的 p_{A1} 和 p_{A2} 反应至平衡状态的 p_{B1} 和 p_{B2}，自由焓的增量为 ΔG_2。最后将生成物 β_1B_1 和 β_2B_2 进行可逆的定温变化过程（变化也极其缓慢），使其由平衡状态的 p_{B1} 和 p_{B2} 变化至 P_{B1} 和 P_{B2}，此时自由焓的增量为 ΔG_3。整个过程可以用图解表示出来，如图 9-5-1 所示。

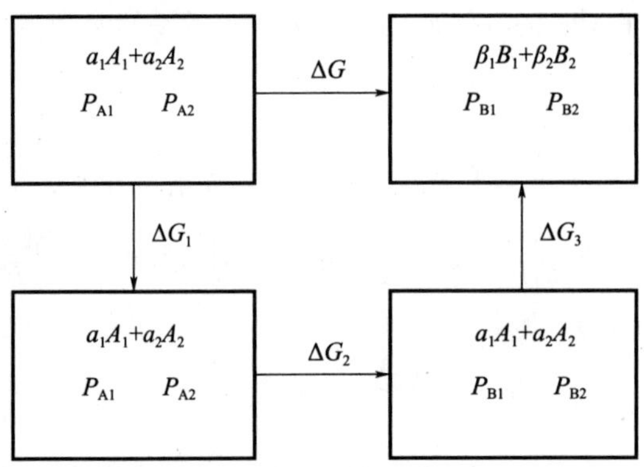

图 9-5-1 定温化学反应方程式的推导图

由于两种途径的初、终态相同，根据自由焓是状态参数的性质可得：

$$\Delta G=\Delta G_1+\Delta G_2+\Delta G_3 \tag{9-5-7}$$

十分明显，ΔG_1 和 ΔG_3 分别可根据式（9-5-4）求得，即

$$\Delta G_1 = \alpha_1 R_0 T\ln\frac{p_{A1}}{P_{A1}} + \alpha_2 R_0 T\ln\frac{p_{A2}}{P_{A2}} \tag{9-5-8}$$

$$\Delta G_3 = \beta_1 R_0 T\ln\frac{p_{B1}}{P_{B1}} + \beta_2 R_0 T\ln\frac{p_{B2}}{P_{B2}} \tag{9-5-9}$$

根据式（9-5-5）的结论，对于定压定温的可逆过程，$dG=0$，则 $\Delta G_2=0$。这样

$$\begin{aligned}\Delta G &= \Delta G_1 + 0 + \Delta G_3 = \alpha_1 R_0 T\ln\frac{p_{A1}}{P_{A1}} + \alpha_2 R_0 T\ln\frac{p_{A2}}{P_{A2}} + \beta_1 R_0 T\ln\frac{p_{B1}}{P_{B1}} + \beta_2 R_0 T\ln\frac{p_{B2}}{P_{B2}} \\ &= R_0 T\left[\alpha_1\ln\frac{p_{A1}}{P_{A1}} + \alpha_2\ln\frac{p_{A2}}{P_{A2}} + \beta_1\ln\frac{p_{B1}}{P_{B1}} + \beta_2\ln\frac{p_{B2}}{P_{B2}}\right] \\ &= R_0 T\left[\ln\frac{P_{B1}^{\beta_1}}{P_{A1}^{\alpha_1}}\frac{P_{B2}^{\beta_2}}{P_{A2}^{\alpha_2}}P_{A2}^{\alpha_2} - \ln\frac{p_{B1}^{\beta_1}}{p_{A1}^{\alpha_1}}\frac{p_{B2}^{\beta 2}}{p_{A_2}^{\alpha_2}}\right]\end{aligned} \tag{9-5-10}$$

而式中$\dfrac{p_{B1}^{\beta_1}}{p_{A1}^{\alpha_1}}\dfrac{p_{B2}^{\beta_2}}{p_{A2}^{\alpha_2}} = K_p$，因此

$$\Delta G = R_0 T\left[\ln\frac{P_{B1}^{\beta_1}}{P_{A1}^{\alpha_1}}\frac{P_{B2}^{\beta_2}}{P_{A2}^{\alpha_2}} - \ln K_p\right] \tag{9-5-11}$$

同理也可以将上式写成下列形式

$$\Delta G = R_0 T\left[\ln\frac{C_{B1}^{\beta_1}}{C_{A1}^{\alpha_1}}\frac{C_{B2}^{\beta_2}}{C_{A2}^{\alpha_2}} - \ln K_c\right] \tag{9-5-12}$$

式（9-5-11）及式（9-5-12）把化学反应的自由焓的增量与平衡常数以及参加反应的那些物质的初始压力或初始浓度联系起来。这个方程式叫作化学反应的定温方程式。

定温化学反应方程式在化学反应的平衡理论中有重大意义。当括号中第一项的值大于第二项时，$\Delta G>0$，化学反应不能正向进行，只能反向进行。当括号中第一项的值小于第二项时，$\Delta G<0$，化学反应沿正向进行。当括号中第一项的值与第二项相等时，$\Delta G=0$，化学反应处于平衡状态。

必须指出，式（9-5-11）及式（9-5-12）是通过定温定压而且不对外做有用功的条件下推导而得。我们也可针对定温定容反应，用与上述同样的方法导得

$$\Delta F = R_0 T\left[\ln\frac{P_{B1}^{\beta_1}}{P_{A1}^{\alpha_1}}\frac{P_{B2}^{\beta_2}}{P_{A2}^{\alpha_2}} - \ln K_p\right] \tag{9-5-13}$$

$$\Delta F = R_0 T\left[\ln\frac{C_{B1}^{\beta_1}}{C_{A1}^{\alpha_1}}\frac{C_{B2}^{\beta_2}}{C_{A2}^{\alpha_2}} - \ln K_c\right] \tag{9-5-14}$$

式（9-5-11）及式（9-5-14）通称为化学反应定温方程式，它们分别用来判断定温定压反应和定温定容反应进行的方向。

第10章　燃气燃烧

10.1　燃烧空气量与产物

10.1.1　燃烧所需空气量

1. 理论空气需要量

由燃烧反应必须具备的条件可知，燃气燃烧需要供给适量的氧气。氧气过多或过少都对燃烧不利。

在燃气应用设备中燃烧所需的氧气一般是从空气中直接获得。若不考虑干空气中所含的少量二氧化碳和其他稀有气体，干空气的容积成分可按含氧21%、含氮79%计算；而质量成分则按含氧23.2%、含氮76.8%计算。干空气中氮与氧的容积比为$\frac{V(N_2)}{V(O_2)}=\frac{79}{21}=3.76$。

所谓理论空气需要量，是指每立方米（或千克）燃气按燃烧反应计量方程式完全燃烧所需的空气量，单位为标准立方米每标准立方米或标准立方米每千克。理论空气需要量也是燃气完全燃烧所需的最小空气量。

各单一可燃气体燃烧所需的理论空气量可按附录10-2所列的燃烧反应式确定，其值可按该表查出。例如，氢的燃烧反应式为

$$\begin{array}{ccccc} H_2 + & 0.5O_2 + & 0.5\times 3.76N_2 = & H_2O + & 0.5\times 3.76N_2 \\ 1Nm^3 & \underbrace{0.5Nm^3 \quad 1.88Nm^3}_{2.38Nm^3} & & \underbrace{1Nm^3 \quad 1.88Nm^3}_{2.88Nm^3} & \end{array}$$

在近似假定各种气体的物质的量浓度相等的前提下，由以上反应式可见，$1Nm^3$氢气完全燃烧需$0.5Nm^3$氧气或$2.38Nm^3$空气，燃烧后生成$2.88Nm^3$烟气。

用上述同样方法，可写出任何碳氢化合物C_mH_n的燃烧反应通式：

$$C_mH_n+\left(m+\frac{n}{4}\right)O_2+3.76\left(m+\frac{n}{4}\right)N_2=m\,CO_2+3.76\times\left(m+\frac{n}{4}\right)N_2+\frac{n}{2}H_2O \quad (10\text{-}1\text{-}1)$$

已知碳氢化合物的分子式，根据式（10-1-1）就可以求得该碳化合物完全燃烧所需的理论空气量。

当燃气组成已知，可按下式计算燃气燃烧所需的理论空气量：

$$V_0=\frac{1}{21}\left[0.5V(H_2)+0.5V(CO)+\sum\left(m+\frac{n}{4}\right)V(C_mH_n)+1.5V(H_2S)-V(O_2)\right] \quad (10\text{-}1\text{-}2)$$

式中　V_0——理论空气需要量，Nm^3干空气/Nm^3干燃气；

$V(H_2)$、$V(CO)$、$V(C_mH_n)$、$V(H_2S)$——燃气中各种可燃组分的容积成分；

$V(O_2)$——燃气中氧的容积成分。

从附表10-1中看出，燃气的热值越高，燃烧所需理论空气量也越多，因此当已知燃气热值时，其理论空气量还可按以下公式近似计算：

当燃气的低热值小于$11080kJ/Nm^3$时

$$V_0=\frac{0.22}{1000}H_l \quad (10\text{-}1\text{-}3)$$

当燃气的低热值大于$11080kJ/Nm^3$时

$$V_0=\frac{0.274}{1000}H_l-0.25 \tag{10-1-4}$$

对烷烃类燃气（天然气、石油伴生气、液化石油气）可采用

$$V_0=\frac{0.283}{1000}H_l \tag{10-1-5}$$

$$V_0=\frac{0.253}{1000}H_h \tag{10-1-6}$$

2. 实际空气需要量

如前所述，理论空气需要量是燃气完全燃烧所需的最小空气量。由于燃气与空气存在混合不均匀性，如果在实际燃烧装置中只供给理论空气量，则很难保证燃气与空气的充分混合，因而不能完全燃烧。因此实际供给的空气量应大于理论空气需要量，即要供应一部分过剩空气。过剩空气的存在增加了燃气分子和空气分子碰撞的可能性，增加了其相互作用的机会，从而促使燃烧完全。

实际供给的空气量 V 与理论空气需要量 V_0之比称为过剩空气系数 α，即

$$\alpha=\frac{V}{V_0} \tag{10-1-7}$$

通常 $\alpha>1$。α 值的大小决定于燃气燃烧方法及燃烧设备的运行工况。在工业设备中，α 一般控制在 1.05～1.20；在民用燃具中 α 一般控制在 1.3～1.8。

在燃烧过程中，正确选择和控制 α 是十分重要的，α 过小和过大都将导致不良后果：前者使燃料的化学热不能充分发挥，后者使烟气体积增大，炉膛温度降低，增加了排烟热损失，其结果都将使加热设备的热效率下降。因此，先进的燃烧设备应在保证完全燃烧的情况下，尽量使 α 值趋近于 1。

10.1.2　完全燃烧产物的计算

10.1.2.1　烟气量

燃气燃烧后的产物就是烟气。当只供给理论空气量时，燃气完全燃烧后产生的烟气量称为理论烟气量。理论烟气的组分是 CO_2、SO_2、N_2 和 H_2O，前三种组分合在一起称为干烟气，包括 H_2O 在内的烟气称为湿烟气。由于在气体分析时 CO_2 和 SO_2 的含量经常合在一起，而产生 CO_2 和 SO_2 的化学反应式也有许多相似之处，因此 CO_2 和 SO_2 通常合称为三原子气体，用符号 RO_2 表示。当有过剩空气时，烟气中除上述组分外尚含有过剩空气，这时的烟气量称为实际烟气量。如果燃烧不完全，则除上述组分外，烟气中还将出现 CO、CH_4、H_2 等可燃组分。

燃气中各可燃组分单独燃烧后产生的理论烟气量可通过燃烧反应式来确定，其计算结果列于附表 10-2 中。

含有 $1Nm^3$ 干燃气的湿燃气完全燃烧后产生的烟气量，按以下方法计算①。

1. 按燃气组分计算

（1）理论烟气量（当 $\alpha=1$ 时）

三原子气体体积

$$V_{RO_2}=V_{CO_2}+V_{SO_2}=0.1\left[V(CO_2)+V(CO)+\sum mV(C_mH_n)+V(H_2S)\right] \tag{10-1-8}$$

式中　V_{RO_2}——三原子气体体积，Nm^3/Nm^3 干燃气；

V_{CO_2}、V_{SO_2}——二氧化碳和二氧化硫的体积，Nm^3/Nm^3 干燃气。

水蒸气体积

① 在工程上进行燃气燃烧计算时，可以用 $1Nm^3$ 的湿燃气为基准；也可以用含有 $1Nm^3$ 干燃气及 d（kg）水蒸气的湿燃气为基准，其中 d 为燃气含湿量（kg/Nm^3 干燃气）。本书基本上采用后一种方法。采用后一种方法的优点是在计算中所用的干燃气成分不随含湿量的变化而变化，含有 $1Nm^3$ 干燃气及 d（kg）水蒸气的湿燃气，也常常简称为 $1Nm^3$ 干燃气。因此在本书中凡是用到 $1Nm^3$ 干燃气的场合，按照不同的情况可能有两种不同的含义，一种是指 $1Nm^3$ 真正的干燃气，另一种是指含有 $1Nm^3$ 干燃气的湿燃气，而且在多数场合下是指后一种含义。

$$V_{H_2O}^0 = 0.1\left[V(H_2) + V(H_2S) + \sum \frac{n}{2}V(C_mH_n) + 126.6(d_g + V_0 d_a)\right] \tag{10-1-9}$$

式中 $V_{H_2O}^0$——理论烟气中水蒸气体积，Nm^3/Nm^3干燃气；

d_a——空气的含湿量，kg/Nm^3干空气。

氮气体积

$$V_{N_2}^0 = 0.79V_0 + 0.01V(N_2) \tag{10-1-10}$$

式中 $V_{N_2}^0$——理论烟气中氮气的体积，Nm^3/Nm^3干燃气。

理论烟气总体积

$$V_f^0 = V_{RO_2} + V_{H_2O}^0 + V_{N_2}^0 \tag{10-1-11}$$

式中 V_f^0——理论烟气量，Nm^3/Nm^3干燃气。

(2) 实际烟气量（当$\alpha>1$时）

三原子气体体积V_{RO_2}仍按式（10-1-8）计算。

水蒸气体积

$$V_{H_2O} = 0.01\left[V(H_2) + V(H_2S) + \sum \frac{n}{2}V(C_mH_n) + 126.6(d_g + \alpha V_0 d_a)\right] \tag{10-1-12}$$

式中 V_{H_2O}——实际烟气中的水蒸气体积，Nm^3/Nm^3干燃气。

氮气体积

$$V_{N_2} = 0.79\alpha V_0 + 0.01V(N_2) \tag{10-1-13}$$

式中 V_{N_2}——实际烟气中氮气体积，Nm^3/Nm^3干燃气。

过剩氧体积

$$V_{O_2} = 0.21(\alpha - 1)V_0 \tag{10-1-14}$$

式中 V_{O_2}——实际烟气中过剩氧体积，Nm^3/Nm^3干燃气。

实际烟气总体积

$$V_f = V_{RO_2} + V_{H_2O} + V_{N_2} + V_{O_2} \tag{10-1-15}$$

式中 V_f——实际烟气量，Nm^3/Nm^3干燃气。

2. 按热值近似计算

(1) 理论烟气量

对烷烃类燃气

$$V_f^0 = \frac{0.252H_l}{1000} + a \tag{10-1-16}$$

对于天然气，$a=2$；对于石油伴生气，$a=2.2$；对于液化石油气，$a=4.5$。

对炼焦煤气

$$V_f^0 = \frac{0.287H_l}{1000} + 0.25 \tag{10-1-17}$$

对低热值小于13300kJ/Nm^3的燃气

$$V_f^0 = \frac{0.183H_l}{1000} + 1.0 \tag{10-1-18}$$

(2) 实际烟气量

$$V_f = V_f^0 + (\alpha - 1)V_0 \tag{10-1-19}$$

10.1.2.2 烟气的密度

在标准状态下烟气的密度可按下式计算：

$$\rho_f^0 = \frac{\rho_g^{dr} + 1.2258\alpha V_0 + (d_g + \alpha V_0 d_a)}{V_f} \tag{10-1-20}$$

式中 ρ_f^0——标准状态下烟气的密度，kg/Nm^3；

ρ_g^{dr}——燃气的密度，kg/Nm^3干燃气。

10.2　燃气燃烧的气流混合过程

10.2.1　静止气流中的自由射流

当气流由管嘴或孔口喷射到充满静止介质的无限空间时，形成的气流称为自由射流。自由射流的实质是喷出气体与周围介质进行动量和质量交换的过程，即喷出气体与周围介质的混合过程。自由射流理论是工程上经常遇到的受限空间射流的理论基础。

1. 层流自由射流

当喷嘴口径较小，喷出流量也较小时，在喷嘴出口处形成层流自由射流。当周围介质的温度和密度与喷出气流相同时，称为等温自由射流。

图 10-2-1 为等温层流自由射流的图形。射流的外部边界为直线 OB、OC，交点 O 为射流的极点。在射流边界上，前进运动速度为零。射流向外部介质进行分子扩散的边界 AD、ED 也是直线。在 ADE 区域内，气体速度等于喷嘴出口的起始速度，称为射流核心区。

射流外部边界的夹角 α_1 称为射流张角。射流核心区边界的夹角为射流核心收缩角 α_2。经过 D 点的射流横截面 FG 称为过渡截面。在此截面以前，射流轴心速度 v_m 保持不变，并且等于起始截面速度 v_0，而其后，轴心速度逐渐减小。断面平均速度 $\overline{v}_A$ 随 x 增大而减小。过渡截面之前称为起始段，其后称为基本段。

当周围介质的温度和密度与喷出气流不同时，称为非等温射流。非等温射流的轨迹比较复杂，这时重力差使射流弯曲，如图 10-2-2 所示。热射流水平射至冷介质时轴线上弯，而冷射流水平射至热介质时轴线下弯。

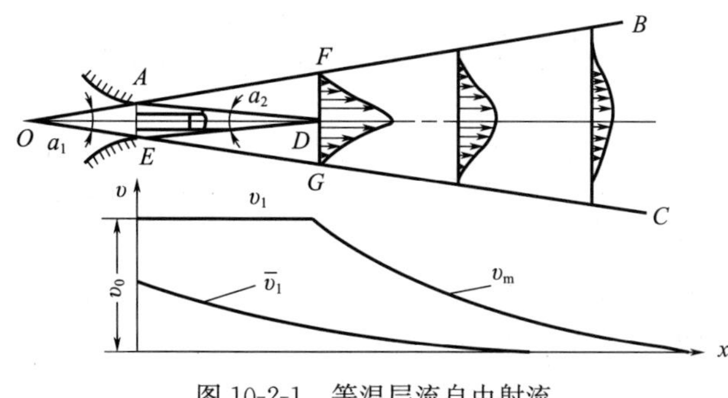

图 10-2-1　等温层流自由射流

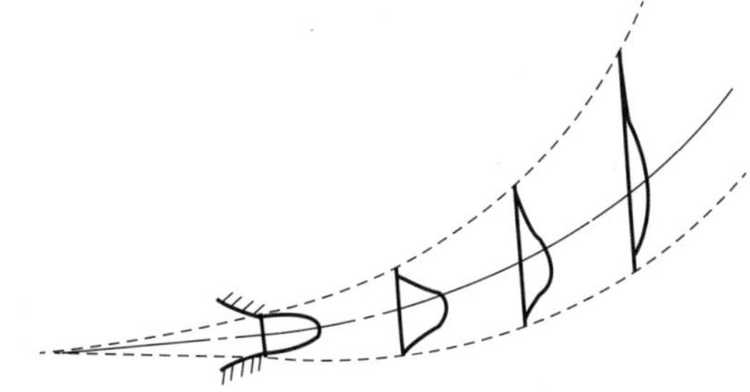

图 10-2-2　热射流水平射至冷介质时的射流轨迹

如果射流垂直向上射出，那么重力差只是稍微改变射流的张角及核心收缩角，并不使截面上速度分布失真，也不使射流弯曲。在这种情况下，如果喷出气流密度小于周围介质的密度，则张角及收缩角减小；反之，则角度增大。

当燃气射流垂直向上喷至静止空气中时，这两种不同密度气体的混合过程见图 10-2-3。在层流射流中，混合是以分子扩散的形式进行的。燃气在向前运动的同时，在该射流的径向产生燃气与空气分子的相互扩散，燃气分子从中心向外扩散，而空气分子则从外面向中心扩散。

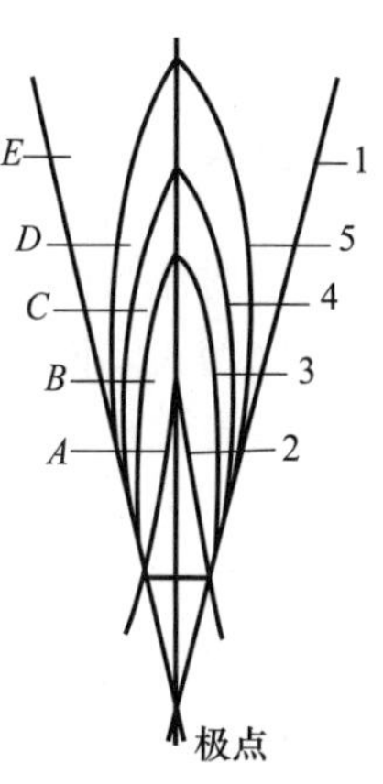

图 10-2-3　层流射流的等浓度面

射流的外边界 1 同时也是燃气向外扩散的边界，喷嘴射出的燃气不可能流至边界以外。射流核心边界 2 同时也是空气向内扩散的边界。因此，在核心区为纯燃气，而射流以外的空间为纯空气。在边界 1、2 之间包含着运动着的燃气—空气的混合物。在稳定状态下，射流中每一点的浓度不随时间而变化。显然，由极点引出的每一条射线都具有如下特性：可燃气体浓度随着离极点距离的增大而减小，在射流与核心边界 2 的交点处为最大浓度（$C_g=100\%$），直至足够远的距离后，浓度降为零（$C_g=0$）。因此，在每条射线上都可以找到三个点，一点相应于混合物中可燃气体浓度达到着火上限 C_h，一点相应于化学计量浓度 C_{st}，一点相应于着火下限 C_l。将每根射线上的三个点分别连接起来，就构成三个光滑的等浓度交界面（图 10-2-3 中 3、4、5），它们都是圆锥形曲面。在界面 3 上 $C_g=C_l$；界面 4 上 $C_g=C_{st}$；界面 5 上 $C_g=C$。这样，在稳定的燃气层流射流中，由于分子扩散，会形成性质彼此不同的几个区域：射流核心区 A，在该区内为纯燃气；区域 B，在该区为处于着火浓度上限以外的燃气—空气混合物；区域 C，在该区内为处于着火浓度范围之内的燃气—空气混合物，含有过剩燃气；区域 D，在该区内为处于着火浓度范围之内的燃气—空气混合物，含有过剩空气；区域 E，在该区内为处于着火浓度下限以外的燃气—空气混合物。

当燃气成分一定时，层流扩散火焰的长度主要取决于燃气的体积流量。火焰长度随流量的增加而增加，即出口速度一定时，喷嘴直径越大，火焰长度也越大。而喷嘴直径一定时，出口速度越大，火焰长度也越大。若流量一定时，则火焰长度与直径无关。

2. 紊流自由射流

在工业燃烧器中，一般喷嘴孔径及喷出速度都很大，在喷嘴出口处即形成紊流射流。紊流射流内部有许多分子微团的横向脉动，引起射流与周围介质之间的质量和动量交换，使周围介质被卷吸。这就是紊流扩散过程，亦即射流与周围介质的混合过程。

射流的卷吸作用是由于内摩擦产生的，内摩擦力的大小决定于扩散系数和速度梯度。紊流扩散系数比分子扩散系数大得多。

当周围介质的密度与喷出气流的密度相同（$\rho_0=\rho_a$）时，自由射流对周围介质的卷吸率为

$$\frac{m_{en}}{m_0}=0.32\frac{s}{d}-1 \tag{10-2-1}$$

若 $\rho_0\neq\rho_a$，则在喷出速度和动量保持定值的条件下，射流的速度梯度及紊流强度均发生了变化，用当量直径 d_e 代替喷嘴出口直径，这时可以认为，从直径 d_e 的喷嘴中喷出密度为 ρ_a 的气体。根据动量相等的概念，可以得出当量直径 d_e 的计算公式

$$d_e=d\left(\frac{\rho_0}{\rho_a}\right)^{1/2} \tag{10-2-2}$$

将（10-2-2）代入（10-2-1），得出非等温射流的卷吸率为

$$\frac{m_{en}}{m_0}=0.32\left(\frac{\rho_a}{\rho_0}\right)^{1/2}\frac{s}{d}-1 \tag{10-2-3}$$

式中 m_{en}——卷吸质量流量，kg/s；

m_0——射流出口质量流量，kg/s；

d——喷嘴出口直径，m；

s——轴线方向上离喷嘴距离，在水平等温射流中以 x 表示，m；

ρ_a——周围空气密度，kg/m^3；

ρ_0——射流出口密度，kg/m^3。

由于射流与静止介质间形成的物质交换，就使射流质量随着离喷嘴距离的增加而增大，射流宽度也随之增大，而轴心速度随之减小。

由于紊流扩散与分子扩散之间的相似性，因而紊流射流的图形图 10-2-4 与层流射流的图形也十分相似。图 10-2-4 与图 10-2-1 的主要区别仅在于起始段内紊流自由射流截面速度分布比较均匀。

在层流自由射流和紊流自由射流中，由于气体分子或分子微团与周围介质间的自由碰撞，造成射流中动量的损失，但同时也使周围介质获得动量而发生运动。碰撞与被碰撞质点二者的动量总和是不变的。因此，沿射流轴线方向整个射流的动量保持不变，即常数。由于动量不变，沿射流轴线方向的压力也保持不变。这是自由射流的主要特点。

紊流自由射流的起始段长度 s_0 及极点深度 h_0 都与喷嘴出口半径 r 有关

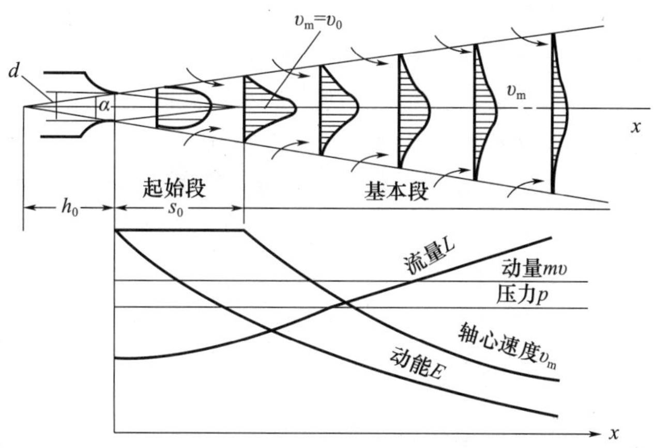

图 10-2-4　紊流自由射流

$$s_0=\frac{0.67r}{a} \tag{10-2-4}$$

$$h_0=\frac{0.29r}{a} \tag{10-2-5}$$

式中　a——紊流结构系数，它表示气流紊动和出口速度场的不均匀程度。

在 $Re=20\times10^3\sim4\times10^6$ 的范围内，系数 a 并不随 Re 变化，而随原始速度不均匀程度的加剧而增大。对完全均匀的速度场（$v_0/\overline{v_f}=1$），$a=0.066$；对自然紊动射流（$v_0/\overline{v_f}=1.4$），$a=0.08$（v_0 为射流出口轴心速度；$\overline{v_f}$为射流出口截面平均速度）。

射流轴心速度 v_m的变化取决于喷嘴尺寸和射流出口速度。在起始段，轴心速度为常数，并等于射流出口速度 v_0。在基本段，轴心速度沿射流进程逐渐降低。

根据试验，圆形射流轴心速度的衰减规律符合下列公式

$$\frac{v_m}{v_0}=\frac{0.96}{\dfrac{as}{r}+0.29} \tag{10-2-6}$$

式中　a——紊流结构系数，等于 0.07～0.08；

r——喷嘴半径；

s——计算截面离喷嘴的距离。

圆射流任一截面上无因次流量与距离的关系为

$$\frac{L}{L_0}=2.13\frac{v_0}{v_m}=2.22\left(\frac{as}{r}+0.29\right) \tag{10-2-7}$$

式中　L——射流任一横截面的体积流量；

L_0——喷嘴出口截面的体积流量。

自由射流各截面上的一切特性均为该截面轴心速度的函数，而轴心速度则取决于喷嘴出口截面至该横截面的距离 s，因此，已知 s 和 v_0、r、a 即可直接算出各截面上所有的运动参数。

在燃烧过程中，喷出气体是燃气，故必须有一定量的空气被卷吸至射流中，方能进行燃烧。可用式（10-2-3）、式（10-2-7）计算应有多长的射流长度才能从周围获得所需要的空气量。

但是，由于燃气和空气在射流截面上的浓度分布是极不均匀的，在射流四周空气大量过剩，在射流中心燃气大量过剩。为了充分完成混合过程，以便保证完全燃烧，还需要有一段扩散过程。因此实际火焰长度比按式（10-2-3）、式（10-2-7）算出的长度大得多。

10.2.2　相交射流

这一部分内容主要介绍当射流以一定角度相交，经过相互撞击和混合后，射流的变形及流动情况。

由图 10-2-5 可见，两股射流互撞后，又形成一股合成的汇合流，最初其垂直截面上射流尺寸有压扁现象，待互撞射流混合后，总射流又以一定扩张角继续流动。在水平截面上则可发现射流变得很宽。这是为了保证连续流动的缘故。射流交角越大，水平截面上射流变得越宽。由图 10-2-5 可以看出，相交射流截面变形后，其边界要比自由射流的边界宽。

图 10-2-6 给出了喷嘴直径相等且出口动量也相等的两股相交射流其交角对射流变形的影响。

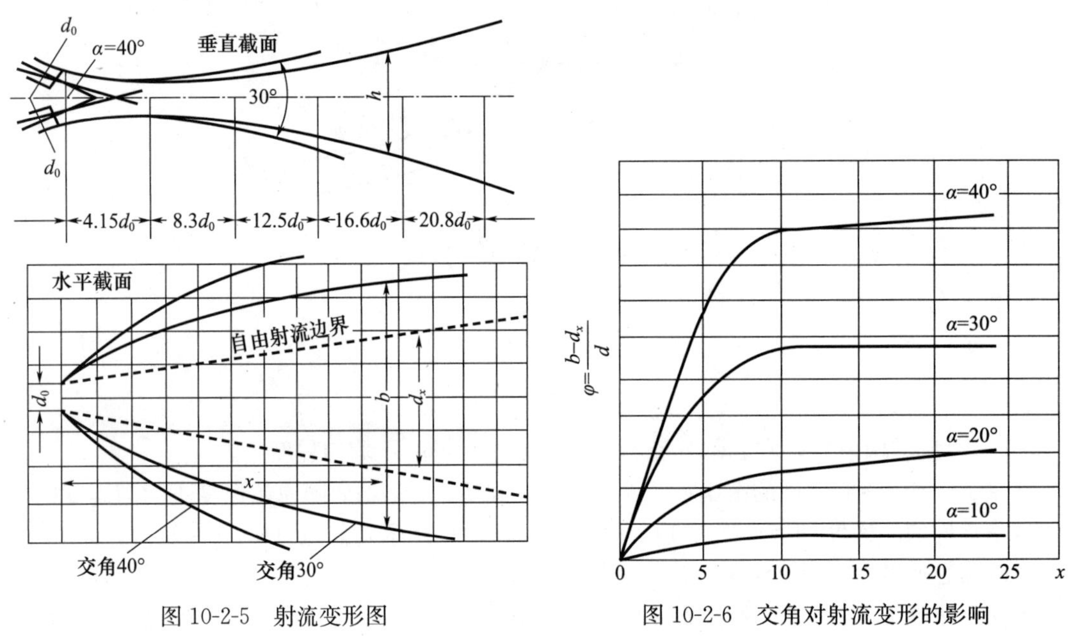

图 10-2-5　射流变形图

图 10-2-6　交角对射流变形的影响

相交射流的变形程度，可以用横截面上水平方向的宽度 b 与垂直方向上的高度 h 的比值 $\frac{b}{h}$ 来表示。但单用这一个量还不能全面综合相交射流的变形程度。因而常用一个主变形率 φ 的概念。它是汇合气流横截面尺寸的增量与其初始尺寸的比值。

$$\varphi=\frac{b-d_x}{d} \tag{10-2-8}$$

式中　b——轴线方向上离喷嘴距离 x 处的射流宽度；

d_x——离喷嘴距离 x 处的自由射流横截面直径；

d——相交射流喷嘴的直径。

图（10-2-5）表明，交角越大，射流变形越大，混合也越强烈。当然能量撞击损失也越大，射流衰减也越快，射程则越短。另外也表明，变形最大的区域是在相交区附近，离这区域一定距离后，射流不再变形，而只是沿途扩展。

根据主变形率 φ 的变化情况，相交射流的流动可分成三个区段。

（1）起始段：由喷嘴断面开始，到两射流的外边界线相交为止。起始段的长度可由两喷口间的距离、射流交角 α 的大小及每个射流外边界扩展角的大小决定。

（2）过渡段：它是从初始段终端开始，一直到主变形率 φ 等于常数时为止。

（3）基本段：过渡段终端以后都属于基本段。在基本段内汇合射流任意断面上的主变形率 φ 都相等。即从过渡段终端开始，汇合流就像一股单一的自由射流。此时，相交射流相互间的动量冲撞引起的射流变形已全部消失。

图 10-2-6 中的曲线可以表示为

$$\varphi=\varphi_c\left[1-\exp\left(\frac{-Kx}{d}\right)\right] \tag{10-2-9}$$

其中经验常数 φ_c 和 K 由试验确定，参见表 10-2-1。

表 10-2-1　两股相交射流的常数 φ_c 和 K

	交角 α			
	10°	20°	30°	40°
φ_c	0.62	2.80	5.70	9.10
K	0.20	0.25	0.296	0.244

当两股完全相同的射流（即出口直径和动量均相等）相交时，则

$$\varphi \approx 0.062\alpha^2\left[1-\exp\left(-\frac{Kx}{d}\right)\right] \tag{10-2-10}$$

当两股射流出口动量不等时（设 $M_1>M_2$），则动量比 $M=\frac{M_2}{M_1}$。当交角一定时，随动量比 M 的增大，则汇合流变形越大，混合越强烈。$M=1$ 时，出现最大变形率。当出口动量比一定时，则交角越大，主变形率越大，过渡段越长。

10.2.3　旋转射流

各种旋流式燃烧器，都是在射流离开喷嘴前先强迫流体做旋转运动。这种流体从喷嘴流出后，气流本身一面旋转，一面又向静止介质中扩散前进，这就是通常所说的旋转射流，简称旋流。从流动特征来看，旋转射流兼有旋转紊流运动、自由射流及绕流的特点，是这三种运动的组合（见图 10-2-7）。

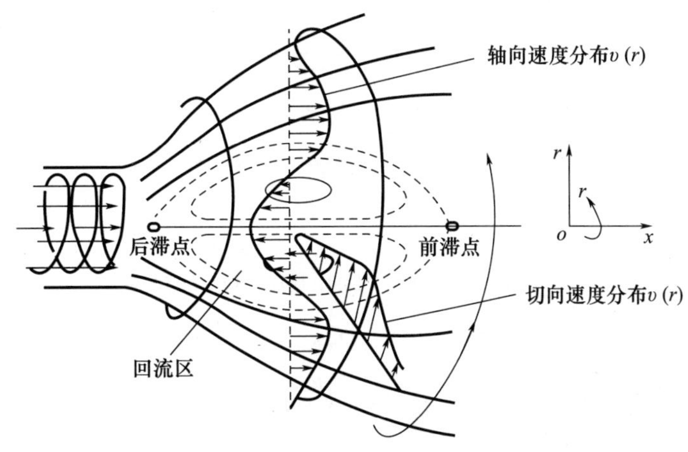

图 10-2-7　旋转流场示意

在燃烧技术中，旋转射流是强化燃烧和组织火焰的一个有效措施。产生旋流的方法有如下几种：第一，使全部气流或一部分气流沿切向进入主通道；第二，在轴向管道中设置导向叶片，使气流旋转；第三，采用旋转的机械装置，使通过其中的气流旋转，例如转动叶片及转动管子等。

旋转气流在提高火焰稳定性和燃烧强度方面所起的作用及其效果越来越引起人们的重视。虽然旋流燃烧器在燃烧技术中已使用多年，但目前关于旋转射流为什么会对稳定火焰和强化燃烧发生那么大的作用以及它们之间的数量关系，尚需进行大量的研究工作。

10.2.3.1　旋转射流的基本特性

1. 与自由射流的差异

（1）在旋转射流中除了具有直流射流中存在的轴向分速和径向分速外，还有一个切向分速，而且其径向分速在喷嘴出口附近比直流射流的径向分速大得多。

（2）由于旋转的原因，使得在轴向和径向上都建立了压力梯度，这两个压力梯度反过来又影响流场。在强旋转下，旋转射流的内部建立了一个回流区。从图 10-2-7 所示的旋转流场示意图可以看出，强旋转射流的流动区域与直流射流是不同的，其最大特点是射流内部有一个反向的回流区。

(3) 在强旋转下，旋转射流不但从射流外侧卷吸周围介质，而且还从内回流区中卷吸介质。在燃烧过程中，从内、外回流区卷吸的烟气对着火的稳定性起着十分重要的作用。

(4) 旋转射流的扩展角一般比直流射流的大，而且它随旋转的强弱而变化。

(5) 旋转射流的射程较小。

2. 旋转射流的无因次特性——旋流数

旋风燃烧器所产生的旋涡流场是靠流体内部的位能变化（静压差）而运动，所以叫“位能旋涡”。这种旋涡的回旋运动并非由外加扭矩所引起，若忽略摩擦损耗，则不同半径上流体微团的动量矩应当守恒，故又叫“自由旋涡”。

画两个同心圆代表自由旋涡的两条流线，间隔 dr，选定两条流线间的流体微团正在沿圆周运动（见图 10-2-8）。

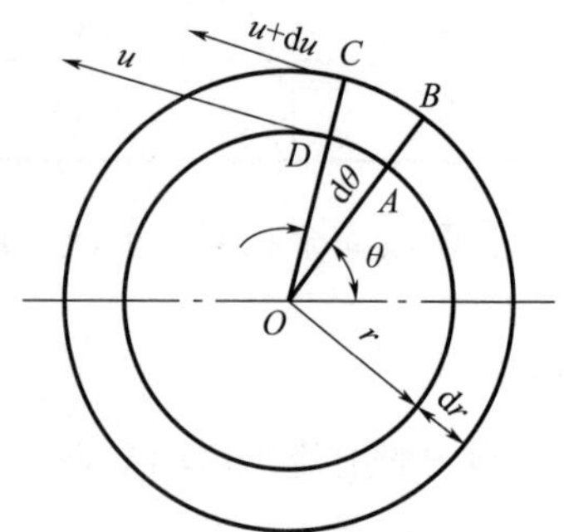

图 10-2-8　流体微团切向运动示意图

半径 r 上的切向速度为 u，半径（$r+dr$）的切向速度是 $u+du=u+\frac{\partial u}{\partial r}dr$，设气流轴向（垂直于图面）的尺寸 $x=1$，则流体微团的体积$=r\cdot d\theta\cdot dr$，质量 $m=p\cdot r\cdot d\theta\cdot dr$，动量矩$=m\cdot u\cdot r$。

根据动量矩原理，外加扭矩 T 等于流体微团动量矩随时间的变化率，即

$$T=m\frac{d}{dt}(ur) \tag{10-2-11}$$

对于自由旋涡，外加扭矩 $T=0$，故有

$$m\frac{d}{dt}(ur)=0 \tag{10-2-12}$$

或

$$ur=常数 \tag{10-2-13}$$

这就是说，自由旋涡的切向速度 u 与半径 r 成反比，越靠近涡心，切向速度越大。根据式（10-2-13）可以求出自涡心 O 沿半径 r 方向上切向速度的分布规律 $u=f(r)$，但该式不适用于 $r=0$ 的情况。

在旋转自由射流中，角动量的轴向通量 G_φ 及轴向动量 G_x 都是常数，即

$$G_\varphi=\int_0^{R_0}(ur)pv2\pi r dr=常数 \tag{10-2-14}$$

$$G_x=\int_0^{R_0}vpv2\pi r dr+\int_0^{R_0}p2\pi r dr=常数 \tag{10-2-15}$$

式中　v——射流某截面上的轴向分速度；

u——射流某截面上的切向分速度；

p——静压力。

由于 G_φ 和 G_x 都可以看作是描述射流空气动力特性的参数，因此通常采用无因次特性 s 表示旋转射流的旋转强度，表达式如下：

$$s=\frac{G_\varphi}{G_x R_0}=\frac{\int_0^{R_0}(ur)pv2\pi r dr}{\left[\int_0^{R_0}v^2p2\pi r dr+\int_0^{R_0}p2\pi r dr\right]R_0} \tag{10-2-16}$$

式中　s——旋流数；

R_0——喷嘴半径。

旋流数 s 不仅可以用来反映射流的旋转强度，而且，对于几何相似的旋流装置来说，它也是一个非常适用的表示射流动力相似的相似准则。

10.2.3.2　旋转射流的流场

1. 弱旋转射流

当旋流数 $s<0.6$ 时，属于弱旋流，这时射流的轴向压力梯度还不足以产生回流区，旋流的作

用仅仅表现在能提高射流对周围气流的卷吸能力和加速射流流速的衰减。

弱旋转射流的轴向速度分布是相似的，都服从高斯分布曲线。也就是在轴线上的速度最大，而往外边界方向逐渐降低，最后降为零。其轴向速度的分布用如下的指数方程表示

$$\frac{v}{v_m}=\exp\left[\frac{-K_v r^2}{(x+a)^2}\right] \tag{10-2-17}$$

式中　v——横截面上任意点的轴向分速度；

v_m——该截面上轴向分速度的最大值；

r——该截面上任意点的径向坐标；

x——该截面至喷嘴距离；

a——射流原点离喷嘴距离；

K_v——随旋流数而变的分布常数，由经验公式确定，$K_v=\frac{92}{1+6s}$。

轴向速度的衰减随旋流数的增加而加快。射流扩展角 α 亦随着旋流数 s 增加而增大，对于弱旋转射流

$$\alpha=4.8+14s \tag{10-2-18}$$

弱旋转射流的卷吸由下式确定

$$\frac{m_{en}}{m_0}=(0.32+0.8s)\frac{x}{d} \tag{10-2-19}$$

式中　m_{en}——卷吸质量流量；

m_0——射流出口质量流量；

s——旋流数；

x——该截面离喷嘴距离；

d——喷嘴直径。

2. 强旋转射流

当旋流数 $s>0.6$ 时，属于强旋流。随着旋流数的不断提高，射流轴向反压梯度大到已不可能被沿轴向流动的流体质点的动能所克服，这时，在射流的两个滞点之间就会出现一个回流区（见图 10-2-7）。

在燃烧技术中，从旋流燃烧器流出的旋转射流，大多数都属于强旋转射流。这种具有内回流区的射流在稳定燃烧方面起着重要的作用。

随着旋流数的增加，射流的卷吸率也逐步增加，射流的速度衰减和浓度衰减变得更快。试验表明，轴向分速和径向分速的衰减与 x^{-1} 成正比，切向分速与 x^{-2} 成正比，压力与 x^{-4} 成正比。

图 10-2-9 是三个速度分量沿射流前进方向的衰减情况及其与旋流数 s 的关系。图中 v_m、w_m、u_m 为下游某截面上轴向速度分量、径向速度分量及切向速度分量的最大值，v_{m0}、w_{m0}、u_{m0} 是射流出口断面上（$x=0$）相应的速度分量的最大值。d 为旋流器出口直径。曲线 1 的旋流数 $s=0.47$，曲线 2 的旋流数 $s=0.94$，曲线 3 的旋流数 $s=1.57$。

上述衰减规律与理论估算情况基本相符，可用下式表达

$$\frac{v_m}{v_{m0}}\propto\frac{d}{x} \tag{10-2-20}$$

$$\frac{w_m}{w_{m0}}\propto\frac{d}{x} \tag{10-2-21}$$

$$\frac{u_m}{u_{m0}}\propto\frac{d}{x} \tag{10-2-22}$$

旋转射流中回流区的宽度和长度都随旋流数 s 的增加而增加。

最后还应指出，除旋流数外，出口喷嘴的几何形状，特别是附加的扩口和喷嘴的阻挡结构（圆管或圆盘），对旋转射流的流场结构有较大的影响。图 10-2-10 是同样旋流数下，收缩形和扩张形喷

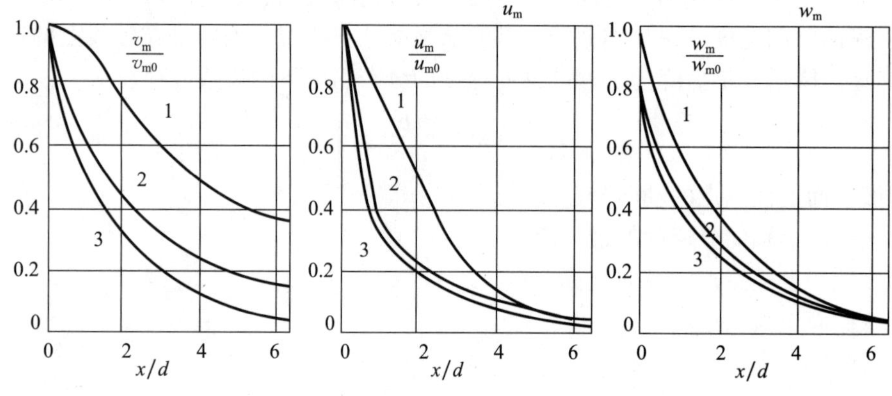

图 10-2-9　速度分量的最大值沿射流长度的衰减情况

嘴对速度分布及回流区位置的影响。从图中可以看出，扩张形喷嘴可以增加回流区的尺寸和回流量。实验发现，扩张管的最佳扩张半角值约为 35°，并推荐扩口长度 $L=(1\sim2)\ d$，其中 d 为喷嘴的喉部直径。

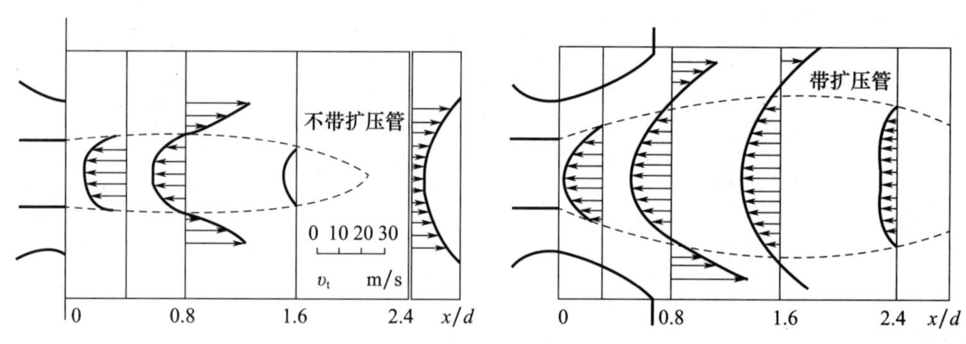

图 10-2-10　喷头形式对回流区及速度分布的影响

回流区的尺寸和速度分布也受阻塞结构的影响。在旋流数较低时，阻塞是建立回流区的一种手段。当旋流数较高时，阻塞对回流区尺寸的影响就变成次要的了。

10.3　燃气燃烧的火焰传播

10.3.1　火焰传播的理论基础

一个正在传播的火焰，实际上是化学反应波在气体中（或气流中）的运动。要了解这一复杂问题，需要流体力学、工程热力学、传热传质学、物理化学等方面的知识，可以说研究火焰传播是以上诸学科中有关理论的具体综合应用。

1. 火焰传播机理

在可燃混合物中放入点火源点火时，产生局部燃烧反应而形成点源火焰。由于反应释放的热量和生成的自由基等活性中心向四周扩散传输，使紧挨着的一层未燃气体着火、燃烧，形成一层新的火焰。反应依次往外扩张，形成瞬时的球形火焰面，如图 10-3-1所示。此火焰面的移动速度称为法向火焰传播速度 S_n（或称层流火焰传播速度 S_l或正常火焰传播速度），简称火焰传播速度。球内是已燃的炽热气体，周围为未燃气体。未燃气体与已燃气体之间的分界面即为火焰锋面，或称火焰面。

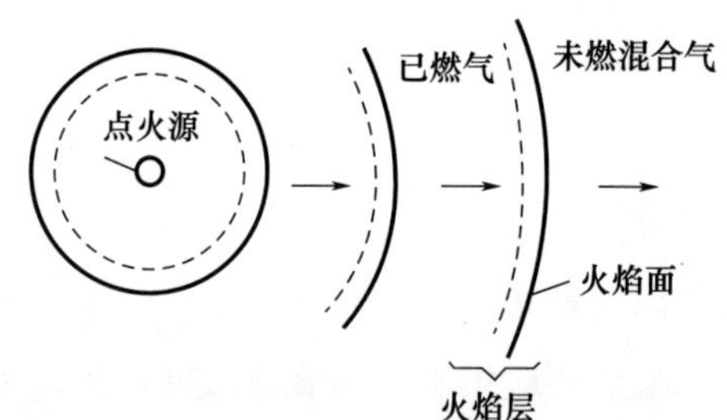

图 10-3-1　静止均匀混合气体中的火焰传播

如取一根水平管子，一端封住，另一端敞开，并设有点火装置，管内充满可燃混合气。点火时，可以观察到靠近点火热源处的可燃气体先着火，形成一燃烧的火焰面。此火焰面以一定的速度向未燃方面移动，直到另一端，把全部可燃混合气烧尽。这种情况下的火焰与在静止可燃气体中向周围传播有所不同。由于管壁的摩擦和向外的热量损失，轴心线上的传播速度要比管壁处大。气体的黏性使火焰面略呈抛物线形状，而不是完全对称的火焰锥。冷热气体产生的浮力又使抛物面变形，成为向前推进的倾斜的弯曲焰面。

如果上述试验中由管子的闭口端点火，且管子相当长，那么火焰锋面在移动了大约 5～10 倍管径的距离之后，便明显开始加速，最后形成速度很高的（达每秒几千米）高速波，这就是爆震波。爆震波在可燃混合气中的传播是靠气体的膨胀来压缩未燃气体而形成的冲击波，带动火焰锋面的快速移动。前述正常燃烧属于稳定态燃烧，可视为等压过程；而爆震是属不稳定态燃烧，有压缩过程。一般来说，爆震波只是在具有较高火焰传播速度的可燃混合气中才能发生。在民用燃具和燃气工业炉中，燃气的燃烧均属于正常燃烧，并不发生爆震现象，因而本章不予讨论。

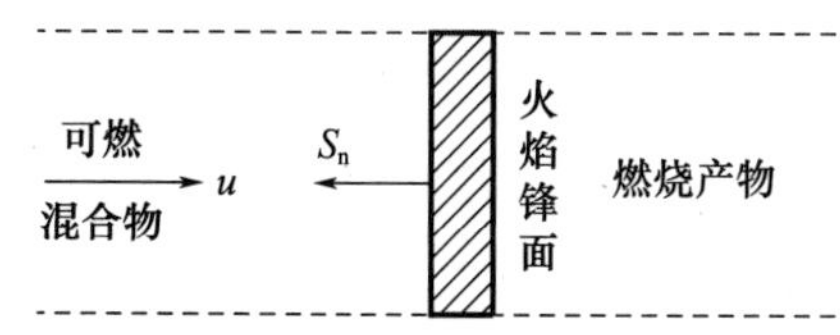

图 10-3-2　火焰层结构及温度、浓度分布

实际燃烧装置中，可燃混合气不是静止，而是连续流动的。如图 10-3-2 所示，若可燃混合气在一管内流动，其速度是均匀分布的，点燃后可形成一平整的火焰锋面。此锋面对管壁的相对位移可能出现以下三种情况：（1）如 $S_n>u$，则火焰面向气流的上游方向移动；（2）如 $S_n<u$，则火焰面向气流的下游方向移动；（3）如 $S_n=u$，则气流速度与火焰传播速度相平衡，火焰面便驻定不动。最后一种情况，是燃烧装置中连续流动的可燃混合气稳定燃烧的必要条件。

平整的火焰面只能在静止气体或层流流动状态下观察到。在紊流流动时，火焰面变得混乱和曲折，形成火焰的紊流传播。层流火焰传播是火焰传播理论的基础，传播速度又是可燃混合物的基本物性，原理也较简单，下面将着重分析层流火焰传播理论。

2. 层流火焰传播理论

层流火焰传播理论主要包括三个方面。第一是热理论，它认为控制火焰传播的主要是从反应区向未燃气体的热传导。第二是扩散理论，这一理论认为来自反应区的链载体的逆向扩散是控制层流火焰传播的主要因素。第三是综合理论，即认为热传导和活性中心的扩散对火焰的传播可能同等重要。实际的火焰传播过程中，只受热传导控制或者只受活性中心扩散控制的情况是很少的。大多数火焰中，由于存在温度梯度和浓度梯度，因此传热和传质现象交错地存在着，很难分清主次。热理论和扩散理论在物理概念上是完全不同的，但描述过程的基本方程（质量扩散和热扩散方程）是相似的。下面介绍由泽尔多维奇（зелдович）等人提出的热理论。

在火焰锋面上取一单位微元，焰面结构及其温度和浓度分布见图 10-3-3。对于一维带化学反应的稳定层流流动，其基本方程为

连续方程

$$\rho u=\rho_0 u_0=\rho_0 S_n=m=\rho_p u_p \qquad (10\text{-}3\text{-}1)$$

动量方程

$$p\approx 常数 \qquad (10\text{-}3\text{-}2)$$

能量方程

$$\rho_0 u_0 c_p \frac{dT}{dx}=\frac{d}{dx}\left(\lambda \frac{dT}{dx}\right)+wQ \qquad (10\text{-}3\text{-}3)$$

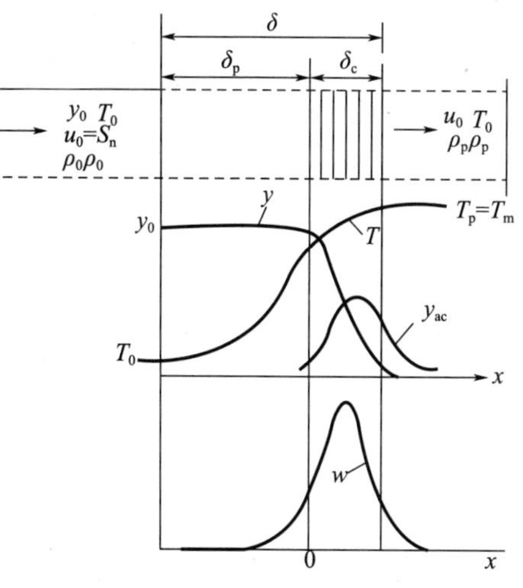

图 10-3-3　火焰层结构及温度、浓度分布

式（10-3-3）中，左端表示混合气本身热焓的变化，

右边第一项是传导的热流，第二项是化学反应生成的热量。对于绝热条件，火焰的边界条件为

$$\left.\begin{aligned} x=-\infty, T=T_0; y=y_0; \frac{\mathrm{d}T}{\mathrm{d}x}=0 \\ x=+\infty, T=T_m; y=0; \frac{\mathrm{d}T}{\mathrm{d}x}=0 \end{aligned}\right\} \tag{10-3-4}$$

为求定 $S_n(u_0)$，提出了一种分区近似解法，把火焰分成预热区和反应区。在预热区中忽略化学反应的影响，而在反应区中略去能量方程中温度的一阶导数项。根据假设，预热区中的能量方程为

$$\rho_0 S_n c_p \frac{\mathrm{d}T}{\mathrm{d}x}=\lambda \frac{\mathrm{d}}{\mathrm{d}x}\left(\frac{\mathrm{d}T}{\mathrm{d}x}\right) \tag{10-3-5}$$

其边界条件是

$$x=-\infty, T=T_0, \frac{\mathrm{d}T}{\mathrm{d}x}=0 \tag{10-3-6}$$

假定 T_i 是预热区和反应区交界处（温度曲线曲率变化点）的温度，它不同于前述的燃气着火温度。将式（10-3-5）从 T_0 到 T_i 进行积分，可得

$$\rho_0 S_n c_p (T_i-T_0)=-\lambda\left(\frac{\mathrm{d}T}{\mathrm{d}x}\right)_{\mathrm{I}} \tag{10-3-7}$$

下标“I”表示预热区。

反应区的能量方程为

$$\lambda \frac{\mathrm{d}^2 T}{\mathrm{d}x^2}+wQ=0 \tag{10-3-8}$$

其边界条件是

$$\left.\begin{aligned} & x=0, T=T_i \\ & x=+\infty, T=T_m, \frac{\mathrm{d}T}{\mathrm{d}x}=0 \\ & \frac{\mathrm{d}}{\mathrm{d}x}\left(\frac{\mathrm{d}T}{\mathrm{d}x}\right)^2=2\left(\frac{\mathrm{d}T}{\mathrm{d}x}\right)\left(\frac{\mathrm{d}^2 T}{\mathrm{d}x^2}\right) \end{aligned}\right\} \tag{10-3-9}$$

用 $2\left(\frac{\mathrm{d}T}{\mathrm{d}x}\right)$ 乘以式（10-3-8），得

$$2\left(\frac{\mathrm{d}T}{\mathrm{d}x}\right)\left(\frac{\mathrm{d}^2 T}{\mathrm{d}x^2}\right)=-2\frac{wQ}{\lambda}\left(\frac{\mathrm{d}T}{\mathrm{d}x}\right) \tag{10-3-10}$$

即

$$\frac{\mathrm{d}}{\mathrm{d}x}\left(\frac{\mathrm{d}T}{\mathrm{d}x}\right)^2=-2\frac{wQ}{\lambda}\left(\frac{\mathrm{d}T}{\mathrm{d}x}\right) \tag{10-3-11}$$

积分得

$$\left(\frac{\mathrm{d}T}{\mathrm{d}x}\right)_{\mathrm{II}}=-\sqrt{\frac{2}{\lambda}\int_{T_i}^{T_m} wQ\mathrm{d}T} \tag{10-3-12}$$

下标“II”表示反应区。

因为 $\left(\frac{\mathrm{d}T}{\mathrm{d}x}\right)_{\mathrm{I}}=\left(\frac{\mathrm{d}T}{\mathrm{d}x}\right)_{\mathrm{II}}$ 则

$$S_n=\sqrt{\frac{2\lambda\int_{T_i}^{T_m} wQ\mathrm{d}T}{\rho_0^2 c_p^2 (T_i-T_0)^2}} \tag{10-3-13}$$

式（10-3-13）中 T_i 为未知。由于化学反应主要集中在反应区，预热区中反应速率很小，可以认为

$$\int_{T_0}^{T_i} wQ \approx 0 \tag{10-3-14}$$

于是有

$$\int_{T_i}^{T_m} w\mathrm{d}T \approx \int_{T_0}^{T_m} w\mathrm{d}T \tag{10-3-15}$$

另外，反应区内的温度变化很小，所以

$$(T_i - T_0) \approx (T_m - T_0) \tag{10-3-16}$$

代入式（10-3-13）中，可得

$$S_n = \sqrt{\frac{2\lambda \int_{T_0}^{T_m} w Q \mathrm{d}T}{\rho_0^2 c_p^2 (T_m - T_0)^2}} \tag{10-3-17}$$

令

$$\int_{T_0}^{T_m} \frac{w Q \mathrm{d}T}{T_m - T_0} = Q \int_{T_0}^{T_m} \frac{w \mathrm{d}T}{T_m - T_0} = Q\overline{w} \tag{10-3-18}$$

式中　$\overline{w}$——在 $T_m \sim T_0$ 之间反应速率的平均值。

代入式（10-3-17）后得

$$S_n = \left[\frac{2\lambda Q \overline{w}}{\rho_0^2 c_p^2 (T_m - T_0)}\right]^{1/2} \tag{10-3-19}$$

引入导温系数 $a = \frac{\lambda}{\rho c_p}$ 后，并认为化学反应时间 τ_c 与平均反应速率成反比，即

$$\overline{w} \propto \frac{1}{\tau_c} \tag{10-3-20}$$

代入式（10-3-19），则可得到

$$S_n \propto \left(\frac{a}{\tau_c}\right)^{1/2} \tag{10-3-21}$$

此式表明，层流火焰传播速度与导温系数的平方根成正比，与化学反应时间的平方根成反比。这说明，可燃气体的层流火焰传播速度是一个物理化学常数。

燃烧反应平均速率写成

$$\overline{w} = K(\rho_0 y_0)^n \exp\left(-\frac{E}{RT}\right) \tag{10-3-22}$$

气体状态方程

$$p = \rho R T \tag{10-3-23}$$

代入式（10-3-19），则可得到

$$S_n \propto \left[\frac{\lambda Q K (\rho_0 y_0)^n \exp\left(-\frac{E}{RT}\right)}{\rho_0^2 c_p^2 (T_m - T_0)}\right]^{1/2} \propto p_0^{(n-2)/2} \tag{10-3-24}$$

式中　n——反应级数。

层流火焰的厚度 δ 包括反应区 δ_c 和预热区 δ_p，可以用下式表示。因

$$\frac{\mathrm{d}T}{\mathrm{d}x} \approx \frac{T_m - T_0}{\delta} \tag{10-3-25}$$

而

$$\lambda \frac{\mathrm{d}T}{\mathrm{d}x} \approx S_n \rho_0 c_p (T_m - T_0) \tag{10-3-26}$$

联立以上两式，可得

$$\delta \approx \frac{\lambda}{\rho_0 c_p} \cdot \frac{1}{S_n} = \frac{a}{S_n} \tag{10-3-27}$$

可见火焰层厚度与导温系数成正比，与火焰传播速度成反比。导温系数与压力及温度的关系是

$$a = a_0 \frac{p_0}{p} \left(\frac{T}{T_0}\right)^{1.7} \tag{10-3-28}$$

而

$$\delta \approx \delta_0 (p_0 / p)^b \tag{10-3-29}$$

其中 $b = 1.0 \sim 0.75$。因此，当压力下降时，火焰层厚度将增加。当压力降得很低时，可使 δ 增大到几十毫米。火焰越厚，向管壁散热量也越多，从而使火焰燃烧温度降低。

10.3.2　法向火焰传播速度测定

目前，尚不能用精确的理论公式来计算法向火焰传播速度。通常是依靠实验方法测的单一燃气

或混合燃气在一定条件下的 S_n 值，有时也可依照经验公式和实验数据计算混合气的火焰传播速度。

实验测量方法很多，但到目前为止尚缺少完全符合 S_n 定义的测定方法。精确测量 S_n 的困难在于几乎不可能得到严格的平面状火焰面。为了尽可能准确地测定 S_n，必须选择非常接近 S_n 严格定义所要求的火焰来进行测量。若要提高 S_n 测定的精确性，必须对火焰附近的气流和温度分布进行认真研究，并改进测量技术。

测定 S_n 的实验方法，一般可归纳为静力法和动力法两类。静力法是让火焰焰面在静止的可燃混合物中运动，动力法则是让火焰焰面处于静止状态，而可燃混合物气流则以层流状态作相反方向运动。

1. 静力法测定 S_n

(1) 管子法

静力法中最直观的方法是常用的管子法，所用仪器如图 10-3-4 所示。

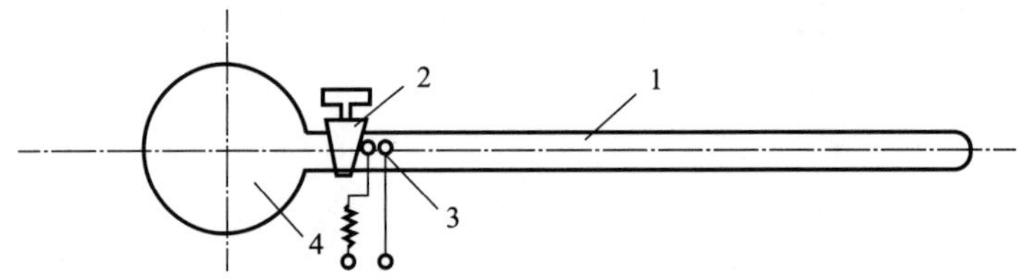

图 10-3-4　用静力法（管子法）测定 S_n 的仪器

1—玻璃管；2—阀门；3—火花点火器；4—装有惰性气体的容器

玻璃管 1 中充满被测的燃气—空气混合物，一端封闭，另一端与装有惰性气体的容器 4 相连。装有惰性气体的容器 4 容积比玻璃管容积大 80～100 倍，以使在燃烧过程中保持压力不变。测定 S_n 时，打开阀门 2，并用火花点火器 3 点燃混合物。这时，在着火处立即形成一极薄的焰面，从点火处开始不断向未燃气体方向移动。用电影摄影机摄下火焰面移动的照片，已知胶片走动的速度和影与实物的转换的比例，就可算出可见火焰传播速度 S_v。在这种情况下，底片上留下的是倾斜的迹印，根据倾斜角可以确定任何瞬间的火焰传播速度。

前已述及，由于燃烧时气流的紊动，焰面通常不是一个垂直于管子轴线的平面，而是一个曲面。因此 S_v 与 S_n 在数值上并不相等。设 F 为火焰表面积，f 为管子截面积，可得

$$S_v f = S_n F \tag{10-3-30}$$

从上式看出，$S_v > S_n$。管径越大，紊动越强烈，焰面弯曲度越大，S_v 与 S_n 的差值也越大。例如，甲烷在直径为 50mm 的玻璃管中燃烧时，由于焰面的弯曲，能使 S_v 比 S_n 大 2～3 倍。

图 10-3-5 示出了火焰传播速度与管径 d 的关系。当管径较小时，火焰传播速度受管壁散热的影响较小，因而火焰传播速度也比较小。相反，管径越大，管壁散热对火焰传播速度的影响越小，因而如焰面不发生皱曲，则随着管径的增大火焰传播速度上升，并趋向于极限值 S_n（图 10-3-5 中虚线所示）。但实际上管径增大时焰面要发生皱曲。管径越大，焰面皱曲越烈，因而 S_v 值随管径的增加而不断上升。所以，用管子法测得的火焰传播速度值总是偏离 S_n 的。此外，测定值还受管径与管材的影响，管径越小，相对来说向管壁的散热就越大，火焰传播速度就越小。当管径小到某一极限值时，向管壁的散热大到火焰无法传播的程度，这时的管径称为临界直径（图 10-3-5 中 d_c）。例如氢和空气按化学计量比混合时，临界直径为 0.9mm。甲烷和空气按化学计量比混合时，临界直径为 3.5mm。炼焦煤气和空气按化学计量比混合时，临界直径为 2mm。临界直径在工程上是有意义的，可利用孔径小于临界直径值的金属网制止火焰通过，这是防止回火的有效措施之一。矿井里使用的安全灯就是根据临界直径设计的。

用管子法测定火焰传播速度的优点是直观性强；缺点是测定值受管径的影响很大，因而只有在相同管径下，才能对各种燃气的实验结果进行比较。

图 10-3-6 表示在直径为 25.4mm 的管中，用管子法测得的某些燃气的可见火焰传播速度与燃

气—空气混合物成分的关系。

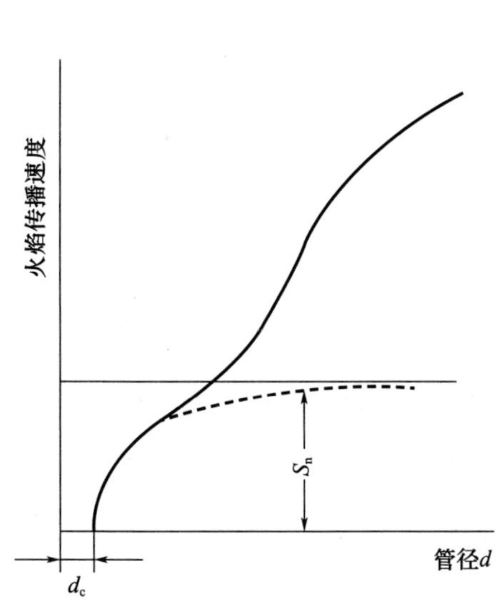

图 10-3-5　火焰传播速度与管径的关系

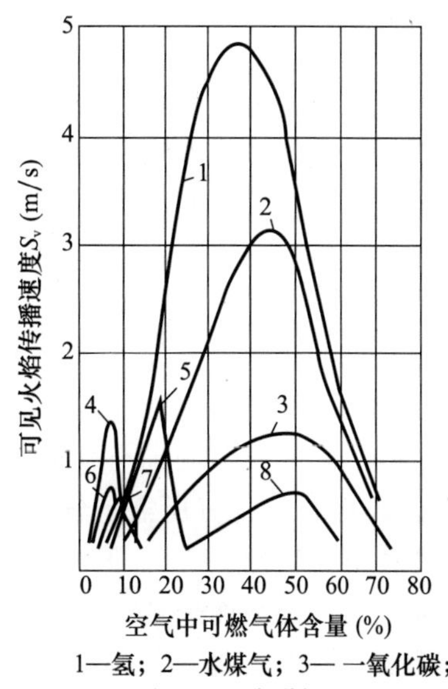

图 10-3-6　管子法测得的可见火焰传播速度与燃气—空气混合物成分的关系（d=25.4mm）

表 10-3-1 为某些燃气—空气混合物在 d=25.4mm 管中测得的最大可见火焰传播速度值。

（2）皂泡法

将已知成分的可燃均匀混合气注入皂泡中，再在中心用电点火花点燃中心部分的混合气，形成的火焰面能自由传播（气体可自由膨胀），在不同时间间隔出现半径不同的球状焰面。用光学方法测量皂泡起始半径 R_0 和膨胀后的半径 R_b，以及相应焰面之间的时间间隔，即可计算得火焰传播速度。

表 10-3-1　燃气—空气混合物的最大可见火焰传播速度（d=25.4mm）

气体	燃气在混合物中的容积成分（%）	最大 S_v 值（m/s）	气体	燃气在混合物中的容积成分（%）	最大 S_v 值（m/s）
氢	38.5	4.85	乙炔	7.1	1.42
一氧化碳	45	1.25	焦炉煤气	17	1.70
甲烷	9.8	0.67	页岩气	18.5	1.30
乙烷	6.5	0.85	发生炉煤气	48	0.73
丙烷	4.6	0.32	水煤气	43	3.1
丁烷	3.6	0.82			

皂泡内混合气总量不变，则有

$$R_0^3\rho_0=R_B^3\rho_p \text{或} \frac{\rho_p}{\rho_0}=\left(\frac{R_0}{R_B}\right)^3 \tag{10-3-31}$$

代入连续方程（10-3-1）中，即得法向火焰传播速度

$$S_n=u_p\frac{\rho_p}{\rho_0}=u_p\left(\frac{R_0}{R_B}\right)^3 \tag{10-3-32}$$

火焰从皂泡中心开始传播，经过时间 t 而达到皂泡边缘，将泡内混合气全部烧完，故

$$R_B=u_pt \tag{10-3-33}$$

则有

$$S_n = u_p \left(\frac{R_0}{R_B}\right)^3 = \frac{R_0^3}{R_B^2 t} \tag{10-3-34}$$

这种方法的主要缺点是肥皂液蒸发对混合气湿度的影响。某些碳氢燃料对皂泡膜的渗透性、皂泡球状焰面的曲率变化以及紊流脉动等因素，都会给测定结果带来误差。

另一种类似的方法是球形炸弹法。球弹中可燃混合气点燃后火焰扩散时其内部压力逐步升高。根据记录的压力变化和球状焰面的尺寸，可算得火焰传播速度。

2. 动力法测定 S_n

(1) 本生火焰法

本生火焰的结构如图 10-3-7 所示。该火焰由内锥和外锥两层焰面组成，内锥面由燃气与预先混合的空气进行燃烧反应而形成的，而外锥面是剩余燃气与周围空气扩散混合后燃烧形成的。用动力法测定 S_n时，一部分所需空气与燃气预先混合好，并以层流状态从本生灯口喷出。

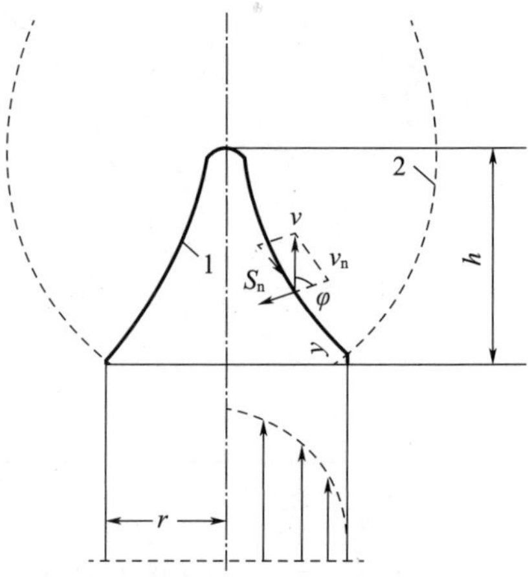

本生火焰法是通过内锥焰面来测定 S_n的。静止的内锥焰面说明了内锥表面上各点的 S_n（指向锥体内部）与该点气流的法向分速度 v_n是平衡的。内锥面上每一点的速度存在以下关系，即所谓余弦定律

$$S_n = v\cos\varphi = v_n \tag{10-3-35}$$

图 10-3-7 本生火焰示意图

只要测得某一点的气流速度 v 及焰面的斜转角 φ 就可求得该点的火焰传播速度。

由于局部散热情况不同而使得局部火焰传播速度也不同，以致局部的火焰表面形状不同。如火焰中心顶点因四周都有火焰，所以散热小；同时，由于四周火焰存在而使顶点处有大量活性中心集中，结果是火焰锋面速度增大，向未燃混气溯进，使顶部形状变圆。在圆锥火焰之根部（即管口处），由于管口吸热而使得该处焰锋速度降低。在紧靠管口处的熄火距离以内火焰熄灭而形成死区，使新鲜混合气由此处外泄，所以火焰根部与管口不衔接且稍微向外凸出。只有在圆锥火焰中部才比较真实地代表该混合气参数下的层流火焰面。

如气体出口速度分布均匀，则可假定内锥为一几何正锥体，并认为内锥焰面上各点的 S_n均相等。这样，便可测得法向火焰传播速度的平均值，且具有足够的准确性。

当混合气出流稳定时，按连续方程有

$$\rho_0 F_0 v_m = \rho_0 v_n F_f = \rho_0 S_n F_f \tag{10-3-36}$$

或

$$S_n = v_m \left(\frac{F_0}{F_f}\right) \tag{10-3-37}$$

式中 F_0——燃烧器出口截面积；

v_m——燃气—空气混合物在燃烧器出口处的平均流速；

S_n——平均法向火焰传播速度；

F_f——火焰的内锥表面积。

按此式测定火焰传播速度，关键在于精确地确定气流速度和火焰表面积。

若采用特制的喷口，可使出口流速具有较好的分布均匀性，则出口处平均流速为

$$v_m = \frac{L_g + L_a}{F_0} \tag{10-3-38}$$

式中 L_g，L_a——燃气和空气流量。

再设内锥为一底半径是 r、高度为 h 的正锥体，则锥面积为

$$F_f = \pi r\sqrt{r^2 + h^2} \tag{10-3-39}$$

只要准确测得气体流量和火焰内锥高度，便可按下式求得法向火焰传播速度

$$S_n = \frac{L_g + L_a}{\pi r \sqrt{r^2 + h^2}} \tag{10-3-40}$$

精确测量时，应按法向火焰传播速度的定义确定火焰表面的位置和面积。目前大都采用光学方法，如发光法、阴影法、纹影法及干涉法等进行测量。发光法是对发光的火焰直接照相，按发光区表面来确定火焰表面积 F_f，但靠近火焰结束一边比真实值偏大。阴影法是利用焰峰中密度梯度最大的位置来确定火焰面积的，所得的火焰表面积处于中间值。纹影法和干涉法是利用焰峰中密度不同的分布来确定火焰面积，由于靠近新鲜混合气一边，所以其结果比较准确。

有关火焰中气流速度比较精确的测量方法简要介绍如下。

①颗粒示踪法。这种方法是由刘易斯和冯・埃尔柏（Lewis Von・Elbe）提出的。它是在可燃混合气中掺入一种既能闪光、又不会引起化学反应的细小物质颗粒，例如氧化镁或氯化铵、硅油烟雾，并连续加以频闪照射。对频闪照射的粒子进行拍摄，可据此确定气流的流线谱。根据示踪间歇的距离和频闪速度，可以计算得颗粒在气流中的运动速度。示踪颗粒运动是与气体质点运动同步的，颗粒速度即代表该处气流速度。

图 10-3-8 是由本生火焰颗粒示踪的照片合成而得的，图上表示了火焰发光区内边界的位置和颗粒运动轨迹（即流线），各轨迹线上标有频闪间歇之间的长度。气流受火焰锋面的加热而膨胀，使流线发生折转。

图 10-3-9 是利用颗粒运动轨迹及频闪间歇长度计算得的 S_n 沿燃烧器喷口截面的分布图。从图中测点可以看出，在焰面的大部分区域中 S_n 等于常数，只是在锥顶和锥底部分 S_n 值有较大变化，其显示的数值与前面的解释是吻合的。

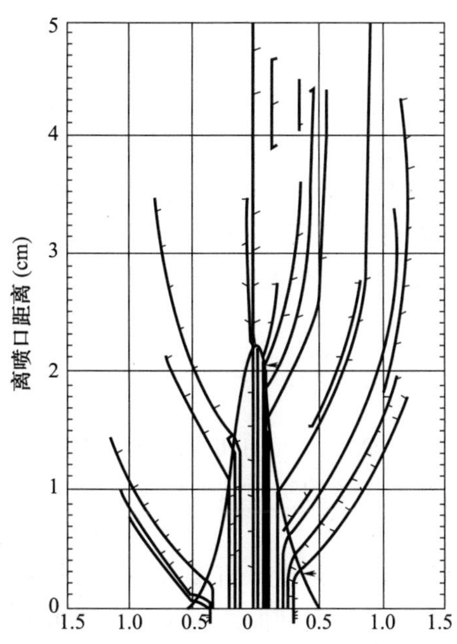

图 10-3-8　通过火焰内锥的流线分布情况

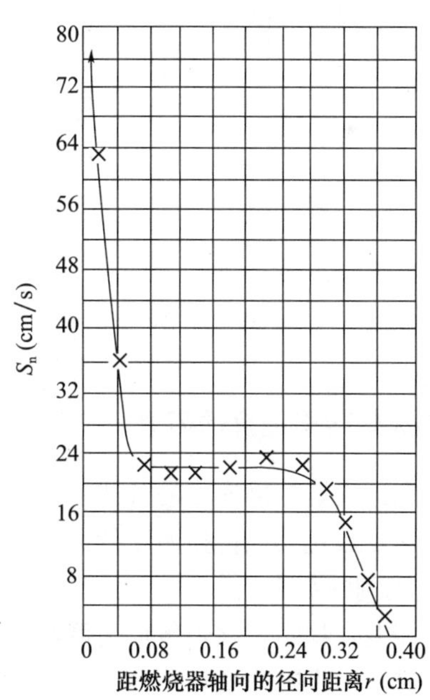

图 10-3-9　法向火焰传播速度沿燃烧器截面的分布

②激光测速法。激光测速的基本原理是利用光学多普勒效应。当一束激光照射到流体中跟随一起运动的微粒上时，激光被运动着的微粒所散射，散射光的频率和入射光的频率相比较，就会产生一个与微粒运动速度成正比的频率偏移。如果测得频率偏移，就可换算成速度。因为微粒速度与流体速度相同，所以即可得到流场中某一测点的流速。

激光测速的特点有：无接触测量、空间分辨率高、动态响应快、测量精度高、测速范围大、有较好的方向灵敏性等。它是一项测速新技术，已成为科研和实验室中一种无接触的流场测量手段。激光测速系统一般包括：激光器、光学发射头、光学收集头、光检测器和信号处理系统。在测量火焰传播速度时，在燃烧前的混合气中要掺入细颗粒氧化镁，作为激光束的散射体；火焰面可以是锥形，也可以是平火焰。

（2）平面火焰法

Powling 燃烧器和 Mache-Hebra 喷嘴可提供平面和盘状火焰，此类火焰的面积比较容易精确测量。图 10-3-10 所示为 Powling 燃烧器简图。可燃均匀混合气进入直径较大的圆管，通过装在管口的多孔板或蜂窝格及整流网等，形成出口平面处速度的均匀分布。点燃混合气，即可在管口下游一定位置形成一平面火焰。管口四周用惰性气体将火焰包围，用以限定火焰面的大小。只要准确测得火焰平面的面积和混合气流量，即可求得层流火焰传播速度（$S_n=L_{mix}/F_f$）。

此法的优点是火焰的发光区、浓度梯度最大处等都重叠在同一平面上，因而用不同方法测量结果是一致的。气流速度（即火焰传播速度）也可用颗粒跟踪方法或激光测速法测定。平面火焰法适用火焰传播速度低的（15cm/s 或更小）可燃混合气。图 10-3-11 所示为用本生火焰法和平焰法测得的甲烷火焰传播速度的结果之比较，在化学计量比附近由于锥形火焰的弯曲，而出现较大的差异。

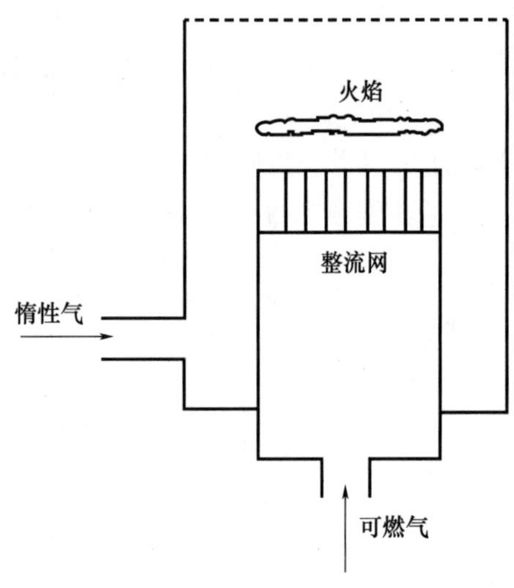

图 10-3-10　Powling 燃烧器

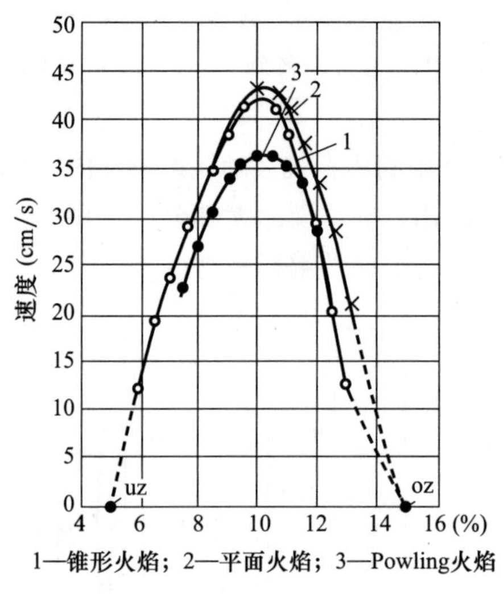

图 10-3-11　不同方法 S_n 测定值的比较

10.3.3　影响火焰传播速度的因素

通过分析表达火焰传播速度的公式，可以定性地了解到可燃混合气的初温、压力、燃气浓度及热值等物理化学参数对火焰传播速度的影响，下面将结合有关作者的实验结果作进一步分析讨论。

1. 混合气比例的影响

燃气—空气混合物中，火焰传播速度与混合物内的燃气含量（浓度）直接有关。燃气和空气的混合比例变化时，S_n 也随之变化，其变化规律如图 10-3-12 上的一系列曲线所示。由图可见，所有单一燃气或混合燃气的 S_n 值随混合物中燃气含量变化的曲线均呈倒 U 形，中间最大，为 S_n^{max}，两侧变小直至最小值，接近于最小值的含量即为混合物着火浓度的上限和下限。当混合物中的燃气含量低于下限或高于上限时，由于反应释放热量不足而使火焰传播停止。

实验观测表明，最大值 S_n^{max} 是在燃气含量略高于化学计量比时出现的。其原因是当混合物中燃气含量略高时，火焰中 H、OH 等自由基的浓度较大，链反应的断链率较小。上述情况出现在以空气作为氧化剂的火焰中。对于大多数火焰，当混合比接近于化学计量比时，火焰燃烧速度最大，一般认为火焰温度达到最高时，其传播速度也最大。

2. 燃气性质的影响

火焰传播速度首先与燃气的物性有关。从式（10-3-19）可以看出，气体导热系数 λ 越大，则 S_n

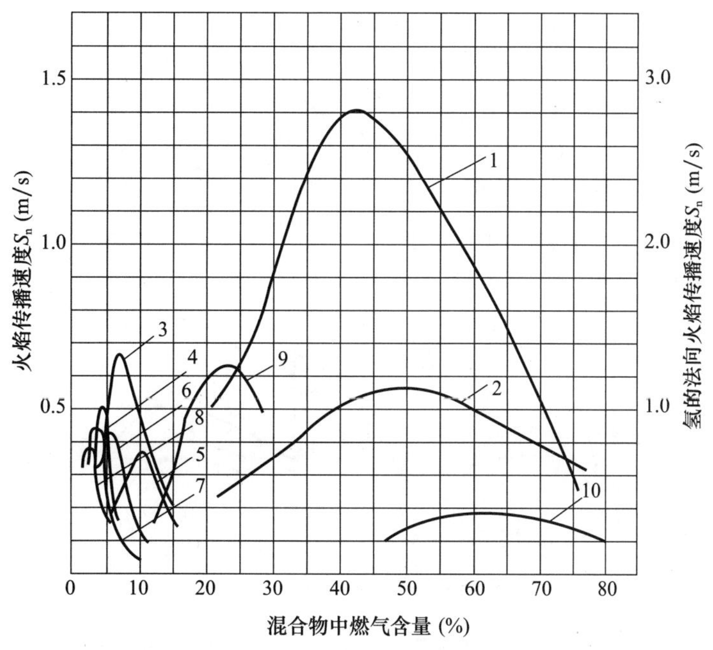

图 10-3-12　燃气—空气混合物的 S_n 与燃气含量的关系

1—氢；2—一氧化碳；3—乙烯；4—丙烯；5—甲烷；6—乙烷；7—丙烷；8—丁烷；9—炼焦煤气；10—发生炉煤气

也越大。例如氢气，其导热系数在燃气中为最高，故它的火焰传播速度也最大。甲烷和其他碳氢燃气的导热系数均较小，它们的 S_n值也都不大（参见图 10-3-12 所示曲线）。

碳氢燃料的结构对火焰传播速度也有不同的影响。图 10-3-13 所示为燃料分子中碳原子数 n_c对火焰传播速度的影响。由图示曲线可见，对于饱和烃类（烷烃，甲烷除外），如乙烷、丙烷等，火焰传播速度几乎与分子中的 n_c无关，约为 70cm/s 左右。但对不饱和烃燃料（如乙烯、丙烯、乙炔、丙炔等），则火焰速度随 n_c的增多而减小，并且在 $n_c<4$ 的范围内，S_n下降很快，但当时，则 S_n又下降缓慢，并逐步趋向于一极限值。这些结果，可用反应活化能不同（含碳多者活化能大）或者反应中离子（如 H、O、OH 等）之扩散速度不同来解释。实验结果还表明，随着燃料分子量的增大，火焰传播范围也越来越小。因为燃料分子量增大，混合气总分子量也变大，使得混合气密度增大，由原理上分析得出的火焰传播极限值减小（参见图 10-3-13）。

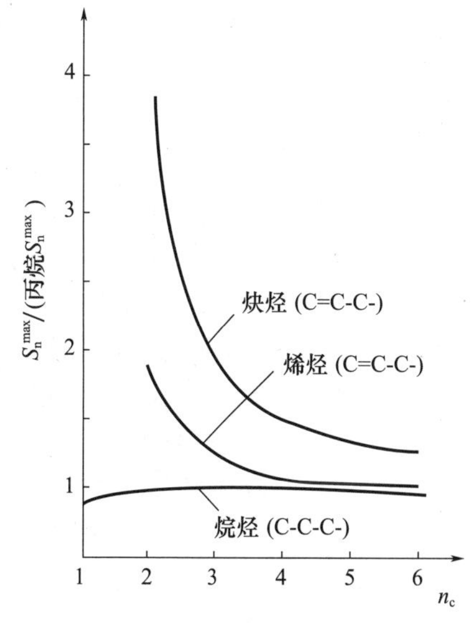

图 10-3-13　S_n^{max} 与燃料分子中碳原子数的关系

3. 温度的影响

（1）混合物初温的影响由燃烧热平衡条件可知，混合物起始温度的提高，将导致反应温度的上升，燃烧反应速率加快，从而使火焰传播速度增大。不少学者对不同燃料进行实验研究，测定 S_n随混合物起始温度 T_0的变化，如图 10-3-14 所示为氢气和甲烷与空气混合燃烧时的上述变化关系。归纳实验结果表明，火焰传播速度 S 随初始温度的变化规律大致为 $S_n \propto T_o$，此处 m 在 1.5～2，这可从图 10-3-14 所列曲线估计得出。

（2）火焰温度的影响从图 10-3-16 所示曲线可以预计，火焰温度对 S_n的影响较为复杂。温度不太高时，S_n随火焰温度的增加主要表现为指数关系，因而影响很大。可以认为，对 S_n起决定作用的是火焰温度。当超过 2500℃时，火焰温度的影响已不符合热力理论了。因为在高温下离解反应易于

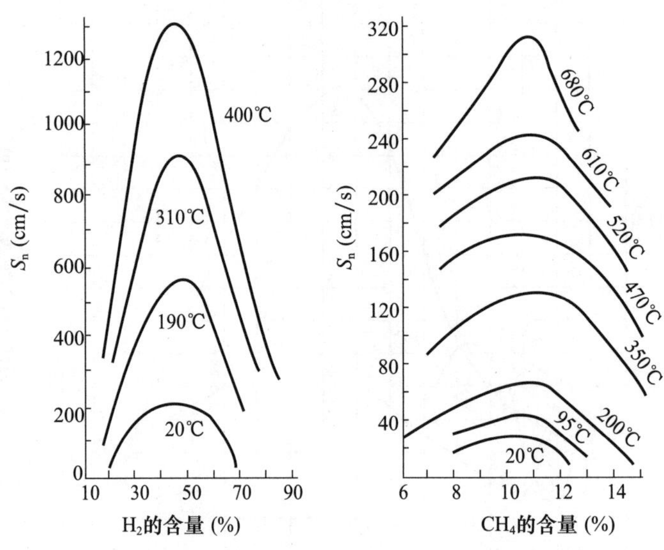

图 10-3-14　混合物初温对 S_n的影响

进行，从而使自由基浓度大大增加。作为链载体的自由基（活性中心）的扩散，既促进了反应，又增强了火焰传播。许多火焰的实验数据表明，氢原子浓度的增加，对提高火焰传播速度的作用是十分显著的。

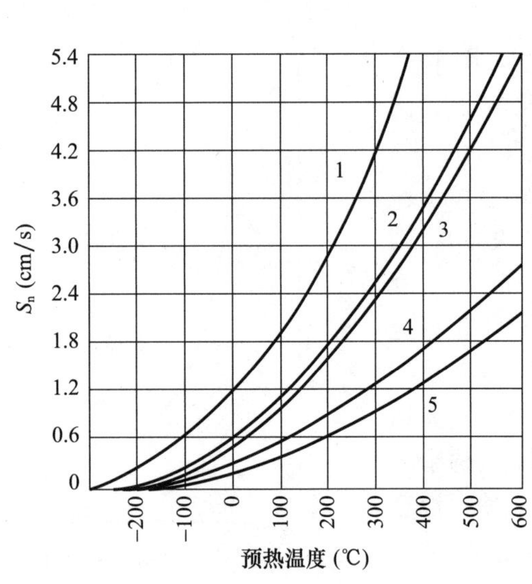

图 10-3-15　火焰传播速度与混合物初温的关系

1—水煤气；2—炼焦煤气；3—汽油增热煤气；
4—天然气；5—发生炉煤气

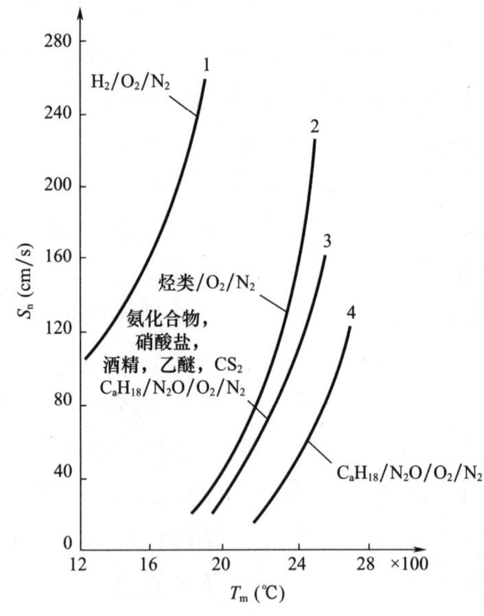

图 10-3-16　火焰温度对火焰传播速度的影响

4. 压力的影响

长期以来的许多实验表明，随着燃烧时压力的升高而其他参数不变时，火焰传播速度将要减小。由热理论分析已知 $S_n \propto p^{(\frac{n}{2}-1)}$。对大多数碳氢燃料的燃烧反应来说，其反应总级数均小于 2。据上述比例关系式，只有 $n>2$ 时，S_n才有可能随压力的提高而增大，否则 S_n将随压力的上升而变小。但压力增加时，燃烧强度明显增大，即火焰质量传播速度增大。

压力影响可表示为 $S_n \propto p^K$。图 10-3-17 所示曲线说明了上述关系，该图上实验数据为 Wilhelmi 和 Van Tiggelen 及其他作者所得。由图可知，$S_n<50$cm/s 时，$K<0$ 为负值，即压力提高时火焰传

播减慢；S_n＝50～100cm/s 时，K＝0，说明传播速度与压力无关；S_n＞100cm/s 以后，K 约为 0.3，随压力上升 S_n稍有增大。传播速度较低时，如 S_n＝20cm/s 时，K＝－0.3。以上数据表明，对于 S_n＜50cm/s 的火焰，反应级数 n＜2；而对于 50cm/s＜S_n＜100cm/s 的火焰，n＝2；对于 S_n＞100cm/s 的火焰，n＞2。Spalding 证实：S_n＝25cm/s 的火焰，n＝1.4；S_n＞800cm/s 时，n＝2.5。

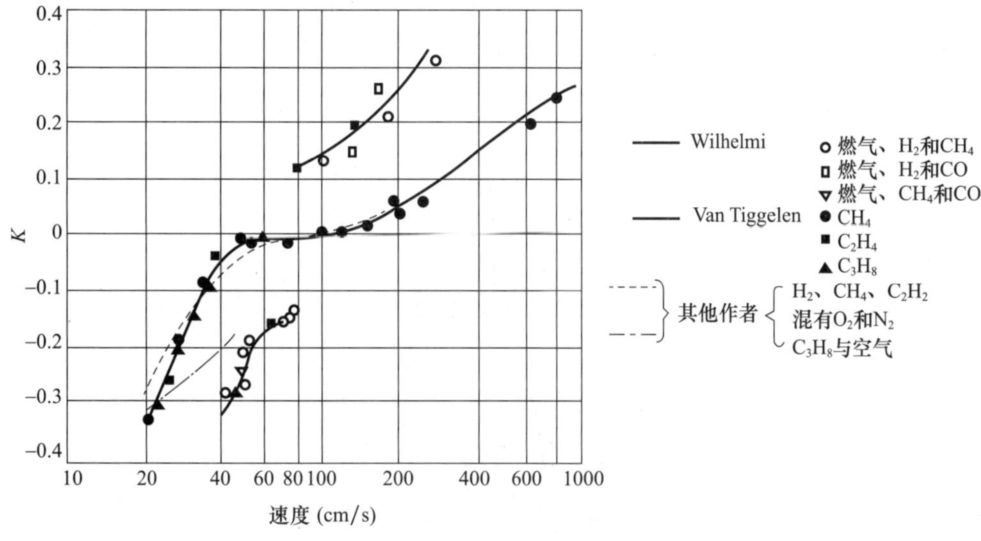

图 10-3-17　压力对火焰传播速度的影响

5. 湿度和惰性气体的影响

在单一燃气或可燃混合气中加入添加气时可以增大或减小火焰传播速度。大多数添加气或是改变混合气的物理性质（如导热系数），或是起催化作用。所以可以认为，加入添加气的结果，往往使混合气具有全新的性质。例如，一氧化碳燃烧时加入很少量添加气，由于反应加快而使火焰传播速度显著增大。图 10-3-18 表示了一氧化碳燃烧时加入不同量的水蒸气使火焰传播速度增大的实验结果。可以看出，当混合气中水蒸气含量为 2.3%时，最高 S_n可达 52cm/s，比干气燃烧时高出一倍多。因此，在 CO 火焰中一定要用水蒸气来促使反应加快，提高火焰传播速度。

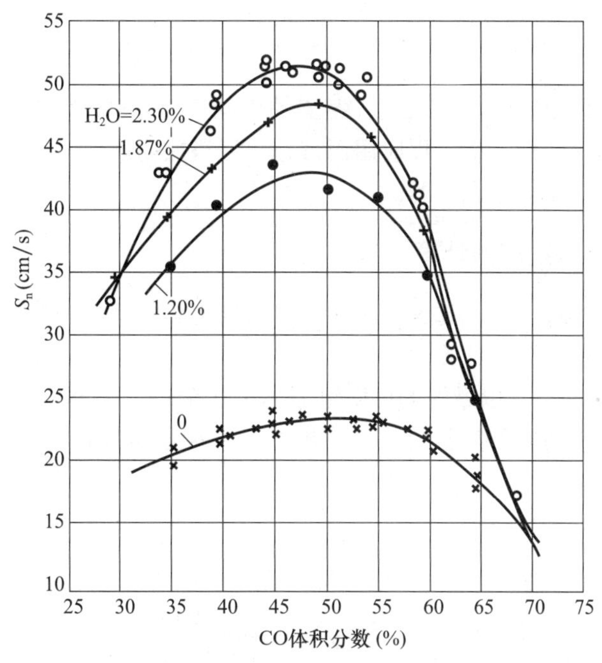

图 10-3-18　CO—空气混合气火焰传播速度与加入水蒸气量的关系

在混合气中以惰性气体氮、氧、氦和二氧化碳等代替氧，从而改变氧化剂中氧气的浓度，视其含量不同对火焰传播速度有不同的影响。一般来说，加入惰性气体（或降低氧的浓度），将使燃烧温度大大下降，从而降低了火焰传播速度。但是不同惰性气体的影响可能是相互矛盾的。图 10-3-19 所示为氮气含量不同时甲烷—氧混合气的火焰传播速度变化的一系列曲线。若掺混二氧化碳，所得结果是相似的。从图示曲线可以看出，随着氧气量的减少着火范围缩小，这与点火的极限相适应；另外，含氧量降低时，火焰传播速度的峰值位置向左移动，虚线表示化学计量成分的火焰传播速度值的连线。

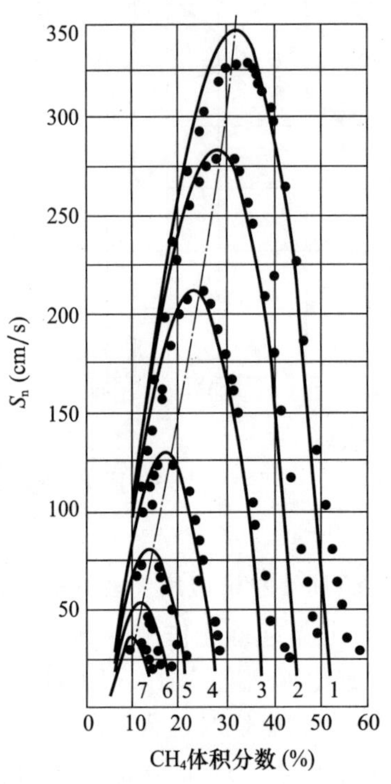

图 10-3-19　氮含量对火焰传播速度的影响（预混气：甲烷＋氧气）

1—1.5%N_2＋98.5%O_2；2—20%N_2＋80%O_2；3—40%N_2＋60%O_2；4—60%N_2＋40%O_2；5—70%N_2＋30%O_2；6—75%N_2＋25%O_2；7—79%N_2＋21%O_2

实验结果表明，烃类燃料燃烧时加入氢气燃烧的中间产物，如 O、H、OH 等活性中心，则可显著改善燃烧反应的动力学特性。就工程应用而言，根据添加物质对火焰传播速度的影响来判断改善反应动力学特性的程度，是很有意义的。

10.3.4　混合气体火焰传播速度的计算

实际应用的燃气含有多种成分，其火焰传播速度除用实验方法测定外，也可按单一可燃气体的最大火焰传播速度值，用经验公式计算。

当燃气中的 $V(CO)<20\%$（以燃气的可燃组分为 100%计），$V(N_2)+V(CO_2)<50\%$（扣除燃气中所对应的空气）时，采用以下实验公式计算出的最大火焰传播速度与实测值的误差<5%，其计算公式为

$$S_n^{max}=\frac{\sum S_{ni}\alpha_i V_{0i} r_i}{\sum \alpha_i V_{0i} r_i}\{1-f[V(N_2)+V(N_2)^2+2.5V(CO_2)]\} \tag{10-3-41}$$

$$V(N_2)=\frac{V(N_{2\cdot g})-3.76V(O_{2\cdot g})}{100-4.76V(O_{2\cdot g})} \tag{10-3-42}$$

$$V(CO_2)=\frac{V(CO_{2\cdot g})}{100-4.76V(O_{2\cdot g})} \tag{10-3-43}$$

$$f = \frac{\sum r_i}{\sum \frac{r_i}{f_i}} \tag{10-3-44}$$

式中　S_n^{max}——燃气的最大法向火焰传播速度，m/s；

S_{ni}——各单一可燃组分的最大法向火焰传播速度，m/s，见表 10-3-2；

α_i——各组分相应于最大法向火焰传播速度时的一次空气系数，见表 10-3-2；

V_{0i}——各组分的理论空气需要量，Nm^3/Nm^3，见表 10-3-2；

r_i——各组分的容积成分；

V（$N_{2}.{}_g$）——燃气中 N_2 的容积成分；

V（$O_{2}.{}_g$）——燃气中 O_2 的容积成分；

V（$CO_{2}.{}_g$）——燃气 CO_2 的容积成分；

f_i——各组分考虑惰性组分影响的衰减系数，见表 10-3-2。

表 10-3-2　计算燃气最大火焰传播速度的数据

化学式	H_2	CO	CH_4	C_2H_4	C_2H_6	C_3H_6	C_3H_8	C_4H_8	C_4H_{10}
S_{ni}	2.80	1.00	0.38	0.67	0.43	0.50	0.42	0.46	0.38
a_i	0.50	0.40	1.10	0.85	1.15	1.10	1.125	1.13	1.15
V_{0i}	2.38	2.38	9.52	14.28	16.66	21.42	23.80	28.56	30.94
f_i	0.75	1.00	0.50	0.25	0.22	0.22	0.22	0.20	0.18

应用式（10-3-41）时，应考虑燃气组分之间的影响，因此必须采用表 10-3-2 中已经过调整的数据。

10.3.5　紊流火焰传播

前面讨论的火焰传播是在层流流动或静止气体中发生的，火焰锋面很薄，且为光滑的几何面。当气流速度加大到一定程度时，流动转入紊流状态。此时，本生灯上火焰的内锥缩短，锋面变厚，并有明显的噪声，焰面不再是光滑的表面，而是抖动的粗糙表面，放大后的瞬时变化如图 10-3-20所示。工业用燃烧装置中，燃烧基本上是在紊流流动中发生的，因此经常遇到紊流火焰。

图 10-3-20　紊流火焰面瞬时变化示意

1. 紊流火焰传播的特点

在研究紊流火焰传播时，仍借用层流火焰锋面的概念，把焰面视为一未燃气体与已燃气体之间的宏观整体分界面，也称为火焰锋面。紊流火焰传播速度也是对这个几何面来定义的，用 S_t 表示。

为了在理论上定量地建立紊流火焰传播速度、燃烧强度、紊动程度以及混合气体物理化学性质之间的关系，必须了解紊流火焰结构和传播机理。如同在紊流状态的流体中那样，在紊流火焰中有许多大小不同的微团作不规则运动。如果微团的平均尺寸小于层流火焰锋面的厚度，称为小尺度紊流火焰；反之，则称为大尺度紊流火焰。这两种火焰的模型示于图 10-3-21 上。从设定的火焰模型可以看出，小尺度紊流火焰尚能保持较规则的火焰锋面，其燃烧区的厚度仅略大于层流火焰锋面厚度。当微团的脉动速度大于层流火焰传播速度（$u' > S_l$）时，为大尺度强紊动火焰，反之为大尺度弱紊动火焰。对于后者来说，由于微团脉动速度小于层流火焰传播速度（$u' < S_l$），则微团不能冲破火焰锋面；但因微团尺寸大于层流火焰的锋面厚度，故锋面受到扭曲，见图 10-3-21（b）。而在强紊动情况下，由于微团尺寸和脉动速度均相应地大于层流火焰的厚度和传播速度，所以此时已不存

在连续的火焰锋面，见图 10-3-21（c）。关于大尺度强紊动的火焰传播机理，不同学者有不同的解释，因而形成了紊流火焰的表面理论和容积理论。

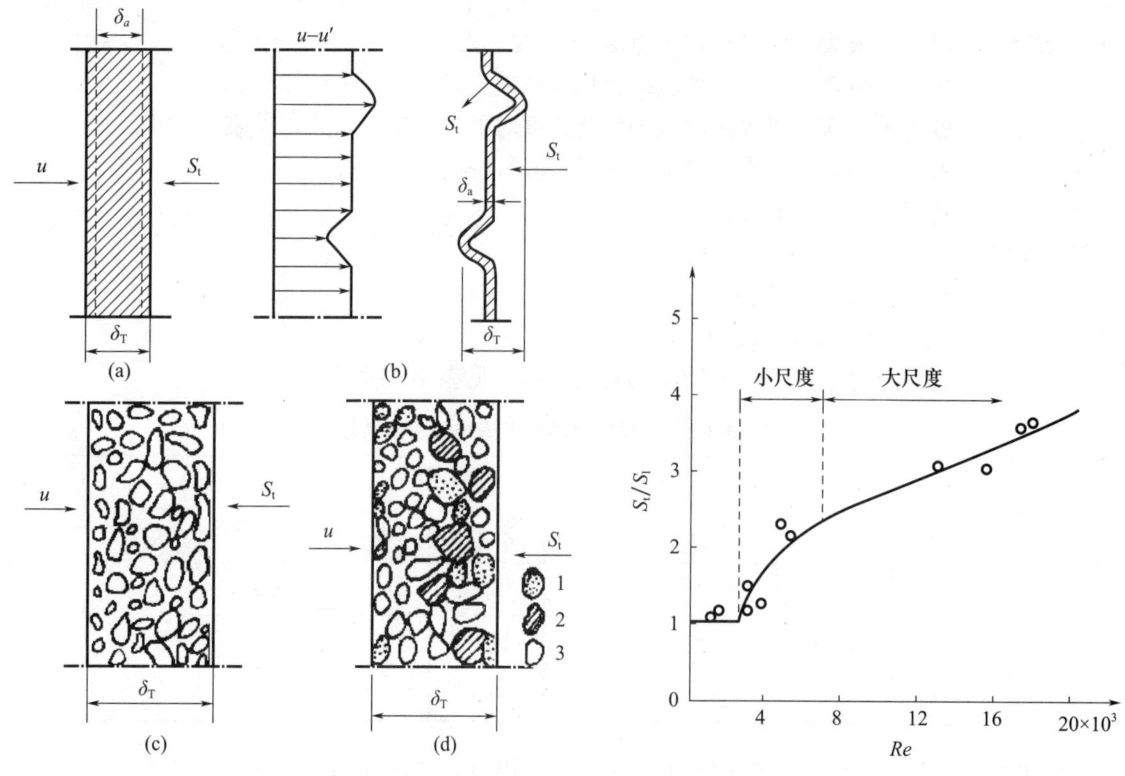

图 10-3-21　紊流火焰模型

（a）小尺度紊动；（b）、（c）大尺度紊动；（d）容积紊流燃烧

1—燃烧产物；2—新鲜混气；3—部分燃尽气体

图 10-3-22　*Re* 数对火焰传播速度的影响

紊流火焰的结构和传播机理与层流火焰的有很大差异，特别是它的传播速度比层流时要大得多，其理由可归结为以下几点：

（1）紊流脉动使火焰变形，从而使火焰表面积增加，但是曲面上的法向传播速度仍保持为层流火焰速度。

（2）紊流脉动增加了热量和活性中心的传递速度，反应速率加快，从而增大了垂直火焰表面的实际燃烧速度。

（3）紊流脉动加快了已燃气和未燃气的混合，缩短混合时间，提高燃烧速度。

紊流流动对火焰的影响，可用 *Re* 数对火焰传播速度的影响来加以说明。图 10-3-22 表明在不同 *Re* 数下对本生灯火焰进行测量的结果。由图可见，随着 *Re* 数的增大，紊流火焰传播速度与层流火焰传播速度之比值先是迅速增大，以后是逐渐增长。达姆科勒（Damkoer）发现，当 $Re<2300$ 时，火焰传播速度与 *Re* 无关，属层流状态；当 $2300\leqslant Re\leqslant 6000$ 时，火焰传播速度与 *Re* 的平方根成正比；当 $Re>6000$ 时，火焰传播速度与 *Re* 成正比。显然，在层流状态下火焰传播速度与 *Re* 无关；而当 $Re>2300$ 时，为层流向紊流的过渡，火焰传播已受紊流的影响，因而测得的紊流火焰传播速度与几何尺寸及流量有关。随着 *Re* 的增大，开始为小尺度紊流火焰，在大约 $Re\geqslant 7000$ 时，成为大尺度紊流火焰。

2. 紊流火焰的表面理论

紊流火焰的研究工作是由达姆科勒和肖尔金开创进行的。他们区分了小尺度和大尺度的高强度及低强度紊流。

表面理论的主要论点在于：（1）从垂直于气流方向基元厚度的火焰来看，仍然保留层流火焰锋面的基本结构，燃烧反应主要在锋面中进行。(2) 紊流火焰比层流传播快的原因，主要在于传递过程的加快和焰面的增大。

(1) 小尺度紊流。在 $2300<Re<6000$ 范围内，紊流火焰属小尺度。小尺度紊流只是增强了物质的输运特性，从而使得热量和活性中心的传输加速，在其他方面则没有什么影响。根据层流火焰传播理论已知：$S_l \propto \sqrt{a_t}$，热量和活性中心传输增大的结果，使可燃混合气的导温系数（也称热扩散系数）变为 a_t。仿照以上关系式，则紊流火焰传播速度

$$S_t \propto \sqrt{a_t} \tag{10-3-45}$$

对于一定的可燃混合燃气，有

$$\frac{S_t}{S_l}=\frac{\sqrt{a_t}}{\sqrt{a}} \tag{10-3-46}$$

在圆形管中 $a_t \propto ud$，且 $a=v$

$$\frac{a_t}{a} \propto \frac{ud}{v}=Re \tag{10-3-47}$$

最后可得

$$\frac{S_t}{S_l} \propto \sqrt{\frac{a_t}{a}} \propto \sqrt{Re} \tag{10-3-48}$$

肖尔金认为，在紊流火焰锋面中应该有分子传递和气团脉动传递的共同作用，所以紊流焰锋传播速度应为［仿式（10-3-21）］

$$S_t \propto \sqrt{\frac{a_t+a}{\tau_c}} \tag{10-3-49}$$

这样

$$\frac{S_t}{S_l} \propto \sqrt{\frac{a_t+a}{a}} \propto \left(1+\frac{a_t}{a}\right)^{1/2} \tag{10-3-50}$$

这个关系式适当地修正了火焰表面微小增大的影响，因而使数值与实验结果更加接近。在实际燃烧设备中，小尺度紊流燃烧只可能出现在网格的下游。

(2) 大尺度紊流。对于大尺度弱紊动火焰，由于 $u'<S_l$，微团尺寸大于火焰锋面厚度，焰面发生扭曲，但可以认为微元面上的法向火焰传播速度仍为层流火焰传播速度 S_l，实验时，以整体紊流火焰面积 F 来确定紊流火焰传播速度 S_t，而实际的被紊流微团扭曲了的火焰面积 F'，在稳定情况下应有如下关系：

$$S_t F=S_l F' \tag{10-3-51}$$

即

$$S_t=S_l\frac{F'}{F} \tag{10-3-52}$$

据上式，只要求出 F'/F，即可算得 S_t。

肖尔金假定，把紊流燃烧区中所有曲面折算成锥形面积，如图 10-3-23 所示。假设锥体每边长为 l，锥体高度为 h，锥体侧面积为 $4\left(\frac{l}{2}\right)\sqrt{\left(\frac{l}{2}\right)^2+h^2}$。

按图 10-3-23 可得

$$\frac{F'}{F}=\frac{4\left(\frac{l}{2}\right)\sqrt{\left(\frac{l}{2}\right)^2+h^2}}{l^2}=\sqrt{1+\left(\frac{h}{l/2}\right)^2} \tag{10-3-53}$$

按照设想的模型，锥体高度 h 相当于初始尺寸为 l 的微团，在燃尽时间 τ 内以脉动速度 u' 所迁移的距离

$$h \approx u'\tau \tag{10-3-54}$$

在此时间内以燃烧速度推进的距离为

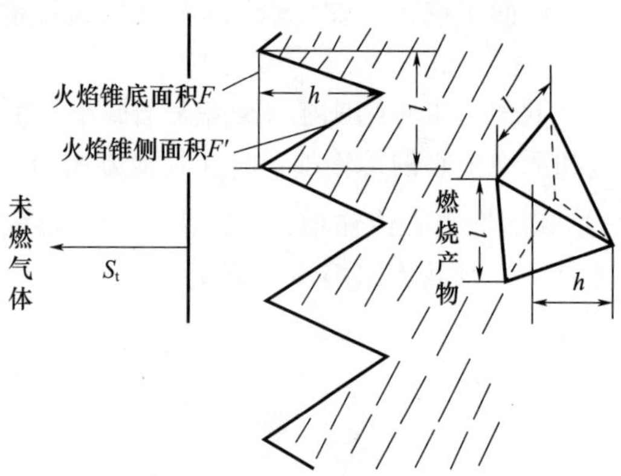

图 10-3-23　大尺度紊流火焰的物理模型

$$\tau S_l \approx \frac{l}{2} \tag{10-3-55}$$

代入后得

$$h \approx \frac{u'l}{2S_l} \tag{10-3-56}$$

将式（10-3-53）代入式（10-3-56）和式（10-3-52），可得

$$S_t \approx S_l \left[1+\left(\frac{u'}{S_l}\right)^2\right]^{1/2} \tag{10-3-57}$$

在大尺度弱紊动下，$u' \ll S_l$，上式根号部分按泰勒级数展开，略去高次项后得

$$S_t \approx S_l \left[1+\frac{1}{2}\left(\frac{u'}{S_l}\right)^2\right] \tag{10-3-58}$$

大尺度强紊动时，$u'/S_l \gg 1$，则由式（10-3-57）得

$$S_t \propto u' \tag{10-3-59}$$

在这种情况下，气团脉动非常剧烈，使许多正在燃烧的气团冲出连续的火焰表面，而形成超越在焰锋前面的脱群火团。这些火团从自身将火焰传播开来，而不必等待后面连续的焰锋传播过来就燃烧起来，无疑增加了焰锋的传播速度。所以，此时传播速度应该由这些脱群火团的脉动速度来确定，因而 $S_t \propto u'$。由于 $u' \propto u$，故

$$S_t \propto Re \tag{10-3-60}$$

在大多数情况下，S_t仍然部分地决定于层流火焰传播速度，有人利用以下经验公式来计算紊流火焰传播速度

$$S_t = AS_l^a Re^b \tag{10-3-61}$$

式中　A、a、b——实验常数。

3. 紊流火焰的容积理论

紊流火焰的表面理论在其发展过程中已不断完善，使之能更好地符合实验结果。但是，还有大量的实际现象不能用表面理论加以解释，因而 Summerfield 试图用所谓容积理论来代替表面理论。

容积理论认为，在大尺度强紊动下燃烧的气体微团中，并不存在把未燃气体和已燃气体截然分开的正常火焰锋面。紊流燃烧是以气团为单位进行的，在每个紊流微团内部，一方面进行着不同成分和温度的物质的迅速混合，同时也进行着快慢程度不同的反应。有的微团达到了着火条件就整体燃烧，而另外未达到着火条件的微团在其脉动过程中，或是在已燃部分的影响下（传热和传质）达到着火条件而燃烧，或者消失而与其他部分混合而形成新的微团。所以在燃烧区中同时存在三种气团，一种是尚未燃烧的，另一种是正在燃烧的，再有一种是已经燃烧完的气团，见图 10-3-21（d）。

容积理论还假定，不仅不同微团的脉动速度不同，而同一微团的各个部分其脉动速度也是不同的。由于速度不同，各部分的迁移距离也不相同，所以不可能再维持连续的薄火焰锋面。每当未燃的微团中渗入高温产物，或其某些部分发生燃烧时，就会迅速和其他部分混合。每隔一定的平均周期，不同的气团就会因互相渗透混合而形成新的气体微团，各个微团进行不同程度的容积反应。这样，燃烧反应的区域就不仅限于某一狭窄表面上，而分布在较大的容积中。由于整个容积中进行燃烧反应的程度不同，各项参数亦存在着分布场。

要了解这种火焰的传播速度与混气物理化学性质及紊动程度的关系，就必须了解微团的尺寸、微团中各部分脉动速度分布，但这是相当困难的。原苏联学者 Чеченков（谢钦科夫）在不同的紊流强度和火焰传播速度 S_l 下，针对微团内几种可能出现的紊流速度分布，作了紊流火焰传播速度的数值计算，得出了一定 T_0、p_0 下的定性关系

$$S_t \propto u^{\frac{2}{3}} S_l^{\frac{1}{2}} \tag{10-3-62}$$

这与实测的紊流火焰传播速度的变化规律相近。

和层流传播速度一样，压力和温度对紊流火焰传播速度也有一定影响。当紊流强度 $\varepsilon=4\%\sim5\%$ 且流速不变时，压力对紊流火焰传播速度的影响可用以下关系式表示

$$(S_t)_V \propto p^{0.45} \tag{10-3-63}$$

当气流质量速度不变（即 Re 不变）时，与压力的关系为

$$(S_t)_{Re} \propto p^{-0.25} \tag{10-3-64}$$

上述关系和大多数层流时 $S_l=f(p)$ 关系类似。可以认为，第一种情况是压力通过改变紊流黏度对紊流火焰发生影响，而第二种情况主要反映在压力对化学动力学因素产生了较强的影响。

混气初始温度对 S_t 的影响并不显著，据实验结果可整理为如下关系式

$$S_t \propto T_0^{0.25} \tag{10-3-65}$$

紊流火焰的焰面厚度也受压力和初始温度的影响。一般来说，焰面厚度随 T_0 的增大而明显减小，且压力越低时，焰面厚度随 T_0 的增高而减小得越快。

10.3.6　火焰传播浓度极限

1. 火焰传播浓度极限及其测定

在燃气—空气（或氧气）混合物中，只有当燃气与空气的比例在一定极限范围之内时，火焰才有可能传播。若混合比例超过极限范围，即当混合物中燃气浓度过高或过低时，由于可燃混合物的发热能力降低，氧化反应的生成热不足以把未燃混合物加热到着火温度，火焰就会失去传播能力而造成燃烧过程的中断。能使火焰继续不断传播所必需的最低燃气浓度，称为火焰传播浓度下限（或低限）；能使火焰继续不断传播所必需的最高燃气浓度，称为火焰传播浓度上限（或高限）。上限和下限之间就是火焰传播浓度极限范围，火焰传播浓度极限又称着火浓度极限。

火焰传播浓度极限范围内的燃气—空气混合物，在一定条件下（例如在密闭空间里）会瞬间完成着火燃烧而形成爆炸，因此火焰传播浓度极限又称爆炸极限。

了解燃气—空气混合物的火焰传播浓度极限，对安全使用燃气是很重要的，其值一般由实验测得。图 10-3-24 为通常采用的一种测定装置示意图。其工作原理为：取一根内径 50mm、长 1500mm 的硬质玻璃管。玻璃管一端封闭，一端敞开，其内充以燃气—空气混合物，将开口端用盖盖住，并浸入水银槽中。在开启盖子的同时，以

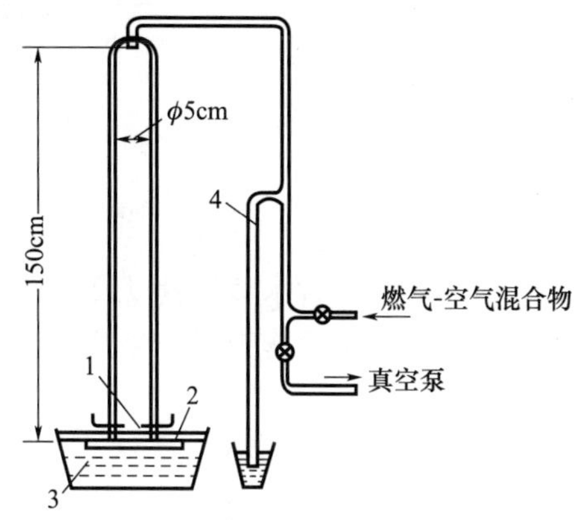

图 10-3-24　火焰传播浓度极限测定装置
1—发火花间隙；2—底板；
3—水银槽；4—压力计

强力的点火源进行点火，用不同浓度的燃气—空气混合物进行试验，当火焰不能传到玻璃管上部时的浓度，即为火焰传播浓度极限。

附表 10-1，10-2 列出了一些燃气—空气混合物，在常压和 293K 下的火焰传播浓度极限（即爆炸极限）。

2. 影响火焰传播浓度极限的因素

（1）燃气在纯氧中着火燃烧时，火焰传播浓度极限范围将扩大。

（2）提高燃气—空气混合物温度，会使反应速度加快，火焰温度上升，从而使火焰传播浓度极限范围扩大。

（3）提高燃气—空气混合物的压力，其分子间距缩小，火焰传播浓度极限范围将扩大，其上限变化更为显著。表 10-3-3 列出了某些燃气—空气混合物火焰传播浓度极限随压力的变化关系。

表 10-3-3 常温下火焰传播浓度极限与压力的关系

燃气	压力（MPa）	火焰浓度传播极限（%）	
		下 限 L_l	上 限 L_h
CO	0.1	14	71
	2.0	21	60
	4.0	20	57
H_2	0.1	9	69
	2.0	10	70
CH_4	0.1	5	15
	5.0	4.8	48
	10.0	4.6	57

（4）可燃气体中加入惰性气体时，火焰传播浓度极限范围将缩小（见图 10-3-25）。

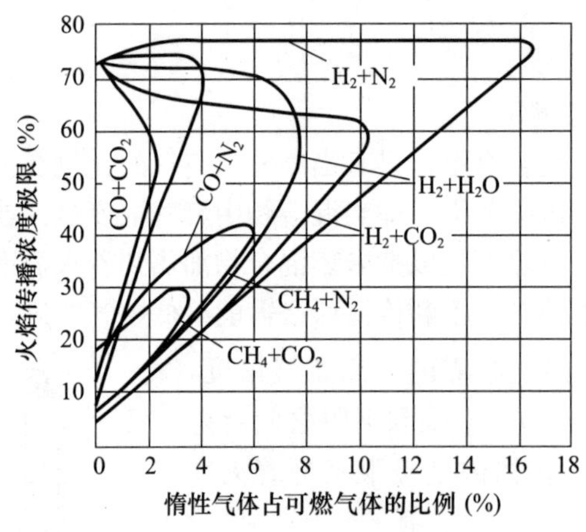

图 10-3-25 惰性气体对火焰传播浓度极限的影响

（5）含尘量、含水蒸气量以及容器形状和壁面材料等因素，有时也影响火焰传播浓度极限。例如，在氢—空气混合物中引进金属微粒，能使火焰传播浓度极限范围扩大，并能降低其着火温度。

10.4 燃气燃烧方法

10.4.1 扩散式燃烧

10.4.1.1 燃烧的动力区和扩散区

燃料燃烧所需要的全部时间通常由两部分合成，即氧化剂和燃料之间发生物理性接触所需要的

时间 τ_{ph} 和进行化学反应所需要的时间 τ_{ch}，即 $\tau=\tau_{ph}+\tau_{ch}$。

对气体燃料来说，τ_{ph} 就是燃气和氧化剂的混合时间。如果混合时间和进行化学反应所需的时间相比非常之小，即 $\tau_{ph}\ll\tau_{ch}$，则实际上 $\tau\approx\tau_{ch}$。

这时，称燃烧过程在动力区进行。将燃气和燃烧所需的空气预先完全混合均匀送入炉膛燃烧，可以认为是在动力区内进行燃烧的一个例子。反之，如果燃料与氧化剂混合所需要的时间与化学反应所需要的时间相比非常之大，即 $\tau_{ph}\gg\tau_{ch}$，则 $\tau\approx\tau_{ph}$。

这时，称燃烧过程在扩散区进行。例如，将气体燃料和空气分别引入炉膛燃烧，由于炉膛内温度较高，化学反应能在瞬间内完成，这时燃烧所需的时间就完全取决于混合时间，燃烧就在扩散区进行。

显然，当燃烧过程在动力区进行时，燃烧速度将受化学动力学因素的控制，例如反应物的活化能、温度和压力等。若燃烧过程在扩散区进行，则燃烧速度将取决于流体动力学的一些因素，例如气流速度和气体流动过程中所遇到的物体的尺寸、形状等。

在燃烧的动力区和扩散区之间，还有所谓中间区（或称动力—扩散区）。在中间区，燃烧过程所需的物理接触时间和化学反应时间几乎相等，即 $\tau_{ph}\approx\tau_{ch}$。

这时，燃烧速度同时取决于物理因素和化学因素，情况就较为复杂。

10.4.1.2　*层流扩散火焰的结构*

将管口喷出的燃气点燃进行燃烧，如果燃气中不含氧化剂（即 $\alpha'=0$），则燃烧所需的氧气将依靠扩散作用从周围大气获得。这种燃烧方式称为扩散式燃烧。

在层流状态下，扩散燃烧依靠分子扩散作用使周围氧气进入燃烧区；在紊流状态下，则依靠紊流扩散作用来获得燃烧所需的氧气。由于分子扩散进行得比较缓慢，因此层流扩散燃烧的速度取决于氧的扩散速度。燃烧的化学反应进行得很快，因此火焰焰面厚度很小。

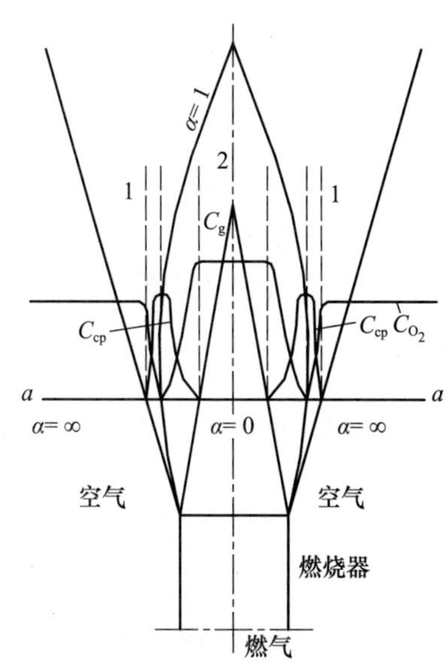

图 10-4-1　层流扩散火焰的结构

1—外侧混合区（燃烧产物＋空气）；
2—内侧混合区（燃烧产物＋燃气）；
C_g—燃气浓度；C_{cp}—燃烧产物浓度；
C_{O_2}—氧气浓度

图 10-4-1 示出了层流扩散火焰的结构。燃气从喷口流出，着火后出现一圆锥形焰面。在焰面以内为燃气，焰面以外是静止的空气。氧气从外部扩散到焰面，燃气从内部扩散到焰面，而燃烧产物又不断从焰面向内、外两侧扩散。该图还示出了 a—a 截面上氧气、燃气和燃烧产物的浓度分布。氧气浓度从静止的空气层朝着焰面方向逐步降低，燃气浓度则从火焰中心朝相反方向逐步降低。燃气和空气的混合比等于化学计量比的那层表面便是火焰焰面。亦即，在焰面上 α 正好等于 1，而不可能大于或小于 1。试设想，假如在 $\alpha<1$ 的区域内首先着火，那么剩下的未燃燃气将继续向着氧气扩散，与焰外的空气混合而燃烧，使焰面向 $\alpha=1$ 的表面移动；假设在 $\alpha>1$ 的区域先着火，那么多余的氧气将向着燃气扩散，与焰内燃气混合而燃烧，亦即焰面又移向 $\alpha=1$ 的表面。在焰面上，燃烧产物的浓度最大，然后向内、外两侧逐步降低。纯燃气和纯空气之间的混合区被焰面分隔为两个区。内侧为燃气和燃烧产物相互扩散的区域，外侧为空气和燃烧产物相互扩散的区域。氧气通过外侧混合区向焰面扩散，而燃气则通过内侧混合区向焰面扩散。

扩散火焰的形状为圆锥形。这是因为沿火焰轴线方向流动的燃气要穿过一个较厚的内侧混合区才能遇到氧气，这就需要一段时间，而在这段时间内燃气将流过一定的距离，使焰面拉长。燃气在向前流动过程中不断燃烧，纯燃气的体积越来越小，最后在中心线上全部燃尽，所以火焰末端变尖而整个焰面呈圆锥形。锥顶与喷口之间的距离称为火焰长度或火焰高度。

可以利用相似关系来讨论层流扩散火焰的基本规律。

图 10-4-2 中绘出了管 1 和管 2 两个相似的扩散燃烧装置。它们都有一个同心内管 A。在内管 A 中流动的是燃气，在内外管之间的空间中流动的是空气，而且两种气体的流速相等。图中还绘出了燃气在管道断面上的浓度分布。燃气刚离开内管时，浓度场是矩形的。由于不断燃烧，到达距离 L_1 和 L_2 处，浓度场变成曲线形。假如 L_1 和 L_2 是火焰的长度，则在 L_1 和 L_2 处燃烧必在中心线上进行，因此在该处燃气和空气之比符合化学计量比。

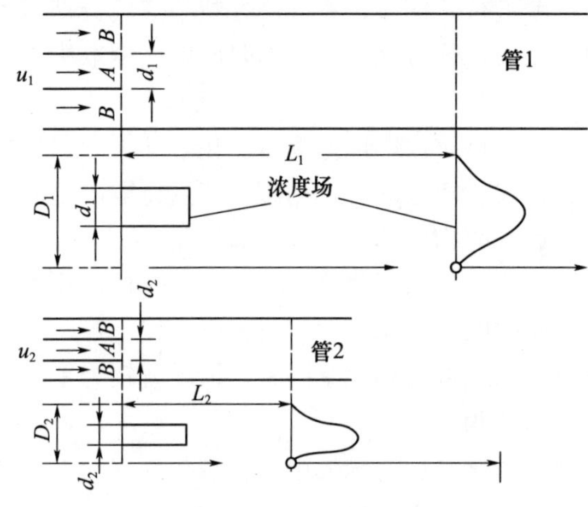

图 10-4-2　层流扩散火焰的相似

燃气和空气之间的扩散率（即单位时间从空气中扩散到燃气中的氧气量）应当与浓度梯度成正比

$$M \propto DF\frac{\mathrm{d}C}{\mathrm{d}r} \tag{10-4-1}$$

式中　D——扩散系数；

F——垂直于扩散方向两股气流的接触面积；

$\frac{\mathrm{d}C}{\mathrm{d}r}$——径向浓度梯度。

对于上述两种相似情况，扩散率之比为

$$\frac{M_1}{M_2}=\frac{D_1F_1\left(\frac{\mathrm{d}C}{-\mathrm{d}r}\right)_1}{D_2F_2\left(\frac{\mathrm{d}C}{-\mathrm{d}r}\right)_2} \tag{10-4-2}$$

在 L_1 和 L_2 距离内，两股气流接触表面之比为

$$\frac{F_1}{F_2}=\frac{d_1L_1}{d_2L_2} \tag{10-4-3}$$

在两种情况下，燃气和氧气的初浓度都是相同的，因此，直径越小，浓度变化越剧烈。亦即浓度梯度与直径成反比

$$\frac{\left(\frac{\mathrm{d}C}{-\mathrm{d}r}\right)_1}{\left(\frac{\mathrm{d}C}{-\mathrm{d}r}\right)_2}=\frac{d_2}{d_1} \tag{10-4-4}$$

将式（10-4-3）和式（10-4-4）代入式（10-4-2）得

$$\frac{M_1}{M_2}=\frac{D_1}{D_2}\times\frac{d_1L_1}{d_2L_2}\times\frac{d_2}{d_1}=\frac{D_1L_1}{D_2L_2} \tag{10-4-5}$$

扩散到燃气中的氧气，用来使燃气燃烧。如果在 L_1 和 L_2 距离内燃气正好烧完，则在这段距离内的扩散率应当和燃气的流量相适应。因此在两种情况下的扩散率之比应当等于燃气流量之比，即

$$\frac{D_1L_1}{D_2L_2}=\frac{v_1d_1^2}{v_2d_2^2} \tag{10-4-6}$$

或者

$$\frac{DL}{vd^2}=\text{常数} \tag{10-4-7}$$

$$L\propto\frac{vd^2}{D} \tag{10-4-8}$$

式（10-4-8）表明，层流扩散火焰的长度与气流速度成正比。对同一种燃气和同一燃烧器来说，气流速度越大，火焰就越长。由于反映了气体的流量，故当燃气流量不变时，火焰长度与气流速度无关，而仅与气体的扩散系数成反比。扩散系数越大，火焰就越短。

10.4.1.3　*层流扩散火焰向紊流扩散火焰的过渡*

如前所述，当燃气流量逐渐增加时，火焰中心的气流速度也渐渐加大。但氧气向焰面扩散的速度基本未变，这就使焰面的收缩点离喷口越来越远，火焰的长度不断增加。这时，火焰的表面积增大，单位时间内燃烧的燃气量也就增加了。但是，当气流速度增加至某一临界值时，气体流动状态由层流转为紊流，火焰顶点开始跳动。若气流速度再增加，则火焰本身也开始扰动。这时扩散过程由分子扩散转变为紊流扩散，燃烧过程得到强化，因此火焰的长度便相应缩短。随着气流扰动程度的加剧，燃烧所需的物理时间大为缩短，最后，当混合速度大大超过化学反应的速度时（$\tau_{ph}\ll\tau_{ch}$），燃烧就开始在动力区进行。这时所呈现的特点是火焰开始丧失稳定性。如果继续强化燃烧，就会使火焰发生间断，甚至完全脱离喷口。

图 10-4-3 表示随着气流速度增加，扩散火焰长度和燃烧工况的变化情况。这是采用直径为 3.1mm 的管子，用城市燃气喷入静止的空气中进行试验而获得的。从图中可以看出，在层流区火焰有着清晰的轮廓，气流速度增加时火焰长度也逐渐增加。在过渡区火焰顶部开始扰动并向根部扩展。由过渡区进入紊流区时火焰根部的层流火焰变得很短，火焰总长度反而缩小。在紊流区火焰长度与气流速度无关。

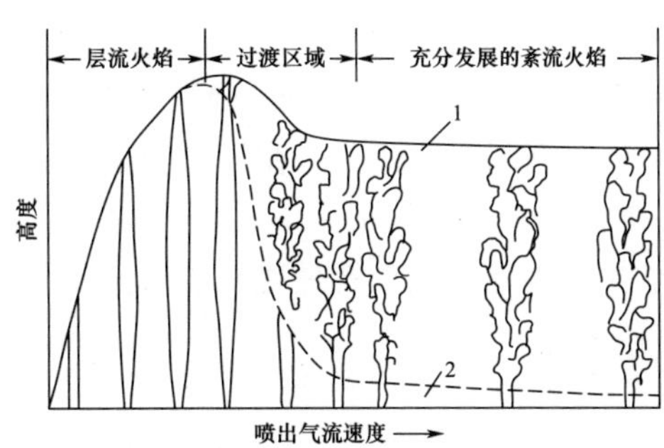

图 10-4-3　气流速度增加时扩散火焰长度和燃烧工况的变化

1—火焰长度终端曲线；2—层流火焰终端曲线

在紊流扩散火焰中无法区分焰面和其他部分，在整个火炬内都进行着燃气与空气的混合、预热和化学反应。这种火焰的形状和长度完全取决于燃气与空气的流动方向（交角）和流动特性。例如当空气沿平行于火炬纵轴的方向进入炉膛时，形成一股瘦长的圆锥体火炬；当空气流强烈旋转时，混合情况改善，形成一股短而宽的火炬。在工程上可以采用各种方法来调节和强化紊流扩散燃烧过程。

下面讨论紊流扩散火焰长度的确定。

扩散火焰长度的确定，实质上就是要决定火焰锋面的位置。火焰锋面的近似确定方法是在燃气和空气的混合气流中（假设未产生火焰）去找寻燃气浓度与氧气浓度符合化学当量比的点的轨迹。

在燃气紊流自由射流中，轴线上的燃气浓度 C_g 与射流出口处的原始浓度 C_1 之比为

$$\frac{C_g}{C_1}=\frac{0.70}{\frac{as}{r}+0.29} \tag{10-4-9}$$

式中　s——距出口的轴向距离；

a——紊流结构系数；

r——射流喷口的半径。

射流中各点的燃气浓度与空气浓度之和应该是一样的，它等于出口处的浓度和 $C_1+0=C_1$。因此，燃气浓度和空气浓度之比为$\frac{C_g}{C_1-C_g}$。在锋面上这个浓度比应近似地等于化学当量比 1∶n，故可成立

$$\frac{C_g}{C_1-C_g}=\frac{1}{n} \tag{10-4-10}$$

或

$$\frac{C_g}{C_1}=\frac{1}{n+1} \tag{10-4-11}$$

因而紊流扩散火焰长度可用下列方程式求解

$$\frac{0.70}{\frac{al_f}{r}+0.29}=\frac{1}{1+n} \tag{10-4-12}$$

即火焰长度为

$$l_f=\frac{r}{a}[0.70(1+n)-0.29] \tag{10-4-13}$$

10.4.1.4　扩散火焰中的多相过程

碳氢化合物进行扩散燃烧时，可能出现两个不同的区域：一个是真正的扩散火焰，它是从燃烧器出口垂直向上伸展的一个很薄的反应层；另一个是光焰区，其中有固体碳粒燃烧。

图 10-4-4 示出了不同压力下乙炔在空气中燃烧的扩散火焰。可以看到，当压力升高时，由于碳粒增多，光焰区伸长，使火焰高度突然增加好几倍。

为了讨论光焰出现的原因，可以分析一下层流扩散火焰中气体浓度和温度的变化情况（见图 10-4-5）：直线 A 相当于反应区的外表面，直线 B 相当于反应区的内表面。反应区的厚度很小，仅为 δ_{ch}。氧气浓度 C_{O_2} 在反应区内表面处降为零，而燃气浓度 C_g 则在反应区外表面才降为零。气体温度在反应区内为最高，并由反应区向内外两侧迅速下降。若在纵坐标上取一点相当于燃气开始分解的温度 t_d，则该温度的等温线与气体温度曲线相交于一点 a。在点 a 的右边将是一个只有燃气没有氧气的高温地带，它与反应区相邻，厚度为 δ_d。这地带就是燃气进行热分解的区域。

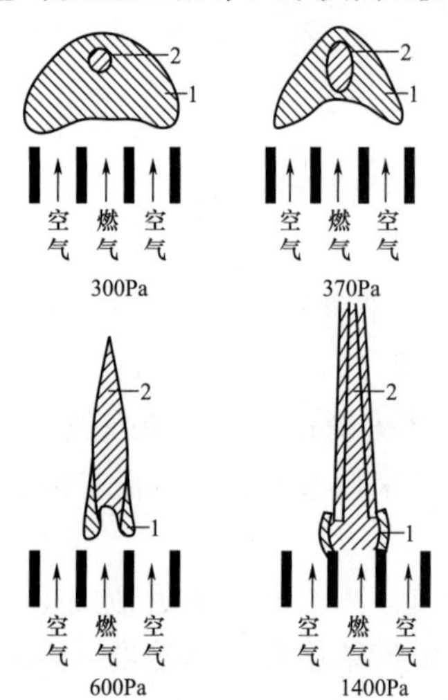

图 10-4-4　不同压力下乙炔在空气中的扩散火焰
1—扩散火焰；2—光焰区

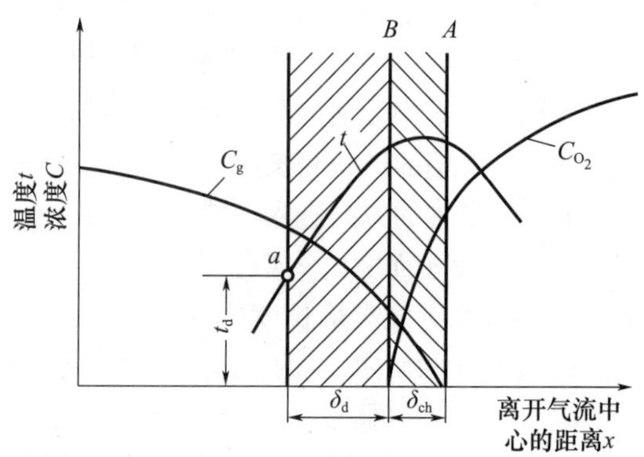

图 10-4-5　在层流扩散火焰中
气体浓度和温度的变化

一些实验资料表明，氢和一氧化碳是热稳定性较好的燃气，它们在 2500～3000℃的高温下尚能保持稳定的分子结构。各种碳氢化合物则是热稳定性较差的燃气。甲烷在 683℃便开始分解，乙烷为 485℃、丙烷为 400℃、丁烷为 435℃。一般来说，碳氢化合物的分子量越大，其稳定性也越差。

碳氢化合物的热分解历程虽然还不十分清楚，但可以肯定在分解区内发生着碳氢化合物的脱氢过程和碳原子的积聚过程。最后生成相当多的固体碳粒，像雾一般分散在气体中。这些碳粒燃烧时，呈现出明亮的淡黄色的光焰，这是碳氢化合物在扩散燃烧时的一个特征。如果碳粒来不及燃尽而被燃烧产物带走，就形成所谓的煤烟。

在扩散火焰中的碳粒，一旦接触到氧气，便出现固体和气体之间的燃烧过程。这种在碳粒表面发生的多相反应与均相反应相比有着一系列不同的特点。

首先，周围气体中的氧以分子扩散方式到达碳粒表面，由于碳粒表面力的作用，碳和氧分子之间产生化学吸附过程；然后，被吸附的气体分子在碳粒表面上与之进行化学反应，反应生成物是一氧化碳和二氧化碳，它们以气体状态从表面解吸出来。

碳的反应机理是很复杂的。主要的反应是碳和氧的化合作用，这个反应称为一次反应。实验证明，当碳和氧作用时，同时生成一氧化碳和二氧化碳。为了解释这个现象，曾经提出过许多不同的论点。较新的观点认为：碳和氧首先化合成 C_xO_y，然后再分解成 CO 和 CO_2，因而列出以下反应方程式

$$xC+\frac{1}{2}yO_2 = C_xO_y$$

$$C_xO_y = mCO+nCO_2$$

一氧化碳和二氧化碳的比例，也就是 m 和 n 的数值，决定于燃烧条件。

除了一次反应外，还存在所谓二次反应：

第一，反应生成的一氧化碳在碳粒附近和氧化合，使二氧化碳量增加。

$$2CO+O_2 = 2CO_2$$

第二，当温度很高而碳粒表面缺少氧气时，二氧化碳被还原成一氧化碳。

$$CO_2+C = 2CO$$

一次反应和二次反应互相交错，很难区分哪些是一次反应的产物，哪些是二次反应的产物。

固体和气体相互作用的最终速度可能决定于扩散速度，也可能决定于化学反应速度，这要视何者为最慢速度而定。

假如系统中反应温度不高，表面层的化学反应速度就较小，到达固体表面上的氧分子只有少量具有超过活化能的能量。这时反应速度小于扩散速度，燃烧在动力区进行，整个过程的总速度与温度有关。

$$W=Be^{-\frac{E}{RT}} \tag{10-4-14}$$

式中　W——反应速度；

B——试验系数，取决于气相组成、固相表面积等因素；

E——活化能；

R——气体常数；

T——绝对温度。

因此，与均相燃烧经常在扩散区进行的情况不同，多相燃烧有可能在动力区进行。

假如反应系统中的温度很高，到达固体表面的氧分子大部分都具有足够的能量参与反应，碳粒表面上就缺少氧气而增加了反应产物的浓度。整个过程便取决于扩散过程

$$W=-DF\frac{dC}{dn} \tag{10-4-15}$$

式中　D——扩散系数；

F——接触表面积；

$\frac{dC}{dn}$——浓度梯度。

这时燃烧过程就在扩散区进行。

当然，在某一中间温度范围内，扩散速度和反应速度相接近，燃烧过程就在中间区进行。

通过以上分析可以认为，在火焰的高温区，固体碳粒的燃烧是在扩散区进行的，由于碳粒表面氧的扩散主要是分子扩散，过程进行得很慢。通常碳的粒子来不及在高温区烧完，而随气流进入火焰尾部低温区，这时燃烧便由扩散区转为动力区。此后，碳粒的燃烧有可能完全中断，未烧尽的碳粒冷却后便形成炭黑，沉积在炉子的加热表面或管壁上。

10.4.1.5　燃气火焰的辐射

燃料燃烧时火焰的辐射传热，被广泛地利用在各种工业炉窑、加热炉和锅炉等热工设备上。

不发光的透明火焰的辐射，主要是高温气体的辐射。对于黄色、光亮而不透明的光焰来说，火焰内的游离碳粒子产生的固体辐射占有很大的比例。因此，两种不同火焰的辐射机理是不同的。

燃气火焰一般来说是不发光的透明火焰，即使扩散火焰也是弱的光焰。透明火焰主要靠烟气中的二氧化碳、水蒸气等在高温下的辐射。由于气体辐射仅在特定的窄波段内进行，与具有连续发射光谱的发光固体颗粒相比，燃气火焰的辐射能力是很弱的。

为了增加燃气火焰的辐射能力，曾有人试验过在气体燃料中加入一些液体燃料的燃烧方法。图 10-4-6、图 10-4-7 所示为国际火焰基金会的研究结果。可以看到，随着加入重油百分比的提高，火焰的辐射率显著增大。图 10-4-7 是在相同条件下，加入重油和加入焦油两种情况的比较。比较的结果是加入焦油的辐射能力更强。

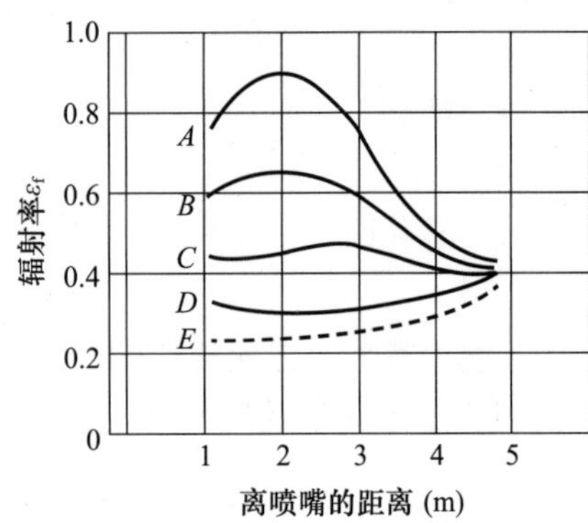

图 10-4-6　加入重油对辐射率的影响

A—重油 100%；B—重油 40%；

C—重油 20%；D—重油 0

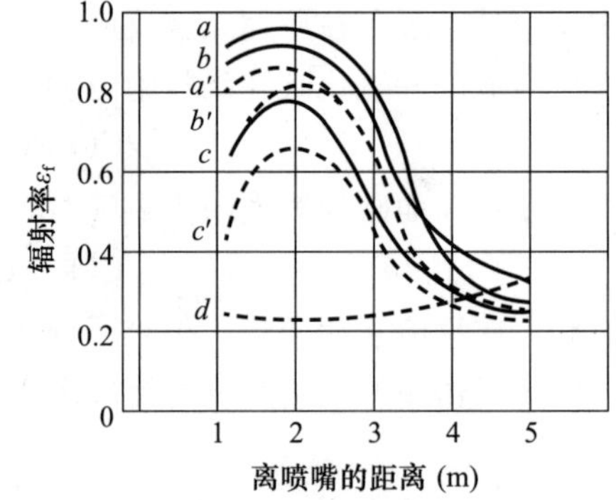

图 10-4-7　加入重油或焦油对辐射率的影响

a—焦油 100%；b—焦油 57%；c—焦油 33%；a'—重油 100%；

b'—重油 67%；c'—重油 33%；d—气体燃料 100%

根据国际火焰研究基金会的报告，燃料中的碳、氢质量比（$R=C/H$）的增大，使其火焰的辐射率呈直线增加。因此液体燃料的种类对火焰辐射有很大影响。

10.4.2　部分预混式燃烧

10.4.2.1　部分预混层流火焰

1855 年本生创造出一种燃烧器，它能从周围大气中吸入一些空气与燃气预混，在燃烧时形成不发光的蓝色火焰，这就是实验室常用的本生灯。预混式燃烧的出现使燃烧技术得到了很大的发展。

扩散式燃烧容易产生煤烟，燃烧温度也相当低。但当预先混入一部分燃烧所需空气后，火焰就变得清洁，燃烧得以强化，火焰温度也提高了。因此部分预混式燃烧（通常是 $0<\alpha'<1$）得到了广泛的应用。在习惯上又称大气式燃烧。

图 10-4-8 为本生灯的示意图。本生火焰是部分预混层流火焰的一个典型例子。从图中可以看到，本生火焰由内锥体和外锥体组成。在内锥表面火焰向内传播，而未燃的燃气—空气混合物则不

断地从锥内向外流出。在气流的法向分速度等于法向火焰传播速度之处便出现一个稳定的焰面，其形状近似于一个圆锥面。焰面内侧有一层很薄的浅蓝色燃烧层，因此内锥又称蓝色锥体。

由于一次空气量小于燃烧所需的空气量，因此在蓝色锥体上仅仅进行一部分燃烧过程。所得的中间产物穿过内锥焰面，在其外部按扩散方式与空气混合而燃烧。一次空气系数越小，外锥就越大。

含有较多碳氢化合物的燃气进行大气式燃烧时，外锥部分可能出现两种不同情况。当一次空气量较多时（$\alpha' > 0.4$），碳氢化合物在反应区内转化为含氧的醛、乙醇等。扩散火焰可能是透明而不发光的。当一次空气量较少时，碳氢化合物在高温下分解，形成碳粒，扩散火焰就成为发光的火焰。

蓝色锥体的出现是有条件的。假如燃气—空气混合物的浓度大于着火浓度上限，火焰就不可能向中心传播，蓝色锥体就不会出现，而成为扩散式燃烧。假如混合物中燃气的浓度低于着火浓度下限，则该气流根本不可能燃烧。氢气燃烧火焰出现蓝色锥体的一次空气系数范围相当大，而甲烷和其他碳氢化合物的燃烧火焰出现蓝色锥体的一次空气系数范围相当窄。

蓝色锥体的实际形状（见图 10-4-9）可以用管道中气流速度的分布和火焰传播速度的变化来解释。层流时，沿管道横截面上气体的速度按抛物线分布。喷口中心气流速度最大，至管壁处降为零。截面上任一点的气流法向分速度均等于法向火焰传播速度，故火焰虽有向内传播的趋势，但仍能稳定在该点。另一方面，该点还有一个切向分速度，使该处的质点向上移动。因此，在焰面上不断进行着下面质点对上面质点的点火。为了说明什么是最下部的点火源，需要分析一下根部的情况。在火焰根部，靠近壁面处气流速度逐渐减小，至管壁处降至零，但火焰并不会传到燃烧器里去，因为该处的火焰传播速度因管壁散热也减小了。在图 10-4-9 中的点 1 处，火焰的传播速度小于气流速度，即 $S < v$。在离燃烧器出口处某一距离的点 2 处，气流速度变化不多。火焰传播速度却因管壁散热影响的明显减小而增加，故 $v < S$。可以肯定，在点 1 和点 2 之间，必定存在一个 $v = S$ 的点 3，在点 3 上焰面稳定，而且没有分速度，$\varphi = 0$。这就是说，在燃烧器出口的周边上，存在一个稳定的水平焰面，它是空气—燃气混合物的点火源，又称点火环。点火环使层流大气火焰根部得以稳定。

10.4.2.2　部分预混层流火焰的确定

前面分析了点火环的存在，它起了稳定火焰根部的作用。然而只有燃烧器在一定的范围内工作时，才有点火环的存在。

如果燃烧强度不断加大，由于以 $v = S$ 的点更加靠近管口，点火环就逐渐变窄。最后点火环消失，火焰脱离燃烧器出口，在一定距离以外燃烧，称为离焰。若气流速度再增大，火焰就被吹熄，称为脱火。

如果进入燃烧器的燃气流量不断减小，即气流速度不断减少，蓝色锥体越来越低，最后由于气流速度小于火焰传播速度，火焰将缩进燃烧器，称为回火。

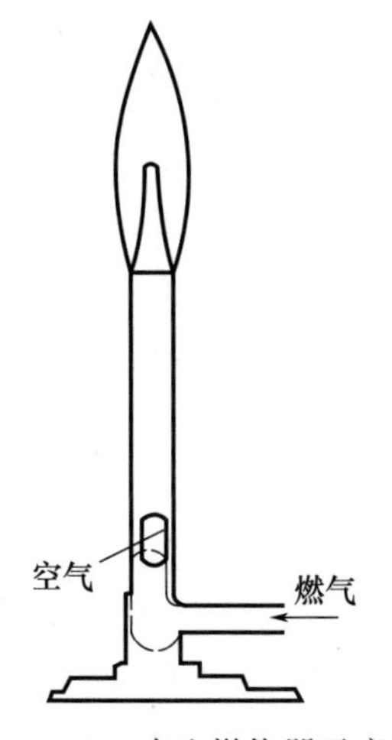

图 10-4-8　本生燃烧器示意图

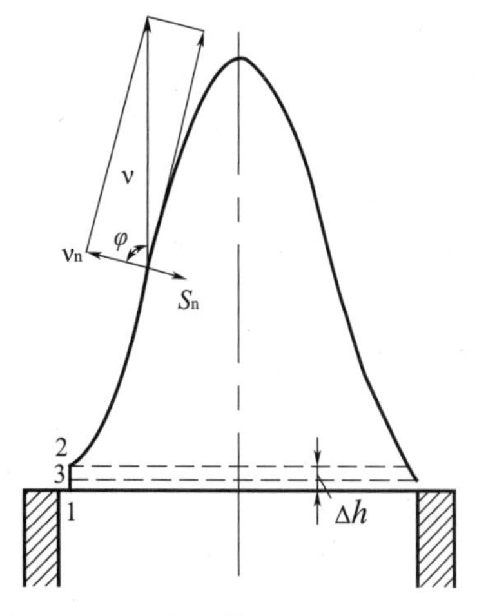

图 10-4-9　蓝色锥体表面上的速度分析

脱火和回火现象是不允许的，因为它们都会引起不完全燃烧，产生一氧化碳等有毒气体。对炉膛来说，脱火和回火引起熄火后形成爆炸性气体，容易发生事故。因此，研究火焰的稳定性，对防止脱火和回火具有十分重要意义。

如前所述，对于某一定组成的燃气—空气混合物，在燃烧时必定存在一个火焰稳定的上限，气流速度达到此上限值便产生脱火现象，该上限称为脱火极限；另一方面，燃气—空气混合物还存在一个火焰稳定的下限，气流速度低于下限值便产生回火现象，该下限称为回火极限。只有当燃气—空气混合物的速度在脱火极限和回火极限之间时，火焰才能稳定。

图 10-4-10 是按试验资料绘出的天然气—空气混合物燃烧时的稳定范围。从图中可以看出混合物的组成对脱火和回火极限影响很大。随着一次空气系数的增加，混合物的脱火极限逐渐减小。这是因为燃气浓度高时，点火环处有较多的燃气向外扩散，与大气中扩散而来的二次空气混合而燃烧，能形成一个较有力的点火环。反之，若混合物中空气较多，从火孔出来的燃气较少，二次空气将进一步稀释混合物，使点火环的能力削弱，所以脱火速度也下降。燃烧器出口直径越大，气流向周围的散热越少，火焰传播速度就越大，脱火极限就越高。

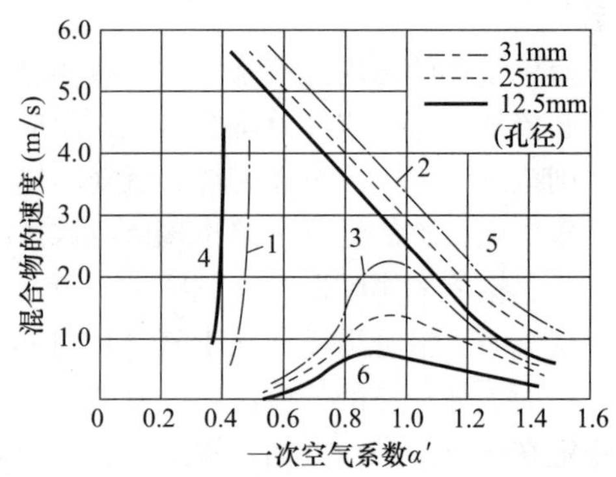

图 10-4-10　天然气—空气混合物燃烧稳定范围

1—光焰曲线；2—脱火曲线；3—回火曲线；4—光焰区；5—脱火区；6—回火区

回火极限随混合物组成变化的情况与火焰传播速度曲线相似。在其他条件相同时，火焰传播速度越大，回火极限速度也越大。燃烧器出口直径较小时，管壁散热作用增大，回火可能性减小。为了防止回火，最好采用小直径的燃烧孔。当燃烧孔直径小于极限孔径时，便不会发生回火现象。

图 10-4-10 还绘出了光焰区。当一次空气系数较小时，由于碳氢化合物的热分解，形成碳粒和煤烟，会引起不完全燃烧和污染。所以，部分预混式燃烧的一次空气系数不宜太小。

脱火和回火曲线的位置，取决于燃气的性质。燃气的火焰传播速度越大，此两曲线的位置就越高。所以火焰传播速度较大的炼焦煤气容易回火，而火焰传播速度较小的天然气则容易脱火。

火焰稳定性还受到周围空气组成的影响。有时周围大气中氧化剂被惰性气体污染，脱火和回火曲线的位置就会发生变化。由于空气中含氧量较正常为少，使燃烧速度降低，从而增加了脱火的可能性。

此外，火焰周围空气的流动也会影响火焰的稳定性，这种影响有时是很大的，它取决于周围气流的速度和气流与火焰之间的角度。

1. 周边速度梯度理论

刘易斯和冯·埃尔柏提出了用周边速度梯度来分析回火和脱火现象的理论。在燃烧器出口的周边处，火焰传播速度和气流速度都是在变化的。图 10-4-11（a）表示燃烧器出口以内的情况。粗线表示火焰传播速度变化曲线，细线表示三种不同工况下气流速度变化曲线。当管径较大时，靠近管壁处的气流速度变化曲线可近似地用直线来表示。直线 1 与火焰传播速度线相割，说明某些区域的火焰传播速度大于气流速度，会产生回火。直线 2 与火焰传播速度线相切，这是产生回火的极限位置。直线 3 位于火焰传播速度线的外面，其上任一点的气流速度都大于火焰传播速度，因此焰面将稳定在燃烧器出口以上，即不会发生回火。这时火焰底部的位置为图 10-4-11（c）中的位置 A。图 10-4-11（b）表示燃烧器出口以上的情况。当提高周边速度梯度而使速度曲线成为直线 3 时，由于直线 3 上每一点气流速度均大于曲线 A 上每一点燃烧速度，所以火焰底部被推离到图 10-4-11（c）中的位置 B。在位置 B，火焰底部离开火孔的距离增大，火孔壁面对火焰底部的冷却作用减弱。同时，在气流边界层可燃混合物与空气的相互扩散增强，使边界层附近可燃混合物的一次空气系数增加，燃烧速度增大。因此，图 10-4-11（b）中的燃烧速度曲线 A 的气流边界移动到 B。因为 B 与直线 3 相切，所以焰面底部能够在图 10-4-11（c）的位置 B 重新稳定。同样，当燃烧速度继续增大而速度曲线变为直线 4 时，焰面继续被推离到图 10-4-11（c）中的位置 C，由于壁面冷却作用进一步减弱和稀释作用的有利影响，燃烧速度继续增大，燃烧曲线由图 10-4-11（b）中的 B 移动到 C。当曲线 C 与直线 4 相切时，火焰底部就能够在图 10-4-11（c）的位置 C 重新稳定。当周边速度梯度再继续增大，使速度曲线变为直线 5 时，火焰又进一步被推离火孔。这时由于可燃混合物与空气的相互扩散过强，使气流边界层附近的可燃混合物被空气过分稀释，导致该处的燃烧速度下降，使燃烧速度曲线 C 不是继续向左推移，而是反过来向右回移到曲线 D。这时直线 5 与燃烧速度曲线 D 再也找不到切点，即在火焰底部任何一点上的气流速度都大于燃烧速度，于是火焰就被无限制推离火孔，产生脱火。显然，直线 4 与曲线 C 的切点所代表的工况，即为防止脱火的极限工况。

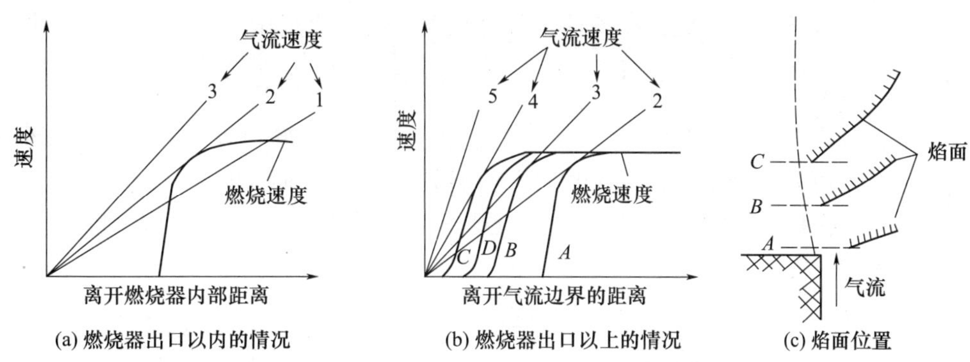

图 10-4-11　回火和脱火的图解

1—回火；2—回火极限；3—火焰稳定；4—脱火极限；5—脱火；A、B、C—当焰面在 A、B、C 三个位置时的燃烧速度曲线

从以上分析可以认为，脱火和回火的极限决定于靠近气流周边处的气流速度线的斜率，或者说取决于周边速度梯度。

回火时的周边速度梯度可由下式确定

$$\left(\frac{\mathrm{d}v}{\mathrm{d}r}\right)_{r\to R}=\left(\frac{\mathrm{d}S}{\mathrm{d}r}\right)_{r\to R} \tag{10-4-16}$$

式中　r——某点离管中心的距离；

R——管子半径。

在层流情况下，管道中的速度场呈抛物线形，并可用下式表达：

$$v=v_{\max}\left(1-\frac{r^2}{R^2}\right) \tag{10-4-17}$$

而 $v_{\max}=2\,\overline{v}$（此处 $\overline{v}$ 为平均气流速度）。

若将气体流量 L 引入，则它与速度之间存在以下关系

$$L=\pi R^2\overline{v}=\frac{\pi}{2}v_{\max}R^2 \tag{10-4-18}$$

或

$$v_{\max}=\frac{2L}{\pi R^2} \tag{10-4-19}$$

因此任意一点的气流速度可写成

$$v=\frac{2L}{\pi R^2}\left(1-\frac{r^2}{R^2}\right) \tag{10-4-20}$$

故

$$\left(\frac{\mathrm{d}v}{\mathrm{d}r}\right)_{r\to R}=-\frac{4}{\pi}\frac{L}{R^3} \tag{10-4-21}$$

将式（10-4-16）代入上式，可得

$$-\left(\frac{\mathrm{d}S}{\mathrm{d}r}\right)_{r\to R}=\frac{4}{\pi}\frac{L}{R^3} \tag{10-4-22}$$

当燃气组成一定时，$\left(\frac{\mathrm{d}S}{\mathrm{d}r}\right)_{r\to R}$为一定值，故$\frac{4L}{\pi R^3}$也可确定。从式（10-4-22）可知回火极限流量与R^3成正比，当燃烧器口径放大时，回火极限流量也增加。

式（10-4-22）还可写成

$$-\left(\frac{\mathrm{d}S}{\mathrm{d}r}\right)_{r\to R}=8\frac{\overline{v}}{D} \tag{10-4-23}$$

式（10-4-23）表明，一定组成的燃气，其回火极限速度与燃烧器出口直径成正比，口径越大，回火极限速度越高。

以上关系式为实验所证明。周边速度梯度理论认为，回火和脱火极限速度梯度是可燃混合物本身的特性。如选定一种燃气，测出它在各种口径燃烧器中的回火极限曲线，并算出极限速度梯度$\frac{4L}{\pi R^3}$，则按不同口径燃烧器算得的回火极限速度梯度均落在同一条曲线上。

脱火的极限条件原则上可以用同样方法来分析。脱火也取决于管口处气流的周边速度梯度，只是这时的气体流量采用脱火时的流量，因此极限速度梯度的数值比回火时大。

图 10-4-12 列出了甲烷—空气混合物和一氧化碳—空气混合物燃烧时的回火和脱火极限速度梯度曲线。

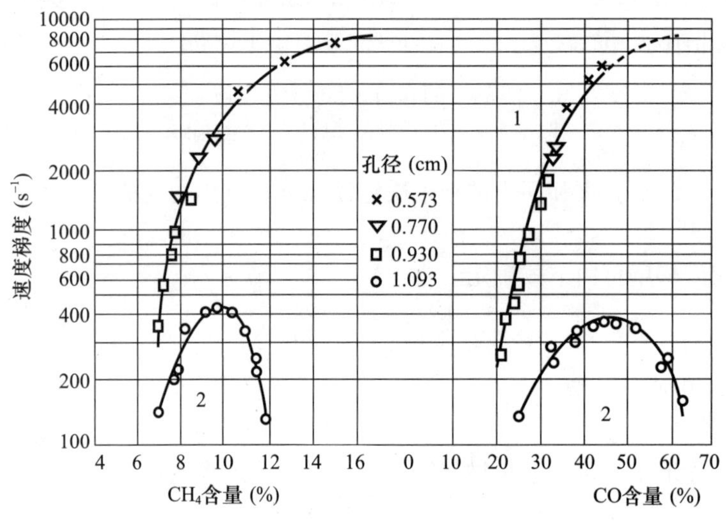

图 10-4-12　甲烷与一氧化碳的回火和脱火极限速度梯度曲线

1—脱火区；2—回火区

周边速度梯度理论虽然针对层流状态导出，但在某些紊流状态下也能适用。

2. 火焰拉伸理论

周边速度梯度理论在 20 世纪 40 年代初期提出后，被大量实验所证实，因此很少有人怀疑该理论的正确性和广泛适用性。但在 20 世纪 60 年代后期吕特（S. B. Reed）详细考察了周边速度梯度理论，发现用该理论解释脱火现象存在着一定的矛盾和局限性。为此，他提出用火焰拉伸理论代替周边速度梯度理论来解释脱火现象。虽然对用火焰拉伸理论来解释脱火现象的一些论点尚有争论，而周边速度梯度理论仍然得到广泛的承认与应用，但吕特用火焰拉伸理论来解释脱火，无疑是对火焰稳定理论的一个重要发展。

吕特对火焰底部离火孔端面的距离 d 进行了分析。结果表明，有时气流速度增加到出现脱火，d 并无显著增加；而有时气流速度并未增加，d 却有所增加。这与用周边速度梯度理论解释脱火时的假设是相矛盾的。例如，当火孔直径减小时，d 值增加，这时从周围扩散到火焰底部的空气量有所改变，但脱火极限周边速度梯度却并无明显改变。又如，当周围环境压力降低时，d 值增加很大，但脱火极限周边速度梯度也无明显改变。因此吕特认为，上述这些现象并不能用由于周围空气对燃气—空气混合物稀释而引起燃烧速度降低并导致脱火的理论来解释，而应该用火焰拉伸理论来解释。

当未燃的燃气—空气混合物以均匀速度沿垂直于焰面的方向向反应区运动时，单位面积焰面通过热传导传给未燃气体的热量仍然全部返回到该单位面积焰面本身，这就能使火焰温度维持很高。当火焰向周围的散热量很小时，火焰温度就接近于理论燃烧温度。反之，当未燃气体具有速度梯度时，则从某单位面积焰面传给未燃气体的热量并不全部返回到该单位面积焰面，而是有一部分热量从低流速区向高流速区转移。亦即，低流速区焰面通过导热传向低流速区预热区的热量，在靠对流作用向回传递时，其中一部分返回到了高流速区焰面。这样，低流速区的火焰温度就降低，该区的燃烧速度也相应降低。而且，某一段火焰的气流速度梯度越大，这一段火焰低流速区的火焰温度也降得越多，熄火作用也越厉害。这显然是一种可能导致脱火的机理。

在考虑这种脱火机理的时候，首先应该把气流速度与其他一些表示火焰特性的量联系起来。速度梯度影响预热区的传热工况。而与这种影响大小有关的因素是度量预热区厚度的参数 δ_{ph}（$\delta_{ph}=\lambda/S_n\rho c_p$）。对于一定的速度梯度$\frac{dv}{dr}$来说，$\delta_{ph}$越大，则在 δ_{ph}这段距离中气流速度的增值也越大，熄火作用也越厉害。用具体的例子来说，同样的$\frac{dv}{dr}$对甲烷—空气混合物的熄火作用就比对氢—空气混合物的熄火作用大。此外，对于同样的$\frac{dv}{dr}$和 δ_{ph}而言，某一段火焰本身的气流速度 v 越大，速度的增值 dv 对于 v 的影响就越小，其熄火影响也越小。因此可以认为，由于速度梯度而引起的熄火影响与$\frac{dv}{dr}$、δ_{ph}成正比，与 v 成反比。如用一无因次数

$$K=\frac{\delta_{ph}}{v}\frac{dv}{dr} \tag{10-4-24}$$

来反映这种影响，则 K 值越大，速度梯度的熄火作用越厉害。这个无因次数 K 称为卡洛维兹（Karlovitz）拉伸系数。

当 K 不断增加时，就会达到一个极限值，这时因$\frac{dv}{dr}$而引起的燃烧速度的降低会引起度量预热区厚度的δ_{ph}显著增加（因 δ_{ph}与燃烧速度成反比），而 δ_{ph}的增加反过来又会强化$\frac{dv}{dr}$的熄火影响。这样，当 K 值达到极限时，一个自动加速的熄火过程就开始，并最后导致一部分火焰的熄灭。这个自动加速过程还由于反应速度与火焰温度成指数关系而加剧。

当火焰在具有速度梯度的运动气流中传播时，火焰成为凸向气流的曲面，因此面向未燃气体的焰面面积就大于面向已燃气体的焰面面积。亦即，当焰面向未燃气体传播时，其面积被拉伸。对于曲面火焰而言，焰面每单位面积所需加热的未燃气体体积比平面火焰的大，因而火焰温度会降低。焰面面积被拉伸得越多，火焰温度就会降得越低，甚至导致火焰的熄灭。K 的极限值就代表火焰尚能适应的最大面积增值。

以下以甲烷相对浓度 $F=1$ 的甲烷—空气混合物为例来说明火焰拉伸对脱火的影响，相对浓度为实际浓度与化学计量浓度之比。对于甲烷—空气火焰，燃烧速度约为 35cm/s，脱火极限周边速度梯度约为 $2100s^{-1}$，火焰厚度约为 0.4mm。在这一距离内，周边气流速度由零增加到 80cm/s。而且，如此大的速度变化是发生在气流速度本身很小的区域中的。这个区域就是接近火孔壁面的区域。对于甲烷—空气混合物来说，接近火孔壁面的火焰底部稳定区气流速度只有 35cm/s。这种情况就是前面所说的$\frac{dv}{dr}$较大而 v 较小的情况。在这种情况下由速度梯度引起的熄火作用很大，于是就

可能发生火焰熄灭现象。

K 的极限值应首先发生在接近气流边界的火焰稳定区，因为在该区域内$\frac{dv}{dr}$最大，而 v 最小。因此可以认为，脱火是由于火焰稳定区的 K 值达到极限值 K_b，导致火焰熄灭而引起的。这就是火焰拉伸脱火理论的结论。

下面来导出 K_b 的表达式。在接近气流边界的火焰稳定区，脱火时的速度梯度$\frac{dv}{dr}$就等于脱火极限速度梯度 g_b，而气流速度 v 即等于燃烧速度 S_n，因此

$$K_b=\frac{\delta_{ph}dv}{vdr}=\frac{\delta_{ph}}{S_n}g_b \tag{10-4-25}$$

将 $\delta_{ph}=\frac{\lambda}{S_n\rho c_p}$代入上式，得

$$K_b=\frac{g_b\lambda}{c_p\rho_n S_n^2} \tag{10-4-26}$$

对火焰拉伸脱火理论正确性的检验可以通过计算各种不同脱火条件下的 K_b 值来进行。只要 δ_{ph} 足以代表火焰传播特性，而 v 和$\frac{dv}{dr}$足以代表气体流动特性，则对于某一种燃气—空气混合物来说，不论其浓度比例、温度、压力和火孔孔径如何变化，K_b 应大致为定值。

吕特用不同作者在各种实验条件下得到的脱火实验数据来检验 K_b。检验按照无外焰存在和有外焰存在两种情况进行。

（1）无外焰存在的情况

由于无外焰存在，因而外焰对火焰稳定性的影响就可排除。这种情况发生在燃气—空气混合物中燃气相对浓度 $F<1$ 时，或 $F>1$ 的可燃混合物在惰性气体中燃烧时。当整理包括氢—空气、甲烷—空气、丙烷—空气等可燃混合物在内的实验数据时，大多数实验点都符合下式

$$K_b=0.23 \tag{10-4-27}$$

这说明 K_b 大致是常数（见图 10-4-13）。

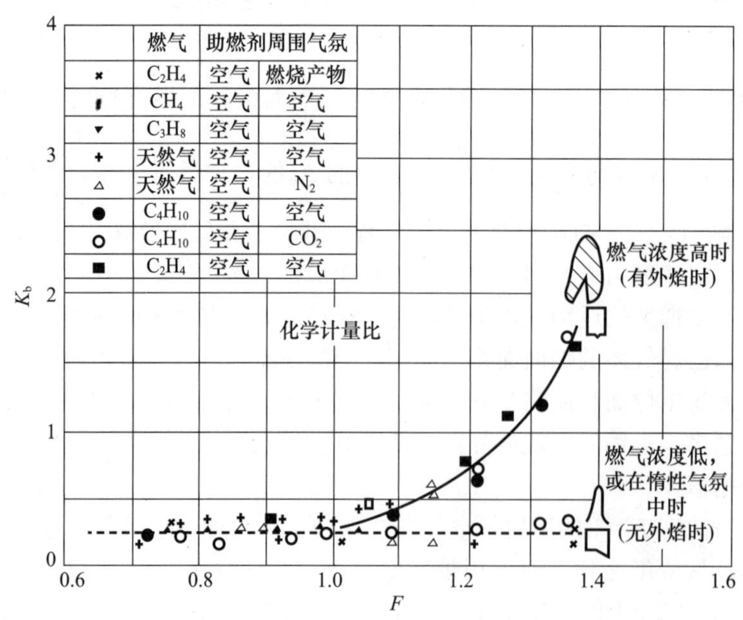

图 10-4-13　K_b 随 F 的变化

（2）有外焰存在的情况

如图 10-4-13 所示，当 $F>1$，也即有外焰出现时，K_b 就开始升高，这是因为外焰能向火焰稳定区提供热量。F 越大，外焰起的作用也越大。$F>1$ 的实验点大都符合下式

$$K_b = 0.23F^{6.4} \quad (1 < F < 1.36) \tag{10-4-28}$$

当 $F > 1.36$ 时，部分预混火焰向扩散火焰过渡，上述关系式逐渐失去其准确性。

式（10-4-27）和式（10-4-28）两个表达式可以合并为一个表达式

$$K_b = 0.23[1 + (F^{6.4} - 1)k] \tag{10-4-29}$$

或

$$g_b = \frac{0.23c_p\rho S_n^2}{\lambda}[1 + (F^{6.4} - 1)k] \tag{10-4-30}$$

式中　k——系数，无外焰时，k 取 0；有外焰时，k 取 1。

这样，脱火极限速度梯度 g_b 就可根据火焰的一些基本特性算出。算出 g_b 后，就可根据气流速度分布规律算出脱火时从火孔射出的气流平均速度。

由于在理论推导时忽略了许多因素，所应用的实验数据又存在各种误差，因此式（10-4-29）当然不可能是一个精确的式子。但该式的主要作用是将脱火极限速度梯度与一些表示火焰特性的参数联系起来，这是周边速度梯度理论所没有达到的。

应该指出，如果采取措施来抑制一次气流和火孔周围二次空气的扰动，K_b 值就可能升高，这与用雷诺数确定层流或紊流的情况是相似的。当小心地避免扰动时，层流可以维持到雷诺数等于40000 或更高，因此图 10-4-13 中的 K_b 值应该是可能发生脱火现象的最低极限。当然，由于在工程实际上扰动总是不可避免的，因此图 10-4-13 中的 K_b 也是符合工程实际情况的。

应该说，火焰拉伸脱火理论与周边速度梯度理论是有共性的。其共性就在于两者都是以周边速度梯度为主要参数。但是在周边速度梯度理论中周边速度梯度只是作为火焰稳定区的一个速度特性来对待的，而在火焰拉伸脱火理论中周边速度梯度则是一个表示火焰拉伸特性的参数。火焰拉伸脱火理论通过卡洛维兹数 K 将 g_b 与可燃混合物的物理化学特性联系起来，并通过 g_b 建立脱火时气流特性与可燃混合物物理化学特性之间的关系。实际上，周边速度梯度的增加既引起火焰拉伸，又引起周围空气对可燃混合物的稀释。火焰拉伸脱火理论强调了前者，而周边速度梯度理论则强调了后者。

3. 部分预混紊流火焰

燃气空气混合物的层流燃烧只适用于小型加热设备。在工业窑炉中，往往需要很大的燃烧热强度（即单位时间从燃烧器喷口单位面积上燃烧发出的热量），这只有采用紊流燃烧才能达到。

从直观来看，紊流火焰比层流火焰明显地缩短，而且顶部较圆。焰面由光滑变为皱曲，可见火焰厚度增加，火焰总表面积也相应增加。当紊动尺度很大时，焰面将强烈扰动，气体各个质点离开焰面，分散成许多燃烧的气流微团，它们随着可燃混合物和燃烧产物的流动而不断飞散，最后完全燃尽。这时焰面变为由许多燃烧中心所组成的一个燃烧层，其厚度取决于在该气流速度下质点燃尽所需的时间。显然，这时燃烧表面积大大增加，燃烧也得到强化。

对自由空间预混式紊流火焰进行研究以后，可以把紊流火焰分为三个区（见图 10-4-14）。它们是：焰核 1，燃气空气混合物尚未点着的冷区；焰面 2，着火与燃烧区，大约 90％的燃气在这里燃烧；燃尽区 3，在这里完成全部燃烧过程，这个区的边界是看不见的，要通过气体分析来确定。

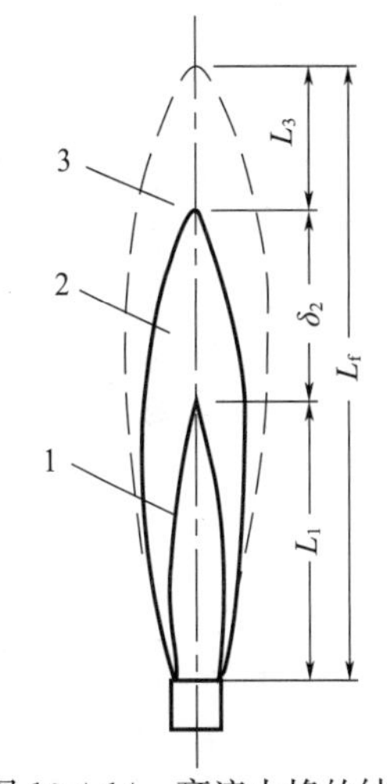

图 10-4-14　紊流火焰的结构
1—焰核；2—焰面；3—燃尽区

根据以上火焰结构，紊流火焰的长度可由下式表示

$$L_f = L_1 + \delta_2 + L_3 \tag{10-4-31}$$

式中　L_f——火焰的总长度；

L_1——冷核的长度；

δ_2——沿气流轴线方向紊流火焰的厚度；

L_3——沿气流轴线方向燃尽区的厚度。

火焰冷核的长度 L_1 取决于一定气体动力特性的气流中火焰的传播过程，近似地可写成

$$L_1 \approx \frac{vr}{S_T} \tag{10-4-32}$$

式中 v——混合物的流动速度；

r——除去边界层的出流半径；

S_T——紊流火焰传播速度。

沿气流轴线方向的紊流火焰的厚度 δ_2 取决于火焰的紊流特性和燃气—空气混合物的性质。对一定的可燃气体混合物用强化燃烧的办法来缩小火焰厚度 δ_2 是十分困难的。

燃尽区的厚度 L_3 主要取决于混合物的动力特性及气流速度（停留时间）。对一定组分的混合物可写成

$$L_3 = Kv \tag{10-4-33}$$

式中 K——常数。

从火焰总长度的组成可知，要缩小火焰尺寸，主要方法是减小 L_1。具体来说，可以减小燃烧器的出口直径和点火周边的长度（例如，用一钝体放在气流轴线上作为补充的点火源以减小气流周边点火的长度）。

4. 紊流预混火焰的稳定

前面研究了层流中预混式燃烧的稳定性，我们知道其火焰是稳定的，混合气流速度在一定范围内波动时燃烧器不会发生回火和脱火。对于预混紊流火焰情况就不同了，工作的稳定区可能全部消失，或者变得很窄，要使燃烧器正常工作只有采用人工的稳焰方法。

通常，为了使火焰稳定，应当在局部地区保持气流速度和火焰传播速度之间的平衡。如果从改变气流速度着手，可用流体动力学方法进行稳焰；如果从改变火焰传播速度着手，可以用热力学和化学方法进行稳焰。

为了防止脱火，最常用的方法是在燃烧器出口处设置一个点火源。点火源可以是连续作用的人工点火装置，如炽热物体或一个稳定的辅助火焰。另外，也可以使炽热的燃烧产物流回火焰根部而形成点火源。

用辅助火焰来防止脱火的例子示于图 10-4-15。当燃气—空气混合物由燃烧器的火孔 1 流出时，有部分可燃气体混合物经小孔 2 流向环形缝隙 3，在那里形成一圈稳定的火焰。由于缝隙出口的气流速度很小，故不会发生脱火。这种方法在紊流燃烧中可取得很好的稳定效果。

热烟气的回流往往通过在燃气—空气混合物的气流中设置火焰稳定器来实现。图 10-4-16 所示为各种形状的钝体稳焰器。它们是圆棒，或以尖端迎着气流的 V 形棒、锥体，或垂直放在气流中的平盘、鼓形盘等。

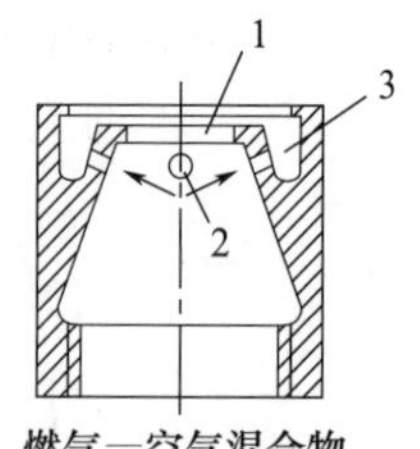

图 10-4-15 用辅助火焰做点火源

1—燃烧器火孔；2—小孔；3—环形缝隙

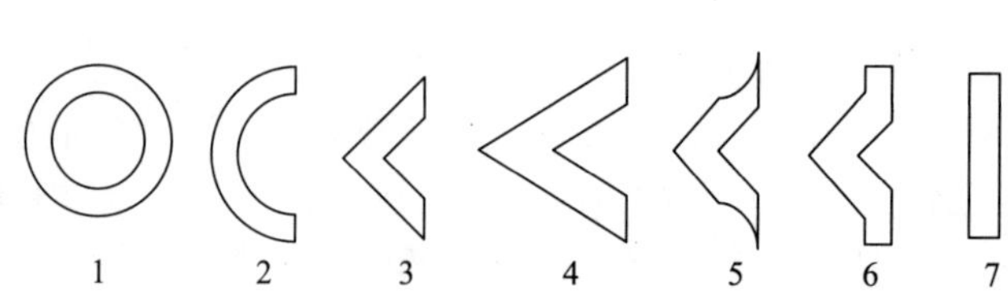

图 10-4-16 各种形状的钝体稳焰器

使用钝体时火焰稳定的界限和许多因素有关。燃料性质和燃料在空气中的浓度对火焰稳定范围有明显的影响。图 10-4-17 的实验结果表明，对含有氢的燃气，火焰稳定范围曲线的峰值略偏向小于化学当量比的贫空气燃料比方向。相反，如果燃料是重碳氢化合物，火焰稳定范围移向大于化学当量比的方向。由图 10-4-17 还可以看出，提高钝体温度可使火焰稳定范围增加。但是可燃混合物

流速低于 6m/s 时，钝体温度对火焰稳定界限就不再有影响了。

钝体形状和尺寸对火焰稳定范围的影响示于图 10-4-18 中。可见，将图 10-4-16 中的钝体 1 改为 7 时，稳定范围增加。在小于化学当量比的混合物中，钝体从 3 改为 7 时，也可增加稳定范围。

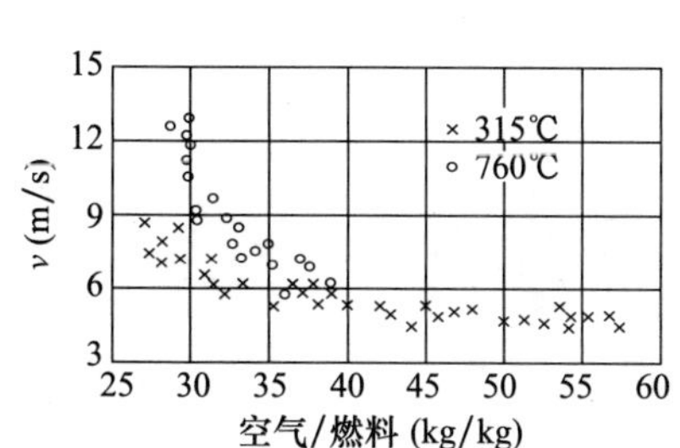

图 10-4-17　城市燃气和空气的混合气体用两种不同温度钝体时火焰的稳定界限

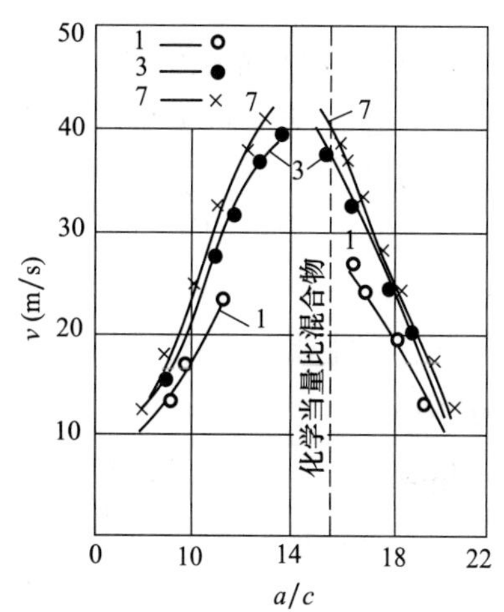

图 10-4-18　用图 10-4-16 中 1、3 和 7 钝体时，丙烷—空气火焰的稳定界限（上游气流温度为 290K）

在相同条件下对同样宽度的钝体 3、5、7（见图 10-4-16）进行试验，所得稳定范围是相同的。当钝体的特征尺寸放大时，火焰稳定范围就增加。同样的尺寸下，角钢比圆棒的稳焰效果好。

关于钝体稳焰的基本理论，从 20 世纪 50 年代以来就作了大量的研究。解决火焰稳定问题和解决着火问题一样，一方面是化学动力学问题；另一方面是流体力学问题，这两方面的问题都是比较复杂的。现在有好几种物理模型，它们之间的区别就在于对上述两方面问题的简化不同。例如威廉姆斯等从简化的热理论出发，得到了火焰稳定条件；朗格威尔等从均匀搅拌反应器模型出发，得到了火焰稳定条件；儒柯斯基从混合气体通过回流区时的着火延迟及其停留时间的关系出发，也得到了火焰稳定条件；玛勃尔和陈心一则从边界层点燃理论的角度分析了火焰稳定问题。

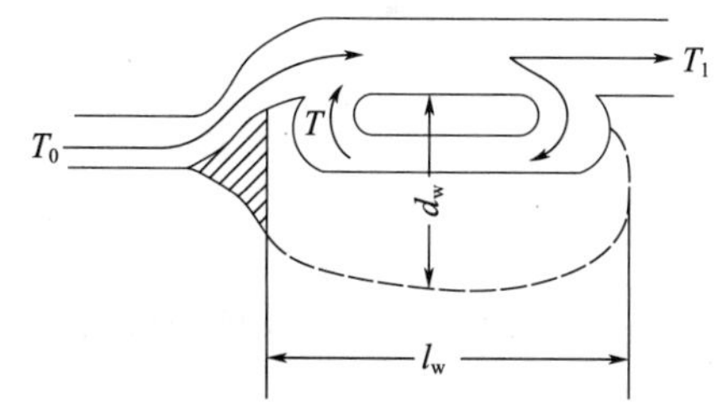

图 10-4-19　钝体稳焰的物理模型

d_w—回流区直径；

l_w—回流区长度；T_0—初温；

T—离开回流区的气体温度；

T_1—进入回流区的气体温度

这里，仅以简化热理论为例，来分析火焰稳定的条件。

图 10-4-19 示出了采用 V 形棒稳焰的一个回流区。主气流的初温为 T_0，而回流区里流出的气体温度为 T。它们在回流区起始的地方开始混合，经混合段后气流温度为 T_1，燃料的浓度为 C。然后气流分两路，一部分气体向下游流去，继续燃烧；另一部分气体进入回流区，以补充刚才离开回流区的那部分气体。进入回流区的气体也继续燃烧，使温度升高到 T。

在回流区内燃气燃烧产生的热量为

$$Q_w = k_0 C^n \frac{\pi}{4} d_w^2 l_w H \exp\left(-\frac{E}{RT}\right) \tag{10-4-34}$$

式中　$k_0 \exp\left(-\frac{E}{RT}\right)$——按阿累尼乌斯定律写出的反应常数；

C——回流区内可燃混合物中反应物浓度；

n——化学反应级数；

H——燃气热值；

d_w——回流区直径；

l_w——回流区长度。

这些热量使回流区气体温度从 T_1 升高到 T，即

$$Q_w = v_w \frac{\pi}{4} d_w^2 \rho c_p (T - T_1) \tag{10-4-35}$$

式中 v_w——回流区内的平均回流速度；

T——离开回流区时气体的温度；

T_1——流入回流区时气体的温度。

由混合区内混合的情况又可写出

$$c_p T_0 + x c_p T = (1+x) c_p T_1 \tag{10-4-36}$$

式中 x——回流气体与主流气体的比例。

从式（10-4-36）得

$$T_1 - T_0 = x(T - T_1) \tag{10-4-37}$$

合并式（10-4-35）～（10-4-37），消去 Q_w 与 T 以后得到

$$T_1 - T_0 = \frac{x k_0 C^n l_w H \exp\left(-\frac{E}{RT}\right)}{v_w \rho c_p} \tag{10-4-38}$$

当主气流速度 v 不断升高时，回流区内的流速 v_w 也随之升高，T_1 不断降低。当 T_1 下降到着火温度以下时，回流区内气体不能继续燃烧，气流就脱火。

根据式（10-4-38）可以得到脱火条件。考虑到浓度 C 和密度 ρ 与压力 p 成正比，回流区速度 v_w 与主气流速度 v 也成比例，可将式（10-4-38）简化成

$$\frac{v}{p^{n-1} l_w} = A\exp\left(-\frac{E}{RT}\right) \tag{10-4-39}$$

式中 A——常数。

因为回流区长度 l_w 与稳焰器的尺寸有关，例如与钝体稳焰器直径 d 成比例，故可写成

$$\frac{v}{p^{n-1} d} = A' \exp\left(-\frac{E}{RT}\right) \tag{10-4-40}$$

还可以用法向火焰传播速度 S 来代替 $\exp\left(-\frac{E}{RT}\right)$。从已知化学反应速度有

$$W_m \propto p^n \exp\left(-\frac{E}{RT}\right) \tag{10-4-41}$$

且

$$S \propto \sqrt{\frac{W_m}{p^2}} \tag{10-4-42}$$

因此

$$S^2 \propto p^{n-2} \exp\left(-\frac{E}{RT}\right) \tag{10-4-43}$$

代入式（10-4-36）就得脱火的临界条件

$$\frac{v}{pd} = A'' S^2 \tag{10-4-44}$$

当气体流速 v 比式（10-4-40）、式（10-4-44）所对应的数值大时，发生脱火。当气流速度小于上述对应数值时，不会发生脱火，即火焰保持稳定。

在 10.3 节中已知法向火焰传播速度与燃料—空气混合物浓度之间有一定的关系，所以也可把式（10-4-44）的脱火临界条件绘成图 10-4-20。横坐标是一次空气系数 α'，纵坐标是 $\frac{v}{p^{n-1} d}$ 的数值。曲线以下的区域是火焰稳定区，当工况位于曲线以上时，发生脱火。

10.4.3　燃烧过程强化的途径

完全预混式燃烧是在部分预混式燃烧的基础上发展起来的。它虽然出现较晚，但因为在技术上比较合理，很快便得到了广泛应用。

进行完全预混式燃烧的条件是：第一，燃气和空气在着火前预先按化学当量比混合均匀；第二，设置专门的火道，使燃烧区内保持稳定的高温。在以上条件下，燃气—空气混合物到达燃烧区后能在瞬间燃烧完毕。火焰很短甚至看不见，所以又称无焰燃烧。

完全预混式燃烧火道的容积热强度很高，可达（100～200）$\times 10^6$kJ/(m^3·h)或更高，并且能在很小的过剩空气系数下（通常 α=1.05～1.10）达到完全燃烧，因此燃烧温度很高。

完全预混可燃物的燃烧速度很快，但火焰稳定性较差。

工业上的完全预混式燃烧器，常常用一个紧接的火道来稳焰。图 10-4-21 所示为火道中火焰的稳定。来自燃烧器 1 的燃气—空气混合物进入火道 3，在火道中形成火焰 2。由于引射作用，在火焰的根部吸入炽热的烟气，形成烟气回流区，是一个稳定的点火源。如果火道有足够的长度，则火焰将充满火道的断面，燃烧就稳定。但火道较短时，火焰仅占火道的一部分，可能会吸入来自周围的冷空气使燃烧中断。另外，如果火道的壁面未达到炽热状态，也将增加烟气向周围介质的热损失，使烟气温度降低而失去点燃混合物的能力。因此，必须对燃烧室采取良好的保温措施。

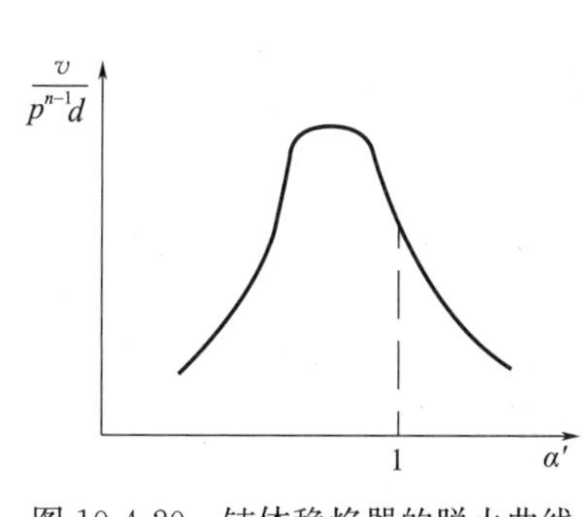

图 10-4-20　钝体稳焰器的脱火曲线

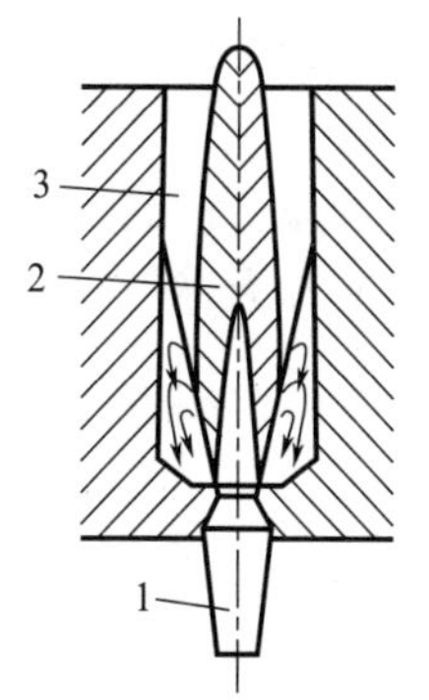

图 10-4-21　火道中火焰的稳定

1—燃烧器；2—火焰；3—火道

完全预混式燃烧过程的热强度与火道有很大的关系。正确设计的火道不仅提高了燃烧稳定性，增加了燃烧强度，而且高温火道对迅速燃尽也起了很大的作用。

图 10-4-22 为乌克兰燃气研究所在圆柱形火道内进行天然气—空气混合物燃烧试验时，火道中温度变化与燃气燃尽情况。图中实线表示火道轴线上各点的化学未完全燃烧情况。虚线是火道壁面温度的变化曲线。在火道的起始段可燃混合物的浓度可能不均匀，因此在 5.5d_0（d_0 为喷口直径）的长度以内燃尽了约 90%的燃气，其余燃气在（6～6.5）d_0 的一段内燃尽。热负荷大时，化学未完全燃烧所占的百分比也大些。在离喷口 290mm 以后，不再存在化学未完全燃烧产物。

火道起始段的壁面温度较低，中间部分壁面温度较高，靠近火道出口处又复降低。热负荷越大，火道壁面的温度也越高。可以看出，火道中的热交换情况决定于火道的长度与直径之比，火道尺寸对无焰燃烧是十分重要的。

按化学计量比组成的燃气—空气混合物是一种爆炸性气体，其火焰传播能力很强，因此在完全预混燃烧时很容易发生回火。为了防止回火，必须尽可能使气流的速度场均匀，以保证在最低负荷下各点的气流速度都大于火焰传播速度。为了降低燃烧器出口处的火焰传播速度，还可以采用有水冷却的燃烧器喷头。

此外还有一种小孔式火道。在一块板面上钻有许多小孔，当孔口直径小于临界孔径时，火焰就

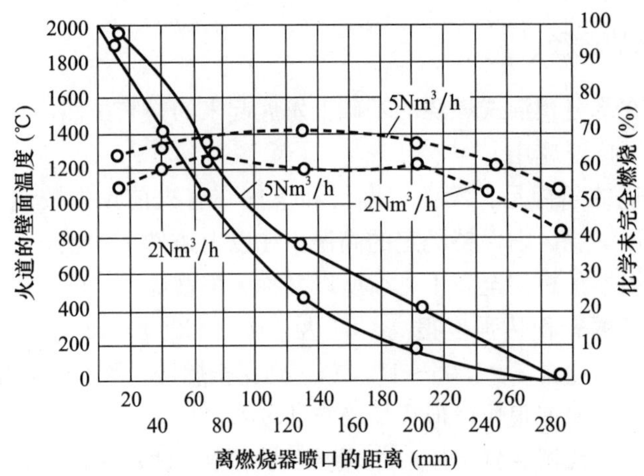

图 10-4-22　火道中的温度变化和燃气的燃尽曲线

（喷口直径 25mm；火道直径 65mm；火道长度 311mm；$\alpha=1.15$）

不会回入孔眼以内去，燃烧实际上在接近多孔板外表面附近进行。当天然气—空气混合物通过多孔陶瓷板进行无焰燃烧时（图 10-4-23），在通过孔板前混合物的温度很低。经过陶瓷板的孔眼时混合物得到了预热。在燃烧区，温度约 1150℃，预热至高温的燃气—空气混合物的燃烧反应进行得十分迅速，在离多孔陶瓷板外表面很近的距离 l_1 内可以全部完成，因此具有无焰的特性。图中 l_0 为小孔式火道长度。

多孔陶瓷板上进行的完全预混燃烧使其表面呈现一片红色，燃烧产生的热量有 40%以上以辐射热形式散发出来，因此又称为燃气红外线辐射板。

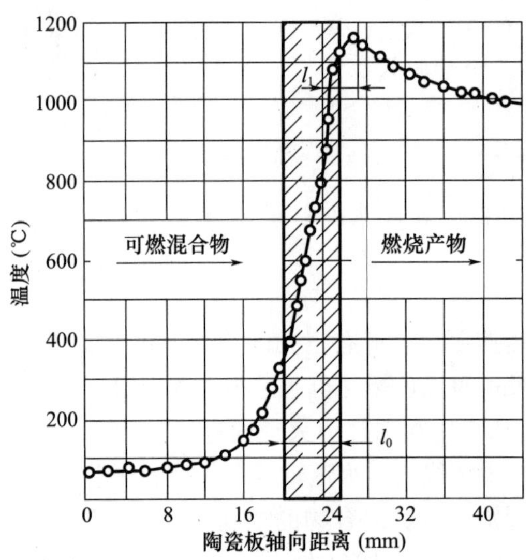

图 10-4-23　天然气—空气在多孔陶瓷板上燃烧时的温度变化曲线

10.4.4　燃烧过程的强化与完善

燃烧设备运行的强度通常可用面积热强度和容积热强度来表示。

面积热强度是指燃烧室（或火道）单位面积上在单位时间内所发出的热量

$$q_f=\frac{Q}{F}\quad[\mathrm{kJ/(m^2\cdot h)}] \tag{10-4-45}$$

容积热强度是指燃烧室（或火道）单位容积内单位时间所发出的热量

$$q_v=\frac{Q}{V}\quad[\mathrm{kJ/(m^3\cdot h)}] \tag{10-4-46}$$

面积热强度和容积热强度之间有联系，但却有不同的物理意义。面积热强度直接与可燃气体混合物的初速度成正比，它表示可燃混合物进行燃烧反应的速度。容积热强度则与燃烧室的长度有关，它表示燃烧设备的紧凑程度。面积热强度相同的两个燃烧室（或火道），可能有不同的容积热强度。对作用不同的两种燃烧设备来说，低负荷的可能有较大的容积热强度，高负荷的可能只有较小的容积热强度。然而，对同一燃烧设备来说，面积热强度确定以后，容积热强度也就确定了。

10.4.4.1　燃烧过程强化的途径

如前所述，燃气燃烧速度决定于混合速度和化学反应速度。混合速度由流体动力学因素来确定；化学反应速度则由燃气性质、氧化剂性质和可燃混合物的浓度、温度、压力等因素确定。

在工程上最容易得到且价廉的氧化剂就是空气中的氧，其性质是一定的，而燃烧通常又都是在大气压力下进行。所以氧化剂性质和压力这两个因素是相对固定的。因此，强化燃烧过程主要应从提高温度和加强气流混合等方面来考虑。实用的强化燃烧的主要途径有以下几方面。

1. 预热燃气和空气

预热燃气和空气可以提高火焰传播速度，增加反应区内的反应速度，提高燃烧温度，从而增加燃烧强度。在实际工程中，常常是利用烟气余热来预热空气，这样既可使燃烧强化，又可提高燃烧设备的热效率。

但是，由于化学反应的可逆性，当温度升高时，也伴随着燃烧产物的分解：

$$2CO_2 \rightleftharpoons 2CO + O_2$$

$$2H_2O \rightleftharpoons 2H_2 + O_2$$

CO_2 和 H_2O 分解时要吸收一部分热量，而且使燃烧产物中 CO 和 H_2 的含量增加。

当炉膛温度在 1500℃以下时，二氧化碳和水蒸气的分解度是不大的。但是当采用富氧燃烧或燃烧温度较高时，分解的影响就比较显著。图 10-4-24 表示热分解消耗的热量与理论燃烧温度、空气中氧的体积分数之间的关系。随着燃烧温度的提高，热分解消耗的热量占烟气总热焓的百分比也上升。

温度在 1800～2000℃以上时，该百分比增加得更快。在同一燃烧温度下，空气中氧的浓度越大，分解消耗的热量也越多。

为了避免热分解带来的不良后果，燃烧温度应限制在 1800～2000℃以下。

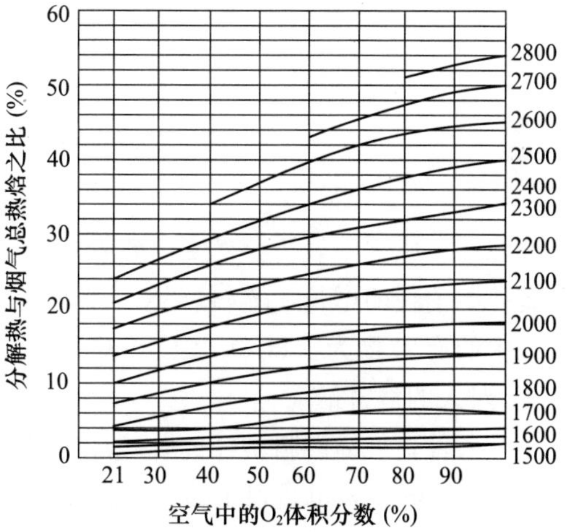

图 10-4-24　热分解的影响

2. 加强紊动

无论是大气式燃烧，还是扩散式燃烧，加强紊动都能增加燃烧强度。

在实际工程上采取的办法就是在火焰稳定性允许的范围内尽量提高炉子入口或燃烧室中的气流速度，并在入口处采用一些阻力较大的挡板来增加紊动尺度。20 世纪 60 年代出现的高速燃烧器就是利用增加紊动的原理强化燃烧。燃气在燃烧室或火道前半部基本实现完全燃烧，然后高温烟气以 100～300m/s 的高速喷出，这样可大大提高加热速度和节约燃料。

3. 烟气再循环

将一部分燃烧所产生的高温烟气引向燃烧器，使之与尚未着火的或正在燃烧的燃气—空气混合物相混合，可提高反应区的温度，从而增加燃烧强度。

烟气再循环的方式通常有内部再循环和外部再循环两种。前者是在炉膛内部实现的；后者则是在炉膛外部实现的。但是烟气循环量不能太大。当烟气量超过某一最佳数值时，由于惰性物质对可燃混合物的稀释，燃烧速度反而会下降，甚至发生缺氧和不完全燃烧。

4. 应用旋转气流

在气体从喷口喷出以前，使其产生旋转运动，因此从喷口流出的气体除了有轴向和径向分速度外，还有切向分速度。旋转运动导致径向和轴向压力梯度的产生，它们反过来又影响流场。在旋转强烈时，轴向反压力可能相当大，甚至沿轴向发生反向流动，产生内部回流区。采用旋转气流能大大改善混合过程。

产生旋流的方法有以下几种：

第一，使全部气流或一部分气流沿切向进入主通道；第二，在轴向管道中设置导向叶片，使气流旋转；第三，采用旋转的机械装置，使通过其中的气流旋转，例如转动叶片及转动管子等。

图 10-4-25 表示旋流数 s 不同时，天然气燃烧喷口后热流强度变化的情况。从图中看出，当旋流数增大时，热流强度迅速增加，即燃烧得到强化。根据燃烧产物中CO_2 浓度的分析可知，当旋流数增加时，火焰的长度缩短。

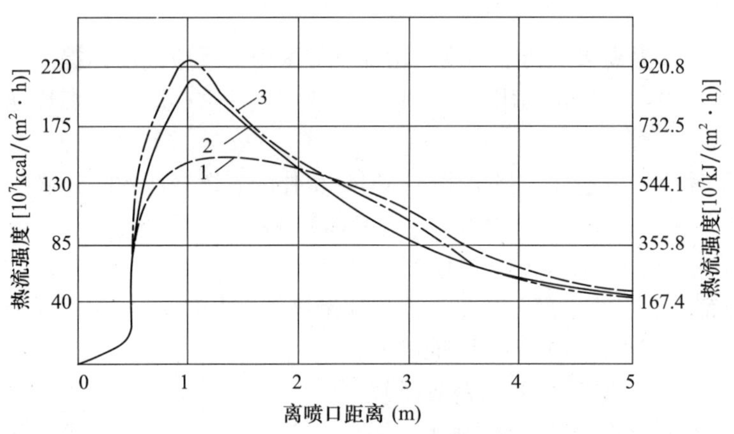

图 10-4-25 旋流数不同时热流强度的变化

1—s=0；2—s=0.56；3—s=1.27

10.4.4.2 减少氮氧化物发生量的方法

随着能源消耗的增长，燃料燃烧后排放出来的有害物越来越多，成为大气污染的一个重要因素。烟气中的有害物为：H_2O、CO_2、CO、N_2、NO_x、SO_2 和SO_3 等。其中特别是 CO、NO_x 和 SO_2(SO_3)对人的危害最大。

在正常条件，气体燃料是经过脱硫净化的，燃烧以后产生的SO_2(SO_3)数量很少。只要燃烧完全，烟气中 CO 的含量也是很小的，因此在燃气燃烧过程中如何减少氮氧化物的发生量，就成为一个比较突出的问题。

1. 氮氧化物的生成机理

在多数工业炉的燃烧过程中，排放出来的氮氧化物主要是一氧化氮，以后再氧化成二氧化氮。

一氧化氮的生成反应为

$$O_2+N_2 \rightleftharpoons 2NO \quad -180kJ$$

其链反应为

$$O+N_2 \rightleftharpoons NO+N$$

$$N+O_2 \rightleftharpoons NO+O$$

总反应中，正反应的活化能为 $E_1=53.9\times10^4$J/mol，逆反应的活化能为$-E_2=36.0\times10^4$J/mol。由于正反应的活化能很大，因此 NO 的生成在很大程度上依赖于温度。当温度较低时 NO 的生成速度减慢。另一方面，NO 的生成速度与氧的浓度有关，在空气不足的情况下，NO 的生成量也减少。

图 10-4-26 示出了在火道式燃烧器试验台上测得的 NO 排出量与过剩空气系数及空气预热温度的关系。在试验中燃气和空气是完全预混的。可以看到，过剩空气系数对 NO 的排出量有很大的影响。当 $\alpha=1.2$ 时，NO 的排出量最大，这是由于氧分子的浓度和燃烧温度这两个因素同时起作用的结果。$\alpha<1.2$ 时，自由氧的减少使 NO 的生成量减少；$\alpha>1.2$ 时，由于过剩空气过多，燃烧区温度下降，也使 NO 生成量减少。因此，在燃烧过程中应当严格控制过剩空气系数。

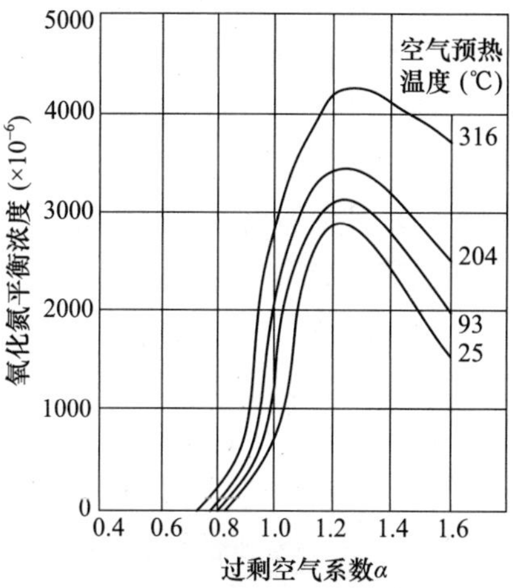

图 10-4-26　不同预热温度下 NO 排出量与过剩空气系数的关系

2. 减少氮氧化物生成量的措施

根据氮氧化物生成的条件可以确定，减少氮氧化物生成的主要途径是降低火焰温度（或减少烟气在高温区停留的时间）和减少过剩空气量。

在实际工程上采取的措施有以下几方面。

（1）分段燃烧。在炉子总的过剩空气量保持不变的前提下，把送往燃烧器的空气量减少到低于理论空气量。将另一部分空气在燃烧室上方送入炉膛，当未燃尽的燃气上升时，遇到上方送入的空气而得到完全燃烧。这种燃烧方式就称为分段燃烧。

在天然气锅炉上采用分段燃烧的温度分布曲线和正常燃烧时的温度分布线对比于图 10-4-27 上。可以看出，分段燃烧使火焰温度的峰值和平均值都降低了，这样可以使 NO_x 的发生量减少 80% 左右。

（2）烟气再循环。将炉窑尾部排出的部分低温烟气同燃烧用的空气在燃烧器入口以前相混合。当烟气达到一定循环量时，炉膛温度将进一步下降（图 10-4-27），因而使烟气中 NO_x 的含量减少。

（3）设计新型燃烧器如上所述，可以利用较冷的燃烧产物来降低燃烧温度，以减少 NO_x 的发生量。如果燃烧器设计合理，也可以利用空气动力学原理在炉膛内达到这一要求。

对于一个工业燃气燃烧器系统，大体上都存在四个燃烧区域，如图 10-4-28 所示。区域 1 是点火和稳焰区。区域 2 是主燃烧区。区域 3 是混合区，高温烟气和炉内烟气在该区域混合。区域 4 为炉膛区，该区内烟气的浓度及温度比较均匀。

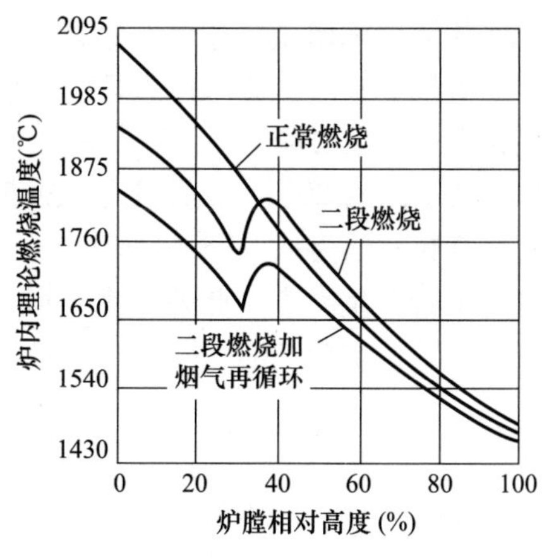

图 10-4-27　两段燃烧对炉膛烟气温度的影响（$\alpha=1.06$）

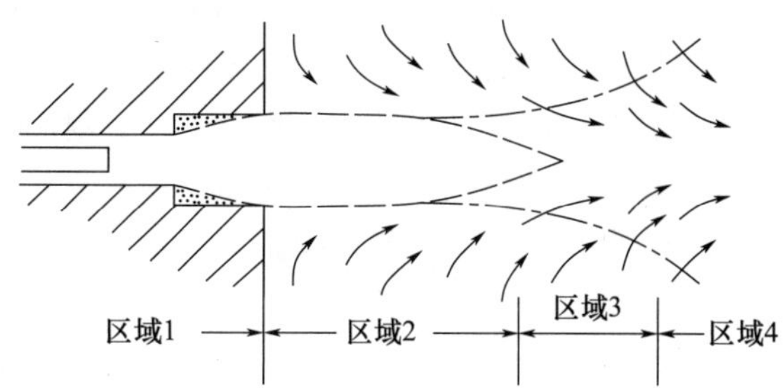

图 10-4-28　工业燃气燃烧系统的燃烧区域

通过实验知道，大部分 NO_x 是在主燃烧区 2 和其后的混合区 3 内形成的。因此，降低 NO_x 发生量的燃烧设计原则应当是：

①减少气体在高温点火区和稳焰区的停留时间；

②降低主燃烧区的温度；

③让温度较低的烟气和炽热的燃烧产物尽快混合；

④将炉膛温度维持在一个适当的水平上。

目前已经制造了这种新型燃烧器。这种燃烧器出口附近的稳焰区很小，气流在那里停留的时间很短。紧接着就是喷口的高速燃烧产物卷吸炉膛内温度较低的烟气，使燃烧温度降低。

(4) 采用催化燃烧。采用催化剂可以使燃烧反应的温度下降，从而减少 NO_x 的发生量，甚至有可能完全消除 NO_x 的产生。

10.4.4.3 燃烧装置噪声的控制

1. 噪声的来源

在燃烧系统中，噪声主要来源于风机、气流和火焰。

(1) 风机噪声

风机在一定工况下运转时，产生强烈的噪声，其中包括空气动力性噪声和机械性噪声。

所谓空气动力性噪声是由周期性的排气噪声（即气流旋转噪声）和涡流噪声两部分组成。当鼓风机叶轮在一定压力条件下运转时，周期性地挤压气体并撞击气体分子，导致叶轮周围气体产生速度和压力脉动，并以声波的形式向叶轮辐射，这就产生了周期性的排气噪声。而在叶轮高速旋转的同时，其表面会形成大量的气体涡流，当这些气体涡流在叶轮界面上分离时，就产生了涡流噪声。

旋转噪声的强度主要与风机叶轮的转速、排气的静压力、风机的流量等因素有关。其噪声频谱一般为中频（300～1000Hz）和低频（300Hz 以下），并且伴有一定的峰值。而涡流噪声则取决于风机叶轮的形状以及气体对于机壳的流速和流态等，通常是连续的中频和高频（1000Hz 以上）噪声。

鼓风机运行时产生的机械性噪声，主要是由齿轮或皮带轮传动以及由于风机装配精度不高、机组运转时不平衡所产生的冲击噪声与摩擦噪声。此外，还有电机的冷却风扇噪声、电磁噪声。风机排气管与调节阀在整个机组运行时会产生强烈的噪声。特别在调节阀处，由于气流速度高，产生紊流，也引起很大噪声。

显而易见，鼓风机是一个多种噪声的声源，它在运行时，有高强度的噪声从进（排）气口、管道、调节阀、机壳以及传动机械等各部位辐射出来。

(2) 气流噪声

当燃烧系统中的气流形成紊流时，出现了速度和压力的脉动，便产生了噪声。由于这种脉动具有随机性，因此气流噪声是宽频带噪声。

喷嘴流出的燃气向相对静止的气体中扩散时，气流方向和流束截面突然变化，会引起很大的噪声。喷嘴有毛刺或孔口粗糙不圆时，气流经喷嘴收缩便产生了偏位噪声。燃气压力越高，偏位噪声越大。燃气流出喷嘴后，在与周围空气进行强烈混合的过程中还产生射流噪声。其强度正比于 $v_1^8 F_j$（此处 v_1 是喷嘴出口速度，F_j 是喷口截面积），主要分布在其轴向的 20°～60°范围内，随着离开喷嘴距离的增加而显著减弱。这种噪声属于宽频带噪声，其最高频率约为 v_1/d（d 是喷嘴直径）。

引射器工作时，如果混合管粗糙或有毛刺，气流通过时也会产生噪声。此外，喷嘴到喉部的距离不合适、一次空气吸入口的形状和尺寸不合适，也会产生噪声。实验证明，一次空气吸入口采用大孔比开一些小孔产生的噪声少。

(3) 火焰噪声

火焰噪声是由于燃烧反应的波动引起的局部地区流速和压力变化而产生的。均匀混合的层流火焰是无声的。火焰噪声来源于气流的紊动和局部地区组分不均匀。

火焰噪声的大小和燃烧器的火孔热强度及一次空气系数有关。火孔热强度越大，混合物离开火孔的速度越大，噪声也越大。增大一次空气系数，火焰变硬，产生的噪声也大。

在燃烧点火时，若点火器失灵或安装位置不合适；或者火孔传火性能不好，开启阀门后便不能立刻将燃气点燃，就会在火孔周围积聚大量燃气—空气混合物。当这些气体着火时，由于气体体积膨胀便引起一种振荡，产生噪声。

燃烧过程产生回火时，先出现一个回火噪声，然后在喷嘴附近管路中的燃烧又不断地产生噪声。

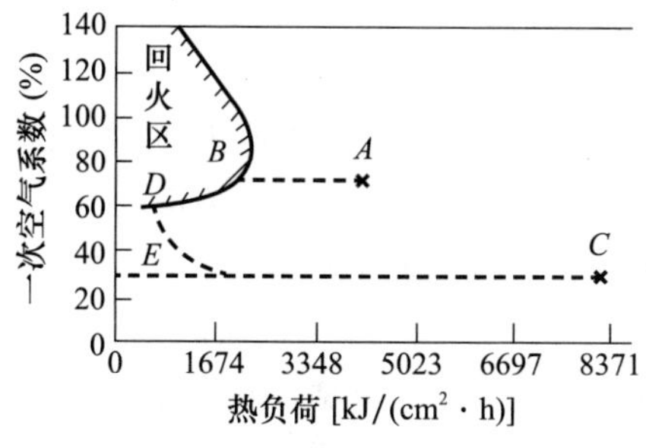

图 10-4-29　灭火噪声的发生

突然关闭燃气阀门，随着火焰熄灭也会发出噪声。灭火噪声可以看成是燃气流量为零时的回火噪声。焦炉煤气比天然气和液化石油气更容易产生灭火噪声。

图 10-4-29 为产生灭火噪声的两种情况。第一种情况是燃烧器在一次空气系数为 70%，热强度为 4100kJ/(cm^2 · h)的 A 点工作。突然关闭阀门时，其热强度沿 A—B 线急速下降，工作点便移到回火区的 B 点，这时火孔上还存在残余火焰，便将燃烧器内部余气点燃，从而引起灭火噪声。第二种情况是燃烧器在一次空气系数为 30%，热强度为 7953kJ/(cm^2 · h)的 C 点工作。如果在关闭燃气阀门的同时，也关闭空气吸入口，则热强度沿 C—E 线减少，不会产生灭火噪声。但实际上在关闭燃气阀门时空气吸入口并不关闭，由于残余混合气的动量还会吸入空气，使一次空气系数突然增大，故热强度沿 C—D 线减少。当到达回火区 D 点时，火孔上尚有余火，便将燃烧器内部余气点燃，因此也可能发生灭火噪声。B、D 两点的区别是 B 点的灭火噪声在关闭阀门的同时产生，而 D 点的灭火噪声则在关闭阀门以后产生。

（4）燃烧振荡

有时燃烧系统发出的是主要由单一频率组成的大噪声。这时燃烧器、燃烧室、加热炉和烟道内常形成驻波（发送出去的振动波与由固定壁返回的相同振动波相叠加而形成等距波节，波节两端各点位置始终不变，这样的波看起来并不向前传播，叫驻波）。驻波与火焰相互作用引起供气和燃烧过程的脉动。在一定条件下就形成共振。比如，风机产生的某一频率振动与燃烧器中燃气流相互作用而产生共振噪声。也可能是两个类似的噪声源之间相互作用，例如一对燃烧器的相邻火管，单用一个时没有什么噪声，而当两个火管同时使用时就发出很大的噪声。

2. 噪声的消除和控制

（1）控制声源

①提高风机装配的精确度，消除不平衡性。选用低噪声的传动装置，避免电机直联而又无声学处理。采用合适的叶轮形状和降低叶轮转速可减少旋转噪声。对于已定风机，应当准确安装并注意维修保养以减少机械噪声。

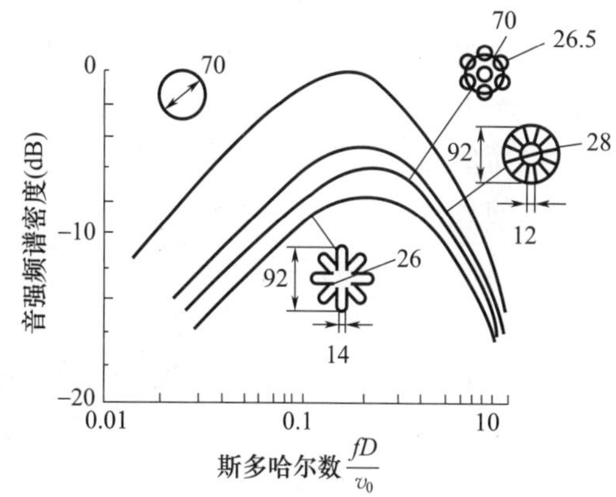

图 10-4-30　喷嘴形状与噪声的关系

f—振动数；v_0—喷嘴流速；D—喷嘴直径

②改变喷嘴形状减少噪声的产生。图 10-4-30 所示为几种不同形状喷嘴产生噪声的比较。由图可知，花形喷嘴和多孔喷嘴较单孔喷嘴产生的噪声小。这是由于射流相互干扰使射流起始段的特性发生变化的结果。但是，花形喷嘴加工困难，工程上常采用多孔喷嘴，特别是对中压引射式燃烧器更为合适。此外，降低燃气的压力和喷嘴的出口流速，不仅可以减少射流噪声，而且还可降低燃烧噪声。

③减少燃烧器热负荷，可以减少噪声。当一个燃烧器的热负荷为 Q 时，其声功率 W 为

$$W=kQ^2 \tag{10-4-47}$$

若将燃烧器数目增为 n 个，每个燃烧器的热负荷为$\frac{Q}{n}$，则整个声功率为

$$W'=nk\left(\frac{Q}{n}\right)^2=\frac{1}{n}W \tag{10-4-48}$$

可见，增加燃烧器的数目，可以降低噪声功率。此外，合理选择燃烧器设计参数和注意运行工

况的调整，使燃烧器稳定工作，也是减少噪声的有力措施。

(2) 控制噪声的传播

对已产生的噪声采取吸声、消声、隔声和阻尼等措施来降低和控制噪声的传播，也是十分有效的。常用的减噪装置如下。

①隔声罩。将发出噪声的机器（如风机等）完全封闭在一个隔声罩内，防止噪声向外传播。在隔声罩内须衬以多孔材料，通过摩擦把声能消耗掉。或者在隔声罩内壁覆以具有黏滞阻尼的材料防止罩内声强积累。为防止机器噪声通过连接管道带出罩外，必须采用柔性接管。

②吸声材料。多孔性吸声材料的构造特征是具有许多微小的间隙和连续的孔洞，有良好的通气性能。当声波入射到其表面时，将顺着这些孔隙进入材料内部并引起孔隙中的空气和材料细小纤维的振动。因为摩擦和黏滞阻力的作用，就使相当一部分声能转化为热能而被消耗掉。这就是多孔材料吸声的原理。通常使用的吸声材料有玻璃棉、矿渣棉、毛棉绒、毛毡、木丝板和吸声砖等。

多孔吸声材料的吸声系数（被吸收的声能与入射声能之比）一般在实验室测定。它的吸声性能不仅与材料的厚度、密度和形状有关，而且也与材料和刚性壁面之间的距离以及入射声音的频率有关。一般来说，多孔材料对高频吸收比低频好。随着材料厚度的增加，对高频的吸收并不增加，但提高了低频吸收。如果把多孔材料装置在刚性壁外某个距离处（即在材料后面留一段空气层），则它的吸声系数有所提高。空气层厚度近似于 1/4 波长时，吸声系数最大。另外，还可将吸声板做成一种由薄板和板后空气层组成的振动系统，当入射声波碰到薄板时，就引起这一系统产生振动，并将一部分振动能变为热能，如继续激发并保持板的振动，就消耗了声能。当入射声波的频率接近于振动系统的固有频率时，就产生了共振。此时系统振动得厉害，从而得到显著的吸收，其特点为能吸收低频噪声。

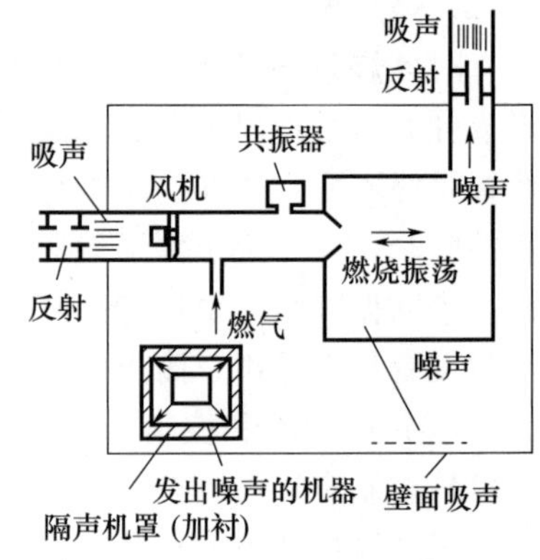

图 10-4-31　降低噪声的基本方法

③消声器（声学滤波管）。导管中使用的消声器是靠声阻抗的变化来阻止声波自由通过，部分反射回声源，来减少噪声。常用的基本方法是改变导管横截面和提供旁侧支管。图 10-4-31 提供了最简单消声元件，当元件长度为波长的 1/4 时，可使声强得到最大的衰减。

10.4.4.4　控制二氧化碳排放

人类为了获取能量，每天都在燃烧煤、油、气体燃料以及生物物质。与此同时产生大量的二氧化碳、二氧化硫、氮氧化物以及有机烃等有害物质。过去，对二氧化硫、氮氧化物比较重视。而近年来，开始注意二氧化碳排放所产生的问题，因为一些痕量气体在大气中的积累，会产生“温室效应”等后果，进而危及人们生存的环境。

1. 温室效应

太阳表面的温度大约为 6000K，这一高温表面不断地以电磁辐射的形式向四周发射能量，其波长较短。地球上的陆地和海洋接受了太阳的辐射，温度有所升高，也连续地把热量辐射出去，但其波长较长。大气中有一些气体，如 CO_2、H_2O、CFCs、N_2O 等，在红外区（即波长为 $5\sim20\mu m$）内有较强吸收能力。它们能吸收由地面反射回来的红外辐射，并将其中一部分辐射回地面。这样，大气层允许太阳辐射的能量穿过而进入地表，却阻止一部分长波能量从地球逃逸，从而使地球表面保持一定的温度。这一现象恰似温室的作用，故被称为“温室效应”。这些气体，则被称为“温室效应气体”。据分析，CO_2 对温室的作用占 55%，CFCs 占 24%，二者之和为 79%。

在大规模使用矿物燃料和开采森林资源以前，碳在海洋、大气、生物圈之间的循环，基本上保持在一个稳定的水平。科学家已证实，在过去几千年中，CO_2 在大气中的浓度变化不超过 40×10^{-6}。

但是，工业革命和经济发展给碳的循环带来了巨大变化。到 1980 年，全球一年的碳燃烧量达 50 亿 t。燃烧后释放出的CO_2 大大超过了地面植物和海洋的吸收能力。据统计，19 世纪 80 年代中叶大气中CO_2 的体积分数为 290×10^{-6}；20 世纪的 70 年代增加到 328×10^{-6}，到 20 世纪末达到 375×10^{-6}，2005 年达到 380×10^{-6}。图 10-4-32 所示为大气中CO_2 体积分数的变化。

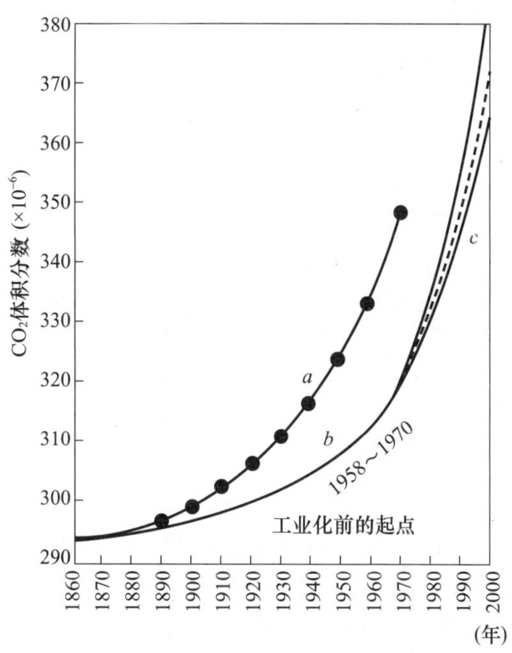

图 10-4-32　大气中CO_2 浓度的变化和预测

a—根据燃料燃烧的估算；*b*—实际的浓度；*c*—预测的浓度

在CO_2 浓度不断增长的同时，大气中的其他温室效应气体也在不断增加，这不仅加强了CO_2 的作用，而且还与CO_2 一起形成了对温室效应的放大作用，使地球表面温度升高。

2. 温室效应气体带来的后果

如果大气中没有CO_2 等温室效应气体，则地球表面将是一个−18℃的冰冷世界。但是，温室效应气体在大气中的浓度不断增加，也会带来许多难以估量的后果。

（1）地表温度升高。据统计，从 1850 年到 1980 年，地面平均温度升高 0.7～2℃，而 1980 年以后的 50 年中，温度将升高 1.5～4.5℃，为前 130 年的两倍。

（2）海平面升高。全球变暖后，由于海水膨胀，冰山融化、冰架移入海中，海平面将升高。图 10-4-33所示为过去 100 年中，气温和海平面的变化。其升高趋势是明显的。据估计，到 2080 年全球海平面可升高 57～368cm，其后果将是淹没陆地、侵蚀海滩、增加洪水泛滥的灾害以及海口盐碱化。

（3）改变降水规律。由于地球变暖改变了大气环流及大气含水量，从而改变正常的降水规律。预计温带地区温度将明显升高，使降水量减少，现在肥沃的土地将因干旱而使耕种困难。而在一些较寒冷地带气候将变得温和些，水源也较前丰富。全球农作物生产将出现新的情况。

3. 对策和措施

大气中痕量气体浓度增加带来的影响已逐渐被人们所认识。科学家们通过大量测试数据建立起许多模式，预测各种变化及其后果。

防止气候变暖是全人类的事，1988 年成立了“国际气候变化专门机构”（IPCC），对控制温室效应气体进行合作。在该机构内进行着以英国为首的科学研究、以前苏联为首的气候变化预报和以美国为首的政策研究。与此同时，一些工业发达国家（用能多的国家）先后采取了一些相应的对策，例如 1986 年美国国会提出了“使大气中温室气体稳定在现有水平的一项试验性政策”，并且制订了一个耗资 250 万美元的研究计划。1990 年提出，到 2000 年CO_2 的排放量减少 20%。英国政府

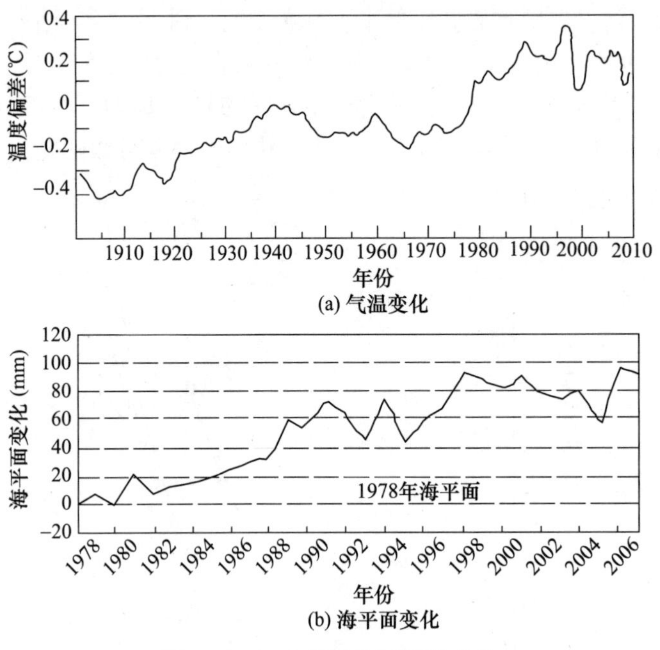

图 10-4-33　气温和海平面的变化

则规定了在 2005 年使CO_2 的排放量维持在 1990 年的排放量。德国的目标是到 2005 年使CO_2 的排放量减少 25%。控制就意味着对能源的有效利用以及减少矿物燃料的使用。

目前国际上采用每获得单位热量燃料燃烧所排放的污染物量来进行统计，这就是污染物排放系数。表 10-4-1 所示为 1989 年英国公布的污染物排放系数。不同国家、不同时期排放系数的数值是不相同的，因为它和用能技术的水平有关。随着能源利用效率和污染控制技术的提高，排放系数就会减小。但从表 10-4-1 可以看出同一年份中使用各种不同能源时污染物排放量的大小。燃煤的排放系数最大，使用天然气则污染物排放系数最小。使用电能时，由于火力发电的一次能源利用率仅为 0.33，其污染物的排放系数高达燃煤、燃油时的 3 倍。因此合理使用能源、提高燃料的利用率已不只是节约资源的问题，还要从保护环境、防止地球变暖的角度认识其重要性。

表 10-4-1　平均排放系数　(kg/GJ)

能源形式	排放的有害物					
	CO_2	CH_4	SO_2	NO_x	VOC	CO
煤	98.5	35.4	1.06	0.191	2.74	162.7
燃料油	82.4	20.2	0.99	0.193	1.59	14.7
汽油	78.8	21.9	0.19	0.121	1.65	5.4
液化气	74.8	20.8	0.08	0.121	1.65	5.4
天然气	56.4	19.1	约 0.005	0.111	1.51	3.1
电能	232.6	73.0	2.57	0.47	6.3	346.7

发达国家的能源利用效率如下：火力发电厂的平均效率为 35%～40%，工业锅炉约为 80%，工业炉和民用炉具为 50%～60%。而我国的相应设备的效率依次为 30%以下、60%左右和 20%左右。可见，提高矿物燃料有效利用率的潜力是很大的，需制定相应的经济政策和采用先进的燃烧技术，推动其稳步提高。

开发新能源取代矿物燃料的燃烧，也是当今世界发展经济和保护环境的紧迫课题。太阳能、风能、水力能等都可看作是新能源。其共同优点是取之不尽、用之不竭，对于环境没有明显不利影响。但是太阳能和风能有其间歇性和多变性的缺点。从目前技术条件来看，用它们来取代矿物燃料的燃烧尚有一定距离。

核能也是一种新能源，它分为核裂变和核聚变两种类型。核裂变能源已有一定规模的利用。从全世界来看，核能在一次能源消费中所占比例还不大，约为 5%。法国最高达 28%，日本为 12%，西德为 11%，美国为 6%。核聚变能源尚无商业利用。核裂变反应产生巨大的能量，同时也产生放射性物质，如不控制好，对生态环境和人体健康会造成危害。但只要对它的每个环节采取切实有效的防范措施，制订必要的法规，认真加以执行，核电将是一种清洁、安全、经济效益较好的能源。

森林植被的光合作用可以吸收大量二氧化碳，放出氧气，对全球气候起着重要的调节作用。分布在赤道地区的热带森林，总面积近 20 亿hm^2，是很宝贵的植被。但由于人口激增，毁林开荒，热带森林每年减少约 2000 万hm^2，而造林面积每年仅 100 万hm^2，还不到森林消失面积的 1/10。从防止气候变暖的角度考虑，森林的破坏已受到世界各国的普遍关注，并已提出了各种挽救措施。

人类应该勇于面对气候变暖等全球性环境问题的挑战，同心协力调整自身的经济行为和社会活动，以保护和改善我们的生存环境。

10.5 燃气互换性

10.5.1 燃气互换性和燃具适应性

燃气的种类很多，其组分、热值、密度以及燃烧特性等差别很大。当燃气性质发生变化时，燃烧器的工况会发生变化。研究燃气互换性的主要目的，就是考察这些变化是否超出允许的范围，从而界定气质组分的允许变化范围。

1. 燃气互换性

随着我国燃气工业的不断发展，供气规模、气源类型、用具类型都在不断增加。在 20 世纪 50 年代，我国燃气供应系统的气源几乎是单一的炼焦煤气。但从 60 年代开始，天然气、液化石油气、油制气等各种类型的气源相继发展，具有多种气源的城市越来越多。例如，北京、天津、沈阳、上海等城市都已具有天然气、炼焦煤气、油制气、液化石油气等多种气源。2000 年后，随着国家能源调整战略的实施，天然气开始大量供应，北京、西安、天津、上海、深圳等城市都已形成以天然气为主气源的供应格局，但来源不同的天然气，在组分、燃烧特性上也存在一定差别。

具有多种气源的城市，常常会遇到以下两种情况。一种情况是随着燃气供应规模的发展或制气原料的改变，某一地区原来使用的燃气要长时期由性质不同的另一种燃气所代替。另一种情况是在基本气源产生紧急事故，或在高峰负荷时，由于基本气源不足，需要在供气系统中掺入性质与原有燃气不同的其他燃气。不论发生哪一种情况，都会使用户得到的燃气性质发生改变，从而对燃具工作产生影响。

任何燃具都是按一定的燃气成分设计的。当燃气成分发生变化而导致其热值、密度和燃烧特性发生变化时，燃具燃烧器的热负荷、一次空气系数、燃烧稳定性、火焰结构、烟气中一氧化碳含量等燃烧工况就会改变。如果燃烧器可以更换，或者其可调部分可以重新调整，那么通过更换或重新调整燃烧器，可以使燃具适应新的燃气。但在燃气供应系统中这样做实际上是有很大困难的，而且几乎是不可能的。因为即使一个气化率不高的中等城市，也有成千上万只燃具（这里主要指民用燃具）分散在千家万户。不论气源性质发生长时期的一次性变化或经常反复的变化，从技术上和经济上都不可能将全部燃烧器逐个更换或重新调整。因此，以一种燃气代替另一种燃气时，必须考虑互换性问题。

研究燃气互换性问题时，民用燃具燃烧器不可能更换或重新调整是一个客观情况，也是提出问题的基本前提。如果燃烧器可以更换或重新调整，那么互换性问题就简单得多，甚至不再存在。

虽然燃烧器是按照一定的燃气成分设计的，但即使在燃烧器不加重新调整的情况下，也能适应燃气成分的某些改变。当燃气成分变化不大时，燃烧器燃烧工况虽有改变，但尚能满足燃具的原有设计要求，那么这种变化是允许的。但当燃气成分变化过大时，燃烧工况的改变使得燃具不能正常工作，这种变化就不允许了。设某一燃具以 a 燃气为基准进行设计和调整，由于某种原因要以 s 燃气置换 a 燃气，如果燃烧器此时不加任何调整而能保证燃具正常工作，则表示 s 燃气可以置换 a 燃气，或称 s 燃气对 a 燃气而言具有“互换性”。a 燃气称为“基准气”，s 燃气称为“置换气”。反之，如果燃具不能正常工作，则称 s 燃气对 a 燃气而言没有互换性。

美国国家天然气委员会与设备商、研究机构等联合成立的天然气互换性研究机构（NGCt）为了考虑民用燃具之外的化工、冷冻、汽车、发电等用途中的互换性，将燃气互换性定义为“在某燃烧设备中，同一种气体燃料替换另一种气体燃料，而不会显著改变其操作安全性、效率和性能，也不会显著增加污染物排放量。”

应该指出，互换性并不总是可逆的，即 s 燃气能置换 a 燃气，并不代表 a 燃气一定能置换 s 燃气。从这点意义上讲，“互换”两字实际上是不确切的。但由于“互换”两字已使用习惯，所以本章在不会引起概念模糊的地方仍予沿用。

2. 燃具适应性

根据燃气互换性的要求，当气源供给用户的燃气性质发生改变时，置换气必须对基准气具有互换性，否则就不能保证用户安全、满意和经济地用气。可见，燃气互换性是对燃气生产单位提出的要求，它限制了燃气性质的任意改变。

两种燃气是否能够互换，并非孤立地决定于燃气性质本身，它还与燃具燃烧器以及其他部件的性能有密切联系。例如，s 燃气能在某些燃具中置换 a 燃气，但是却不能在另一些燃具中置换。换句话说，有些燃具能够同时适用 a、s 两种燃气，但另一些燃具却不能同时适用。因此，这里就引出了一个燃具“适应性”的概念。所谓燃具适应性，是指燃具对于燃气性质变化的适应能力。如果燃具能在燃气性质变化范围较大的情况下正常工作，就称为适应性大；反之，就称为适应性小。

决定燃具适应性大小的主要因素是燃具燃烧器的性能，但是燃具的其他性能（例如，二次空气的供给情况，敞开燃烧还是封闭燃烧等）也影响其适应性。因此通常所讲的适应性不应单单理解为燃烧器的适应性，而应理解为燃具的适应性。

在谈到燃具适应性时，应该注意分清容易混淆的两种不同的适应性概念。一种是指燃具不加任何调整而能适应燃气变化的能力。亦即，当燃气性质有某些改变时，燃具不加任何调整，其热负荷、一次空气系数和火焰特性的改变必须不超过某一极限，以保证燃具仍能保持令人满意的工作状态。本节所讨论的燃具适应性就是指这一种概念。另外还有一种所谓“通用”燃具的概念，即在燃具的设计和构造上采取一系列措施，使它能够适应性质极不相同的各种燃气，例如，既能适应炼焦煤气，又能适应天然气和液化石油气。这种燃具的燃烧器往往设计成具有可调节的喷嘴、一次空气阀和火孔盖，其目的是只要更换或调节燃烧器的个别部件，就能使燃具适应性质相差很大的不同燃气。设计“通用”燃烧器的目的是使燃具产品通用化和适应某些城市燃气性质的一次性改变。当燃气性质经常反复变动时，不可能随时反复地更换燃烧器部件，因此“通用”燃烧器并不能解决本节所涉及的燃气互换性和燃具适应性问题，本节所讨论的内容与“通用”燃烧器无关。

燃气互换性和燃具适应性实际上是一个事物的两个方面。前者是为了保证燃具的正常工作，燃气性质的变化不能超过某一范围，后者是指一个合格的燃具应能适应燃气性质的某些变化。互换性是对燃气品质所提的要求，适应性则是对燃具性能所提的要求。如果某一城市的几种气源具有很好的互换性，则对燃具适应性的要求就可降低。反之，如果燃具具有较大的适应性，则对于不同气源的燃气互换性要求就可降低。

研究燃气互换性和燃具适应性问题具有很大的技术经济意义。它最大限度地从扩大使用各种气源的角度对燃气生产部门和燃具制造部门同时提出了要求。

对于燃气生产部门来说，为了扩大气源，当然希望将所有新出现的、廉价的、来源丰富的燃气都利用起来，而不管它们的性质相差如何之大。但是应该注意，并非所有这些性质不同的燃气都可以随意送入管网供给用户使用。应该根据互换性的要求来确定哪些燃气可以直接供给用户使用，哪些燃气需要改制，哪些燃气需要和其他燃气掺混。燃气互换性对燃气生产部门起了一个限制作用。为了达到互换性的要求，制气方法不能随意选用，制气成本会有某些增加，但从保证整个燃气供应系统的安全、可靠和经济性来讲，是完全合理和必要的。

对于燃具制造厂来说，首先当然应致力于提高各种燃具的工艺效率、热效率和卫生指标，但与此同时必须注意扩大燃具的适应性。为了达到这点，有时甚至需要“牺牲”一些其他方面的效益，但是这种“牺牲”是值得的，它可以从提高制气经济性方面得到补偿。在设计和调整燃具时，除了以基准气为主要对象外，还应预先估计到可能使用的置换气，以便有针对性地采取措施扩大燃具的适应性。例如，如预计今后的置换气较易引起离焰，则在以基准气为对象进行燃具初调整时，就应使其工作点距离焰极限远些。

3. 燃气互换性的研究对象

从燃气互换性角度来讲，工业燃具和民用燃具的情况是不同的。工业燃具大多有专人管理，有仪表控制，具有较好的运行条件，当燃气性质改变时可以通过调节来达到满意的燃烧工况。有些工业企业还允许在燃气性质不合格时短时间中断燃气供应，用其他燃料代替燃气或短时间停止生产。因此，一般来讲，工业燃具对燃气互换性的要求较低。民用燃具的情况则不同。民用燃具分布在千家万户，燃具在安装时经燃气公司专业人员一次调整后，不再随燃气性质的改变而反复调整。民用用户不允许燃气中断，也不能用其他燃料代替燃气。绝大多数民用用户缺乏使用燃气的专门知识，如果将不能互换的燃气任意供给民用用户，就会出现大量离焰、回火、黄焰和不完全燃烧事故，大大降低燃气供应系统的运行水平。因此在考虑燃气互换性时，主要应考虑燃气在民用燃具上能够互换。如能达到这点，那么在一般工业燃具上的互换也就不成问题了。当然，有些工业燃具（例如，玻璃加工用的燃具）对火焰特性的变化十分敏感，但是这些燃具一般都有专业的运行调节人员，可以更换燃烧器，也可以用纯氧、纯氢、纯氮等气体作为掺混气体来调节火焰。

10.5.2　华白数

当以一种燃气置换另一种燃气时，首先应保证燃具热负荷（kW）在互换前后不发生大的改变。以民用燃具为例，如果热负荷减少太多，就达不到烧煮食物的工艺要求，烧煮时间也要加长；如果热负荷增加太多，就会使燃烧工况恶化。

对大气式燃烧器，燃气流量为

$$L_g=0.0036\mu d_n^2\sqrt{\frac{P_g}{s}} \tag{10-5-1}$$

燃具热负荷 Q 为

$$Q=HL_g=0.0036H\mu d_n^2\sqrt{\frac{P_g}{s}}=K\frac{H}{\sqrt{s}} \tag{10-5-2}$$

当燃烧器喷嘴前压力不变时，燃具热负荷 Q 与燃气热值 H 成正比，与燃气相对密度的平方根 $\sqrt{s}$ 成反比，$\frac{H}{\sqrt{s}}$ 称为华白数。

$$W=\frac{H}{\sqrt{s}} \tag{10-5-3}$$

式中　W——华白数，或称热负荷指数；

H——燃气热值，kJ/Nm³，按照各国习惯，有些取用高热值，有些取用低热值；

s——燃气相对密度（设空气的 $s=1$）。

因此，燃具热负荷与华白数成正比

$$Q=KW \tag{10-5-4}$$

式中　K——比例常数。

华白数是代表燃气特性的一个参数。设有两种燃气的热值和密度均不相同，但只要它们的华白数相等，就能在同一燃气压力下和同一燃具上获得同一热负荷。如果其中一种燃气的华白数较另一种大，则热负荷也较另一种大。因此华白数又称热负荷指数。

在两种燃气互换时，热负荷除了与华白数有关外，还与燃气黏度等次要因素有关，但在工程上这种影响往往可忽略不计。

如果在燃气互换时有可能改变管网压力工况，从而改变燃烧器喷嘴前的压力 H_g，则压力 H_g 也可成为影响燃烧器热负荷的变数。根据喷嘴射流公式，燃烧器热负荷与喷嘴前压力的平方根 $\sqrt{H_g}$ 成正比。将 $H\sqrt{\frac{H_g}{s}}$ 称为广义的华白数。

$$W_1 = H\sqrt{\frac{H_g}{s}} \tag{10-5-5}$$

式中　W_1——广义的华白数；

H_g——喷嘴前压力，Pa。

当燃气热值、相对密度和喷嘴前压力同时改变时，燃烧器热负荷与广义的华白数成正比。

$$Q = K_1 W_1 \tag{10-5-6}$$

式中　K_1——比例常数。

当燃气性质改变时，除了引起燃烧器热负荷改变外，还会引起燃烧器一次空气系数的改变。根据大气式燃烧器引射器的特性，一次空气系数 α' 与 $\sqrt{s}$ 成正比，与理论空气需要量 V_0 成反比。由于 V_0 与 H 成正比，因此 α' 与 H 成反比。这样，一次空气系数 α' 就与华白数 W 成反比。

$$\alpha' = K_2 \frac{1}{W} \tag{10-5-7}$$

式中　K_2——比例常数。

燃烧器喷嘴前压力的变化对一次空气系数影响不大。

式（10-5-6）、（10-5-7）虽然简单，但是从中可以得出一个重要结论：如果两种燃气具有相同的华白数，则在互换时能使燃具保持相同的热负荷和一次空气系数。如果置换气的华白数比基准气大，则在置换时燃具热负荷将增大，而一次空气系数将减小。反之，则燃具热负荷将减小，一次空气系数将增大。

华白数是在互换性问题产生初期所使用的一个互换性判定指数。各国一般规定在两种燃气互换时华白数 W 的变化不大于±(5%～10%)。

在互换性问题产生的初期，由于置换气和基准气的化学、物理性质相差不大，燃烧特性比较接近，因此用华白数这个简单的指标就足以控制燃气互换性。但随着气源种类的不断增多，出现了燃烧特性差别较大的两种燃气的互换问题，这时单靠华白数就不足以判断两种燃气是否可以互换。在这种情况下，除了华白数以外，还必须引入火焰特性这样一个较为复杂的因素。所谓火焰特性，可定义为产生离焰、黄焰、回火和不完全燃烧的倾向性，它与燃气的化学、物理性质直接有关，但到目前为止还无法用一个单一的指标来表示。

10.5.3　火焰特性对燃气互换性的影响

前已述及，所谓燃气互换性主要是指燃气在配有引射式大气燃烧器的民用燃具中的互换性。引射式大气燃烧器的具体型式虽然很多，但是它们都具有部分预混火焰（本生火焰）的共同特点，因而具有本质相同的火焰特性。

部分预混火焰由内焰和外焰两部分组成，内焰焰面是一明亮的界面，呈蓝绿色；外焰的明亮度较内焰弱，但在暗处也能明显看出火焰。当燃气性质和燃烧器火孔构造已定时，一次空气系数的大小决定了火焰的形状和高度。一次空气系数大，火焰短，内焰焰面轮廓明显，火焰颤动厉害，有回火倾向性，点火及熄火声大，这种火焰称为“硬火焰”。一次空气系数小时，火焰拉长，内焰焰面厚度变薄，亮度减弱，火焰摇晃，回火倾向性小，点火及熄火声小，这种火焰称为“软火焰”。当一次空气系数再进一步降低时，内焰顶部变得模糊，直至明亮的内焰焰面（反应区）逐步消失。

对于民用燃具的燃烧器来说，过硬的火焰和过软的火焰都是不合适的。较理想的部分预混火焰的内焰焰面应该是轮廓鲜明。而外焰气流的自由流动则不应受到阻碍，化学反应条件也不应受到破坏，以保证在内焰焰面产生的不完全燃烧产物在外焰能达到完全燃烧。为了增大火焰的调节性能，一次空气系数不应维持过高。可以将一次空气系数减小到如此程度，以使内焰焰面厚度尽量变薄，但焰面轮廓不至于模糊和破坏。这时内焰的高度大约为内焰最大可能高度的 70%～80%。对于局部或全部封闭在燃具中的燃烧器（例如，热水器或烤箱中的燃烧器），二次空气和烟气的流动情况对燃烧器的火焰调整会产生很大影响，因而需在热态下进行调节。

正常的部分预混火焰应该具有稳定的、燃烧完全的火焰结构，而不正常的部分预混火焰就会产生离焰、回火、黄焰和不完全燃烧等现象。产生这些现象的倾向性和燃气的燃烧特性有密切关系。

表示燃气燃烧特性最形象的方法是在以燃烧器火孔热强度 q_p 为纵坐标、以一次空气系数 α' 为横坐标的坐标系上作出离焰、回火、黄焰和燃烧产物中 CO 极限含量曲线。这四条曲线总称为燃气燃烧特性曲线（见图 10-5-1）。不同的燃气在同一只燃具上通过实验所作出的燃烧特性曲线不同，这就明显地表示这两种燃气具有不同的燃烧特性。根据这两套特性曲线的相对位置，就可以看出这两种燃气对离焰、回火、黄焰和不完全燃烧的不同倾向性。同一种燃气在不同的燃具上作出的特性曲线也是不同的，这是因为火孔大小、排列、材料等因素对特性曲线有影响。但是只要两种燃具的基本形式相同，那么不同燃气在这两种燃具上所作出的特性曲线的相对位置仍能保持不变。特性曲线的这一性质甚为重要。该性质使得有可能用在某种典型燃具上测得的两种燃气特性曲线的相对关系来代表在其他类似燃具上将反映出的相对关系，从而表明这两种燃气如果在这种典型燃具上能够互换，那么在其他类似燃具上也能够互换。

在燃气温度不变的情况下，某一燃具的运行工况取决于燃气的燃烧特性、火孔热强度和一次空气系数。前一因素决定了特性曲线在 q_p-α'坐标系上的位置，而后两个因素决定了燃具运行点在 q_p-α'坐标系上的位置。只有当运行点落在特性曲线范围之内时，燃具的运行工况才认为是满意的。当燃气性质（燃气成分）改变时，燃气燃烧特性和华白数同时改变。燃气燃烧特性的改变引起特性曲线位置的改变，华白数的改变引起燃具运行点的改变。从互换性角度来讲，当以一种燃气置换另一种燃气时，应保证置换后燃具的新工作点落在置换后新的特性曲线范围之内。

下面举一个例子来详细说明燃气互换时燃具运行工况的变化。设有基准气 a 和置换气 s 两种燃气，它们的离焰极限曲线 L_a、L_s和黄焰极限曲线 Y_a、Y_s分别绘于图 10-5-2 上。L_s在 L_a的右方，这表示置换气的火焰传播速度比基准气大，不易离焰。Y_s在 Y_a的右方，这表示置换气含有较多的重碳氢化合物，易产生黄焰。为了使图面清晰，图中没有绘出回火极限曲线和 CO 极限曲线，但对它们的分析方法是相同的。设基准气的华白数 W_a为 51.0，置换气的华白数 W_s为 42.5。根据式（10-5-5）、（10-5-7）可知，互换时燃具热负荷的变化为$\dfrac{Q_s}{Q_a}=\dfrac{W_s}{W_a}=\dfrac{42.5}{51.0}=0.833$。一次空气系数的变化为$\dfrac{\alpha'_s}{\alpha'_a}=\dfrac{W_a}{W_s}=\dfrac{51.0}{42.5}=1.20$。

这样，如果在燃具初调整时将基准气的运行点调整在 a_1（$q_{pa}=14\text{W/mm}^2$，$\alpha'_a=0.30$），那么置换后置换气的运行点就移动到 s_1（$q_{ps}=11.7\text{W/mm}^2$，$\alpha'_s=0.36$）。由于 s_1超过 Y_s极限，燃具就要产生黄焰，因此不能互换。如果在燃具初调整时考虑到了今后互换的要求，将基准气运行点调整在 a_2（$q_{pa}=14\text{W/mm}^2$，$\alpha'_a=0.35$），则置换气的运行点就变为 s_2（$q_{ps}=11.7\text{W/mm}^2$，$\alpha'_s=0.42$）。由于 s_2在 L_s、Y_s所包围的范围之内，因此就能够互换。

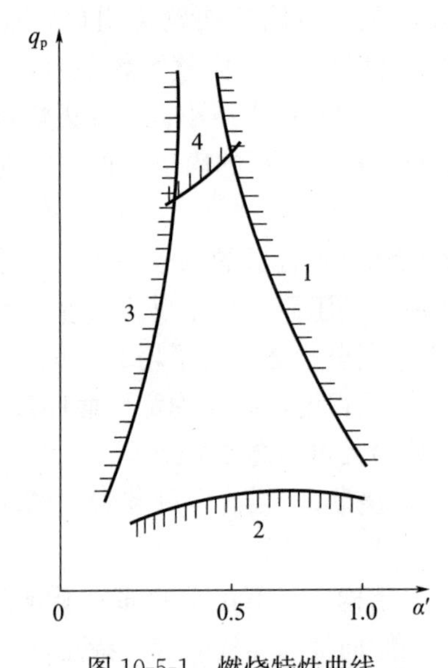

图 10-5-1 燃烧特性曲线

1—离焰极限；2—回火极限；3—黄焰极限；4—CO 极限

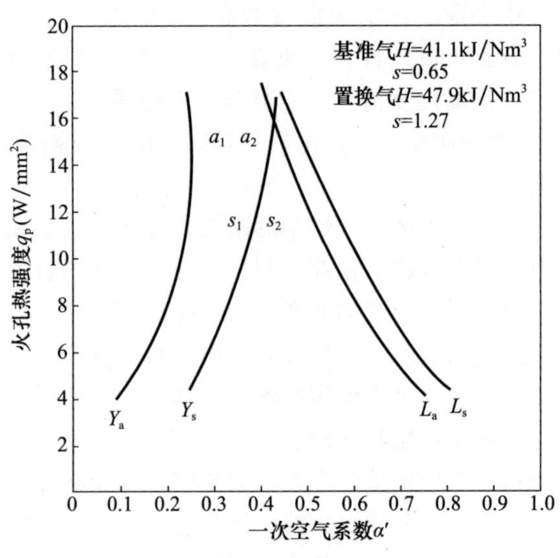

图 10-5-2 互换时燃具工作状态的变化

从以上例子看出，置换气能否置换基准气，不仅与这两种气体的燃烧特性有关，而且还与基准气运行点的调整位置有关。下面以图 10-5-3 的离焰曲线 L_a、L_s为例，来说明为了满足互换要求，基准气运行点的极限调整位置。要使置换后不发生离焰，置换气运行点的极限位置应在离焰曲线 L_s上。例如，如要求置换后的运行点为 s_1（$q_{ps}=9.30\text{W/mm}^2$，$\alpha'_s=0.65$），则根据式（10-5-4）、（10-5-7）可算出，原来的基准气运行点应调整在 a_1（$q_{pa}=11.16\text{W/mm}^2$，$\alpha'_a=0.54$）上。如要求置换后的运行点为 s_2（$q_{ps}=13.95\text{W/mm}^2$，$\alpha'_s=0.55$），则原来的基准气运行点就应调整在 a_2（$q_{pa}=16.86\text{W/mm}^2$，$\alpha'_a=0.45$）上。这样，如果在 L_s上取 s_1、s_2等一系列的点，那就可以得到 a_1、a_2等一系列相应的点，将这一系列点连接起来，就得到图中所示的虚线 L。这条虚线就是为了满足不发生离焰的互换要求，在燃具初调整时基准气运行点的极限调整位置。凡是基准气运行点调整在该曲线以左，置换后就不会发生离焰现象；反之，就要发生离焰现象。

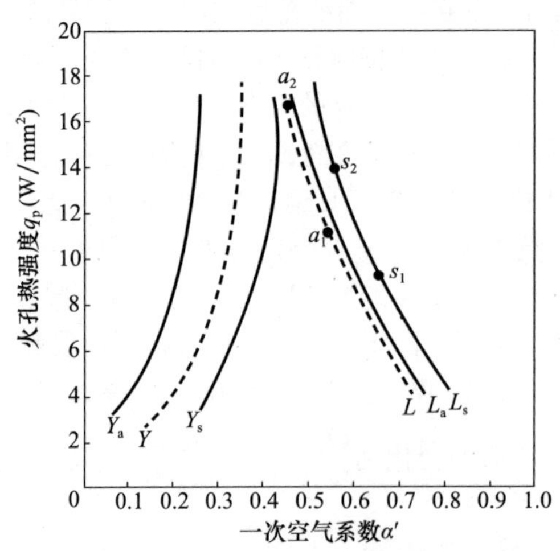

图 10-5-3 基准气运行点的极限调整位置

同样，如果在 Y_s上取一系列点，用上述相同的方法也可以得到一系列相应的点，将这一系列点连接起来就可以得到另一条虚线 Y。这条虚线就是为了满足不发生黄焰的互换要求，在燃具初调整时基准气运行点的极限调整位置。凡是基准气运行点调整在该曲线以右，置换后就不会发生黄焰现象；反之，就要发生黄焰现象。

图 10-5-3 也表明两种燃气的互换并非都是可逆的。如图所示，如果把情况反过来，以原来的置换气 s 作为“基准气”，则在初调整时燃具的运行点一定落在 L_s 和 Y_s 所区限的范围之内。这时如果以原来的基准气 a 作为“置换气”来置换现在的“基准气”，那么根据式（10-5-5）、（10-5-7）的计算，置换后的运行点必定落在虚线 L、Y 所区限的极限范围之内。因为虚线 L、Y 所区限的范围完全处于 L_a 和 Y_a 所区限的范围之内，因此燃气 a 就可以无条件地置换燃气 s。亦即在任何情况下都不会发生离焰和黄焰现象。但正如前面所说，以燃气 s 置换燃气 a 却是有条件的。只有当燃烧器初调整时燃气 a 的运行点处于虚线 L、Y 所区限的范围之内时，燃气 s 才能置换燃气 a。以上情况清楚地表明两种燃气的互换并不是可逆的。

由于图 10-5-2、10-5-3 的纵坐标是火孔热强度而不是燃具热负荷，因此在这种坐标系上可以用一组特性曲线来表示某种燃气在火孔构造、大小、排列形式相同的一类燃具上的燃烧特性，而不管其热负荷是否相同。这样，只要有若干代表不同类型燃具的特性曲线图，就可以相当精确地分析互换性问题。

按照以上对互换性的分析方法，一些看起来似乎矛盾的现象就可以得到解释。例如，在燃气互换时，当由于置换气中含氢过多而发生回火现象，人们很容易错误地认为只要在置换气中增加一些一氧化碳或惰性气体，减少一些氢气，以降低置换气的火焰传播速度，回火现象就可防止。但是事实恰恰相反，因为当以一氧化碳或惰性气体来代替氢气时，置换气密度增加，而热值却没有相应增加，这就降低了置换气的华白数，使置换后新运行点的火孔热强度降低，一次空气系数增大，从而使回火倾向更为严重。

当然，举出以上例子并非想说明火焰传播速度无关紧要。正如前几节所述，火焰传播速度是导致各种燃气燃烧特性不同的重要因素。在燃气中增加火焰传播速度较快的成分（例如氢和乙炔），将增加其回火倾向性。在燃气中增加火焰传播速度较慢的成分（例如甲烷和重碳氢化合物），将增加其脱火倾向性。以上例子只是想说明虽然燃气火焰传播速度对火焰特性有重要影响，但是在考虑该因素时必须结合华白数同时考虑。否则很可能对某些成分（例如氢）的作用估计过高，而对某些成分（例如，一氧化碳和惰性气体）的作用估计不足。

为了评价燃气中各种成分对火焰特性的影响，美国曾在热值为 19400kJ/Nm^3 的人造燃气中掺入各种单一气体进行试验，观察其对回火倾向性的影响，试验结果列于图 10-5-4。从图 10-5-4 明显看出，燃气成分可分为两大类。一类是碳氢化合物，它使火焰变软，回火倾向性减小。另一类是氢和一氧化碳，它使火焰变硬，回火倾向性增加。值得特别注意的是，所有的惰性气体都能使火焰变硬，产生与氢和一氧化碳相同的效果。其中二氧化碳对火焰硬度的影响甚至超过氢和一氧化碳。氧也能使火焰变硬。对比一氧化碳和氢对火焰硬度的影响可以看出，虽然一氧化碳的火焰传播速度比氢小得多，但是它对火焰硬度的影响却超过氢。这就是因为一氧化碳具有比氢大得多的密度，因而具有小得多的华白数之故。对比乙炔和乙烯对火焰硬度的影响可以看出，虽然两者具有几乎相同的热值和密度，但由于乙烯的火焰传播速度比乙炔小得多，因而使火焰变软的程度比乙炔大得多。乙炔与氢气一样，按其火焰传播速度应该使火焰变硬，但是由于具有较大的华白数，因而对火焰硬度的影响大大减弱。

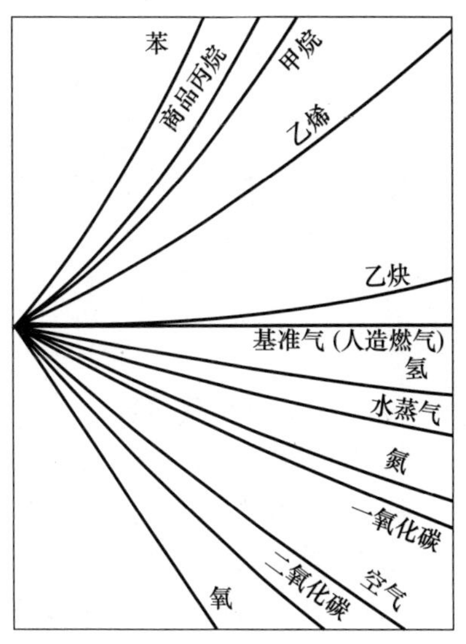

图 10-5-4　在人造燃气中掺入各种气体时回火倾向性的变化

综上所述，在考虑燃气中某一成分的变化对火焰特性的影响时，必须综合考虑火焰传播速度、华白数等各种因素的影响。

10.5.4 燃气互换性的判定

两种燃气是否可以互换，虽然可以通过实验手段来确定，但人们总希望有一些公式来加以计算。由于影响燃气互换性的因素十分复杂，因此迄今为止尚不能从理论上推导出一个计算燃气互换指数的公式。燃气互换性试验一般都在特制的控制燃烧器上进行。各国所用的控制燃烧器形式虽然不同，但都是产生本生火焰的大气式燃烧器。各国对燃气互换条件的要求不同，有些限制较严，有些限制较宽。各国所进行实验的对象和深广度也不同，有些针对热值低的燃气，有些针对热值高的燃气，有些只考虑回火因素，有些只考虑离焰因素。因而每个经验公式都具有其局限性。我国已经做了一些第一族燃气互换性的研究工作，但尚未制定统一的燃气互换性判定法，因此只能根据不同要求、不同对象来参考国外的经验公式或图表。

本节将介绍美国燃气协会（A. G. A.）互换性判定法和法国燃气公司德尔布（P. Delbourge）互换性判定法的基本原理，作为两个例子来阐明燃气互换性是如何判定的。

必须说明的是：所有的判定方法都是技术人员以当时该国的燃气具为实验对象所确立的，包括燃烧稳定性的判断都是以对应的燃具标准来界定的。因此，直接使用这些判定方法来分析国内的某些具体情况时，能够借鉴的是这些技术方法本身而不是所获得的结论。换言之，可利用这些判定方法的研究思路来架构分析思路，而不能简单地利用有关计算公式来确定各种气源能否互换。

10.5.4.1 A. G. A. 互换性判定法

美国燃气协会（A. G. A.）对热值大于 32000kJ/Nm^3（800 英热单位/立方英尺[①]）燃气的互换性进行了系统研究，得出离焰、回火和黄焰三个互换指数表达式。以后的试验表明，这些互换指数对热值低于 32000kJ/Nm^3 的燃气也有一定的适用性。

1. 离焰互换指数

当置换气热值、密度与基准气不同时，燃烧器一次空气系数和热负荷就要改变。根据式（10-5-7），对于一只已经调整好的燃烧器，一次空气系数与华白数成反比。

以 a 表示燃气完全燃烧每释放 105kJ（100 英热单位）热量所需消耗的理论空气量

$$a=\frac{105V_0}{H_h} \tag{10-5-8}$$

式中 V_0——理论空气需要量，Nm^3/Nm^3；

H_h——燃气高热值，kJ/Nm^3。

当置换气与基准气 a 值相同时，成立：

$$\frac{\alpha'_s}{\alpha'_a}=\frac{W_a}{W_s}=\frac{\left(\frac{\sqrt{s}}{H_h}\right)_s}{\left(\frac{\sqrt{s}}{H_h}\right)_a} \tag{10-5-9}$$

式中 α'——一次空气系数；

W——华白数，kJ/Nm^3；

s——相对密度。

式中角标 s 表示置换气，角标 a 表示基准气。

引入一次空气因数 f 这个参数

$$f=\frac{\sqrt{s}}{H_h} \tag{10-5-10}$$

这样，当置换气与基准气的 a 值相同时，成立：

---

① 由于 A. G. A. 互换性判定法中许多系数的选定与英制单位密切有关，因此本节某些地方沿用英制单位。本书所用的燃气热值单位为 273K、0.1013MPa 下 1m^3 干燃气所含的热量（kJ），英制单位中燃气热值单位为 60°F、30″水银柱下 1 立方英尺饱和湿燃气所含的英热单位数，两者换算系数为 39.94。

$$\frac{\alpha'_s}{\alpha'_a}=\frac{f_s}{f_a} \tag{10-5-11}$$

当置换气与基准气的 a 值不同时，则成立：

$$\frac{\alpha'_s}{\alpha'_a}=\frac{f_s a_a}{f_a a_s} \tag{10-5-12}$$

由于一次空气因数 f 与华白数 W 成反比，因此互换前后火孔热强度 q 的变化应符合

$$\frac{q_s}{q_a}=\frac{f_a}{f_s} \tag{10-5-13}$$

A. G. A. 测定了各种单一气体和城市燃气的离焰曲线。当将这些曲线在半对数坐标上表示时，发现在燃烧器头部温度不变的情况下，所有离焰曲线都是相互平行的直线，其通式为

$$\lg q=m\alpha'_1+K \tag{10-5-14}$$

式中 q——火孔热强度；

α'_1——离焰时的一次空气系数；

m——直线斜率；

K——离焰极限常数。

当燃烧器头部温度恒定时，系数 m 与燃气性质无关，其值为-0.016，因此式（10-5-14）中的系数 K 就决定了离焰曲线的位置。亦即，系数 K 起了与燃烧速度相同的作用，成了表示离焰特性的准则。

从式（10-5-12）～（10-5-14）看出，f、a 和 K 这三个参数决定了互换前后一次空气系数的变化、火孔热强度的变化和离焰曲线位置的变化。因此一个含有 f、a 和 K 的指数就可以表示离焰互换特性。

离焰互换指数的推导原理可以用图 10-5-5 来阐述。图中曲线 L_a为基准气的离焰曲线，点 x 为在规定热负荷下的离焰极限运行点。当置换气的一次空气因数 f_s小于基准气的一次空气因数 f_a时，互换后的一次空气系数 α'将减少，火孔热强度 q 将增加。这时，燃烧器运行点将向左上方移动到 x_1。反之，当 f_s大于 f_a时，α'将增加，q 将减少，燃烧器运行点将向右下方移动到 x_2。设曲线 L_s为置换气的离焰曲线，它与曲线 L_a的相对位置由置换气和基准气的化学组分所决定。根据式（10-5-14），也可以说它们的相对位置由两种燃气的离焰极限常数 K 所决定。图中 x_1 与 x_3 的热负荷相同，x_2 与 x_4 的热负荷相同。点 x_1 的 α'小于曲线 L_s上点 x_3 的 α'，因此火焰稳定。点 x_2 的 α'大于曲线 L_s上点 x_4 的 α'，因此发生离焰。

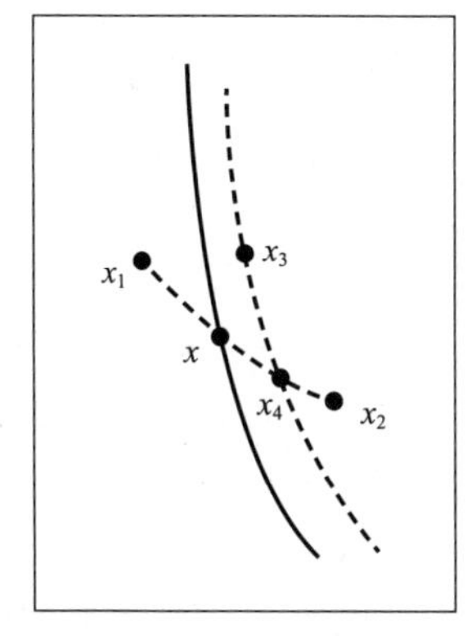

图 10-5-5 互换前后离焰工况的变化

以 I_L表示互换后火孔热强度 q_s下的一次空气系数 α'_s；与互换后 q_s下的离焰极限一次空气系数 α'_{sl}之比，称为离焰互换指数

$$I_L=\frac{\alpha'_s}{\alpha'_{sl}} \tag{10-5-15}$$

从理论上讲，$I_L<1$，就能获得稳定火焰；$I_L>1$，就发生离焰现象。

用基准气调试控制燃烧器时，其一次空气系数 α'_a 和火孔热强度 q_a取值如下：

（1）将 q_a调整到 1（10^{-4}英热单位/时・平方英寸），理由是这时式（10-5-14）中的 $q=1$，$\lg q=0$，计算较为方便。

（2）将 α'_a 调整到离焰极限一次空气系数 α'_{al}，理由是这是一个最不利状态，可以作为判定离焰互换性的依据。

α'_{al}可根据式（10-5-14）求得。将 q_a和 α'_{al}代入式（10-5-14），得 $\lg q_a=-0.016\alpha'_{al}+K_a$，由于 $\lg q_a=0$，因此

$$\alpha'_{al}=\frac{K_a}{0.016} \tag{10-5-16}$$

互换后一次空气系数 α'_s 与互换前一次空气系数 α'_a 之比应符合式（10-5-12）的关系

$$\frac{\alpha'_s}{\alpha'_a}=\frac{\alpha'_s}{\alpha'_{al}}=\frac{f_s a_a}{f_a a_s} \tag{10-5-17}$$

将式（10-5-16）代入式（10-5-17），得

$$\alpha'_s=\frac{K_a}{0.016}\frac{f_s a_a}{f_a a_s} \tag{10-5-18}$$

互换后火孔热强度 q_s 与互换前火孔热强度 q_a 之比应符合式（10-5-13）的关系

$$\frac{q_s}{q_a}=\frac{f_a}{f_s}$$

由于以基准气调试时取 $q_a=1$，上式成为

$$q_s=\frac{f_a}{f_s} \tag{10-5-19}$$

根据式（10-5-14）和式（10-5-19），可求出 α'_{al}

$$\alpha'_{al}=\frac{1}{0.016}\left(K_s-\lg\frac{f_a}{f_s}\right) \tag{10-5-20}$$

将式（10-5-18）和式（10-5-20）代入式（10-5-15），即得

$$I_L=\frac{K_a}{\frac{f_a a_s}{f_s a_a}\left(K_s-\lg\frac{f_a}{f_s}\right)} \tag{10-5-21}$$

式中　I_L——离焰互换指数；

K_a、K_s——基准气和置换气的离焰极限常数；

f_a、f_s——基准气和置换气的一次空气因数；

a_s、a_a——基准气和置换气完全燃烧每释放 105kJ（100 英热单位）热量所需消耗的理论空气量。

式（10-5-21）就是离焰互换指数表达式。

虽然对 A. G. A. 控制燃烧器而言不发生离焰的 I_L 理论值为 1，但燃气管网中实际运行的燃具不发生离焰的 I_L 值可根据系统中所有典型燃具的实际性能试验得出。这样，式（10-5-21）就不仅适用于 $q_a=1$，$\alpha'_a=\alpha'_{al}$的情况，而且适用于燃气管网中实际运行的所有典型燃具的工况。

式（10-5-21）中离焰极限常数 K_a、K_s的确定方法如下：

通过 A. G. A. 控制燃烧器试验，可得出各种单一气体的离焰极限常数。多组分燃气的离焰极限常数可按各组分的质量成分用下式求得：

$$K=K_1g_1+K_2g_2+\cdots \tag{10-5-22}$$

或

$$K=\frac{K_1S_1r_1+K_2S_2r_2+\cdots}{S_{mix}} \tag{10-5-23}$$

式中　K——多组分燃气（混合气体）的离焰极限常数；

K_1、K_2——各组分（单一气体）的离焰极限常数；

g_1、g_2——各组分的质量成分；

r_1、r_2——各组分的容积成分；

S_1、S_2——各组分的相对密度；

S_{mix}——多组分燃气的相对密度。

式（10-5-23）中各组分的 K 和 s 完全是各组分本身的特性，以 F 表示其乘积，称为离焰常数

$$F=Ks \tag{10-5-24}$$

将式（10-5-24）代入式（10-5-23），得

$$K=\frac{F_1 r_1+F_2 r_2+\cdots}{S_{mix}} \tag{10-5-25}$$

各单一气体的离焰常数 F 值示于表 10-5-1。

表 10-5-1　单一气体的离焰常数 F 和消除黄焰所需的最小空气量 T

气体名称	分子式	F	T
氢	H_2	0.600	0
一氧化碳	CO	1.407	0
甲烷	CH_4	0.670	2.18
乙烷	C_2H_6	1.419	5.80
丙烷	C_3H_8	1.931	9.80
商品丁烷	$75\%C_4H_{10}+25\%C_6H_6$	2.414	15.30
纯丁烷	C_4H_{10}	2.550	16.85
乙烯	C_2H_4	1.768	8.70
丙烯	C_3H_6	2.060	13.00
苯	C_6H_6	2.710	52.00
发光物	$75\%C_2H_4+25\%C_6H_6$	2.000	19.53
氧	O_2	2.900	−4.76
二氧化碳	CO_2	1.080	—
氮	N_2	0.688	—
乙炔	C_2H_2		17.40

在预先算出基准气和置换气的 f、a 和 K 后，即能用离焰互换指数 I_L 判定这两种燃气是否可以互换。

2. 回火互换指数

由于在 A. G. A. 控制燃烧器上不易得到回火曲线，同时也由于回火曲线受燃烧器设计和燃烧器头部温度影响很大，因此回火互换指数表达式完全是实验公式。

燃气燃烧速度越大，回火倾向性也越大。因此，回火指数 I_F 应该与代表燃烧速度的离焰极限常数 K 有关。

实验得出，离焰极限常数 K 与燃气—空气混合比为化学计量比时的燃烧速度 S_n（cm/s）的关系为

$$S_n=167\lg K+12 \tag{10-5-26}$$

因此 K 值可以代替 S_n 值用于回火互换指数表达式。

实验也表明，一次空气系数 a' 越接近于 1，越容易回火；火孔热强度越小，也越容易回火。因此，一次空气因数 f 较大的置换气会从增加 a' 和减少 q 两方面增加回火倾向。

对于水煤气或者由炼焦煤气与天然气掺混而成的混合燃气来说，用 $\frac{K_s f_s}{K_a f_a}$ 来判定回火倾向性已能满足要求。但是对于丁烷与空气掺混而成的混合燃气，由于其密度较大，即使 $\frac{K_s f_s}{K_a f_a}$ 符合要求，也仍然会发生回火现象。其原因是这种燃气密度过大，在燃烧器中不易与空气形成均匀混合物，在燃烧器头部气流分配也不易均匀，因此某些火孔就容易发生回火。这样，在回火互换指数中就应包括密度这个参数。然而，A. G. A. 试验表明，以置换气热值代替置换气密度作为参数，能使回火互换指数计算结果与实验结果更为一致。试验时以天然气作为基准气，热值比较稳定，所以基准气热值不必作为回火互换指数的参数。这样，就形成了回火互换指数表达式

$$I_F=\frac{K_s f_s}{K_a f_a}\sqrt{\frac{H_s}{39940}} \tag{10-5-27}$$

式中　I_F——回火互换指数；

K_a、K_s——基准气和置换气的离焰极限常数；

f_a、f_s——基准气和置换气的一次空气因数；

H_s——置换气高热值，kJ/Nm^3。

A. G. A. 用很多置换气在各种典型燃具上做了试验，确定了为防止回火所必需的 I_F极限值。

3. 黄焰互换指数

确定黄焰互换指数的原理与确定离焰互换指数的原理相似。实验表明，互换后一次空气系数 α' 的改变对产生黄焰是一个重要因素，但火孔热强度 q 的改变却对产生黄焰并无多大影响。这是因为黄焰大多产生于 $q>11.3\text{W/mm}^2$ 时，这时黄焰曲线倾向于只与一次空气系数有关。

燃气的化学组成决定了为避免黄焰所需的最小一次空气系数。通过 A. G. A. 控制燃烧器测得了各种单一气体的黄焰曲线。根据这些曲线可得出避免黄焰而需的最小空气量 T（Nm^3 空气/Nm^3 燃气）。各种单一气体的 T 值示于表 10-5-1，根据这些 T 值可以算出多组分燃气避免黄焰而需的最小一次空气系数。

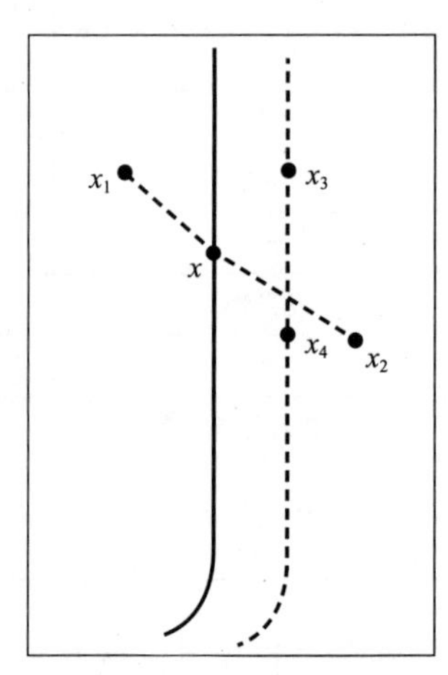

图 10-5-6　互换前后黄焰工况的变化

黄焰互换指数的推导原理可用图 10-5-6 来阐述，图中曲线 Y_a为基准气的黄焰极限，曲线 Y_s为置换气的黄焰极限，点 x 为基准气在控制燃烧器上的调试点。当置换气一次空气因数 f_s小于基准气一次空气因数 f_a时，α'下降，q 上升，x 将一次空气系数α'向左上方移动到 x_1。反之，x 将向右下方移动到 x_2。Y_s曲线上点 x_3的热负荷与 x_1相同，点 x_4的热负荷与 x_2相同。点 x_1的 α'小于点 x_3的 α'，产生黄焰。点 x_2的 α'大于点 x_4的 α'，不产生黄焰。

综上所述，一个包含基准气和置换气的 f、a 及表示黄焰曲线位置的因数的互换指数就可以表示黄焰互换特性。以 I_Y表示互换后某热负荷下的一次空气系数 α'_s 与互换后该热荷下的黄焰极限一次空气系数 α'_{sy}之比，称为黄焰互换指数

$$I_Y=\frac{\alpha'_s}{\alpha'_{sy}} \tag{10-5-28}$$

从理论上讲，$I_Y>1$，就不会产生黄焰。

用基准气调试控制燃烧器时，α'_a 和 q_a取值如下：

（1）将 q 调整到黄焰曲线由倾斜变为垂直时的状态点。因为从这点开始，黄焰极限一次空气系数与 q 无关，推导黄焰互换指数表达式时就不必再考虑 q 的影响。

（2）将 α'_a 调整到黄焰极限一次空气系数 α'_{ay}，因为这是一个最不利状态，可以作为判定黄焰互换性的依据。

互换后一次空气系数与互换前一次空气系数之比应符合式（10-5-12）的关系$\frac{\alpha'_s}{\alpha'_a}=\frac{f_s a_a}{f_a a_s}$。

将 $\alpha'_a=\alpha'_{ay}$，代入上式，得

$$\alpha'_s=\alpha'_{ay}\frac{f_s a_a}{f_a a_s} \tag{10-5-29}$$

将式（10-5-29）代入式（10-5-28），得

$$I_Y=\frac{f_s a_a \alpha'_{ay}}{f_a a_s \alpha'_{sy}} \tag{10-5-30}$$

式中　I_Y——黄焰互换指数；

f_a、f_s——基准气和置换气的一次空气因数；

a_a、a_s——基准气和置换气完全燃烧每释放 105kJ（100 英热单位）热量所需消耗的理论空气量；

α'_{ay}、α'_{sy}——基准气和置换气的黄焰极限一次空气系数。

式（10-5-30）就是黄焰互换指数表达式。

使城市燃气管网系统中实际运行的燃具不发生黄焰而必需的 I_Y 值可根据系统中所有典型燃具的实际性能试验得出。

式（10-5-30）中的 α'_y 值可用下式求得

$$\alpha'_y = \frac{T_1 r_1 + T_2 r_2 + \cdots}{V_0} \tag{10-5-31}$$

式中　T_1、T_2——各单一气体为消除黄焰而需的最小空气量；

r_1、r_2——各单一气体的体积成分；

V_0——多组分燃气的理论空气需要量。

实验表明，对于烷烃来说，不论是作为单一气体，还是作为混合气体的一个组分，表 10-5-1 中的 T 值都很准确。对于烯烃、乙炔和苯来说，当作为混合气体的一个组分时，表 10-5-1 中的 T 值很准确，但作为单一气体时，T 值就不很准确。氢和一氧化碳作为单一气体不会产生黄焰，因此 T 值为零。氮和二氧化碳会降低黄焰极限，氧则有助于消除黄焰，因此式（10-5-31）的分母项尚需考虑这些因素并加以修正。修正后的 α'_y 值计算公式如下

$$\alpha'_y = \frac{T_1 r_1 + T_2 r_2 + \cdots}{V_0 + 7r_{in} - 26.3r_{O_2}} \tag{10-5-32}$$

式中　r_{in}——燃气中氮和二氧化碳的体积成分；

r_{O_2}——燃气中氧的体积成分。

4. 离焰、回火和黄焰互换指数计算结果与实验数据的对比

离焰互换指数计算结果与 A. G. A. 控制燃烧器实验数据的最大偏差为 3.2%，平均偏差为 0.9%。黄焰互换指数计算结果与 A. G. A. 控制燃烧器实验数据的最大偏差为 2.8%，平均偏差为 1%。回火互换指数的准确性稍差一些。

为了检验以上三个互换指数是否符合城市燃气管网中类型众多的燃具的实际运行性能，A. G. A. 以高发热值天然气（$H=44500\text{kJ/Nm}^3$，$s=0.64$）、高甲烷天然气（$H=38300\text{kJ/Nm}^3$，$s=0.558$，CH_4 含量大于 90%）和高惰性天然气（$H=39900\text{kJ/Nm}^3$，$s=0.693$，惰性气体含量大于 10%）为基准气，以这三种基准气与炼焦煤气、水煤气、增碳水煤气、丁烷、丁烷改制气等各种燃气的混合物为置换气，进行了大量试验和计算。

试验和计算结果表明，对于离焰工况，当 $I_L<1$ 时，所有燃具均不发生离焰。当 $I_L>1$ 时，有些燃具开始离焰，有些燃具因燃烧器头部温度升高而并不发生离焰。对于以高发热值天然气为基准气的燃具，当 $I_L=1.00\sim1.12$ 时，某些燃烧器的点火和传火发生困难。对于以高甲烷天然气为基准气的燃具，$I_L=1.00\sim1.06$ 时，发生轻微离焰；$I_L>1.06$ 时，发生明显离焰。对于以高惰性天然气为基准气的燃具，$I_L>1.03$ 时就发生明显离焰。对于这三种基准气来说，当 $I_L>1.12$ 时，燃具发生明显离焰。城市燃气管网中实际运行的燃具之所以会在 $I_L>1$ 时仍不发生离焰，是因为这些燃具以基准气调试时并不会将一次空气系数调整到离焰极限一次空气系数。

对于回火工况，当 $I_F>1.20$ 时燃具发生回火。考虑到一些安全系数，取 $I_F=1.18$ 为极限值是合适的。

对于黄焰工况，不论使用哪一种基准气，当 $I_Y>0.7$ 时都没有黄焰发生。当 $I_Y<0.7$ 时，有些燃具发生黄焰。分别地讲，对于以高发热值天然气为基准气的燃具，$I_Y>0.8$ 时无黄焰发生；$I_Y=0.7\sim0.8$ 时有些燃具虽有黄焰，但无明显的烟炱和不完全燃烧。对于以高惰性天然气为基准气的燃具，$I_Y=0.8\sim1.0$ 时无严重黄焰发生。

表 10-5-2 对上述试验和计算结果作了归纳。只有当 I_L、I_F、I_Y 三个指数同时符合表 10-5-2 所规

定的范围时，置换气才能置换基准气。

表 10-5-2　对于各种天然气的互换极限

互换指数	高发热值天然气			高甲烷天然气			高惰性天然气		
	适合	勉强适合	不适合	适合	勉强适合	不适合	适合	勉强适合	不适合
I_L	<1.0	1.0～1.12	>1.12	<1.0	1.0～1.06	>1.06	<1.0	1.0～1.03	>1.03
I_F	<1.18	1.18～1.2	>1.2	<1.18	1.18～1.2	>1.2	<1.18	1.18～1.2	>1.2
I_Y	>1.0	0.7～1.0	<0.7	>1.0	0.8～1.0	<0.8	>1.0	0.9～1.0	<0.9

应该指出，I_L、I_F和I_Y的允许极限并不是一成不变的。特别是当初调试工况改变时，这些互换指数的允许极限就随之变化。

10.5.4.2　德尔布（Delburge）互换性判定法

法国燃气公司从1950年开始进行互换性研究，到1965年得到较完善的成果。该项研究的主持人是P·德尔布，因此所获得的互换性判定法称为德尔布法。

前已说明，当气源类型较多时，单用华白数并不足以判定两种燃气是否可以互换，还必须有另外的参数。法国燃气公司首先用控制燃烧器进行了大量试验。试验结果表明，当不同燃气在同一燃烧器上燃烧时，离焰、回火和CO三条极限曲线主要取决于与内焰高度有关的因素，而黄焰极限曲线则与内焰高度无关。因此可以用一个参数来表示离焰、回火和CO互换特性，而用另一个参数来表示黄焰互换特性。当然，前一个参数比后一个参数重要得多。

经过大量试验，德尔布选择校正华白数W'和燃烧势C_p作为从离焰、回火和完全燃烧角度来判定燃气互换性的两个指数，并以W'-C_p坐标系上的互换图来表示燃气允许互换范围。以下分别阐述校正华白数和燃烧势的确定原理。

1. 校正华白数

按照式（10-5-4），燃烧器热负荷$Q=KW$，式中K与流体黏度及流动状态有关，也即与燃气组分有关。如果以甲烷为基准来确定K值，则燃气中的氢、碳氢化合物（除甲烷外）、氮和二氧化碳均会使K值发生变化，从而引起热负荷的变化。其中，氢的影响与碳氢化合物的影响是相反的，二氧化碳的影响与碳氢化合物的影响是相似的，氮的影响较小。为了反映这些影响，需对华白数引入一个与（H_2—C_mH_n—$2CO_2$）有关的校正系数K_1，其中$V(H_2)$、$V(C_mH_n)$和$V(CO_2)$分别为燃气中氢、碳氢化合物和二氧化碳的体积成分。

当燃气中含有氧时，应考虑含氧量对一次空气系数的影响。含氧量对一次空气系数的影响程度与理论空气需要量有关，而理论空气需要量又与热值成正比。为了反映这种影响，对华白数又要引入一个与$\left(\frac{O_2}{H}\right)$有关的校正系数$K_2$，其中$V(O_2)$为燃气中氧的体积成分，$H$为燃气热值。

这样，就得到了校正华白数W'

$$W'=K_1K_2W \tag{10-5-33}$$

2. 燃烧势

既然内焰高度与离焰、回火和不完全燃烧工况密切有关，那就有可能得出一个反映内焰高度的指数来判定离焰、回火和CO互换性。

以圆形火孔为例，假定火孔截面速度场分布是均匀的，则内焰高度为

$$\frac{h}{r}=\sqrt{\left(\frac{v}{S_n}\right)^2-1} \tag{10-5-34}$$

式中　h——内焰高度；

r——火孔半径；

v——火孔气流平均速度；

S_n——燃气—空气混合物燃烧速度。

由$\frac{v}{S_n}$比 1 大很多，因此式（10-5-34）可简化为

$$\frac{h}{r}=\frac{v}{S_n} \tag{10-5-35}$$

对于引射式大气燃烧器，成立

$$v=\frac{V_g(1+R)}{f_p} \tag{10-5-36}$$

式中　V_g——燃气流量；

R——燃气—空气混合物中空气与燃气的体积比；

f_p——火孔截面积。

当燃烧器喷嘴前燃气压力不变时

$$V_g \propto \frac{1}{\sqrt{s}} \tag{10-5-37}$$

$$R \propto \sqrt{s} \tag{10-5-38}$$

综合式（10-5-35）～（10-5-38），得

$$h=k_1\frac{\frac{1}{\sqrt{s}}+k_2}{S_n} \tag{10-5-39}$$

式中　k_1、k_2——比例常数。

从式（10-5-39）可知，如果某个指数要反映内焰高度，它应该是燃气相对密度 s 和燃烧速度 S_n 的函数，而 S_n 则又应是燃气化学组分的函数。德尔布经过大量试验数据的整理，确定该函数的形式如下

$$C_p=\frac{aV(H_2)+bV(CO)+cV(CH_4)+dV(C_mH_n)}{\sqrt{s}} \tag{10-5-40}$$

式中　C_p——燃烧势；

$V(H_2)$、$V(CO)$、$V(CH_4)$、$V(C_mH_n)$——燃气中氢、一氧化碳、甲烷和碳氢化合物（除甲烷外）的体积成分；

a、b、c、d——相应的系数；

s——燃气相对密度。

在 a、b、c、d 四个系数中，有一个可以任选。德尔布选定 $a=1$，然后在控制燃烧器上进行了一系列试验，以确定其他系数。经过多次修正，最后得出的燃烧势计算公式如下

$$C_p=u\frac{V(H_2)+0.7V(CO)+0.3V(CH_4)+v\sum kV(C_mH_n)}{\sqrt{s}} \tag{10-5-41}$$

式中　k——各种 C_mH_n 的特定系数；

u——由于燃气中含氧量及含氢量不同而引入的系数；

v——由于燃气中含氢量不同而引入的系数。

用具有不同 W' 和 C_p 值的燃气在典型燃具上进行试验，就可以在 W'-C_p 坐标系上作出等离焰线、等回火线和等 CO 线。这三条曲线所限制的范围就是具有不同 W' 和 C_p 值的燃气在该燃具上的互换范围。将城市燃气管网中实际应用的所有典型燃具的互换图合并在同一坐标系上，其内部界限所组成的范围就是满足所有典型燃具要求的互换范围（见图 10-5-7）。华白数的允许波动范围一般为 5%～10%。这样，在 W'-C_p 坐标系上就可作出两条平行于 C_p 轴的直线，一条为华白数允许变化上限（图 10-5-7 中 $W'_s/W'_a=1.1$），另一条为华白数允许变化下

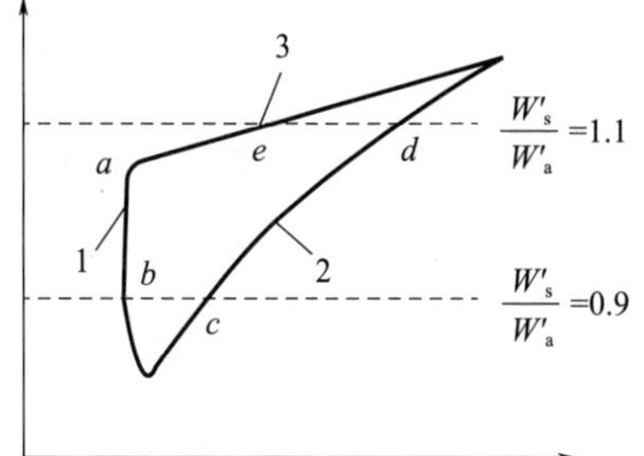

图 10-5-7　德尔布互换图

1—等离焰线；2—等回火线；3—等 CO 线；W'_s—置换气校正华白数；W'_a—基准气校正华白数

限（图 10-5-7 中 $W'_s/W'_a=0.9$）。由等离焰线、等回火线、等 CO 线和两条华白数允许变化曲线所限制的范围 *abcde* 就是燃气允许互换范围，又称德尔布互换图。

除了在 W'-C_p坐标系上的互换图外，德尔布法还需用黄焰指数、结碳指数和氢含量等一些次要指标来作为互换性判定依据，这里就不再介绍了。

需要说明的是：我国国家标准中采用的燃烧势计算公式与式（10-5-41）不同，为简化计算式

$$C_p=K_1\frac{V(H_2)+0.3V(CH_4)+0.6[V(CO)+V(C_mH_n)]}{\sqrt{s}} \tag{10-5-42}$$

式中　K_1——与燃气 O_2 含量有关的系数，$K_1=1+0.0054V\ (O_2)^2$。

10.5.4.3　Weaver 指数法

Weaver 指数法是 ElmerR · Weaver 于 1951 年基于实验数据，对一次空气系数和其他参数（如火焰速度和化学组成）的变化进行经验关联后提出的。它是燃气置换时燃烧不正常现象相对倾向性的近似表达式，部分由理论推导而得，部分从以前的实验研究而来，采用六个指数来描述热负荷、空气引射量、回火、脱火、CO 和黄焰。各指数的表达式如下。

1. 热负荷指数

热负荷指数 J_H代表燃气压力不变时，置换前后的热负荷变化，其值等于置换气和基准气的华白数之比：

$$J_H=\frac{W_s}{W_a} \tag{10-5-43}$$

式中　W_s、W_a——置换气与基准气的华白数，MJ/Nm^3。

$J_H=1$ 代表完全互换；$J_H>1$ 说明置换后热负荷增大，增加了黄焰和不完全燃烧的倾向。$J_H<1$ 表示置换后热负荷减小，增加了离焰倾向。

2. 引射指数

引射指数 J_A反映置换前后一次空气系数的变化，计算式为

$$J_A=\frac{V_{0s}}{V_{0a}}\sqrt{\frac{S_a}{S_s}} \tag{10-5-44}$$

式中　V_{0s}、V_{0a}——置换气与基准气的理论空气量，Nm^3/Nm^3；

S_s、S_a——置换气与基准气的相对密度（空气为 1），Nm^3/Nm^3。

对天然气来讲，完全燃烧释放相等热量所需的理论空气量基本不变，可认为一次空气系数与华白数成反比，因此 J_A与 J_H数值差异很小。$J_A=1$ 代表完全互换；$J_A>1$ 说明置换后一次空气系数减小，增加了黄焰和不完全燃烧的倾向。$J_A<1$ 表示置换后一次空气系数增大，增加了离焰倾向。

3. 回火指数

回火指数的推导方法本质上和 A. G. A. 离焰指数是一致的，其最终表达式为

$$J_F=\frac{S_s}{S_a}-1.4J_A+0.4 \tag{10-5-45}$$

式中　S——火焰速度指数，如下计算：

$$S=\frac{\sum r_iB_i}{V_0+5V(I_n)-18.8V(O_2)+1} \tag{10-5-46}$$

式中　r_i——可燃组分的体积分数；

B_i——各可燃组分相应的火焰速度系数（见表 10-5-3）；

$V\ (I_n)$——燃气中惰性气体的体积分数；

$V\ (O_2)$——燃气中 O_2 的体积分数。

火焰速度指数的公式是基于如下假设：由两种燃气组成的混合气的最大火焰速度与每种燃气量及其理论空气量之和呈线性关系。公式中的系数是由实验数据拟合得到，式中体积分数均按燃气总

体积为 1 计算。

表 10-5-3　单一气体的火焰速度系数 B 和指数 S

可燃组分	B	S	可燃组分	B	S
H_2	339	100	C_3H_6	674	30
CO	61	18	C_3H_8	398	16
CH_4	148	14	C_4H_8	—	—
C_2H_2	776	60	C_4H_{10}	513	16
C_2H_4	545	29.6	C_6H_6	920	25
C_2H_6	301	17			

4. 脱火指数

脱火指数 J_L 是对火焰速度和一次空气系数进行经验关联（假定火焰速度和一次空气系数呈线性关系），并考虑了燃气中 O_2 对理论空气量的影响后提出。计算式为

$$J_L = J_A \frac{S_s}{S_a} \frac{1-V(O_2)_s}{1-V(O_2)_a} \tag{10-5-47}$$

$J_L=1$ 代表完全互换；$J_L>1$ 代表置换后离焰倾向增加。与实验数据的对比分析表明，J_L 更适用于人工燃气，而 I_L 更适用于天然气。

5. CO 生成指数

CO 生成指数 J_I 也称不完全燃烧指数，主要考虑一次空气的供应对燃烧的影响，并增加了反映碳氢比的变量与实验数据相符。计算式为

$$J_I = J_A - 0.366\frac{R_s}{R_a} - 0.634 \tag{10-5-48}$$

式中　R——燃气中氢原子数与碳氢化合物中碳原子数的比值。

由于 J_A 与 J_H 差别很小，J_I 可认为是对置换气和基准气的华白数比值进行碳氢比修正。$J_I=0$ 代表完全互换；$J_I>0$ 代表置换后燃烧不完全倾向增加。

6. 黄焰指数

黄焰指数 J_Y 是对一次空气系数进行经验修正，引入了与积碳相关的参数 N 后提出。计算式为

$$J_Y = J_A + \frac{N_s - N_a}{110} - 1 \tag{10-5-49}$$

式中　N——每 100 个燃气分子中燃烧时容易析出的碳原子数，其值等于烃分子中碳原子数减去饱和烃分子数。认为不饱和烃和环烃中每个碳原子均易析出，而每个饱和烃分子有一个碳原子不易析出。

J_Y 也可看成对置换气和基准气的华白数比值进行析碳修正。$J_Y=0$ 代表完全互换；$J_Y>0$ 代表置换后黄焰倾向增加。与实验数据的对比分析表明，J_Y 更适用于人工燃气和石油气，而 I_Y 更适用于天然气。

Weaver 指数法用于燃气压力为 1.25kPa，变化范围在 0.5～1.5 倍该压力之间。此法适用于民用燃具和工业燃烧装置。对于当时美国的燃具，经试验和计算得到。完全互换的指数值与极限值见表 10-5-4。

表 10-5-4　Weaver 指数允许值

指数	完全互换	极限值
热负荷	$J_H=1$	0.95～1.05
引射空气	$J_A=1$	—
回火	$J_F=0$	<0.08

续表

脱火	$J_L=1$	>0.64
CO生成	$J_I=0$	<0
黄焰	$J_Y=0$	<0.14

互换性指数极限值的选取会从根本上影响到互换性判定结论，因此有必要针对现代燃具，在目前的基准气和预期的置换气条件下进一步研究互换性判定方法的应用。新泽西气电公共服务公司（Public Service Gas & Electric（PSE & G）in New Jersey）于20世纪70—80年代进行了大量的燃具试验，制定了炼厂气、液混空和阿尔及利亚LNG的混合标准，并基于这些燃气和燃具试验提出了新的互换性指数极限，见表10-5-5。1988年的A. G. A. 互换性计算程序中也提出了默认的互换性指数极限，其值在2001和2002年版的计算程序中基本没有变化。2007年A. G. A推荐的互换性指数极限见表10-5-5。

表10-5-5　PSE&G和A. G. A. 提出的Weaver互换性极限

指数	PSE&G	A. G. A.
J_H	0.95～1.03	0.95～1.05
J_A	—	0.80～1.20
J_F	—	≤0.26
J_L	>0.64	≥0.64
J_I	<0.05	≤0.05
J_Y	≤0.30	≤0.30

附　录

附表 2-1　压力单位换算表

压力名称	帕斯卡 (Pa)	兆帕 (MPa)	公斤力/米^2 (mmH_2O)	公斤力/厘米^2 (at)	毫米汞柱 (mmHg)	标准大气压 (atm)
帕斯卡	1	10^{-6}	0.101972	0.101972×10^{-4}	7.50062×10^{-3}	9.86923×10^{-6}
兆帕	10^6	1	101972	10.1972	7500.62	9.86923
公斤力/米^2	9.80665	9.80665×10^{-6}	1	1×10^{-4}	7.35559×10^{-3}	9.67841×10^{-5}
公斤力/厘米^2	9.80665×10^4	0.0980665	10^4	1	73.559	0.97861
毫米汞柱	133.322	1.33322×10^{-4}	13.595	1.3595×10^{-3}	1	1.31579×10^{-3}
标准大气压	101325	0.101325	10332.3	1.03323	760	1

注：1. 英制单位采用磅力/英寸^2（lbf/in^2），$1lbf/in^2=6894.7Pa$；

2. $1bar=10^5Pa=0.1MPa$。

附表 2-2　功、能和热量的单位换算表

能量名称	千焦 (kJ)	国际千卡 (kcal)	公斤力·米 (kgf·m)	千瓦·时 (kW·h)	马力·时 (Ps·h)	英热单位 (Btu)
千焦	1	0.2388	101.972	2.777×10^{-4}	3.777×10^{-4}	0.9478
国际千卡	4.1868	1	426.94	1.163×10^{-3}	1.581×10^{-3}	3.9682
公斤力·米	9.807×10^{-3}	2.342×10^{-3}	1	2.724×10^{-6}	3.703×10^{-6}	9.294×10^{-3}
千瓦·时	3600.65	860	367168.4	1	1.3596	3412.14
马力·时	2648.278	632.53	270052.36	0.7355	1	2509.63
英热单位	1.05506	0.252	107.5862	2.9307×10^{-4}	3.985×10^{-4}	1

注：1 国际千卡=1.0012　20℃千卡=1.003　15℃千卡

附表 5-1　饱和水与饱和水蒸气表（按温度排列）

温度 t (℃)	饱和压力	比体积（比容）		比焓		汽化潜热	比熵	
		饱和水	饱和蒸汽	饱和水	饱和蒸汽		饱和水	饱和蒸汽
	p_s (MPa)	v'	v''	h'	h''	r (kJ/kg)	s'	s''
		(m^3/kg)		(kJ/kg)			[kJ/(kg·K)]	
0	0.0006112	0.00100022	206.154	−0.05	2500.51	2500.6	−0.0002	9.1544
0.01	0.0006117	0.00100021	206.012	0.002	2500.53	2500.5	0.0000	9.1541
1	0.0006571	0.00100018	192.464	4.18	2502.35	2498.2	0.0153	9.1278
2	0.0007059	0.00100013	179.787	8.39	2504.19	2495.8	0.0306	9.1014
3	0.0007580	0.00100009	168.041	12.61	2506.03	2493.4	0.0459	9.0752
4	0.0008135	0.00100008	157.151	16.82	2507.87	2491.1	0.0611	9.0493
5	0.0008725	0.00100008	147.048	21.02	2509.71	2488.7	0.0763	9.0236
6	0.0009252	0.00100010	137.670	25.22	2511.55	2486.3	0.0913	8.9982
7	0.0010019	0.00100014	128.961	29.42	2513.39	2484.0	0.1063	8.9730
8	0.0010728	0.00100019	120.868	33.62	2515.23	2481.6	0.1213	8.9480
9	0.0011480	0.00100026	113.342	37.81	2517.06	2479.3	0.1362	8.9233
10	0.0012279	0.00100034	106.341	42.00	2518.90	2476.9	0.1510	8.8988
11	0.0013126	0.00100043	99.825	46.19	2520.74	2474.5	0.1658	8.8745

续表

温度 t (℃)	饱和压力	比体积（比容）		比焓		汽化潜热	比熵	
		饱和水	饱和蒸汽	饱和水	饱和蒸汽		饱和水	饱和蒸汽
	p_s (MPa)	v'	v''	h'	h''	r (kJ/kg)	s'	s''
		(m³/kg)		(kJ/kg)			[kJ/(kg·K)]	
12	0.0014025	0.00100054	93.756	50.38	2522.57	2472.2	0.1805	8.8504
13	0.0014977	0.00100066	88.101	54.57	2524.41	2469.8	0.1952	8.8265
14	0.0015985	0.00100080	82.828	58.76	2526.24	2467.5	0.2098	8.8029
15	0.0017053	0.00100094	77.910	62.95	2528.07	2465.1	0.2243	8.7794
16	0.0018183	0.00100110	73.320	67.13	2529.90	2462.8	0.2388	8.7562
17	0.0019377	0.00100127	69.034	71.32	2531.72	2460.4	0.2533	8.7331
18	0.0020640	0.00100145	65.029	75.50	2533.55	2458.1	0.2677	8.7103
19	0.0021975	0.00100165	61.287	79.68	2535.37	2455.7	0.2820	8.6877
20	0.0023385	0.00100185	57.786	83.86	2537.20	2453.3	0.2963	8.6652
22	0.0026444	0.00100229	51.445	92.23	2540.84	2448.6	0.3247	8.6210
24	0.0029846	0.00100276	45.884	100.59	2544.47	2443.9	0.3530	8.5774
26	0.0033625	0.00100328	40.997	108.95	2548.10	2439.2	0.3810	8.5347
28	0.0037814	0.00100383	36.694	117.32	2551.73	2434.4	0.4089	8.4927
30	0.0042451	0.00100442	32.899	125.68	2555.35	2429.7	0.4366	8.4514
35	0.0056263	0.00100605	25.222	146.59	2564.38	2417.8	0.5050	8.3511
40	0.0073811	0.00100789	19.529	167.50	2573.36	2405.9	0.5723	8.2551
45	0.0095897	0.00100993	15.2636	188.42	2582.30	2393.9	0.6386	8.1630
50	0.0123446	0.00101216	12.0365	209.33	2591.19	2381.9	0.7038	8.0745
55	0.015752	0.00101455	9.5723	230.24	2600.02	2369.8	0.7680	7.9896
60	0.019933	0.00101713	7.6740	251.15	2608.79	2357.6	0.8312	7.9080
65	0.025024	0.00101986	6.1992	272.08	2617.48	2345.4	0.8935	7.8295
70	0.031178	0.00102276	5.0443	293.01	2626.10	2333.1	0.9550	7.7540
75	0.038565	0.00102582	4.1330	313.96	2634.63	2320.7	1.0156	7.6812
80	0.047376	0.00102903	3.4086	334.93	2643.06	2308.1	1.0753	7.6112
85	0.057818	0.00103240	2.8288	355.92	2651.40	2295.5	1.1343	7.5436
90	0.070121	0.00103593	2.3616	376.94	2659.63	2282.7	1.1926	7.4783
95	0.084533	0.00103961	1.9827	397.98	2667.73	2269.7	1.2501	7.4154
100	0.101325	0.00104344	1.6736	419.06	2675.71	2256.6	1.3069	7.3545
110	0.143243	0.00105156	1.2106	461.33	2691.26	2229.9	1.4186	7.2386
120	0.198483	0.00106031	0.89219	503.76	2706.18	2202.4	1.5277	7.1297
130	0.270018	0.00106968	0.66873	546.38	2720.39	2174.0	1.6346	7.0272
140	0.361190	0.00107972	0.50900	589.21	2733.81	2144.6	1.7393	6.9302
150	0.47571	0.00109046	0.39286	632.28	2746.35	2114.1	1.8420	6.8381
160	0.61766	0.00110193	0.30709	675.62	2757.92	2082.3	1.9429	6.7502
170	0.79147	0.00111420	0.24283	719.25	2768.42	2049.2	2.0420	6.6661
180	1.00193	0.00112732	0.19403	763.22	2777.74	2014.5	2.1396	6.5852

续表

温度 t (℃)	饱和压力	比体积（比容）		比焓		汽化潜热	比熵	
		饱和水	饱和蒸汽	饱和水	饱和蒸汽		饱和水	饱和蒸汽
	p_s (MPa)	v'	v''	h'	h''	r (kJ/kg)	s'	s''
		(m³/kg)		(kJ/kg)			[kJ/(kg·K)]	
190	1.25417	0.00114136	0.15650	807.56	2785.80	1978.2	2.2358	6.5071
200	1.55366	0.00115641	0.12732	852.34	2792.47	1940.1	2.3307	6.4312
210	1.90617	0.00117258	0.10438	897.62	2797.65	1900.0	2.4245	6.3571
220	2.31783	0.00119000	0.086157	943.46	2801.20	1857.7	2.5175	6.2846
230	2.79505	0.00120882	0.071553	989.95	2803.00	1813.0	2.6096	6.2130
240	3.34459	0.00122922	0.059743	1037.2	2802.88	1765.7	2.7013	6.1422
250	3.97351	0.00125145	0.050112	1085.3	2800.66	1715.4	2.7926	6.0716
260	4.68923	0.00127579	0.042195	1134.3	2796.14	1661.8	2.8837	6.0007
270	5.49956	0.00130262	0.035637	1184.5	2789.05	1604.5	2.9751	5.9292
280	6.41273	0.00133242	0.030165	1236.0	2779.08	1543.1	3.0668	5.8564
290	7.43746	0.00136582	0.025565	1289.1	2765.81	1476.7	3.1594	5.7817
300	8.58308	0.00140369	0.021669	1344.0	2748.71	1404.7	3.2533	5.7042
310	9.8597	0.00144728	0.018343	1401.2	2727.01	1325.9	3.3490	5.6226
320	11.278	0.00149844	0.015479	1461.2	2699.72	1238.5	3.4475	5.5356
330	12.851	0.00156008	0.012987	1524.9	2665.30	1140.4	3.5500	5.4408
340	14.593	0.00163728	0.010790	1593.7	2621.32	1027.6	3.6586	5.3345
350	16.521	0.00174008	0.008812	1670.3	2563.39	893.0	3.7773	5.2104
360	18.657	0.00189423	0.006958	1761.1	2481.68	720.6	3.9155	5.0536
370	21.033	0.00221480	0.004982	1891.7	2338.79	447.1	4.1125	4.8076
371	21.286	0.00236530	0.004735	1911.8	2314.11	402.3	4.1429	4.7674
372	21.542	0.00236530	0.004451	1936.1	2282.99	346.9	4.1796	4.7173
373	21.802	0.00249600	0.004087	1968.8	2237.98	269.2	4.2292	4.6458
373.98	22.064	0.00310600	0.003106	2085.9	2085.9	0	4.4092	4.4092

附表 5-2　饱和水与饱和水蒸气表（按压力排列）

压力 p_s (MPa)	饱和温度	比体积（比容）		比焓		汽化潜热	比熵	
		饱和水	饱和蒸汽	饱和水	饱和蒸汽		饱和水	饱和蒸汽
	t_s (℃)	v'	v''	h'	h''	r (kJ/kg)	s'	s''
		(m³/kg)		(kJ/kg)			[kJ/(kg·K)]	
0.0010	6.9491	0.0010001	129.185	29.21	2513.29	2484.1	0.1056	8.9735
0.0020	17.5403	0.0010014	67.008	73.58	2532.71	2459.1	0.2611	8.7220
0.0030	24.1142	0.0010028	45.666	101.07	2544.68	2443.6	0.3546	8.5758
0.0040	28.9533	0.0010041	34.796	121.30	2553.45	2432.2	0.4221	8.4725
0.0050	32.8793	0.0010053	28.191	137.72	2560.55	2422.8	0.4761	8.3930
0.0060	36.1663	0.0010065	23.738	151.47	2566.48	2415.0	0.5208	8.3283
0.0070	38.9967	0.0010075	20.528	163.31	2571.56	2408.3	0.5589	8.2737

续表

压力 p_s (MPa)	饱和温度 t_s (℃)	比体积（比容）饱和水 v' (m^3/kg)	比体积（比容）饱和蒸汽 v'' (m^3/kg)	比焓 饱和水 h' (kJ/kg)	比焓 饱和蒸汽 h'' (kJ/kg)	汽化潜热 r (kJ/kg)	比熵 饱和水 s' [kJ/(kg·K)]	比熵 饱和蒸汽 s'' [kJ/(kg·K)]
0.0080	41.5075	0.0010085	18.102	173.81	2576.06	2402.3	0.5924	8.2266
0.0090	43.7901	0.0010094	16.204	183.36	2580.15	2396.8	0.6226	8.1854
0.010	45.7988	0.0010103	14.673	191.76	2583.72	2392.0	0.6490	8.1481
0.015	53.9705	0.0010140	10.022	225.93	2598.21	2372.3	0.7548	8.0065
0.020	60.0650	0.0010172	7.6497	251.43	2608.90	2357.5	0.8320	7.9068
0.025	64.9726	0.0010198	6.2047	271.96	2617.43	2345.5	0.8932	7.8298
0.030	69.1041	0.0010222	5.2296	289.26	2624.56	2335.3	0.9440	7.7671
0.040	75.8720	0.0010264	3.9939	317.61	2636.10	2318.5	1.0260	7.6688
0.050	81.3388	0.0010299	3.2409	340.55	2645.31	2304.8	1.0912	7.5928
0.060	85.9496	0.0010331	2.7324	359.91	2652.97	2293.1	1.1454	7.5310
0.070	89.9556	0.0010359	2.3654	376.75	2659.55	2282.8	1.1921	7.4789
0.080	93.5107	0.0010385	2.0876	391.71	2665.33	2273.6	1.2330	7.4339
0.090	96.7121	0.0010409	1.8698	405.20	2670.48	2265.3	1.2696	7.3943
0.10	99.634	0.0010432	1.6943	417.52	2675.14	2257.6	1.3028	7.3589
0.12	104.810	0.0010473	1.4287	439.37	2683.26	2243.9	1.3609	7.2978
0.14	109.318	0.0010510	1.2368	458.44	2690.22	2231.8	1.4110	7.2462
0.16	113.326	0.0010544	1.09159	475.42	2696.29	2220.9	1.4552	7.2016
0.18	116.941	0.0010576	0.97767	490.76	2701.69	2210.9	1.4946	7.1623
0.20	120.240	0.0010605	0.88585	504.78	2706.53	2201.7	1.5303	7.1272
0.25	127.444	0.0010672	0.71879	535.47	2716.83	2181.4	1.6075	7.0528
0.30	133.556	0.0010732	0.60587	561.58	2725.26	2163.7	1.6721	6.9921
0.35	138.891	0.0010786	0.52427	584.45	2732.37	2147.9	1.7278	6.9407
0.40	143.642	0.0010835	0.46246	604.87	2738.49	2133.6	1.7769	6.8961
0.50	151.867	0.0010925	0.37486	640.35	2748.59	2108.2	1.8610	6.8214
0.60	158.863	0.0011006	0.31563	670.67	2756.66	2086.0	1.9315	6.7600
0.70	164.983	0.0011079	0.27281	697.32	2763.29	2066.0	1.9925	6.7079
0.80	170.444	0.0011148	0.24037	721.20	2768.86	2047.7	2.0464	6.6225
0.90	175.389	0.0011212	0.21491	742.90	2773.59	2030.7	2.0948	6.6222
1.00	179.916	0.0011272	0.19438	762.84	2777.67	2014.8	2.1388	6.5859
1.10	184.100	0.0011330	0.17747	781.35	2781.21	1999.9	2.1792	6.5529
1.20	187.995	0.0011385	0.16328	798.64	2784.29	1985.7	2.2166	6.5225
1.30	191.644	0.0011438	0.15120	814.89	2786.99	1972.1	2.2515	6.4944
1.40	195.078	0.0011489	0.14079	830.24	2789.37	1959.1	2.2841	6.4683

续表

压力 p_s (MPa)	饱和温度	比体积（比容）		比焓		汽化潜热	比熵	
		饱和水	饱和蒸汽	饱和水	饱和蒸汽		饱和水	饱和蒸汽
	t_s (℃)	v'	v''	h'	h''	r (kJ/kg)	s'	s''
		(m^3/kg)		(kJ/kg)			[kJ/(kg·K)]	
1.50	198.327	0.0011538	0.13172	844.82	2791.46	1946.6	2.3149	6.4437
1.60	201.410	0.0011586	0.12375	858.69	2793.29	1934.6	2.3440	6.4206
1.70	204.346	0.0011633	0.11668	871.96	2794.91	1923.0	2.3716	6.3988
1.80	207.151	0.0011679	0.11037	884.67	2796.33	1911.7	2.3979	6.3781
1.90	209.838	0.0011723	0.104707	896.88	2797.58	1900.7	2.4230	6.3583
2.00	212.417	0.0011767	0.099588	908.64	2798.66	1890.0	2.4471	6.3395
2.20	217.289	0.0011851	0.090700	930.97	2800.41	1869.4	2.4924	6.3041
2.40	221.829	0.0011933	0.083244	951.91	2801.67	1849.8	2.5344	6.2714
2.60	226.085	0.0012013	0.076898	971.67	2802.51	1830.8	2.5736	6.2409
2.80	230.096	0.0012090	0.071427	990.41	2803.01	1812.6	2.6105	6.2123
3.00	233.893	0.0012166	0.066662	1008.2	2803.19	1794.9	2.6454	6.1854
3.50	242.597	0.0012348	0.057054	1049.6	2802.51	1752.9	2.7250	6.1238
4.00	250.394	0.0012524	0.049771	1087.2	2800.53	1713.4	2.7962	6.0688
5.00	263.980	0.0012862	0.039439	1154.2	2793.64	1639.5	2.9201	5.9724
6.00	275.625	0.0013190	0.032440	1213.3	2783.82	1570.5	3.0266	5.8885
7.00	285.869	0.0013515	0.027371	1266.9	2771.72	1504.8	3.1210	5.8129
8.00	295.048	0.0013843	0.023520	1316.5	2757.70	1441.2	3.2066	5.7430
9.00	303.385	0.0014177	0.020485	1363.1	2741.92	1378.9	3.2854	5.6771
10.0	311.037	0.0014522	0.018026	1407.2	2724.46	1317.2	3.3591	5.6139
11.0	318.118	0.0014881	0.015987	1449.6	2705.34	1255.7	3.4287	5.5525
12.0	324.715	0.0015260	0.014263	1490.7	2684.50	1193.8	3.4952	5.4920
13.0	330.894	0.0015662	0.012780	1530.8	2661.80	1131.0	3.5594	5.4318
14.0	336.707	0.0016097	0.011486	1570.4	2637.07	1066.7	3.6220	5.3711
15.0	342.196	0.0016571	0.010340	1609.8	2610.01	1000.2	3.6836	5.3091
16.0	347.396	0.0017099	0.009311	1649.4	2580.21	930.8	3.7451	5.2450
17.0	352.334	0.0017701	0.008373	1690.0	2547.01	857.1	3.8073	5.1776
18.0	357.034	0.0018402	0.007503	1732.0	2509.45	777.4	3.8715	5.1051
19.0	361.514	0.0019258	0.006679	1776.9	2465.87	688.9	3.9395	5.0250
20.0	365.789	0.0020379	0.005870	1827.2	2413.05	585.9	4.0153	4.9322
21.0	369.868	0.0022073	0.005012	1889.2	2341.67	452.4	4.1088	4.8124
22.0	373.752	0.0027040	0.003684	2013.0	2084.02	71.0	4.2969	4.4066
22.064	373.990	0.0031060	0.003106	2085.9	2085.9	0	4.4092	4.4092

附表 5-3　未饱和水与过热蒸汽表

p	0.001MPa (t_s=6.949℃)			0.005MPa (t_s=32.879℃)		
饱和参数	v'=0.001001 m³/kg	h'=29.21 kJ/kg	s'=0.1056 kJ/(kg·K)	v'=0.0010053 m³/kg	h'=137.72 kJ/kg	s'=0.4761 kJ/(kg·K)
	v''=129.185 m³/kg	h''=2513.3 kJ/kg	s''=8.9735 kJ/(kg·K)	v''=28.191 m³/kg	h''=2560.6 kJ/kg	s''=8.3930 kJ/(kg·K)
t (℃)	v (m³/kg)	h (kJ/kg)	s [kJ/(kg·K)]	v (m³/kg)	h (kJ/kg)	s [kJ/(kg·K)]
0	0.001002	−0.05	−0.0002	0.0010002	−0.05	−0.0002
10	130.598[②]	2519.0	8.9938	0.0010003	42.01	0.1510
20	135.226	2537.7	9.0588	0.0010018	83.87	0.2963
40	144.475	2575.2	9.1823	28.854	2574.0	8.4366
60	153.717	2612.7	9.2984	30.712	2611.8	8.5537
80	162.956	2650.3	9.4080	32.566	2649.7	8.6639
100	172.192	2688.0	9.5120	34.418	2687.5	8.7682
120	181.426	2725.9	9.6109	36.269	2725.5	8.8674
140	190.660	2764.0	9.7054	38.118	2763.7	8.9620
160	199.893	2802.3	9.7959	39.967	2802.0	9.0526
180	209.126	2840.7	9.8827	41.815	2840.5	9.1396
200	218.358	2879.4	9.9662	43.662	2879.2	9.2232
220	227.590	2918.3	10.0468	45.510	2918.2	9.3038
240	236.821	2957.5	10.1246	47.357	2957.3	9.3816
260	246.053	2996.8	10.1998	49.204	2996.7	9.4569
280	255.284	3036.4	10.2727	51.051	3036.3	9.5298
300	264.515	3076.2	10.3434	52.898	3076.1	9.6005
350	287.592	3176.8	10.5117	57.514	3176.7	9.7688
400	310.669	3278.9	10.6692	62.131	3278.8	9.9264
450	333.746	3382.4	10.8176	66.747	3382.4	10.0747
500	356.823	3487.5	10.9581	71.362	3487.5	10.2153
550	379.900	3594.4	11.0921	75.978	3594.4	10.3493
600	402.976	3703.4	11.2206	80.594	3703.4	10.4778

续表

p	0.010MPa (t_s=45.799℃)			0.1MPa (t_s=99.634℃)		
饱和参数	v'=0.0010103 m³/kg	h'=191.76 kJ/kg	s'=0.6490 kJ/(kg·K)	v'=0.0010431 m³/kg	h'=417.52 kJ/kg	s'=1.3028 kJ/(kg·K)
	v''=14.673 m³/kg	h''=2583.7 kJ/kg	s''=8.1481 kJ/(kg·K)	v''=1.6943 m³/kg	h''=2675.1 kJ/kg	s''=7.3589 kJ/(kg·K)
t (℃)	v (m³/kg)	h (kJ/kg)	s [kJ/(kg·K)]	v (m³/kg)	h (kJ/kg)	s [kJ/(kg·K)]
0	0.0010002	−0.04	−0.0002	0.0010002	0.05	−0.0002
10	0.0010003	42.01	0.1510	0.0010003	42.10	0.1510
20	0.0010018	83.87	0.2963	0.0010018	83.96	0.2963
40	0.0010079	167.51	0.5723	0.0010078	167.59	0.5723
60	15.336	2610.8	8.2313	0.0010171	251.22	0.8312
80	16.268	2648.9	8.3422	0.0010290	334.97	1.0753
100	17.196	2686.9	8.4471	1.6961	2675.9	7.3609
120	18.124	2725.1	8.5466	1.7931	2716.3	7.4665
140	19.050	2763.3	8.6414	1.8889	2756.2	7.5654
160	19.976	2801.7	8.7322	1.9838	2795.8	7.6590
180	20.901	2840.2	8.8192	2.0783	2835.3	7.7482
200	21.826	2879.0	8.9029	2.1723	2874.8	7.8334
220	22.750	2918.0	8.9835	2.2659	2914.3	7.9152
240	23.674	2957.1	9.0614	2.3594	2953.9	7.9940
260	24.598	2996.5	9.1367	2.4527	2993.7	8.0701
280	25.522	3036.2	9.2097	2.5458	3033.6	8.1436
300	26.446	3076.0	9.2805	2.6388	3073.8	8.2148
350	28.755	3176.6	9.4488	2.8709	3174.9	8.3840
400	31.063	3278.7	9.6064	3.1027	3277.3	8.5422
450	33.372	3382.3	9.7548	3.3342	3381.2	8.6909
500	35.680	3487.4	9.8953	3.5656	3486.5	8.8317
550	37.988	3594.3	10.0293	3.7968	3593.5	8.9659
600	40.296	3703.4	10.1579	4.0279	3702.7	9.0946

续表

p	0.5MPa (t_s=151.867℃)			1MPa (t_s=179.916℃)		
饱和参数	v'=0.001092 m^3/kg	h'=640.35 kJ/kg	s'=1.8610 kJ/(kg·K)	v'=0.0011272 m^3/kg	h'=762.84 kJ/kg	s'=2.1388 kJ/(kg·K)
	v''=0.37486 m^3/kg	h''=2748.6 kJ/kg	s''=6.8214 kJ/(kg·K)	v''=0.019438 m^3/kg	h''=2777.7 kJ/kg	s''=6.5859 kJ/(kg·K)
t (℃)	v (m^3/kg)	h (kJ/kg)	s [kJ/(kg·K)]	v (m^3/kg)	h (kJ/kg)	s [kJ/(kg·K)]
0	0.0010000	0.46	−0.0001	0.0009997	0.97	−0.0001
10	0.0010001	42.49	0.1510	0.0009999	42.98	0.1509
20	0.0010016	84.33	0.2962	0.0010014	84.80	0.2961
40	0.0010077	167.94	0.5721	0.0010074	168.38	0.5719
60	0.0010169	251.56	0.8310	0.0010167	251.98	0.8307
80	0.0010288	335.29	1.0750	0.0010286	335.69	1.0747
100	0.0010432	419.36	1.3066	0.0010430	419.74	1.3062
120	0.0010601	503.97	1.5275	0.0010599	504.32	1.5270
140	0.0010796	589.30	1.7392	0.0010783	589.62	1.7386
160	0.38358	2767.2	6.8647	0.0011017	675.84	1.9424
180	0.40450	2811.7	6.9651	0.19443	2777.9	6.5864
200	0.42487	2854.9	7.0585	0.20590	2827.3	6.6931
220	0.44485	2897.3	7.1462	0.21686	2874.2	6.7903
240	0.46455	2939.2	7.2295	0.22745	2919.6	6.8804
260	0.48404	2980.8	7.3091	0.23779	2963.8	6.9650
280	0.50336	3022.2	7.3853	0.24793	3007.3	7.0451
300	0.52255	3063.6	7.4588	0.25793	3050.4	7.1216
350	0.57012	3167.0	7.6319	0.28247	3157.0	7.2999
400	0.61729	3271.1	7.7924	0.30658	3263.1	7.4638
420	0.63608	3312.9	7.8537	0.31615	3305.6	7.5260
440	0.65483	3354.9	7.9135	0.32568	3348.2	7.5866
450	0.66420	3376.0	7.9428	0.33043	3369.6	7.6163
460	0.67356	3397.2	7.9719	0.33518	3390.9	7.6456
480	0.69226	3439.6	8.0289	0.34465	3433.8	7.7033
500	0.71094	3482.2	8.0848	0.35410	3476.8	7.7597
550	0.75755	3589.9	8.2198	0.37764	3585.4	7.8958
600	0.80408	3699.6	8.3491	0.40109	3695.7	8.0259

续表

p	3MPa (t_s=233.893℃)			5MPa (t_s=263.980℃)		
饱和参数	v'=0.001216 m^3/kg	h'=1008.2 kJ/kg	s'=2.6454 kJ/(kg·K)	v'=0.0012861 m^3/kg	h'=1154.2 kJ/kg	s'=2.9200 kJ/(kg·K)
	v''=0.066700 m^3/kg	h''=2803.2 kJ/kg	s''=6.1854 kJ/(kg·K)	v''=0.039400 m^3/kg	h''=2793.6 kJ/kg	s''=5.9724 kJ/(kg·K)
t (℃)	v (m^3/kg)	h (kJ/kg)	s [kJ/(kg·K)]	v (m^3/kg)	h (kJ/kg)	s [kJ/(kg·K)]
0	0.0009987	3.01	0.0000	0.0009977	5.04	0.0002
10	0.0009989	44.92	0.1507	0.0009979	46.87	0.1506
20	0.0010005	86.68	0.2957	0.0009996	88.55	0.2952
40	0.0010066	170.15	0.5711	0.0010057	171.92	0.5704
60	0.0010158	253.66	0.8296	0.0010149	255.34	0.8286
80	0.0010276	377.28	1.0734	0.0010267	338.87	1.0721
100	0.0010420	421.24	1.3047	0.0010410	422.75	1.3031
120	0.0010587	505.73	1.5252	0.0010576	507.14	1.5234
140	0.0010781	590.92	1.7366	0.0010768	592.23	1.7345
160	0.0011002	677.01	1.9400	0.0010988	678.19	1.9377
180	0.0011256	764.23	2.1369	0.0011240	765.25	2.1342
200	0.0011549	852.93	2.3284	0.0011529	853.75	2.3253
220	0.0011891	943.65	2.5162	0.0011867	944.21	2.5125
240	0.068184	2823.4	6.2250	0.0012266	1037.3	2.6976
260	0.072828	2884.4	6.3417	0.0012751	1134.3	2.8829
280	0.077101	2940.1	6.4443	0.042228	2855.8	6.0864
300	0.084191	2992.4	6.5371	0.045301	2923.3	6.2064
350	0.090520	3114.4	6.7414	0.051932	3067.4	6.4477
400	0.099352	3230.1	6.9199	0.057804	3194.9	6.6446
420	0.102787	3275.4	6.9864	0.060033	3243.6	6.7159
440	0.106180	3320.5	7.0505	0.062216	3291.5	6.7840
450	0.107864	3343.0	7.0817	0.063291	3315.2	6.8170
460	0.109540	3365.4	7.1125	0.064358	3338.8	6.8494
480	0.112870	3410.1	7.1728	0.066469	3385.6	6.9125
500	0.116174	3454.9	7.2314	0.068552	3432.2	6.9735
550	0.124349	3566.9	7.3718	0.073664	3548.0	7.1187
600	0.132427	3679.9	7.5051	0.078675	3663.9	7.2553

续表

p	7MPa (t_s=285.869℃)			10MPa (t_s=311.037℃)		
饱和参数	v'=0.0013515 m³/kg	h'=1266.9 kJ/kg	s'=3.1210 kJ/(kg·K)	v'=0.0014522 m³/kg	h'=1407.2 kJ/kg	s'=3.3591 kJ/(kg·K)
	v''=0.027400 m³/kg	h''=2771.7 kJ/kg	s''=5.8129 kJ/(kg·K)	v''=0.018026 m³/kg	h''=2724.5 kJ/kg	s''=5.6139 kJ/(kg·K)
t (℃)	v (m³/kg)	h (kJ/kg)	s [kJ/(kg·K)]	v (m³/kg)	h (kJ/kg)	s [kJ/(kg·K)]
0	0.0009967	7.07	0.0003	0.0009952	10.09	0.0004
10	0.0009970	48.80	0.1504	0.0009956	51.70	0.1500
20	0.0009986	90.42	0.2948	0.0009973	93.22	0.2942
40	0.0010048	173.69	0.5696	0.0010035	176.34	0.5684
60	0.0010140	257.01	0.8275	0.0010127	259.53	0.8259
80	0.0010258	340.46	1.0708	0.0010244	342.85	1.0688
100	0.0010399	424.25	1.3016	0.0010385	426.51	1.2993
120	0.0010565	508.55	1.5216	0.0010549	510.68	1.5190
140	0.0010756	593.54	1.7325	0.0010738	595.50	1.7294
160	0.0010974	679.37	1.9353	0.0010953	681.16	1.9319
180	0.0011223	766.28	2.1315	0.0011199	767.84	2.1275
200	0.0011510	854.59	2.3222	0.0011481	855.88	2.3176
220	0.0011842	944.79	2.5089	0.0011807	945.71	2.5036
240	0.0012235	1037.6	2.6933	0.0012190	1038.0	2.6870
260	0.0012710	1134.0	2.8776	0.0012650	1133.6	2.8698
280	0.0013307	1235.7	3.0648	0.0013222	1234.2	3.0549
300	0.029457	2837.5	5.9291	0.0013975	1342.3	3.2469
350	0.035225	3014.8	6.2265	0.022415	2922.1	5.9423
400	0.039917	3157.3	6.4465	0.026402	3095.8	6.2109
450	0.044143	3286.2	6.6314	0.029735	3240.5	6.4184
500	0.048110	3408.9	6.7954	0.032750	3372.8	6.5954
520	0.049649	3457.0	6.8569	0.033900	3423.8	6.6605
540	0.051166	3504.8	6.9164	0.035027	3474.1	6.7232
550	0.051917	3528.7	6.9456	0.035582	3499.1	6.7537
560	0.052664	3552.4	6.9743	0.036133	3523.9	6.7837
580	0.054147	3600.0	7.0306	0.037222	3573.3	6.8423
600	0.055617	3647.5	7.0857	0.038297	3622.5	6.8992

续表

p	14MPa (t_s=336.707℃)			16MPa (t_s=347.396℃)		
饱和参数	v'=0.0016097 m^3/kg	h'=1570.4 kJ/kg	s'=3.6220 kJ/(kg·K)	v'=0.0017099 m^3/kg	h'=1649.4 kJ/kg	s'=3.7451 kJ/(kg·K)
	v''=0.011500 m^3/kg	h''=2637.1 kJ/kg	s''=5.3711 kJ/(kg·K)	v''=0.0093108 m^3/kg	h''=2580.2 kJ/kg	s''=5.2450 kJ/(kg·K)
t (℃)	v (m^3/kg)	h (kJ/kg)	s [kJ/(kg·K)]	v (m^3/kg)	h (kJ/kg)	s [kJ/(kg·K)]
0	0.0009933	14.10	0.0005	0.0009923	16.10	0.0006
10	0.0009938	55.55	0.1496	0.0009929	57.47	0.1493
20	0.0009955	96.95	0.2932	0.0009946	98.80	0.2928
40	0.0010018	179.86	0.5669	0.0010009	181.62	0.5661
60	0.0010109	262.88	0.8239	0.0010101	264.55	0.8228
80	0.0010226	346.04	1.0663	0.0010217	347.63	1.0650
100	0.0010365	429.53	1.2962	0.0010355	431.04	1.2947
120	0.0010527	513.52	1.5155	0.0010517	514.94	1.5137
140	0.0010714	598.14	1.7254	0.0010702	599.47	1.7234
160	0.0010926	683.56	1.9273	0.0010912	684.77	1.9251
180	0.0011167	769.96	2.1223	0.0011152	771.03	2.1197
200	0.0011443	857.63	2.3116	0.0011425	858.53	2.3087
220	0.0011761	947.00	2.4966	0.0011739	947.67	2.4932
240	0.0012132	1038.6	2.6788	0.0012104	1039.0	2.6748
260	0.0012574	1133.4	2.8599	0.0012538	1133.3	2.8551
280	0.0013117	1232.5	3.0424	0.0013067	1231.8	3.0364
300	0.0013814	1338.2	3.2300	0.0013740	1336.4	3.2221
350	0.013218	2751.2	5.5564	0.0097553	2615.2	5.3012
400	0.017218	3001.1	5.9436	0.0142650	2946.7	5.8161
450	0.020074	3174.2	6.1919	0.0170220	3138.3	6.0912
500	0.022512	3322.3	6.3900	0.0192937	3295.5	6.3015
520	0.023418	3377.9	6.4610	0.0201282	3353.6	6.3757
540	0.024295	3432.1	6.5285	0.0209326	3410.0	6.4459
550	0.024724	3458.7	6.5611	0.0213251	3437.6	6.4797
560	0.025147	3485.2	6.5931	0.0217119	3465.0	6.5128
580	0.025978	3537.5	6.6551	0.0224696	3519.0	6.5768
600	0.026792	3589.1	6.7149	0.0232088	3572.1	6.6383

续表

p	18MPa (t_s=357.034℃)			20MPa (t_s=365.789℃)		
饱和参数	v'=0.0018402 m^3/kg	h'=1732.0 kJ/kg	s'=3.8715 kJ/(kg·K)	v'=0.0020379 m^3/kg	h'=1827.2 kJ/kg	s'=4.0153 kJ/(kg·K)
	v''=0.0075033 m^3/kg	h''=2509.5 kJ/kg	s''=5.1051 kJ/(kg·K)	v''=0.0058702 m^3/kg	h''=2413.1 kJ/kg	s''=4.9322 kJ/(kg·K)
t (℃)	v (m^3/kg)	h (kJ/kg)	s [kJ/(kg·K)]	v (m^3/kg)	h (kJ/kg)	s [kJ/(kg·K)]
0	0.0009913	18.09	0.0006	0.0009904	20.08	0.0006
10	0.0009920	59.38	0.1491	0.0009911	61.29	0.1488
20	0.0009938	100.65	0.2923	0.0009929	102.50	0.2919
40	0.0010001	183.37	0.5653	0.0009992	185.13	0.5645
60	0.0010092	266.23	0.8218	0.0010084	267.90	0.8207
80	0.0010208	349.23	1.0637	0.0010199	350.82	1.0624
100	0.0010346	432.55	1.2932	0.0010336	434.06	1.2917
120	0.0010506	516.36	1.5120	0.0010496	517.79	1.5103
140	0.0010690	600.79	1.7215	0.0010679	602.12	1.7195
160	0.0010899	685.98	1.9228	0.0010886	687.20	1.9206
180	0.0011136	772.11	2.1172	0.0011121	773.19	2.1147
200	0.0011407	859.44	2.3058	0.0011389	860.36	2.3029
220	0.0011717	948.36	2.4899	0.0011695	949.07	2.4865
240	0.0012077	1039.4	2.6708	0.0012051	1039.8	2.6670
260	0.0012503	1133.3	2.8503	0.0012469	1133.4	2.8457
280	0.0013020	1231.2	3.0305	0.0012974	1230.7	3.0249
300	0.0013671	1334.8	3.2145	0.0013605	1333.4	3.2072
350	0.0017028	1658.1	3.7535	0.0016645	1645.3	3.7275
400	0.0119053	2885.9	5.6870	0.0099458	2816.8	5.5520
450	0.0146309	3100.5	5.9953	0.0127013	3060.7	5.9025
500	0.0167825	3267.8	6.2191	0.0147681	3239.3	6.1415
520	0.0175616	3328.6	6.2968	0.0155046	3303.0	6.2229
540	0.0183087	3387.2	6.3698	0.0162067	3364.0	6.2989
550	0.0186721	3415.9	6.4049	0.0165471	3393.7	6.3352
560	0.0190297	3444.2	6.4390	0.0168811	3422.9	6.3705
580	0.0197290	3499.8	6.5050	0.0175328	3480.3	6.4385
600	0.0204099	3554.4	6.5682	0.0181655	3536.3	6.5035

续表

p	25MPa			30MPa		
t (℃)	v (m³/kg)	h (kJ/kg)	s [kJ/(kg·K)]	v (m³/kg)	h (kJ/kg)	s [kJ/(kg·K)]
0	0.0009880	25.01	0.0006	0.0009857	29.92	0.0005
10	0.0009888	66.04	0.1481	0.0009866	70.77	0.1474
20	0.0009908	107.11	0.2907	0.0009887	111.71	0.2895
40	0.0009972	189.51	0.5626	0.0009951	193.87	0.5606
60	0.0010063	272.08	0.8182	0.0010042	276.25	0.8156
80	0.0010177	354.80	1.0593	0.0010155	358.78	1.0562
100	0.0010313	437.85	1.2880	0.0010290	441.64	1.2844
120	0.0010470	521.36	1.5061	0.0010445	524.95	1.5019
140	0.0010650	605.46	1.7147	0.0010622	608.82	1.7100
160	0.0010854	690.27	1.9152	0.0010822	693.36	1.9098
180	0.0011084	775.94	2.1085	0.0011048	778.72	2.1024
200	0.0011345	862.71	2.2959	0.0011303	865.12	2.2890
220	0.0011643	950.91	2.4785	0.0011593	952.85	2.4706
240	0.0011986	1041.0	2.6575	0.0011925	1042.3	2.6485
260	0.0012387	1133.6	2.8346	0.0012311	1134.1	2.8239
280	0.0012866	1229.6	3.0113	0.0012766	1229.0	2.9985
300	0.0013453	1330.3	3.1901	0.0013317	1327.9	3.1742
350	0.0015981	1623.1	3.6788	0.0015522	1608.0	3.6420
400	0.0060014	2578.0	5.1386	0.0027929	2150.6	4.4721
450	0.0091666	2950.5	5.6754	0.0067363	2822.1	5.4433
500	0.0111229	3164.1	5.9614	0.0086761	3083.3	5.7934
520	0.0117897	3236.1	6.0534	0.0093033	3165.4	5.8982
540	0.0124156	3303.8	6.1377	0.0098825	3240.8	5.9921
550	0.0127161	3336.4	6.1775	0.0101580	3276.6	6.0359
560	0.0130095	3368.2	6.2160	0.0104254	3311.4	6.0780
580	0.0135778	3430.2	6.2895	0.0109397	3378.5	6.1576
600	0.0141249	3490.2	6.3591	0.0114310	3442.9	6.2321

注：粗水平线之上为未饱和水，粗水平线之下为过热水蒸气。

附表 5-4　R134a（CF・CH・F）饱和液与饱和蒸气热力性质表（按温度排列）

温度 t (℃)	饱和压力	比体积（比容）		比焓		汽化潜热	比熵	
		饱和液体	饱和蒸气	饱和液体	饱和蒸气		饱和液体	饱和蒸气
	p_s	v'	v''	h'	h''	r (kJ/kg)	s'	s''
	(MPa)	(m³/kg)		(kJ/kg)			[kJ/(kg・K)]	
−85.00	2.56	0.64884	5899.997	94.12	345.37	251.25	0.5348	1.8702
−80.00	3.87	0.65501	4045.366	99.89	348.41	248.52	0.5668	1.8535
−75.00	5.72	0.66106	2816.477	105.68	351.48	245.80	0.5974	1.8379
−70.00	8.27	0.66719	2004.070	111.46	354.57	243.11	0.6272	1.8239
−65.00	11.72	0.67327	1442.296	117.38	357.68	240.30	0.6562	1.8107
−60.00	16.29	0.67947	1055.363	123.37	360.81	237.44	0.6847	1.7987
−55.00	22.24	0.68583	785.161	129.42	363.95	234.53	0.7127	1.7878
−50.00	29.90	0.69238	593.412	135.54	367.10	231.56	0.7405	1.7782
−45.00	39.58	0.69916	454.926	141.72	370.25	228.53	0.7678	1.7695
−40.00	51.69	0.70619	353.529	147.96	373.40	225.44	0.7949	1.7618
−35.00	66.63	0.71348	278.087	154.26	376.54	222.28	0.8216	1.7549
−30.00	84.85	0.72105	221.302	160.62	379.67	219.05	0.8479	1.7488
−25.00	106.86	0.72892	177.937	167.04	382.79	215.75	0.8740	1.7434
−20.00	133.18	0.73712	144.450	173.52	385.89	212.37	0.8997	1.7387
−15.00	164.36	0.74572	118.481	180.04	388.97	208.93	0.9253	1.7346
−10.00	201.00	0.75463	97.832	186.63	392.01	205.38	0.9504	1.7309
−5.00	243.71	0.76388	81.304	193.29	395.01	201.72	0.9753	1.7276
0	293.14	0.77365	68.164	200.00	397.98	197.98	1.0000	1.7248
5.00	349.96	0.78384	57.470	206.78	400.90	194.12	1.0244	1.7223
10.00	414.88	0.79453	48.721	213.63	403.76	190.13	1.0486	1.7201
15.00	488.60	0.80577	41.532	220.55	406.57	186.02	1.0727	1.7182
20.00	571.88	0.81762	35.576	227.55	409.30	181.75	1.0965	1.7165
25.00	665.49	0.83017	30.603	234.63	411.96	177.33	1.1202	1.7149
30.00	770.21	0.84347	26.424	241.80	414.52	172.72	1.1437	1.7135
35.00	886.87	0.85768	22.899	249.07	416.99	167.92	1.1672	1.7121
40.00	1016.32	0.87284	19.893	256.44	419.34	162.90	1.1906	1.7108
45.00	1159.45	0.88919	17.320	263.94	421.55	157.61	1.2139	1.7093
50.00	1317.19	0.90694	15.112	271.57	423.62	152.05	1.2373	1.7078
55.00	1490.52	0.92634	13.203	279.36	425.51	146.15	1.2607	1.7061
60.00	1680.47	0.94775	11.538	287.33	427.18	139.85	1.2842	1.7041
65.00	1888.17	0.97175	10.080	295.51	428.61	133.10	1.3080	1.7016
70.00	2114.81	0.99902	8.788	303.94	429.70	125.76	1.3321	1.6986
75.00	2361.75	1.03073	7.638	312.71	430.38	117.67	1.3568	1.6948
80.00	2630.48	1.06869	6.601	321.92	430.53	108.61	1.3822	1.6898
85.00	2922.80	1.11621	5.647	331.74	429.86	98.12	1.4089	1.6829

续表

温度 t（℃）	饱和压力	比体积（比容）		比焓		汽化潜热	比熵	
		饱和液体	饱和蒸气	饱和液体	饱和蒸气		饱和液体	饱和蒸气
	p_s (MPa)	v'	v''	h'	h''	r（kJ/kg）	s'	s''
		(m^3/kg)		(kJ/kg)			[kJ/(kg·K)]	
90.00	3240.89	1.18024	4.751	342.54	427.99	85.45	1.4379	1.6732
95.00	3587.80	1.27926	3.851	355.23	423.70	68.47	1.4714	1.6574
100.00	3969.25	1.53410	2.779	375.04	412.19	37.15	1.5234	1.6230
101.00	4051.31	1.96810	2.382	392.88	404.50	11.62	1.5707	1.6018
101.15	4064.00	1.96850	1.969	393.07	393.07	0	1.5712	1.5712

注：此表数据引自：朱明善等著《绿色环保制冷剂 HFC-134a 热物理性质》，科学出版社，1995

附表 5-5　R134a（CF·CH·F）饱和液与饱和蒸气热力性质表（按压力排列）

温度 t（℃）	饱和压力	比体积（比容）		比焓		汽化潜热	比熵	
		饱和液体	饱和蒸气	饱和液体	饱和蒸气		饱和液体	饱和蒸气
	p_s (MPa)	v'	v''	h'	h''	r（kJ/kg）	s'	s''
		(m^3/kg)		(kJ/kg)			[kJ/(kg·K)]	
10.00	−67.32	0.67044	1676.284	114.63	356.24	241.61	0.6428	1.8166
20.00	−6.74	0.683529	868.908	127.30	362.86	235.56	0.7030	1.7915
30.00	−49.94	0.69247	591.338	135.62	367.14	231.52	0.7408	1.7780
40.00	−44.81	0.69942	450.539	141.95	370.37	228.42	0.7688	1.7692
50.00	−0.64	0.70527	364.782	147.16	373.00	225.84	0.7914	1.7627
60.00	−37.08	0.71041	306.836	151.64	375.24	223.60	0.8105	1.7577
80.00	−1.25	0.71913	234.033	159.04	378.90	219.86	0.8414	1.7503
100.00	−26.45	0.72667	189.737	165.15	381.89	216.74	0.8665	1.7451
120.00	−22.37	0.73319	159.324	170.43	384.42	213.99	0.8875	1.7409
140.00	−18.82	0.73920	137.972	175.04	386.63	211.59	0.9059	1.7378
160.00	−15.64	0.74461	121.490	179.20	388.58	209.38	0.9220	1.7351
180.00	−12.79	0.74955	108.637	182.95	390.31	207.36	0.9364	1.7328
200.00	−10.14	0.75438	98.326	186.45	391.93	205.48	0.9497	1.7310
250.00	−4.35	0.76517	79.485	194.16	395.41	201.25	0.9497	1.7273
300.00	0.63	0.77492	66.694	200.85	398.36	197.51	0.9786	1.7245
350.00	5.00	0.78383	57.477	206.77	400.90	194.13	1.0031	1.7223
400.00	8.93	0.79220	50.444	212.16	403.16	191.00	1.0435	1.7206
450.00	12.44	0.79992	45.016	217.00	405.14	188.14	1.0604	1.7191
500.00	15.72	0.80744	40.612	221.55	406.96	185.41	1.0761	1.7180
550.00	18.75	0.81461	36.955	225.79	408.62	182.83	1.0906	1.7169
600.00	21.55	0.82129	33.870	229.74	410.11	180.37	1.1038	1.7158
650.00	24.21	0.82813	31.327	233.50	411.54	178.04	1.1164	1.7152
700.00	26.72	0.83465	29.081	237.09	412.85	175.76	1.1283	1.7144
800.00	31.32	0.84714	25.428	243.71	415.18	171.47	1.1500	1.7131

续表

温度 t (℃)	饱和压力 p_s (MPa)	比体积（比容） 饱和液体 v' (m³/kg)	饱和蒸气 v''	比焓 饱和液体 h' (kJ/kg)	饱和蒸气 h''	汽化潜热 r (kJ/kg)	比熵 饱和液体 s' [kJ/(kg·K)]	饱和蒸气 s''
900.00	35.50	0.85911	22.569	249.80	417.22	167.42	1.1695	1.7120
1000.00	39.39	0.87091	20.228	255.53	419.05	163.52	1.1877	1.7109
1200.00	46.31	0.89371	16.708	265.93	422.11	156.18	1.2201	1.7089
1400.00	52.48	0.91633	14.130	275.42	424.58	149.16	1.2489	1.7069
1600.00	57.94	0.93864	12.198	284.01	426.52	142.51	1.2745	1.7049
1800.00	62.92	0.96140	10.664	292.07	428.04	135.97	1.2981	1.7027
2000.00	67.56	0.98526	9.398	299.80	429.21	129.41	1.3203	1.7002
2200.00	71.74	1.00948	8.375	306.95	429.99	123.04	1.3406	1.6974
2400.00	75.72	1.03576	7.482	314.01	430.45	116.44	1.3604	1.6941
2600.00	79.42	1.06391	6.714	320.83	430.54	109.71	1.3792	1.6904
2800.00	82.93	1.09510	6.036	327.59	430.28	102.69	1.3977	1.6861
3000.00	86.25	1.13032	5.421	334.34	429.55	95.21	1.4159	1.6809
3200.00	89.39	1.17107	4.860	341.14	428.32	87.18	1.4342	1.6746
3400.00	92.33	1.21992	4.340	348.12	426.45	78.33	1.4527	1.6670
4064.00	101.15	1.96850	1.969	393.07	393.07	0	1.5712	1.5712

附表 5-6　R134a（CF_3CH_2F）过热蒸气表

t (℃)	p=0.15MPa (t_s=−17.20℃) v (m³/kg)	h (kJ/kg)	s [kJ/(kg·K)]	p=0.20MPa (t_s=−10.14℃) v (m³/kg)	h (kJ/kg)	s [kJ/(kg·K)]
−10.0	0.13584	393.63	1.7607	0.09998	392.14	1.7329
0	0.14203	401.93	1.7916	0.10486	400.63	1.7646
10.0	0.14813	410.32	1.8218	0.10961	409.17	1.7953
20.0	0.15410	418.81	1.8512	0.11426	417.79	1.8252
30.0	0.16002	427.42	1.8801	0.11881	426.51	1.8545
40.0	0.16586	436.17	1.9085	0.12332	435.34	1.8831
50.0	0.17168	445.05	1.9365	0.12775	444.30	1.9113
60.0	0.17742	454.08	1.9640	0.13215	453.39	1.9390
70.0	0.18313	463.25	1.9911	0.13652	462.62	1.9663
80.0	0.18883	472.57	2.0179	0.14086	471.98	1.9932
90.0	0.19449	482.04	2.0443	0.14516	481.50	2.0197
100.0	0.20016	491.66	2.0704	0.14945	491.15	2.0460

续表

t (℃)	p=0.25MPa (t_s=−4.35℃)			p=0.30MPa (t_s=0.63℃)		
	v (m³/kg)	h (kJ/kg)	s [kJ/(kg·K)]	v (m³/kg)	h (kJ/kg)	s [kJ/(kg·K)]
0	0.08253	399.30	1.7427			
10.0	0.08647	408.00	1.7740	0.07103	406.81	1.7560
20.0	0.09031	416.76	1.8044	0.07434	415.70	1.7868
30.0	0.09406	425.58	1.8340	0.07756	424.64	1.8168
40.0	0.09777	434.51	1.8630	0.08072	433.66	1.8461
50.0	0.10141	443.54	1.8914	0.08381	442.77	1.8747
60.0	0.10498	452.69	1.9192	0.08688	451.99	1.9028
70.0	0.10854	461.98	1.9467	0.08989	461.33	1.9305
80.0	0.11207	471.39	1.9738	0.09288	470.80	1.9576
90.0	0.11557	480.95	2.0004	0.09583	480.40	1.9844
100.0	0.11904	490.64	2.0268	0.09875	490.13	2.0109
110.0	0.12250	500.48	2.0528	0.10168	500.00	2.0370

t (℃)	p=0.05MPa (t_s=−40.64℃)			p=0.10MPa (t_s=−26.45℃)		
	v (m³/kg)	h (kJ/kg)	s [kJ/(kg·K)]	v (m³/kg)	h (kJ/kg)	s [kJ/(kg·K)]
−20.0	0.40477	388.69	1.8282	0.19379	383.10	1.7510
−10.0	0.42195	396.49	1.8584	0.20742	395.08	1.7975
0	0.43898	404.43	1.8880	0.21633	403.20	1.8282
10.0	0.45586	412.53	1.9171	0.22508	411.44	1.8578
20.0	0.47273	420.79	1.9458	0.23379	419.81	1.8868
30.0	0.48945	429.21	1.9740	0.24242	428.32	1.9154
40.0	0.50617	437.79	2.0019	0.25094	436.98	1.9435
50.0	0.52281	446.53	2.0294	0.25945	445.79	1.9712
60.0	0.53945	455.43	2.0565	0.26793	454.76	1.9985
70.0	0.55602	464.50	2.0833	0.27637	463.88	2.0255
80.0	0.57258	473.73	2.1098	0.28477	473.15	2.0521
90.0	0.58906	483.12	2.1360	0.29313	482.58	2.0784

t (℃)	p=0.80MPa (t_s=31.32℃)			p=0.90MPa (t_s=35.50℃)		
	v (m³/kg)	h (kJ/kg)	s [kJ/(kg·K)]	v (m³/kg)	h (kJ/kg)	s [kJ/(kg·K)]
40.0	0.02718	424.31	1.7435	0.02355	422.19	1.7287
50.0	0.02867	434.41	1.7753	0.02494	432.57	1.7613
60.0	0.03009	444.45	1.8059	0.02626	442.81	1.7925
70.0	0.03145	454.47	1.8355	0.02752	453.00	1.8227
80.0	0.03277	464.52	1.8644	0.02874	463.19	1.8519
90.0	0.03406	474.62	1.8926	0.02992	473.40	1.8804

续表

t (℃)	p=0.80MPa (t_s=31.32℃)			p=0.90MPa (t_s=35.50℃)		
	v (m³/kg)	h (kJ/kg)	s [kJ/(kg·K)]	v (m³/kg)	h (kJ/kg)	s [kJ/(kg·K)]
100.0	0.03531	484.79	1.9202	0.03106	483.67	1.9083
110.0	0.03654	495.04	1.9473	0.03219	494.01	1.9375
120.0	0.03775	505.39	1.9740	0.03329	504.43	1.9625
130.0	0.03895	515.84	2.0002	0.03438	514.95	1.9889
140.0	0.04013	526.40	2.0261	0.03544	525.57	2.0150

t (℃)	p=0.40MPa (t_s=8.93℃)			p=0.50MPa (t_s=15.72℃)		
	v (m³/kg)	h (kJ/kg)	s [kJ/(kg·K)]	v (m³/kg)	h (kJ/kg)	s [kJ/(kg·K)]
20.0	0.05433	413.51	1.7578	0.04227	411.22	1.7336
30.0	0.05689	422.70	1.7886	0.04445	420.68	1.7653
40.0	0.05939	431.92	1.8185	0.04656	430.12	1.7960
50.0	0.06183	441.20	1.8477	0.04860	439.58	1.8257
60.0	0.06420	450.56	1.8762	0.05059	449.09	1.8547
70.0	0.06655	460.02	1.9042	0.05253	458.68	1.8830
80.0	0.06886	469.59	1.9316	0.05444	468.36	1.9108
90.0	0.07114	479.28	1.9587	0.05632	478.14	1.9382
100.0	0.07341	489.09	1.9854	0.05817	488.04	1.9651
110.0	0.07564	499.03	2.0117	0.06000	498.05	1.9915
120.0	0.07786	509.11	2.0117	0.06183	508.19	2.0177
130.0	0.08006	519.31	2.0632	0.06363	518.46	2.0435

t (℃)	p=0.60MPa (t_s=21.55℃)			p=0.70MPa (t_s=26.72℃)		
	v (m³/kg)	h (kJ/kg)	s [kJ/(kg·K)]	v (m³/kg)	h (kJ/kg)	s [kJ/(kg·K)]
30.0	0.03613	418.58	1.7452	0.03013	416.37	1.7270
40.0	0.03798	428.26	1.7766	0.03183	426.32	1.7593
50.0	0.03977	437.91	1.8070	0.03344	436.19	1.7904
60.0	0.04149	447.58	1.8364	0.03498	446.04	1.8204
70.0	0.04317	457.31	1.8652	0.03648	455.91	1.8496
80.0	0.04482	467.10	1.8933	0.03794	465.82	1.8780
90.0	0.04644	476.99	1.9209	0.03936	475.81	1.9059
100.0	0.04802	486.97	1.9480	0.04076	485.89	1.9333
110.0	0.04959	497.06	1.9747	0.04213	496.06	1.9602
120.0	0.05113	507.27	2.0010	0.04348	506.33	1.9867
130.0	0.05266	517.59	2.0270	0.04483	516.72	2.0128
140.0	0.05417	528.04	2.0526	0.04615	527.23	2.0385

附表 6-1　空气在理想气体状态下的热力性质表

T (K)	h (kJ/kg)	p_r	u (kJ/kg)	v_r	s_T^0 [kJ/(kg·K)]
200	199.97	0.3363	142.56	1707	1.29559
210	209.97	0.3987	149.69	1512	1.34444
220	219.97	0.4690	156.82	1346	1.39105
230	230.02	0.5477	164.00	1205	1.43557
240	240.02	0.6355	171.13	1084	1.47824
250	250.05	0.7329	178.28	979	1.51917
260	260.09	0.8405	185.45	887.8	1.55848
270	270.11	0.9590	192.60	808.0	1.59634
280	280.13	1.0889	199.75	738.0	1.63279
285	285.14	1.1584	203.33	706.1	1.65055
290	290.16	1.2311	206.91	676.1	1.66802
295	295.17	1.3068	210.49	647.9	1.68515
300	300.19	1.3860	214.07	621.2	1.70203
305	305.22	1.4686	217.67	596.0	1.71685
310	310.24	1.5546	221.25	572.3	1.73498
315	315.27	1.6442	224.85	549.8	1.75106
320	320.29	1.7375	228.43	528.6	1.76690
325	325.31	1.8345	232.02	508.4	1.78249
330	330.34	1.9352	235.61	489.4	1.79783
340	340.42	2.149	242.82	454.1	1.82790
350	350.49	2.379	250.02	422.2	1.85708
360	360.67	2.626	257.24	393.4	1.88543
370	370.67	2.892	264.46	367.2	1.91313
380	380.77	3.176	271.69	343.4	1.94001
390	390.88	3.481	278.93	321.5	1.96633
400	400.98	3.806	286.16	301.6	1.99194
410	411.12	4.153	293.43	283.3	2.01699
420	421.26	4.522	300.69	26..6	2.04142
430	431.43	4.915	307.99	251.1	2.06533
440	441.61	5.332	315.30	236.8	2.08870
450	451.80	5.775	322.32	223.6	2.11161
460	462.02	6.245	329.97	211.4	2.13407
470	472.24	6.742	337.32	200.1	2.15604
480	482.49	7.268	344.70	189.5	2.17760
490	492.74	7.824	352.08	179.7	2.19876
500	503.02	8.411	359.49	170.6	2.21952
510	513.32	9.031	366.92	162.1	2.23993
520	523.63	9.684	374.36	154.1	2.25997
530	533.98	10.37	381.84	146.7	2.27967
540	544.35	11.10	389.34	139.7	2.29906

续表

T（K）	h（kJ/kg）	p_r	u（kJ/kg）	v_r	s_T^0［kJ/(kg·K)］
550	554.74	11.86	396.86	133.1	2.31809
560	565.17	12.66	404.42	127.0	2.33685
570	575.59	13.50	411.97	121.2	2.35531
580	586.04	14.38	419.55	115.7	2.37348
590	596.52	15.31	427.15	110.6	2.39140
600	607.02	16.28	434.78	105.8	2.40902
610	617.53	17.30	442.42	101.2	2.42644
620	628.07	18.36	450.09	96.92	2.44356
630	638.63	19.48	457.78	92.84	2.46048
640	649.22	20.64	465.50	88.99	2.47716
650	659.84	21.86	473.25	85.34	2.49364
660	670.47	23.13	481.01	81.89	2.50985
670	681.14	24.46	488.81	78.61	2.52589
680	691.82	25.85	496.62	75.50	2.54175
690	702.52	27.29	504.45	72.56	2.55731
700	713.27	28.80	512.33	69.76	2.57277
710	724.04	30.28	520.23	67.07	2.58810
720	734.82	32.02	528.14	64.53	2.60319
730	746.62	33.72	536.07	62.13	2.61803
740	756.44	35.50	544.02	59.82	2.63280
750	767.29	37.35	551.99	57.63	2.64737
760	778.18	39.27	560.01	55.54	2.66176
780	800.03	43.35	576.12	51.64	2.69103
800	821.95	47.75	592.30	48.08	2.71787
820	843.98	52.49	608.59	44.84	2.74504
840	886.08	57.60	624.95	41.85	2.77170
860	888.27	63.09	641.40	39.12	2.79783
880	910.56	68.98	657.95	36.61	2.82344
900	932.93	75.29	674.58	34.31	2.84856
920	955.38	82.05	691.28	32.18	2.87324
940	977.92	89.28	708.08	30.22	2.89748
960	1000.55	97.00	725.02	28.40	2.92128
980	1023.25	105.2	741.98	26.73	2.94468
1000	1046.04	114.0	758.94	25.17	2.96770
1020	1068.89	123.4	771.60	23.72	2.99034
1040	1091.85	133.3	793.36	22.39	3.01260
1060	1114.86	143.9	810.62	21.14	3.03449
1080	1137.89	155.2	827.88	19.98	3.05608
1100	1161.07	167.1	845.33	18.896	3.07732
1120	1184.28	179.7	862.79	17.886	3.09825

续表

T (K)	h (kJ/kg)	p_r	u (kJ/kg)	v_r	s_T^0 [kJ/(kg·K)]
1140	1207.57	193.1	880.35	16.946	3.11883
1160	1230.92	207.2	897.91	16.064	3.13916
1180	1254.34	222.2	915.57	15.241	3.15916
1200	1277.79	238.0	933.33	14.470	3.17888
1220	1301.31	254.7	951.09	13.747	3.19834
1240	1324.93	272.3	968.95	13.069	3.21751
1260	1348.55	290.8	986.90	12.435	3.23638
1280	1372.24	310.4	1004.76	11.835	3.25510
1300	1395.97	330.9	1022.82	11.275	3.27345
1320	1419.76	352.5	1040.88	10.747	3.29160
1340	1443.60	375.3	1058.94	10.274	3.30959
1360	1467.49	399.1	1077.10	9.780	3.32724
1380	1491.44	424.2	1095.26	9.337	3.34474
1400	1515.42	450.5	1113.52	8.919	3.36200
1420	1539.44	478.0	1131.77	8.526	3.37901
1440	1563.51	506.9	1150.13	8.153	3.39586
1460	1587.63	537.1	1168.49	7.801	3.41247
1480	1611.79	568.8	1186.95	7.468	3.41247
1500	1635.97	601.9	1205.41	7.152	3.42892
1520	1660.23	636.5	1223.87	6.854	3.44516
1540	1684.51	672.8	1242.43	6.569	3.46120
1560	1708.82	710.5	1260.99	6.301	3.47712
1580	1733.17	750.0	1279.65	6.046	3.49276
1600	1757.57	791.2	1298.30	5.804	3.50829
1620	1782.00	834.1	1316.96	5.574	3.52364
1640	1806.46	878.9	1335.72	5.355	3.53879
1660	1830.96	925.6	1354.48	5.147	3.55381
1680	1855.50	974.2	1373.24	4.949	3.56867
1700	1880.1	1025	1392.7	4.761	3.58335
1750	1941.6	1161	1439.8	4.328	3.5979
1800	2003.3	1310	1487.2	3.944	3.6336
1850	2065.3	1475	1534.9	3.601	3.6684
1900	2127.4	1655	1582.6	3.295	3.7023
1950	2189.7	1852	1630.6	3.022	3.7354
2000	2252.1	2068	1678.7	2.776	3.7677
2050	2314.6	2303	1726.8	2.555	3.7994
2100	2377.4	2559	1775.3	2.356	3.8605
2150	2440.3	2837	1823.8	2.175	3.8901
2200	2503.2	3138	1872.4	2.012	3.9191
2250	2566.4	3464	1921.3	1.864	3.9474

附表 7-1　常用气体的某些基本热力性质

气体	摩尔质量 M	气体常数 R_g		密度 ρ_0 (0℃，101325Pa)	定压比热容 c_{p0} (25℃)	定容比热容 c_{v0} (25℃)	热容比 γ_0 (25℃)
	g/mol	kJ/(kg·K)	kgf·m/(kg·K)	kg/m³	kJ/(kg·K)	kJ/(kg·K)	
He	4.003	2.0771	211.08	0.1786	5.196	3.119	1.666
Ar	39.948	0.2081	21.22	1.784	0.5208	0.6127	1.665
H_2	2.016	4.1243	420.55	0.0899	14.03	10.18	1.405
O_2	32.000	0.2598	26.50	1.429	0.917	0.657	1.396
N_2	28.016	0.2968	30.26	1.251	1.039	0.742	1.400
空气	28.965	0.2871	29.27	1.293	1.005	0.718	1.400
CO	28.011	0.2968	30.27	1.250	1.041	0.744	1.399
CO_2	44.011	0.18892	19.26	1.977	0.844	0.655	1.289
H_2O	18.016	0.4615	47.06	0.804	1.863	1.402	1.329
CH_4	16.043	.5183	52.85	0.717	2.227	1.709	1.303
C_2H_4	28.054	0.2964	30.22	1.261	1.551	1.255	1.236
C_2H_6	30.070	0.2765	28.20	1.357	1.752	1.475	1.188
C_3H_8	44.097	0.18855	19.227	2.005	1.667	1.478	1.128

附表 10-1　各种常用燃气的组成和特性

燃气种类名称			燃气成分（容积成分%）												密度（kg/Nm³）
			H_2	CO	CH	C_2^+							O_2	N_2	CO_2	
						C_2H_4	C_2H_4	C_2H_4	C_2H_4	C_2H_4	C_2H_4	C_5^+				
人造燃气	煤制气	炼焦煤气	59.2	8.6	23.4	2.0							1.2	3.6	2.0	0.4442
		直立炉气	56.0	17.0	18.0	1.7							0.3	2.0	5.0	0.5239
		混合煤气	48.0	20.0	13.0	1.7							0.8	12.0	4.5	0.6346
		发生炉气	8.4	30.4	1.8	0.4							0.4	56.4	2.2	1.1022
		水煤气	52.0	34.4	1.2								0.2	4.0	8.2	0.6640
	油制气	催化制气	58.1	10.5	16.6	5.0							0.7	2.5	6.6	0.5094
		热裂化制气	31.5	2.7	28.58	23.8	2.6	5.7					0.6	2.4	2.1	0.7497
天然气	四川干气				98.0			5.7						1.0		0.7048
	大庆石油伴生气				81.7								0.2	1.8	0.7	0.9873
	天津石油伴生气				20.1		7.4							0.6	3.4	0.9204
液化石油气	北京				1.5		1.0	9.0								2.3956
	大庆				1.3		0.2	15.8						1.0	0.8	2.3653

燃气种类名称			相对密度	热值（kJ/Nm³）		华白数高热值/$\sqrt{相对密度}$	理论烟气量（Nm³/Nm³）		理论空气需要量（Nm³/Nm³）	爆炸极限（空气中体积%）		理论燃烧温度（℃）
				高热值	低热值		湿	干		上	下	
人造燃气	煤制气	炼焦煤气	0.3623	18788	16701	31211	4.88	3.76	4.21	35.8	4.5	1998
		直立炉气	0.4275	17106	15296	26166	4.44	3.47	3.8	40.9	4.9	2003
		混合煤气	0.5178	14610	13137	20305	3.85	3.06	3.18	42.6	6.1	1986
		发生炉气	0.8992	5691	5445	6002	1.98	1.84	1.16	67.5	21.5	1600
		水煤气	0.5418	10855	9843	14749	3.19	2.19	2.16	70.4	6.2	2175
	油制气	催化制气	0.4156	17510	15661	27160	4.55	3.54	3.89	42.9	4.7	2009
		热裂化制气	0.6116	35977	32969	46004	9.39	7.81	8.55	25.7	3.7	2038
天然气	四川干气		0.575	38300	34540	50510	10.64	8.65	9.64	15	5.0	1970
	大庆石油伴生气		0.8054	50365	45782	56120	13.73	11.3	12.52	14.2	4.2	1986
	天津石油伴生气		0.7503	45574	41119	52594	12.53	10.3	11.4	14.2	4.4	1973
液化石油气	北京		1.9545	116649	108482	83442	30.67	26.6	28.28	9.7	1.7	2050
	大庆		1.9542	115965	107734	83482	30.04	25.9	28.94	9.7	1.7	2060

附表 10-2　一些常用气体的物理化学特性（0.101325MPa）

	临界压力 p_c（MPa）	临界温度 T_c（K）	临界压缩因子 Z	导热系数 λ［W/(m·K)］	向空气的扩散系数 $D\times10^4$(m²/s)	运动黏度 $\nu\times10^6$(m²/s)	动力黏度 $\mu\times10^6$（kg·s/m²）	常数 C	最低着火温度（℃）
1	1.297	33.3	0.304	0.2163	0.611	93	0.852	90	400
2	3.496	133	0.294	0.023	0.175	13.3	1.69	104	605
3	4.641	190.7	0.29	0.03024	0.196	14.5	1.06	190	540
4				0.01872		8.05	0.96	198	335
5	5.117	283.1	0.27	0.0164		7.46	0.95	257	425
6	4.884	305.4	0.285	0.01861	0.108	6.41	0.877	287	515
7	4.6	365.1	0.274			3.99	0.78	322	460
8	4.256	369.9	0.277	0.01512	0.088	3.81	0.765	324	450
9						2.81	0.747		385
10	3.8	425.2	0.274	0.01349	0.075	2.53	0.697	349	365
11	3.648	408.1	0.283						460
12						1.99	0.669		290
13	3.374	469.5	0.269			1.85	0.648		260
14				0.0077992		1.82	0.712	380	560
15				0.01314		7.63	1.19	331	270
16	7.387	304.2	0.274	0.01372	0.138	7.09	1.43	266	
17						4.14	1.23	416	
18	5.076	154.8	0.292	0.025	0.178	13.6	1.98	131	
19	3.394	126.2	0.297	0.02489		13.3	1.7	112	
20	3.766	132.5		0.02489		13.4	1.75	116	
21	22.12	647	0.23	0.01617	0.22	10.12	0.86	673	

续表

	燃烧反应式	热效应（kJ/mol）		热值				理论空气需要量，耗氧量（Nm³/Nm³ 干燃气）	
		高	低	（kJ/m³）（0℃）		（kJ/m³）（15℃）			
				高	低	高	低	空气	氧
1	$H_2+0.5O_2=H_2O$	286013	242064	12753	10794	12089	10232	2.38	0.5
2	$CO+0.5O_2=CO_2$	283208	283208	12644	12644	11986	11986	2.38	0.5
3	$CH_4+2O_2=CO_2+2H_2O$	890943	802932	39842	35906	37768	34037	9.52	2
4	$C_2H_2+2.5O_2=2CO_2+H_2O$			58502	56488	55457	53547	11.90	2.5
5	$C_2H_4+3O_2=2CO_2+2H_2O$	1411931	1321354	63438	59482	60136	56386	14.28	3
6	$C_2H_6+3.5O_2=2CO_2+3H_2O$	1560898	1428792	70351	64397	66689	61045	16.66	3.5
7	$C_3H_6+4.5O_2=3CO_2+3H_2O$	2059830	1927808	93671	87667	88819	83103	21.42	4.5
8	$C_3H_8+5O_2=3CO_2+4H_2O$	2221487	2045424	101270	93244	95998	88390	23.80	5
9	$C_4H_8+6O_2=4CO_2+4H_2O$	2719134	2543004	125847	117695	119296	111568	28.56	6
10	$C_4H_{10}+6.5O_2=4CO_2+5H_2O$	2879057	2658894	133885	123649	126915	117212	30.94	6.5
11	$C_4H_{10}+6.5O_2=4CO_2+5H_2O$	2873535	2653439	133048	122857	126122	116462	30.94	6.5
12	$C_5H_{10}+7.5O_2=5CO_2+5H_2O$	3378099	3157969	159211	148837	150923	141089	35.70	7.5
13	$C_5H_2+8O_2=5CO_2+6H_2O$	3538453	3274308	169377	156733	160560	148574	38.08	8
14	$C_6H_6+7.5O_2=6CO_2+3H_2O$	3303750	3171614	162259	155770	153812	147661	35.70	7.5
15	$H_2S+1.5O_2=SO_2+H_2O$	562572	518644	25364	23383	24044	22166	7.14	1.5

续表

	理论烟气量（Nm³/Nm³干燃气）				爆炸极限（%）常压，20℃		燃烧热量温度（℃）
	CO_2	H_2O	N_2	V_f^0	下	上	
1		1	1.88	2.88	4	75.9	2210
2	1		1.88	2.88	12.5	74.2	2370
3	1	2	7.52	10.52	5	15	2043
4	2	1	9.4	12.4	2.5	80	2620
5	2	2	11.28	15.28	2.7	34	2343
6	2	3	13.16	18.16	2.9	13	2115
7	3	3	16.92	22.92	2	11.7	2224
8	3	4	18.8	25.8	2.1	9.5	2155
9	4	4	22.56	30.56	1.6	10	
10	4	5	24.44	33.44	1.5	8.5	2130
11	4	5	24.44	33.44	1.8	8.5	2118
12	5	5	28.2	38.2	1.4	8.7	
13	5	6	30.08	41.08	1.4	8.3	
14	6	3	28.2	37.2	1.2	8	2258
15	1	1	5.64	7.64	1.3	45.5	1900

参考文献

[1] KENNEDY J, BLUNDEN J, ALVAR-BELTRÁN J, et al. State of the Global Climate 2020 [R]. Geneva: World Meteorological Organization, 2021.

[2] 王志峰，何雅玲，康重庆，等. 明确太阳能热发电战略定位促进技术发展 [J]. 华电技术，2021，43 (11)：1-4.

[3] 李扬，王赫阳，王永真，等. 碳中和背景、路径及源于自然的碳中和热能解决方案 [J]. 华电技术，2021，43 (11)：5-14.

[4] 国家统计局. 中华人民共和国 2020 年国民经济和社会发展统计公报 [J]. 中国统计，2021 (3)：8-22.

[5] 中国建筑能耗研究报告 2020 [J]. 建筑节能，2021，49 (2)：1-6.

[6] 张世钢，付林，李永红，等. 吸收式换热过程及设备 [J]. 暖通空调，2015，45 (9)：85-90.

[7] 周勇，郝日鹏，魏航，等. 基于吸收式热泵技术的区域清洁供暖研究 [J]. 工业加热，2021，50 (9)：36-40.

[8] 许抗吾. 多种清洁能源协同互补的大温差集中供热系统研究 [D]. 秦皇岛：燕山大学，2020：1-6.

[9] 李亚平. 大温差换热系统能量转换机理与应用 [D]. 哈尔滨：哈尔滨工业大学，2019：125-155.

[10] 纪强，韩宗伟，张孝顺，等. 吸收式热泵研究进展及应用现状 [J]. 暖通空调，2020，50 (10)：14-23.

[11] MAHMOUDI A, FAZLI M, MORAD M R. A recent review of waste heat recovery by Organic Rankine Cycle [J]. Applied Thermal Engineering, 2018, 143: 660-675.

[12] HAERVIG J, SORENSEN K, CONDRA T J. Guidelines for optimal selection of working fluid for an organic Rankine cycle in relation to waste heat recovery [J]. Energy, 2016, 96: 592-602.

[13] 高田秋一. 吸收式制冷机 [M]. 耿惠彬，戴永庆，郑玉清，译. 北京：机械工业出版社，1987.

[14] 清华大学建筑节能研究中心. 中国建筑节能年度发展研究报告 2009 [M]. 北京：中国建筑工业出版社，2009

[15] Кнорре Г Ф. Теория топочных проⅢесов [M]. 1966.

[16] Мурзаков В В. Основы теории и практики сжигания газа в паровых котлах [M]. 1964.

[17] Ионии А А. Газоснабжение [M]. 1981.

[18] 日本瓦斯協会. 都市力又工業器具编 [M]. 1978.

[19] Иванов Ю В. Гаэогорелочные устройства [M]. 1972.

[20] цкти. Аэродинамический расчет котельных установок (нормативный метод) [M]. 1977.

[21] Тебеньков Б П. Рекуператоры для промышленных печей [M]. 1975.

[22] SHNIDMAN L. Gaseous Fuels [M]. 1954.

[23] Amer. Gas Assoc. Gas Engineers Handbook [M]. 1977.

[24] LEWIS B, VON ELBE G. Combustion, Flames and Explosions of Gases [M]. 1961.

[25] IRVIN GLASSMAN, RICHARD A Y. Combustion [M]. Academic Press 4th ed, 2008.

[26] BARNARD J A, BRADLEY J N. Flame and Combustion [M]. 1985.

[27] 普利查德等. 燃气应用技术 [M]. 北京：中国建筑工业出版社，1983.

[28] 日本ェネルギー学会. 天然ガスコージェネレーション計画・設計マニュアル [M]. 日本工业出版社，2005.

[29] 日本ェネルギー学会. 天然ガスコージェネレーション排熱利用設計マニュアル [M]. 日本工业出版社，2001.

[30] 日本ェネルギー学会. 天然ガスコージェネレーション運転・保守管理マニュアル [M]. 日本工业出版社，2002.

[31] GAYDON A G, WOLFHARD H G. Flames, Their Structure, Radiation and Temperature [M]. 1979.

[32] BEER J M & CHIGIER N A. Combustion Aerodynamics [M]. 1972.

[33] 东北工学院冶金炉教研室. 冶金炉热工及构造 [M]. 1977.

[34] 同济大学，等. 锅炉及锅炉房设备 [M]. 北京：中国建筑工业出版社，1986.

[35] 许晋源，徐通模. 燃烧学 [M]. 2 版. 北京：机械工业出版社，1989.

[36] 东方锅炉厂，等. 天然气锅炉 [M]. 重庆：科学技术文献出版社重庆分社，1977.

[37] 锅炉机组热力计算标准方法 [M]. 北京：机械工业出版社，1976.

[38] Adrian Stambuleanu. Flame Combustion Processes in Industry [M]. 1976.

[39] 韩昭沧．燃料及燃烧［M]．2版．北京：冶金工业出版社，1994.
[40]《钢铁厂工业炉设计参考资料》编写组．钢铁厂工业炉设计参考资料［M]．北京：冶金工业出版社，1979.
[41] KANURY A M. Introduction to Combustion Phenomena［M]．1977.
[42] 王致均．炉内空气动力学［M]．北京：水利电力出版社，1984.
[43] 傅维标，卫景彬．燃烧物理学基础［M]．北京：机械工业出版社，1984.
[44] 刘人达．冶金炉热工基础［M]．北京：冶金工业出版社，2004.
[45] 傅忠诚，等．燃气燃烧新装置［M]．北京：中国建筑工业出版社，1984.
[46] 姜正侯．燃气工程技术手册［M]．上海：同济大学出版社，1993.
[47] 金志刚．燃气测试技术手册［M]．天津：天津大学出版社，1994.
[48] 钱申贤．燃气燃烧原理［M]．北京：中国建筑工业出版社，1989.
[49] 姜正侯．燃气燃烧理论与实践［M]．北京：中国建筑工业出版社，1985.
[50] 胡震岗，黄信仪．燃料与燃烧概论［M]．北京：清华大学出版社，1995.
[51] 王方．火焰学［M]．北京：中国科学技术出版社，1994.
[52] 王秉铨．工业炉设计手册［M]．北京：机械工业出版社，2010.
[53] 威廉斯 F A. 燃烧理论［M]．庄逢辰，杨本濂，译．2版．北京：科学出版社，1990.
[54] 付林，李辉．天然气热电冷联供技术及应用［M]．北京：中国建筑工业出版社，2008.
[55] 夏昭知，伍国福．燃气热水器［M]．重庆：重庆大学出版社，2002.